CB009151

MANUAL
DE
BIODIESEL

Blucher

Editores

Gerhard Knothe
Centro Nacional de Pesquisa em Atividades Agrícolas
Serviços de Pesquisa em Agricultura
Departamento de Agricultura dos Estados Unidos
Peoria, Illinois, EUA

Jon Van Gerpen
Departamento de Engenharia Biológica e Agrícola
Universidade de Idaho, Moscow, Idaho, EUA

Jürgen Krahl
Universidade de Ciências Aplicadas
Coburg, Alemanha

Luiz Pereira Ramos
Centro de Pesquisa em Química Aplicada – CEPESQ
Departamento de Química
Universidade Federal do Paraná
Curitiba, PR, Brasil

MANUAL DE BIODIESEL

2ª edição brasileira

Tradução:
Luiz Pereira Ramos

Manual de Biodiesel
Título original em inglês: The Biodiesel Handbook

1ª edição brasileira – 2006
2ª edição brasileira – 2018

Blucher

Rua Pedroso Alvarenga, 1245, 4° andar
04531-934 – São Paulo – SP – Brasil
Tel.: 55 11 3078-5366
contato@blucher.com.br
www.blucher.com.br

Segundo o Novo Acordo Ortográfico, conforme 5. ed. do *Vocabulário Ortográfico da Língua Portuguesa*, Academia Brasileira de Letras, março de 2009.

Dados Internacionais de Catalogação na Publicação (CIP)
(Câmara Brasileira do Livro, SP, Brasil)

Manual de Biodiesel / Gerhard Knothe ... [et al.] ; tradução de Luiz Pereira Ramos. – 2. ed. – São Paulo : Blucher, 2018.
352 p.

Título original: *The Biodiesel Handbook*
ISBN 978-85-212-1324-6 (impresso)
ISBN 978-85-212-1325-3 (e-book)

1. Biodiesel I. Título. II. Knothe, Gerhard. III. Ramos, Luiz Pereira.

18-0765 CDD 662.669

Índice para catálogo sistemático:
1. Biodiesel

PREFÁCIO

O conceito técnico de se utilizarem óleos vegetais, gorduras animais ou mesmo óleos usados como combustíveis diesel de natureza renovável é realmente fascinante. O biodiesel é, no momento da edição deste livro, a forma como esses óleos e gorduras estão sendo utilizados como combustível puro ou como misturas com combustíveis diesel derivados do petróleo.

O conceito propriamente dito pode parecer simples, mas essa aparência é relativamente enganosa, dado que o uso do biodiesel tem apresentado inúmeras questões de ordem técnica. Nesse sentido, muitos pesquisadores de todo o mundo têm se preocupado com essas questões e, em muitos casos, desenvolvido soluções inovadoras. Este livro representa uma tentativa de resumir essas questões, explicar como elas devem ser encaradas e apresentar resultados e informações técnicas. Em todo o mundo, incontáveis atos legislativos e marcos regulatórios têm procurado auxiliar na pavimentação do caminho em direção à ampla difusão e aplicação prática desse conceito. Este livro também trata dessas questões. Para completar essa imagem, capítulos sobre a história dos combustíveis diesel derivados de óleos vegetais, sobre os conceitos básicos dos motores diesel e sobre a química do glicerol, um valioso subproduto da produção do biodiesel, também se encontram incluídos.

Esperamos que o leitor possa considerar as informações desta obra tanto úteis quanto estimuladoras, e que a maior parte das questões relativas ao biodiesel esteja adequadamente abordada. Se o leitor observar qualquer erro ou incoerência, ou caso tiver alguma sugestão para que uma edição futura deste livro seja melhorada, solicitamos que nos contate para defender a sua opinião.

Este livro foi compilado a partir da contribuição de vários autores, que graciosamente concordaram em fazê-lo. Gostaríamos, portanto, de expressar a nossa mais sincera gratidão a todos esses colaboradores. Também expressamos a nossa gratidão ao profissionalismo e à cooperação oferecida pela equipe da AOCS Press, ao longo do processo de impressão deste livro.

Gerhard Knothe

Jon Van Gerpen

Jürgen Krahl

AUTORES COLABORADORES

Gerhard Knothe, USDA, ARS, NCAUR, Peoria, IL 61604

Jon Van Gerpen, Departamento de Engenharia Biológica e Agrícola, Universidade de Idaho, Moscow, Idaho, 83844

Michael Haas, USDA, ARS, ERRC, Wyndmoor, PA 19038

Thomas A. Foglia, USDA, ARS, ERRC, Wyndmoor, PA 19038

Robert O. Dunn, USDA, ARS, NCAUR, Peoria, IL 61604

Heinrich Prankl, BLT – Instituto Federal de Engenharia Agrícola, A 3250 Wieselburg, Áustria

Leon Schumacher, Departamento de Engenharia Biológica, Universidade de Missouri-Columbia, Columbia, MO 65211

C. L. Peterson, Departamento de Engenharia Biológica e Agrícola (Emérito), Universidade de Idaho, Moscow, ID 83844

Gregory Muller, Departamento de Ciência e Tecnologia de Alimentos, Universidade de Idaho, Moscow, ID 83844

Neil A. Bringe, Monsanto Corporation, St. Louis, MO 63167

Robert L. McCormick, Laboratório Nacional de Energia Renovável, Golden, CO 80401

Teresa L. Alleman, Laboratório Nacional de Energia Renovável, Golden, CO 80401

Jürgen Krahl, Universidade de Ciências Aplicadas, Coburg, Alemanha

Axel Munack, Instituto de Tecnologia e Engenharia de Biossistemas, Centro Federal de Pesquisa em Agricultura, Braunschweig, Alemanha

Olaf Schröder, Instituto de Tecnologia e Engenharia de Biossistemas, Centro Federal de Pesquisa em Agricultura, Braunschweig, Alemanha

Hendrik Stein, Instituto de Tecnologia e Engenharia de Biossistemas, Centro Federal de Pesquisa em Agricultura, Braunschweig, Alemanha

Jürgen Bünger, Centro de Medicina Ocupacional e Social, Universidade de Göttingen, Göttingen, Alemanha

Steve Howell, MARC-IV Consulting Incorporated, Kearney, MO 64060

Joe Jobe, Conselho Nacional de Biodiesel, Jefferson City, MO 65101

Dieter Bockey, União para a Promoção de Plantas Oleaginosas e Proteicas, 10117 Berlim, Alemanha

Jürgen Fischer, ADM/Ölmühle Hamburg, Hamburgo, Alemanha

Werner Körbitz, Instituto de Biodiesel da Áustria, Viena, Áustria

Sven O. Gärtner, IFEU – Instituto para Pesquisa em Energia e Meio Ambiente, Heidelberg, Alemanha

Guido A. Reinhardt, IFEU – Instituto para Pesquisa em Energia e Meio Ambiente, Heidelberg, Alemanha

Donald B. Appleby, Procter & Gamble Chemicals, Cincinnati, OH 45241

CONTEÚDO

1º Capítulo

Introdução

Gerhard Knothe

Os maiores componentes de óleos vegetais e gordura animal são os triacilgliceróis (TAG: muitas vezes chamados triglicerídeos). Quimicamente, os TAG são ésteres de ácidos graxos (AG) com glicerol (1,2,3-propanotriol; glicerol é muitas vezes chamado de glicerina; veja o Capítulo 11). Os TAG de óleos vegetais e gordura animal contêm, tipicamente, diferentes tipos de AG. Assim, diferentes AG podem estar ligados à cadeia do glicerol. Os diferentes AG que estão contidos nos TAG revelam o perfil de AG (ou composição em AG) de óleos vegetais e gorduras animais. Como cada AG apresenta propriedades químicas peculiares, o perfil de AG é, provavelmente, o parâmetro de maior influência sobre as propriedades dos óleos vegetais e gorduras animais de que se originam.

Para que o biodiesel seja produzido, óleos vegetais e gorduras animais são submetidos a uma reação química denominada transesterificação. Nessa reação, óleos vegetais e gordura animal reagem na presença de um catalisador (usualmente uma base) com um álcool (usualmente metanol) para produzir os alquil ésteres correspondentes (para o caso do metanol, os ésteres metílicos) da mistura de AG que é encontrada no óleo vegetal ou na gordura animal de origem. A Figura 1 apresenta a reação de transesterificação.

O biodiesel pode ser produzido a partir de uma grande variedade de matérias-primas. Essas matérias-primas incluem a maioria dos óleos vegetais (p.ex., óleos de soja, caroço de algodão, palma, amendoim, colza/canola, girassol, açafrão e coco) e gorduras de origem animal (usualmente sebo), bem como óleos de descarte (p.ex., óleos usados em frituras). A escolha da matéria-prima para a produção de biodiesel depende largamente de fatores geográficos. Dependendo da origem e da qualidade da matéria-prima, mudanças no processo de produção podem ser necessárias.

O biodiesel é miscível com o diesel de petróleo em qualquer proporção. Em muitos países, essa propriedade levou ao uso de misturas binárias diesel/biodiesel, em vez do biodiesel puro. Nesse sentido, é importante salientar que essas misturas binárias *não podem ser* caracterizadas como biodiesel. Muitas misturas desse tipo são designadas por acrônimos como B20, que representa a mistura de 20% de biodiesel no diesel de petróleo. Obviamente, óleos vegetais e gorduras de origem animal não transesterificados também não podem ser denominados "biodiesel".

O metanol é muito empregado para a produção de biodiesel porque é geralmente o álcool de menor custo. No entanto, outros álcoois como o etanol ou o iso-propanol podem ser empregados para produzir biodiesel de qualidades superiores. Os produtos da transesterificação metílica são muitas vezes denominados ésteres metílicos de ácidos graxos (FAME, "fatty acid methyl esters"), em vez de biodiesel. Apesar de outros álcoois poderem por definição gerar biodiesel, muitas das especificações existentes no momento da edição deste livro foram definidas de tal forma que apenas ésteres metílicos podem ser classificados como biodiesel, pelo menos nos casos em que todos os limites da especificação devam ser atendidos rigorosamente.

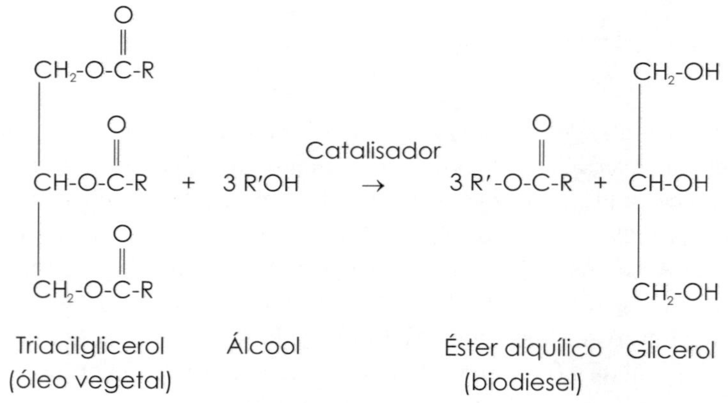

$CH_2\text{-O-C(=O)-R}$ / $CH\text{-O-C(=O)-R}$ / $CH_2\text{-O-C(=O)-R}$ + 3 R'OH —Catalisador→ 3 R'-O-C(=O)-R + $CH_2\text{-OH}$ / CH-OH / $CH_2\text{-OH}$

Triacilglicerol (óleo vegetal) | Álcool | Éster alquílico (biodiesel) | Glicerol

Figura 1. A reação de transesterificação. R representa uma mistura de várias cadeias de ácidos graxos. O álcool empregado para a produção de biodiesel é geralmente o metanol (R' = CH_3).

Além de ser totalmente compatível com o diesel de petróleo em praticamente todas as suas propriedades, o biodiesel ainda apresenta várias vantagens adicionais em comparação com esse combustível fóssil:

- É derivado de matérias-primas renováveis de ocorrência natural, reduzindo assim nossa atual dependência sobre os derivados do petróleo e preservando as suas últimas reservas.
- É biodegradável.
- Gera redução nas principais emissões presentes nos gases de exaustão (com exceção dos óxidos de nitrogênio, NO_x).

- Possui um alto ponto de fulgor, o que lhe confere manuseio e armazenamento mais seguros.
- Apresenta excelente lubricidade, fato que vem ganhando importância com o advento do petrodiesel de baixo teor de enxofre, cuja lubricidade é parcialmente perdida durante o processo de produção. A lubricidade ideal desse combustível pode ser restaurada por meio da adição de baixos teores de biodiesel (1-2%).

Alguns dos problemas inerentes ao biodiesel estão relacionados ao seu alto custo (que tem sido compensado em muitos países por legislações específicas, marcos regulatórios ou subsídios na forma de isenção fiscal), ao aumento que causa nas emissões de NO_x nos gases de exaustão (como citado anteriormente), à sua baixa estabilidade quando exposto ao ar (estabilidade à oxidação) e a propriedades de fluxo que são particularmente desfavoráveis nos países da América do Norte. O alto custo de produção do biodiesel pode também ser (parcialmente) compensado pelo uso de matérias-primas de menor valor agregado, o que tem motivado a investigação de tecnologias para a utilização de óleos de descarte (p.ex., óleos de fritura).

Por que óleos vegetais e gorduras de origem animal devem ser transesterificados a alquil ésteres (biodiesel)?

A maior razão para que óleos vegetais e gorduras animais devam ser convertidos em alquil ésteres é a viscosidade cinemática que, no biodiesel, é muito mais próxima daquela do diesel de petróleo. A alta viscosidade de matérias graxas não transesterificadas conduz a sérios problemas operacionais nos motores diesel, como a ocorrência de depósitos em várias partes do motor. Apesar de alguns tipos de motores e sistemas de injeção ("queimadores") poderem utilizar óleos vegetais não transesterificados, a maior parte dos motores disponíveis no momento da edição deste livro exige a utilização de combustíveis com viscosidade inferior às dos óleos vegetais.

Por que óleos vegetais, gorduras animais e seus derivados podem ser utilizados como um combustível diesel alternativo?

O fato de óleos vegetais, gorduras animais e seus derivados alquil ésteres serem combustíveis adequados para motores diesel demonstra que deve haver alguma similaridade entre o diesel de petróleo e algum de seus componentes. A propriedade combustível que melhor demonstra essa compatibilidade é o número de cetano (veja o Capítulo 6.1).

Além da qualidade de injeção expressa pelo número de cetano, muitas outras propriedades são igualmente importantes para demonstrar a adequação do biodiesel como combustível alternativo. O calor de combustão, o ponto de fluidez, a viscosidade (cinemática), a estabilidade à oxidação e a lubricidade figuram entre as mais importantes dentre essas propriedades.

A História dos Combustíveis Derivados de Óleos Vegetais

Gerhard Knothe

Rudolf Diesel

É de conhecimento público que óleos vegetais e gorduras animais já foram investigados como combustível para motores do ciclo diesel muito tempo antes da crise energética dos anos 1970, e os primeiros anos da década de 1980 ampliaram o interesse nesses combustíveis alternativos. É também conhecido que Rudolf Diesel (1858-1913), o inventor da máquina que veio a receber o seu nome, também teve algum interesse nesse tipo de combustível. No entanto, os primórdios da história dos combustíveis derivados de óleos vegetais são muitas vezes apresentados de forma inconsistente, e fatos que não são compatíveis com as ideias e os argumentos de Rudolf Diesel são frequentemente encontrados na literatura.

Portanto, é apropriado iniciar essa história com as palavras do próprio Diesel, em seu livro *Die Entstehung des Dieselmotors* (1) (*O Surgimento das Máquinas Diesel*), em que ele descreve quando a primeira semente daquilo que viria a se constituir no motor diesel foi plantada em sua mente. No primeiro capítulo de seu livro, intitulado "A Ideia", Diesel afirma: "Quando, durante a conferência sobre termodinâmica na *Polytechnikum* de Munique em 1878, o meu respeitado mestre, Professor Linde, explicou para os seus ouvintes que as máquinas a vapor convertem apenas 6-10% do poder calorífico do combustível em trabalho, e quando ele explicou o teorema de Carnot e elaborou que, durante uma mudança isotérmica de estado de um gás, todo o calor transferido é convertido em trabalho, eu escrevi na margem do meu livro de anotações: 'Estude se não seria possível realizar a isoterma na prática!' Naquele momento, eu desafiei a mim mesmo! Aquilo ainda não era uma invenção, nem mesmo uma ideia que a justificasse. Mas, dali em diante, o desejo de realizar idealmente o processo de Carnot determinou a minha existência. Eu deixei a escola, uni-me ao lado mais prático das coisas e tive que buscar a concretização de meu objetivo vital. Aquele pensamento me acompanhava constantemente".

A afirmação de Diesel claramente demonstra que ele iniciou o desenvolvimento da máquina diesel a partir de um ponto de vista termodinâmico. O objetivo residia no desenvolvimento de uma máquina eficiente. A afirmação comumente encontrada de que Diesel desenvolveu "sua" máquina para utilizar óleos vegetais é, portanto, incorreta.

No último capítulo de seu livro, intitulado "Combustíveis Líquidos", Diesel mencionou o uso combustível de óleos vegetais: "Para completar, é importante mensionar que, nos idos de 1900, óleos vegetais já vinham sendo utilizados em máquinas diesel com sucesso. Durante a Exposição de Paris de 1900, a companhia francesa Otto demonstrou o funcionamento de um pequeno motor diesel com óleo de amendoim. Esta experiência foi tão bem-sucedida que apenas alguns dos presentes perceberam as circunstâncias em que a mesma havia sido conduzida. O motor, que havia sido construído para consumir petróleo, operou com óleos vegetais sem qualquer modificação. Também foi observado que o consumo de óleo vegetal resultou em um aproveitamento do calor literalmente idêntico ao do petróleo". Um total de cinco motores diesel foi demonstrado na Exposição de Paris, de acordo com a biografia (2) de Diesel redigida por seu filho, Eugen Diesel, e pelo menos um deles foi aparentemente alimentado com óleo de amendoim.

As afirmações do livro de Diesel podem ser comparadas com outra fonte comumente citada para registrar o primeiro uso combustível de óleos vegetais, a biografia intitulada *Rudolf Diesel, Pioneer of the Age of Power* (3). Nessa biografia, é afirmado que "no final do século dezenove, já era óbvio que o futuro e as perspectivas do motor de ignição por compressão interna estariam na dependência do desenvolvimento de seu(s) combustível(is). Na Exposição de Paris em 1900, um motor diesel, construído pela companhia francesa Otto, funcionou plenamente com óleo de amendoim. Aparentemente, nenhum dos observadores estava cientes dessa façanha. O motor, construído especialmente para aquele tipo de combustível, operou de forma idêntica aos demais, cujo funcionamento estava baseado em outros óleos".

Infelizmente, a bibliografia citada no capítulo correspondente da biografia de Nitske e Wilson (3) não esclarece se os autores obtiveram essas informações de alguma fonte nem cita qualquer referência aos textos de Diesel citados neste breve histórico. Assim, de acordo com Nitske e Wilson, o motor que operou com óleo de amendoim na Feira Mundial de Paris de 1900 foi construído especificamente para consumir esse combustível, o que não é coerente com as afirmações encontradas no livro de Diesel (1) e na literatura citada a seguir. Além disso, os textos citados anteriormente, extraídos da biografia de Nitske e

Wilson (3) e do livro de Diesel (1), implicam a hipótese de que não foi Rudolf Diesel quem conduziu os experimentos nem foi ele que concebeu a ideia de empregar óleos vegetais como combustível para os motores. De acordo com Diesel, a ideia do uso de óleo de amendoim partiu do governo francês (veja o texto a seguir). No entanto, Diesel conduziu testes análogos nos anos subsequentes e foi aparentemente um legítimo defensor desse conceito.

Uma busca no *Chemical Abstracts* forneceu referências a outros artigos redigidos por Diesel em que ele reflete em grande detalhamento sobre o evento de 1900. Duas referências (4,5) estão relacionadas a uma apresentação feita por ele no Instituto de Engenheiros Mecânicos da Grã-Bretanha em 1912. (Aparentemente, nos últimos dias de sua vida, Diesel empreendeu várias viagens para dar apresentações orais, conforme a biografia de Nitske e Wilson.) Diesel afirma nesses artigos (4,5) que, "na Exposição de Paris de 1900, a Companhia Otto apresentou um pequeno motor diesel que, por solicitação do Governo Francês, foi operado com óleo de amendoim e funcionou tão bem que poucas pessoas se aperceberam do experimento. O motor, que foi construído para consumir óleo mineral, foi alimentado e operou com óleo vegetal, sem que tivesse sofrido qualquer modificação técnica. O Governo Francês da época imaginou a possibilidade de utilizar amendoim (ou noz-da-terra) para a produção de energia, já que esta planta era produzida em grandes quantidades nas colônias africanas, e poderia ser facilmente cultivada localmente, de modo que as colônias e suas indústrias viriam a ser supridas de energia empregando seus próprios recursos, sem a exigência de qualquer importação de carvão ou combustíveis líquidos. Essa questão não evoluiu na França em virtude de mudanças políticas nos ministérios, mas o autor finalizou estes testes há alguns meses. Está provado que motores Diesel podem trabalhar com óleo de amendoim sem maiores dificuldades, e o autor está em condições de publicar, com confiabilidade nesta ocasião pela primeira vez, os resultados obtidos nos testes: consumo de 240 gramas (0,53 lb) de óleo de noz-da-terra por brake horse-power-hour; poder calorífico do óleo de 8600 calorias (34,124 BTUs) por quilograma, equivalendo aos óleos minerais; percentual de hidrogênio de 11,8%. Este óleo é praticamente tão efetivo quanto os óleos minerais de ocorrência natural, e como pode ser empregado como óleo lubrificante, todo o trabalho pode ser realizado com um único tipo de óleo produzido diretamente no local. Assim, o motor se torna uma máquina independente, de características ideais para os trópicos".

Diesel continuou dizendo que (notem a qualidade da última afirmação) "experimentos similares foram igualmente realizados em São Petersburgo com óleo de mamona e óleos animais, que também apresentaram excelentes resultados como óleo de locomotivas. O fato de que óleos vegetais possam ser utilizados com facilidade parece ser relativamente insignificante para os dias de hoje, mas esses óleos podem talvez se tornar importantes no futuro, da mesma forma como são importantes nos dias de hoje os óleos minerais e os produtos do alcatrão. Doze anos atrás, os últimos não estavam muito mais desenvolvidos que os óleos vegetais nos dias de hoje e, mesmo assim, atingiram a importância que lhes é hoje conferida. Ninguém pode prever a importância futura que estes óleos terão para o desenvolvimento das colônias. De qualquer forma, eles permitiram demonstrar que a energia dos motores poderá ser produzida com o calor do Sol, que sempre estará disponível para fins agrícolas, mesmo quando todos os nossos estoques de combustíveis sólidos e líquidos estiverem exauridos".

A discussão seguinte está baseada em numerosas referências disponíveis na literatura, particularmente em buscas no *Chemical Abstracts* ou em trabalhos de revisão bibliográfica que resumem a literatura anterior a 1949 no tema combustíveis derivados de fontes agrícolas (6). Como muitas dessas referências são muito antigas e não se encontram disponíveis para consulta, seus respectivos resumos no *Chemical Abstracts* serão utilizados como informação para este trabalho.

Histórico e Fontes de Combustíveis

As afirmações de Diesel em seus artigos históricos (4,5) sobre o uso de óleos vegetais para prover subsídios para as colônias tropicais europeias, buscando torná-las autossuficientes em aplicações fundamentais como a geração de energia, também podem ser encontradas em outras literaturas publicadas até a década de 1940. Naquela época, o óleo de palma foi comumente citado como fonte de combustíveis diesel, apesar da grande diversidade de matérias-primas disponíveis para esse fim, e essa hipótese tem novamente assumido grande importância no momento da edição deste livro. Este anseio pela conquista de uma maior independência energética também se encontra registrado em outras publicações da época. A maioria dos países europeus que possuíam colônias africanas, como Bélgica, França, Itália e Reino Unido, com Portugal se constituindo em uma aparente exceção, já havia demonstrado naquela época algum interesse no desenvolvimento de combustíveis derivados de óleos vegetais, embora alguns artigos alemães, particularmente de origem acadêmica (Technische Hochschule Breslau), também tenham sido publicados. Relatórios de outros países também refletiam essa ansiedade pela conquista de uma maior independência energética.

Óleos vegetais também foram usados como combustíveis de emergência, dentre outras aplicações, durante a Segunda Guerra Mundial. Por exemplo, o Brasil proibiu a exportação de óleo de algodão porque esse produto poderia ser utilizado para substituir as importações de óleo diesel (7). Reduções na importação de combustíveis líquidos também foram divulgadas na Argentina, o que exigiu uma maior exploração comercial de óleos vegetais (8). A China produziu óleo diesel, óleos lubrificantes, “gasolina” e “querosene”, os dois últimos por processos de craqueamento, a partir dos óleos de tungue e de outras matérias-primas oleaginosas (9,10). No entanto, as exigências da guerra forçaram a instalação de unidades de craqueamento de base tecnológica insólita (9). Investigadores da Índia, imediatamente após a Segunda Guerra Mundial, expandiram as suas pesquisas a 10 novos tipos de óleos vegetais para o desenvolvimento de combustíveis domésticos (11). As atividades de pesquisa relacionadas ao uso combustível de óleos vegetais foram abandonadas na Índia tão logo os preços internacionais do barril de petróleo atingiram níveis mais acessíveis ao mercado (12). Há relatos de que um navio de guerra japonês, denominado *Yamato*, utilizou óleo de soja refinado como óleo combustível para os seus motores (óleo “bunker”).

Preocupações com o aumento descontrolado do uso de derivados do petróleo e a perspectiva de que houvesse falta desses produtos nos Estados Unidos durante a Segunda Guerra Mundial incentivaram o desenvolvimento de projetos sobre o uso de misturas binárias (bicombustíveis) na Universidade Estadual de Ohio (Columbus, Ohio). Nesses projetos, foi investigado o uso dos óleos de caroço de algodão (14), milho (15), e misturas destes com óleo diesel convencional. Em um programa desenvolvido na Escola de Tecnologia de Geórgia (hoje Instituto de Tecnologia de Georgia, Atlanta, GA), óleos vegetais puros foram investigados como alternativa para o uso de óleo diesel (16). No momento da edição deste livro, questões de segurança nacional voltaram a exercer uma importante influência sobre decisões acerca do uso de combustíveis derivados de óleos vegetais, apesar de que aspectos ambientais (principalmente a redução de emissões poluentes) têm sido igualmente importantes na retomada dessa opção tecnológica. Por exemplo, nos Estados Unidos, os chamados "Clean Air Act Amendments" de 1990 e o "Energy Policy Act" de 1992 tornaram obrigatório o uso de combustíveis alternativos ou "limpos" em frotas cativas de ônibus e de caminhões. Novos termos aditivos, que foram incorporados ao "Energy Policy Act", se tornaram lei em 1998, e os incentivos nela definidos para o uso de biodiesel, puro ou em mistura com o diesel de petróleo, justificam o aumento significativo da produção e uso desse biocombustível nos Estados Unidos.

Nos tempos modernos, o biodiesel é derivado (ou aparentemente pode ser produzido) a partir de muitas matérias-primas distintas, incluindo óleos vegetais, gorduras animais, óleos usados em frituras e até matérias graxas de alta acidez. Geralmente, fatores como a geografia, o clima e a economia local determinam quais óleos vegetais apresentam maior interesse e melhor potencial para emprego como biodiesel. Assim, nos Estados Unidos, o óleo de soja é considerado como a principal matéria-prima; na Europa, a preferência recai sobre o óleo de colza (canola) e, em países tropicais, o óleo de palma é considerado prioritário. Como já discutido anteriormente, muitos óleos vegetais já foram historicamente investigados para aplicações combustíveis. Estes incluem os óleos de palma, soja, caroço de algodão, mamona e outros óleos menos comuns, como os derivados de babaçu (17) e de sementes de passas de uva (18); matérias-primas de origem não vegetal também foram investigadas, como o sebo industrial (19) e o óleo de peixe (20-25). Em vários relatórios publicados na década de 1920, particularmente na França e na Bélgica, o óleo de palma é identificado como a matéria-prima que provavelmente mereceu maior atenção, embora o óleo de caroço de algodão e alguns outros tipos de óleos também tenham sido testados (26-38). A disponibilidade de óleo de palma nos trópicos justificava plenamente essa tendência. Onze óleos vegetais da Índia (amendoim, *karanj*, *punnal*, *polang*, mamona, *kapok*, *mahua*, caroço de algodão, colza, coco e gergelim) foram avaliados como combustível (11). No Brasil, estudos foram desenvolvidos com 14 diferentes espécies de oleaginosas (17). Walton (39) resumiu os resultados de 20 diferentes tipos de óleos (mamona, sementes de uva, milho, camelina, sementes de abóbora, semente de bétula, colza, lupin, ervilha, semente de papoula, amendoim, cânhamo, linhaça, amêndoa, semente de girassol, palma, azeitona, soja, caroço de algodão e manteiga de cacau). Este autor também afirmou (39) que "no momento em que as fontes de óleo combustível se concentrarem nas mãos de poucos, o mercado terá pouco ou nenhum controle sobre o preço e a qualidade do produto, e parece-nos infelizmente que, neste dia, como para os motores movidos a petróleo, as máquinas terão de ser desenvolvidas para se adequarem aos combustíveis, ou seja, o oposto à condição ideal de que o combustível deva ser refinado até que atinja as especificações de uma máquina ideal".

Apesar de jamais terem apresentado qualquer importância histórica na promoção do biodiesel, mesmo porque testes de emissões não eram comumente realizados naquela época, é interessante observar a existência de algumas referências antigas sobre esse assunto: (i) "Caso o desenvolvimento futuro dos combustíveis derivados de óleos vegetais venha a demonstrar-se viável, os problemas de abastecimento de combustível em muitas localidades tropicais isoladas serão bastante simplificados, bem como em locais onde a exploração de madeira envolva operações muito complexas ou outras dificuldades relacionadas à eficiência energética da combustão da madeira, isto sem mencionar a perspectiva iminente de desmatamento" (27); (ii) pode ser aconselhável mencionar, nesta altura, que, em virtude de alterações nas características do processo de combustão, os gases de exaustão derivados desses óleos são invariavelmente limpos e o toque característico do óleo diesel é virtualmente eliminado; (iii) algumas observações de outros autores incluem: exaustão invisível ou levemente esfumaçada quando o motor é operado com óleo de palma (29); gases de exaustão menos opacos (34); no caso do uso de óleos de peixe como combustível, os gases de exaustão do motor foram caracterizados como incolores e praticamente inodoros (23). Durante a edição deste livro, essas observações visuais têm sido confirmadas em estudos realizados com o biodiesel. Vários estudos têm demonstrado que o uso do biodiesel causa a redução da maior parte dos gases presentes nas emissões de motores.

Aspectos Técnicos

Muitas publicações consideradas históricas demonstraram que óleos vegetais apresentam um comportamento satisfatório como combustível ou como fonte de combustíveis, embora tenha sido muitas vezes observado que a disseminação de seu uso é comprometida pelo seu custo, quando comparado aos combustíveis derivados do petróleo.

A viscosidade cinemática de óleos vegetais é cerca de uma ordem de magnitude superior à de combustíveis convencionais derivados do petróleo. Altas viscosidades causam a má atomização do combustível na câmara de combustão do motor, acarretando sérios problemas operacionais como a ocorrência de depósitos em suas partes internas. Desde o renascimento do interesse internacional por combustíveis renováveis, a partir do final da década de 1970, quatro soluções passaram a ser investigadas para resolver o problema da viscosidade de óleos vegetais: a transesterificação, a pirólise, a diluição no óleo diesel convencional derivado do petróleo e a microemulsificação (40). Destes, a transesterificação é o método mais comum e leva à obtenção de alquil monoésteres de óleos vegetais e gordura animal, denominados biodiesel quando empregados para fins combustíveis. Como mencionado no Capítulo 1 deste livro, muitos países utilizam o metanol como agente de transesterificação porque este é o álcool que apresenta menor valor de mercado.

A alta viscosidade de óleos vegetais foi inicialmente reconhecida como a maior causa para a má atomização do combustível, o que resulta em problemas operacionais como depósitos no motor (29,41-45). Apesar de já terem sido consideradas modificações no motor, como o emprego de sistemas de injeção de alta pressão (41,46), reduções na viscosidade de óleos vegetais eram usualmente obtidas por meio do seu preaquecimento (29, 41-44, 47). Geralmente, o motor era acionado com diesel de petróleo e, após alguns minutos de operação, a alimentação do motor era alterada para óleo vegetal. No entanto, há relatos de que o motor podia ser acionado a frio quando a alimentação era baseada em óleo de amendoim de alta acidez (48). Técnicas de avanço do tempo de injeção também foram investigadas na época (49). Seldon (47) publicou resultados interessantes sobre um caminhão que operou com diferentes tipos de óleos vegetais, utilizando combustível preaquecido. A técnica do preaquecimento foi também aplicada em estudos de viabilidade orientados ao uso de óleos vegetais em sistemas de transporte utilizados em minas de alumínio na Nigéria (47,50).

O comportamento de óleos vegetais nos experimentos descritos anteriormente foi relativamente satisfatório; no entanto, o resultado energético de seu uso foi ligeiramente inferior ao óleo diesel derivado do petróleo e o consumo dos motores foi ligeiramente maior (16, 23, 25, 28, 30, 32, 35, 39, 41, 43, 44, 50-52), embora resultados contrários a essas observações também tenham sido relatados (8, 14, 15, 53). Uma redução no tempo de ignição (retardamento da ignição) foi constatada em motores que operaram continuamente com óleo de soja (52). Em várias dessas publicações, foi observado que os motores funcionaram mais suavemente com óleos vegetais, em comparação com experimentos realizados com óleo diesel convencional. Por suas características combustíveis, óleos vegetais com alto teor de oxigênio foram sugeridos como de maior viabilidade técnica, tornando-os adequados para uso em turbinas a gás para a produção de energia (54).

Aspectos relacionados à qualidade do combustível também foram abordados na época. Foi sugerido que quando “a acidez do combustível de origem vegetal foi mantida em seu valor mínimo, nenhum resultado adverso foi observado no motor ou no seu sistema de injeção” (50; veja também em 47). Por extensão, outros autores discutiram a importância do efeito de ácidos graxos livres, umidade e outros contaminantes sobre as propriedades do combustível (11). Nesse sentido, foram estudados os efeitos de diferentes tipos de óleos vegetais sobre a corrosão de metais e sobre a diluição parcial no óleo lubrificante (44).

A pirólise, o craqueamento e outros métodos de decomposição de óleos vegetais para a produção de combustíveis de vários tipos representam estratégias que também foram muito divulgadas historicamente. Frações artificiais de “gasolina”, “querosene” e “diesel” foram obtidas na China a partir do óleo de tungue (9) e de outros tipos de óleos vegetais (10). Dentre os outros materiais utilizados com esse propósito, figuram os óleos de peixe (20-22), linhaça (55), mamona (56), palma (57), algodão (58) e oliva (59). Numerosos relatórios de diversos países, como a China, a França e o Japão, registraram pesquisas orientadas à produção de combustíveis a partir do craqueamento de óleos vegetais e processos análogos (60-93). Outras estratégias alternativas, como a diluição com diesel de petróleo e, especialmente, a microemulsificação, receberam pouca ou nenhuma atenção durante esse princípio histórico dos biocombustíveis de origem vegetal. No entanto, foram descritos experimentos relacionados à mistura de petrodiesel com óleo de algodão (14,94), óleo de milho (15) e os óleos de nabo, girassol, linhaça, amendoim e algodão (8). Misturas de etanol hidratado com “gasolina vegetal” também foram divulgadas (95). O etanol também foi usado para melhorar a atomização e combustão de óleos muito viscosos, como o óleo de mamona (96).

Além do emprego como combustível veicular, os óleos vegetais também foram investigados para outras aplicações. A possibilidade de se produzir combustíveis e óleos lubrificantes a partir dessas matérias-primas foi bastante discutida nas colônias francesas localizadas na África (97). O uso de óleos vegetais como combustível para a produção de calor e energia também foi examinado por autores da época (98). Pelo menos uma crítica alusiva ao uso de óleos vegetais (particularmente o óleo de oliva) para fins energéticos foi publicada (99). Paralelamente à literatura publicada em periódicos e relatórios técnicos, várias patentes oriundas desses estudos preliminares foram publicadas, particularmente em relação a tecnologias de craqueamento e pirólise (100-106).

O Primeiro "Biodiesel"

Walton (39) recomendou que, "para se obter o maior valor combustível de óleos vegetais, será academicamente necessário quebrar as suas ligações éster-glicerídicas e utilizar diretamente os ácidos graxos remanescentes. Não há registros de que experimentos práticos tenham sido realizados neste sentido; os problemas serão provavelmente mais graves com o uso de ácidos graxos em comparação com o emprego de óleos derivados diretamente das unidades de esmagamento. É óbvio que os glicerídeos não apresentam qualquer valor combustível e mesmo assim, se utilizados, provavelmente causarão um aumento nas emissões de carbono em comparação com o gasóleo".

As afirmações de Walton foram indicativas daquilo que hoje se denomina "biodiesel", dada a sua recomendação de que o glicerol deveria ser eliminado do combustível, muito embora nenhuma menção tenha sido dada aos ésteres. Paralelamente a esses fatos, trabalhos admiráveis realizados na Bélgica e em sua antiga colônia, o Congo Belga (conhecido como Zaire por muito tempo depois de sua independência), merecem reconhecimento muito maior que aquele que têm recebido na literatura internacional. Aparentemente, a patente belga 422.877, concedida em 31 de agosto de 1937 ao pesquisador G. Chavanne (Universidade de Bruxelas, Bélgica) (107), representa o primeiro relato do que hoje é conhecido como biodiesel. Ele descreve o uso de ésteres etílicos de óleo de palma (embora outros óleos vegetais e ésteres metílicos também tenham sido mencionados) como combustível análogo ao petrodiesel. Esses ésteres foram obtidos do óleo de palma por transesterificação em meio ácido (a catálise alcalina é mais comum no momento da edição deste livro) e maiores detalhes sobre o desenvolvimento dessa pesquisa foram publicados posteriormente (108).

Especial interesse deve ser dado a um extenso relatório técnico publicado em 1942 sobre a produção e o uso combustível de ésteres etílicos de óleo de palma (109). Esse relatório descreve o que deve ter sido o primeiro teste de campo com um ônibus urbano movido a biodiesel. O ônibus alimentado com ésteres etílicos de óleo de palma serviu em uma linha comercial de transporte de passageiros entre Bruxelas e Louvaina (Leuven) durante o verão de 1938. O desempenho do ônibus que operou com o biocombustível foi relatado como satisfatório. Foi observado que a diferença de viscosidade entre os ésteres e o diesel convencional foi consideravelmente menor que aquela relativa ao óleo vegetal de origem. Esse artigo também revelou que os ésteres eram perfeitamente miscíveis em outros combustíveis e apresentou o que provavelmente representa a primeira avaliação do número de cetano (NC) jamais realizada em amostras de biodiesel. O valor de NC divulgado para os ésteres etílicos de óleo de palma correspondeu a aproximadamente 83 (relativo a um padrão de alta qualidade com NC de 70,5, um padrão de baixa qualidade de NC igual a 18 e amostras de óleo diesel com NC entre 50 e 57,5). Assim, esse relatório é coerente com o resultado de trabalhos mais recentes sobre o alto NC desse tipo de biocombustível. Um artigo publicado posteriormente por outro autor relatou a temperatura de autoignição de vários ésteres alquílicos de ácidos graxos presentes no óleo de palma (110). Mais recentemente, o uso de ésteres metílicos de óleo de girassol para reduzir a viscosidade de óleos vegetais foi divulgado em várias conferências técnicas realizadas entre 1980 e 1981 (39-41), e essas comunicações marcam a redescoberta e eventual comercialização do biodiesel.

Uma última observação deve ser dada ao termo "biodiesel" propriamente dito. A pesquisa no *Chemical Abstract* (utilizando a ferramenta de busca "SciFinder" com "biodiesel" como palavra-chave) revelou que o primeiro uso do termo "biodiesel" na literatura técnica especializada deve ser creditado a um trabalho chinês publicado em 1988 (111). O próximo artigo que empregou esse termo foi publicado em 1991 (112); a partir desse momento, o uso da palavra "biodiesel" se expandiu exponencialmente na literatura internacional.

Referências

1. Diesel, R.; *Die Entstehung des Dieselmotors*, Verlag von Julius Springer, Berlin, 1913.
2. Diesel, E.; *Diesel - Der Mensch - Das Werk - Das Schicksal*, Hanseatische Verlagsgesellschaft, Hamburg, 1937.
3. Nitske, W.R., e C.M. Wilson, *Rudolf Diesel, Pioneer of the Age of Power*, University of Oklahoma Press, Norman, Oklahoma, 1965.
4. Diesel, R., The Diesel Oil-Engine, *Engineering 93*:395-406 (1912). *Chem. Abstr.* 6:1984 (1912).
5. Diesel, R., The Diesel Oil-Engine and Its Industrial Importance Particularly for Great Britain, *Proc. Inst. Mech. Eng.*:179-280 (1912). *Chem. Abstr.* 7:1605 (1913).
6. Wiebe, R., e J. Nowakowska, *The Technical Literature of Agricultural Motor Fuels, USDA Bibliographic Bulletin n°. 10*, Washington, DC, p. 183-195 (1949).
7. Anônimo, Brazil Uses Vegetable Oil for Diesel Fuel, *Chem. Metall. Eng. 50*:225 (1943).
8. Martinez de Vedia, R., Vegetable Oils as Diesel Fuels, *Diesel Power Diesel Transp. 22*:1298-1301, 1304 (1944).
9. Chang, C.-C., e S.-W. Wan, China's Motor Fuels from Tung Oil, *Ind. Eng. Chem. 39*:1543-1548 (1947). *Chem. Abstr.* 42:1037 (1948).
10. Cheng, F.-W., China Produces Fuels from Vegetable Oils, *Chem. Metall. Eng. 52*:99 (1945).
11. Chowhury, D.H., S.N. Mukerji, J.S. Aggarwal, e L.C. Verman, Indian Vegetable Fuel Oils for Diesel Engines, *Gas Oil Power 37*:80-85 (1942). *Chem. Abstr. 36*:5330 (1942).
12. Amrute, P.V., Ground-Nut Oil for Diesel Engines, *Australasian Engr.* 60-61 (1947). *Chem. Abstr.* 41:6690 (1947).

13. Ref. 1250 (p. 195) na Ref. 6 deste trabalho.

14. Huguenard, C.M., *Dual Fuel for Diesel Engines Using Cottonseed Oil*, M.S. Thesis, The Ohio State University, Columbus, Ohio, 1951.

15. Lem, R.F.-A., *Dual Fuel for Diesel Engines Using Corn Oil with Variable Injection Timing*, M.S. Thesis, The Ohio State University, Columbus, Ohio, 1952.

16. Baker, A.W., e R.L. Sweigert, A Comparison of Various Vegetable Oils as Fuels for Compression-Ignition Engines, *Proc. Oil & Gas Power Meeting of the ASME*:40-48 (1947).

17. Pacheco Borges, G., Use of Brazilian Vegetable Oils as Fuel, *Anais Assoc. Quím. Brasil 3*:206-209 (1944). *Chem. Abstr. 39*:5067 (1945).

18. Manzella, A., L'Olio di Vinaccioli quale Combustibile Succedaneo della NAFTA (Raisin Seed Oil as a Petroleum Substitute), *Energia Termical* 4:92-94 (1936). *Chem. Abstr.* 31:7274 (1937).

19. Lugaro, M.E., e F. de Medina, The Possibility of the Use of Animal Oils and Greases in Diesel Motors, *Inst. Sudamericano Petróleo, Seccion Uruguaya, Mem. Primera Conf. Nacl. Aprovisionamiento y Empleo Combustibles 2*:159-175 (1944). *Chem. Abstr. 39*:5431 (1945).

20. Kobayashi, K., Formation of Petroleum from Fish Oils, Origin of Japanese Petroleum, *J. Chem. Ind. Japan 24*:1-26 (1921). *Chem. Abstr. 15*:2542 (1921).

21. Kobayashi, K., e E. Yamaguchi, Artificial Petroleum from Fish Oils, *J. Chem. Ind. Japan 24*:1399-1420 (1921). *Chem. Abstr. 16*:2983 (1922).

22. Faragher, W.F., G. Egloff, e J.C. Morrell, The Cracking of Fish Oil, *Ind. Eng. Chem. 24*:440-441 (1932). *Chem. Abstr. 26*:2882 (1932).

23. Lumet, G., e H. Marcelet, Utilization of Marine Animal and Fish Oils (as Fuels) in Motors, *Compt. Rend. 185*:418-420 (1927). *Chem. Abstr. 21*:3727 (1927).

24. Marcelet, H., Heat of Combustion of Some Oils from Marine Animals, *Compt. Rend. 184*:604-605 (1927). *Chem. Abstr. 21*:1890 (1927).

25. Okamura, K., Substitute Fuels for High-Speed Diesel Engines, *J. Fuel Soc. Japan 19*:691-705 (1940). *Chem. Abstr. 35*:1964 (1941).

26. Mayné, R., Palm Oil Motors, *Ann. Gembloux 26*:509-515 (1920). *Chem. Abstr. 16*:3192.

27. Ford, G.H., Vegetable Oils as Engine Fuel, *Cotton Oil Press 5*:38 (1921). *Chem. Abstr.* 15:3383 (1921).

28. Lazennec, I., Palm Oil as Motor Fuel, *Ind. Chim. 8*:262 (1921). *Chem. Abstr. 15*:3383 (1921).

29. Mathot, R.E., Vegetable Oils for Internal Combustion Engines, *Engineer 132*:138-139 (1921). *Chem. Abstr. 15*:3735 (1921).

30. Anônimo, Palm Oil as a Motor Fuel, *Bull. Imp. Inst. 19*:515 (1921). *Chem. Abstr. 16*:2769 (1922).

31. Anônimo, Tests on the Utilization of Vegetable Oils as a Source of Mechanical Energy, *Bull. Mat. Grasses Inst. Colon. Marseille*: 4-14 (1921). *Chem. Abstr. 16*:3192 (1922).

32. Mathot, Utilization of Vegetable Oils as Motor Fuels, *Bull. Mat. Grasses Inst. Colon. Marseille*:116-128 (1921). *Chem. Abstr. 17*:197 (1923).

33. Goffin, Tests of an Internal Combustion Motor Using Palm Oil as Fuel, *Bull. Mat. Grasses Inst. Colon. Marseille*:19-24 (1921). *Chem. Abstr. 16*:3192 (1922).

34. Leplae, E., Substitution of Vegetable Oil for Paraffin as Fuel for Motors and Tractors in the Colonies, *La Nature 2436*:374-378 (1920). *Chem. Abstr. 16*:4048 (1922).

35. Anônimo, The Utilization of Palm Oil as a Motor Fuel in the Gold Coast, *Bull. Imp. Inst. 20*:499-501 (1922). *Chem. Abstr. 17*:1878 (1923).

36. Mathot, R.E., Mechanical Traction in the (French) Colonies, *Chimie et Industrie*, Special number, pp. 759-763 (1923). *Chem. Abstr. 17*:3243 (1923).

37. Delahousse, P., Tests withVegetable Oils in Diesel and Semi-Diesel Engines, *Chim. Ind.* (Edição Especial): 764-766 (1923). *Chem. Abstr. 17*:3243 (1923).

38. Lumet, Utilization of Vegetable Oils, *Chaleur et industrie* (Edição Especial): 190-195 (1924). *Chem. Abstr. 19*:1189 (1925).

39. Walton, J., The Fuel Possibilities of Vegetable Oils, *Gas Oil Power 33*:167-168 (1938). *Chem. Abstr. 33*:833 (1939).

40. Schwab, A.W., M.O. Bagby, e B. Freedman, Preparation and Properties of Diesel Fuels from Vegetable Oils, *Fuel 66*:1372-1378 (1987).

41. Schmidt, A.W., Pflanzenöle als Dieselkraftstoffe, *Tropenpflanzer 35*:386-389 (1932). *Chem. Abstr. 27*:1735 (1933).

42. Schmidt, A.W., Engine Studies with Diesel Fuel (Motorische Untersuchungen mit Dieselkraftstoffen), *Automobiltechn. Z. 36*:212-214 (1933). *Chem. Abstr. 27*:4055 (1933).

43. Schmidt, A.W., e K. Gaupp; Pflanzenöle als Dieselkraftstoffe. *Tropenpflanzer* 37:51-59 (1934). *Chem. Abstr. 28*:6974 (1934).

44. Gaupp, K., Pflanzenöle als Dieselkraftstoffe (*Chem. Abstr.* translation: Plant Oils as Diesel Fuel), *Automobiltech. Z. 40*:203-207 (1937). *Chem. Abstr. 31*:8876 (1937).

45. Boiscorjon d'Ollivier, A., French Production of Soybean Oil. (La Production métropolitaine des Oléagineux: 'Le Soja') *Rev. Combust. Liq. 17*:225-235 (1939). *Chem. Abstr. 34*:3937 (1940).

46. Tatti, E., e A. Sirtori, Use of Peanut Oil in Injection, High-Compression, High-Speed Automobile Motors, *Energia Termica 5*:59-64 (1937). *Chem. Abstr. 32*:2318 (1938).

47. Seddon, R.H., Vegetable Oils in Commercial Vehicles, *Gas Oil Power 37*:136-141, 146 (1942). *Chem. Abstr. 36*:6775 (1942).

48. Gautier, M., Use of Vegetable Oils in Diesel Engines, *Rev. Combust. Liq. 11*:19-24 (1933). *Chem. Abstr. 27*:4372 (1933).

49. Gautier, M., Vegetable Oils and the Diesel Engines, *Rev. Combust. Liq. 11*:129-136 (1935). *Chem. Abstr. 29*:4611 (1935).

50. Smith, D.H., Fuel by the Handful, *Bus and Coach 14*:158-159 (1942).

51. Gauthier, M., Utilization of Vegetable Oil as Fuel in Diesel Engines, *Tech. Moderne 23*:251-256 (1931). *Chem. Abstr. 26*:278 (1932).

52. Hamabe, G., e H. Nagao, Performance of Diesel Engines Using Soybean Oil as Fuel, *Trans. Soc. Mech. Engnrs. (Japan) 5*; (n°. 20(II)):5-9 (1939). *Chem. Abstr. 35*:4178 (1941).

53. Manzella, G., Peanut Oil as Diesel Engine Fuel, *Energia Term. 3*:153-160 (1935). *Chem. Abstr. 30*:2347 (1936).

54. Gonzaga, L., The Role of Combined Oxygen in the Efficiency of Vegetable Oils as Motor Fuel, *Univ. Philippines Natural Appl. Sci. Bull. 2*:119-124 (1932). *Chem. Abstr. 27*:833 (1933).

55. Mailhe, A., Preparation of a Petroleum from a Vegetable Oil, *Compt. Rend. 173*:358-359 (1921). *Chem. Abstr. 15*:3739 (1921).

56. Melis, B., Experiments on the Transformation of Vegetable Oils and Animal Fats to Light Fuels, *Atti Congr. Naz. Chim. Ind.*: 238-240 (1924). *Chem. Abstr. 19*:1340 (1925).

57. Morrell, J.C., G. Egloff, e W.F. Faragher, Cracking of Palm Oil, *J. Chem. Soc. Chem. Ind. 51*:133-4T (1932). *Chem. Abstr. 26*:3650 (1932).

58. Egloff, G., e J.C. Morrell, The Cracking of Cottonseed Oil, *Ind. Eng. Chem. 24*:1426-1427 (1932). *Chem. Abstr. 27*:618 (1933).

59. Gomez Aranda, V., A Spanish Contribution to the Artificial Production of Hydrocarbons, *Ion 2*:197-205 (1942). *Chem. Abstr.* 37:1241 (1943).

60. Kobayashi, K., Artificial Petroleum from Soybean, Coconut, and Chrysalis Oils and Stearin, *J. Chem. Ind. (Japan) 24*:1421-1424 (1921). *Chem. Abstr. 16*:2983 (1922).

61. Mailhe, A., Preparation of Motor Fuel from Vegetable Oils, *J. Usines Gaz. 46*:289-292 (1922). *Chem. Abstr. 17*:197 (1923).

62. Sato, M., Preparation of a Liquid Fuel Resembling Petroleum by the Distillation of the Calcium Salts of Soybean Oil Fatty Acids, *J. Chem. Ind. (Japan)* 25:13-24 (1922). *Chem. Abstr. 16*:2984 (1922).

63. Sato, M., Preparation of Liquid Fuel Resembling Petroleum by Distilling the Calcium Soap of Soybean Oil, *J. Chem. Ind. (Japan) 26*:297-304 (1923). *Chem. Abstr. 18*:1375 (1924).

64. Sato, M., e K.F. Tseng, The Preparation of Fuel Oil by the Distillation of the Lime Soap of Soybean Oil. III. Experiments Using Oxides and Carbonates of Alkali Metals as Saponifying Agent, *J. Soc. Chem. Ind. (Japan) 29*:109-115 (1926). *Chem. Abstr. 20*:2759 (1926).

65. Sato, M., Preparation of Fuel Oil by the Dry Distillation of Calcium Soap of Soybean Oil. IV. Comparison with Magnesium Soap, *J. Soc. Chem. Ind. (Japan) 30*:242-245 (1927). *Chem. Abstr. 21*:2371 (1927).

66. Sato, M., Preparation of Fuel Oil by the Dry Distillation of Calcium Soap of Soybean Oil. V. Hydrogenation of the Distilled Oil, *J. Soc. Chem. Ind. (Japan) 30*:242-245 (1927). *Chem. Abstr. 21*:2371 (1927).

67. Sato, M., The Preparation of Fuel Oil by the Dry Distillation of Calcium Soap of Soybean Oil. VI. The Reaction Mechanism of Thermal Decomposition of Calcium and Magnesium Salts of Some Higher Fatty Acids, *J. Soc. Chem. Ind. (Japan) 30*:252-260 (1927). *Chem. Abstr. 21*:2372 (1927).

68. Sato, M., e C. Ito, The Preparation of Fuel Oil by the Dry Distillation of Calcium Soap of Soybean Oil. VI. The Reaction Mechanism of Thermal Decomposition of Calcium and Magnesium Salts of Some Higher Fatty Acids, *J. Soc. Chem. Ind. (Japan) 30*:261-267 (1927). *Chem. Abstr. 21*:2372 (1927).

69. de Sermoise, C., The Use of Certain Fuels in Diesel Motors, *Rev. Combust. Liq. 12*:100-104 (1934). *Chem. Abstr. 28*:4861 (1934).

70. Koo, E.C., e S.-M. Cheng, The Manufacture of Liquid Fuel from Vegetable Oils, *Chin. Ind. 1*:2021-2039 (1935). *Chem. Abstr. 30*:837 (1936).

71. Koo, E.C., e S.-M. Cheng, First Report on the Manufacture of Gasoline from Rapeseed Oil, *Ind. Res. (China) 4*:64-69 (1935). *Chem. Abstr. 30*:2725 (1936).

72. Koo, E.C., e S.-M. Cheng; Intermittent Cracking of Rapeseed Oil (article in Chinese), *J. Chem. Eng. (China) 3*:348-353 (1936). *Chem. Abstr. 31*:2846 (1937).

73. Ping, K., Catalytic Conversion of Peanut Oil into Light Spirits, *J. Chinese Chem. Soc. 3*:95-102 (1935). *Chem. Abstr.* 29:4612 (1935).

74. Ping, K., Further Studies on the Liquid-Phase Cracking of Vegetable Oils, *J. Chin. Chem. Soc. 3*:281-287 (1935). *Chem. Abstr. 29*:7683 (1935).

75. Ping, K., Cracking of Peanut Oil, *J. Chem. Eng. China 3*:201-210 (1936). *Chem. Abstr. 31*:238 (1937).

76. Ping, K., Light Oils from Catalytic Pyrolysis of Vegetable Seeds. I. Castor Beans, *J. Chem. Eng. (China) 5*:23-34 (1938). *Chem. Abstr. 33*:7136 (1939).

77. Tu, C.-M., e C. Wang, Vapor-Phase Cracking of Crude Cottonseed Oil, *J. Chem. Eng. China 3*:222-230 (1936). *Chem. Abstr. 31*:238 (1937).

78. Tu, C.-M., e F.-Y. Pan, The Distillation of Cottonseed Oil Foot, *J. Chem. Eng. China 3*:231-239 (1936). *Chem. Abstr. 31*:238 (1937).

79. Chao, Y.-S, Studies on Cottonseeds. III. Production of Gasoline from Cottonseed-Oil Foot. *J. Chem. Eng. (China) 4*:169-172 (1937).

80. Banzon, J., Coconut Oil. I. Pyrolysis, *Philippine Agr. 25*, 817-832 (1937). *Chem. Abstr. 31*:4518 (1937).

81. Michot-Dupont, F., Fuels Obtained by the Destructive Distillation of Crude Oils Seeds, *Bull. Assoc. Chim. 54*:438-448 (1937). *Chem. Abstr. 31*:4787 (1937).

82. Cerchez, V. Th., Conversion of Vegetable Oils into Fuels, *Mon. Pétrole Roumain 39*:699-702 (1938). *Chem. Abstr. 32*:8741 (1938).

83. Friedwald, M., New Method for the Conversion of Vegetable Oils to Motor Fuel, *Rev. Pétrolifère* (n°. 734): 597-599 (1937). *Chem. Abstr. 31*:5607 (1937).

84. Dalal, N.M., e T.N. Mehta, Cracking of Vegetable Oils, *J. Indian Chem. Soc., Ind. New. Ed. 2*:213-245 (1939). *Chem. Abstr. 34*:6837 (1940).

85. Chang, C.H., C.D. Shiah, e C.W. Chan, Effect of the Addition of Lime on the Cracking of Vegetable Oils, *J. Chin. Chem. Soc. 8*:100-107 (1941). *Chem. Abstr. 37*:6108 (1943).

86. Suen, T.-J., e K.C. Wang, Clay Treatment of Vegetable Gasoline, *J. Chin. Chem. Soc. 8*:93-99 (1941). *Chem. Abstr. 37*:6108 (1943).

87. Sun, Y.C., Pressure Cracking of Distillation Bottoms from the Pyrolysis of Mustard Seed, *J. Chin./ Chem. Soc. 8*:108-111 (1941). *Chem. Abstr. 37*:6108 (1943).

88. Lo, T.-S., Some Experiments on the Cracking of Cottonseed Oil, *Science (China) 24*:127-138 (1940). *Chem. Abstr. 34*:6040 (1940).

89. Lo, T.-S., e Tsai, L.-S., Chemical Refining of Cracked Gasoline from Cottonseed Oil, *J. Chin. Chem. Soc. 9*:164-172 (1942). *Chem. Abstr. 37*:6919 (1943).

90. Lo, T.-S., e L.-S. Tsai, Further Study of the Pressure Distillate from the Cracking of Cottonseed Oil, *J. Chem. Eng. China 9*:22-27 (1942). *Chem. Abstr. 40*:2655 (1946).

91. Bonnefoi, J., Nature of the Solid, Liquid, and Gaseous Fuels Which Can Be Obtained from the Oil-Palm Fruit, *Bull. Mat. Grasses Inst. Coloniale Marseille 27*:127-134 (1943). *Chem. Abstr. 39*:3141 (1945).

92. François, R., Manufacture of Motor Fuels by Pyrolysis of Oleaginous Seeds, *Tech. et Appl. Pétrole 2*:325-327 (1947). *Chem. Abstr. 41*:6037 (1947).

93. Otto, R.B., Gasoline Derived from Vegetable Oils, *Bol. Divulgação Inst. Óleos* (n°. 3):91-99 (1945). *Chem. Abstr. 41*:6690 (1947).

94. Tu, C.-M., e T.-T. Ku, Cottonseed Oil as a Diesel Oil, *J. Chem. Eng. China 3*:211-221 (1936). *Chem. Abstr. 31*:237 (1937).

95. Suen, T.-J., e L.-H. Li, Miscibility of Ethyl Alcohol and Vegetable Gasoline, *J. Chin. Chem. Soc. 8*:76-80 (1941). *Chem. Abstr. 37*:249 (1943).

96. Ilieff, B., Die Pflanzenöle als Dieselmotorbrennstoffe, *Österr. Chem.-Ztg. 42*:353-356 (1939). *Chem. Abstr. 34*:607 (1940).

97. Jalbert, J., Colonial Motor Fuels and Lubricants from Plants, *Carburants Nat. 3*:49-56 (1942). *Chem. Abstr. 37*:6107 (1943).

98. Charles, Application of Vegetable Oils as Fuels for Heating and Power Purposes, *Chimie et Industrie*, (Edição Especial): 769-774 (1923). *Chem. Abstr. 17*:3242 (1923).

99. Fachini, S., The Problem of Olive Oils as Fuels and Lubricants, *Chimi. Indust.* (Edição Especial): 1078-1079 (1933). *Chem. Abstr. 28*:283 (1934).

100. To Physical Chemistry Research Co., Distilling Oleaginous Vegetable Materials. Patente Francesa n°. 756,544, 11 de dezembro, 1933. *Chem. Abstr.* 28:2507.

101. To Physical Chemistry Research Co., Motor Fuel. Patente Francesa n°. 767,362, 17 de julho, 1934. *Chem. Abstr.* 29:2695.

102. Legé, E.G.M.R., Fuel Oils. Patente Francesa n°. 812,006, 28 de abril, 1937. *Chem. Abstr.* 32:1086[4]. See also addition 47,961, 28 de agosto, 1937. *Chem. Abstr.* 32:4773.

103. Jean, J.W., Motor Fuels, Patente dos EUA n°. 2,117,609 (Maio 17, 1938). *Chem. Abstr.* 32:5189 (1938).

104. To Standard Oil Development Co., Motor Fuels, Patente Britânica n°. 508,913 (7 de julho, 1939). *Chem. Abstr.* 34:3054 (1940).

105. Bouffort, M.M.J., Converting Fatty Compounds into Petroleum Oils. Patente Francesa n°. 844,105. *Chem. Abstr.* 34:7598.

106. Archer, H.R.W., e A. Gilbert Tomlinson, Coconut Products, Patente Australiana n°. 113,672 (13 de agosto de 1941). *Chem. Abstr.* 36:3348 (1942).

107. Chavanne, C.G., Procédé de transformation d'huiles végétales en vue de leur utilisation comme carburants (Procedure for the transformation of vegetable oils for their uses as fuels), Patente Belga n°. 422,877 (31 de agosto de 1937). *Chem. Abstr.* 32:4313 (1938).

108. Chavanne, G., Sur un Mode d'Utilization Possible de l'Huile de Palme à la Fabrication d'un Carburant Lourd (A Method of Possible Utilization of Palm Oil for the Manufacture of a Heavy Fuel), *Bull. Soc. Chim. 10*:52-58 (1943). *Chem. Abst. 38*:2183 (1944).

109. van den Abeele, M., L'Huile de Palme: Matière Première pour la Préparation d'un Carburant Lourd Utilisable dans les Moteurs à Combustion Interne (Palm Oil as Raw Material for the Production of a Heavy Motor Fuel), *Bull. Agr. Congo Belge 33*:3-90 (1942). *Chem. Abstr.* 38:2805 (1944).

110. Duport, R., Auto-Ignition Temperatures of Diesel Motor Fuels (Étude sur la Température d'Auto-inflammation des Combustibles pour Moteurs Diesel), *Oléagineux 1*:149-153 (1946). *Chem. Abstr. 43*:2402 (1949).

111. Wang, R., Development of Biodiesel Fuel, *Taiyangneng Xuebao 9*:434-436 (1988). *Chem. Abstr. 111*: 26233.

112 Bailer, J., e K. de Hueber, Determination of Saponifiable Glycerol in "Bio-Diesel," *Fresenius J. Anal. Chem. 340*:186 (1991). *Chem. Abstr. 115*:73906.

Capítulo

Conceitos Básicos sobre Motores Diesel e seus Combustíveis

Jon Van Gerpen

Introdução

O motor diesel tem sido escolhido para aplicações pesadas na agricultura, na construção civil, na indústria e no transporte rodoviário por mais de 50 anos. Sua popularidade histórica pode ser atribuída à sua capacidade de utilizar uma fração do petróleo bruto que tinha sido anteriormente identificada como resíduo do refino da gasolina. Mais tarde, a durabilidade, capacidade de fornecer alto torque e consumo eficiente do combustível foram os fatores mais determinantes para a sua aplicação. Por outro lado, apesar de não ser muito utilizado para carros de passeio nos Estados Unidos (< 1%), o óleo diesel é amplamente aceito na Europa para esta aplicação, respondendo por mais de 33% de todo o mercado (1).

Nos Estados Unidos, veículos de transporte rodoviário equipados com motores diesel consomem mais de 30 bilhões de galões de combustível por ano, e praticamente todo esse consumo é devido à frota de caminhões (2). No momento da edição deste livro, o biodiesel responde por uma fração muito pequena desse volume. No entanto, na medida em que a localização e prospecção do petróleo se tornam mais dispendiosas, e que aumentam as preocupações com questões ambientais sobre as emissões de motores movidos a óleo diesel e com o aquecimento global, o biodiesel provavelmente emergirá como uma alternativa em potencial para a substituição do óleo diesel.

Para entender as propriedades exigidas para combustíveis do tipo diesel e como o biodiesel poderá ser considerado uma alternativa interessante, é importante compreender os princípios básicos de operação dos motores. Este capítulo descreve esses princípios, particularmente à luz do tipo de combustível empregado e das maneiras como o biodiesel poderá apresentar vantagens sobre combustíveis convencionais derivados do petróleo.

A Combustão Diesel

O princípio de funcionamento dos motores diesel difere significativamente dos motores de ignição por centelha que são dominantes nas aplicações em carros de passeio no mercado dos Estados Unidos. No motor de ignição por centelha, o combustível e o ar são dosados em proporção quimicamente correta, formando a mistura estequiométrica que é introduzida no interior do cilindro, comprimida e então ignitada pela centelha. A potência do motor é controlada pela quantidade de mistura que entra no cilindro, utilizando-se uma válvula reguladora de fluxo, chamada de acelerador. No motor diesel, também conhecido como motor de ignição por compressão, apenas o ar entra no cilindro por meio do coletor de admissão. Esse ar é comprimido em altas temperaturas e pressão, quando então o combustível finamente vaporizado é pulverizado em alta velocidade no ar. Quando em contato com o ar em altas temperaturas, o combustível vaporiza-se rapidamente e, ao misturar-se com o ar, reações químicas resultam na ignição espontânea ou autoignição. Não há necessidade da vela de ignição, entretanto, alguns motores diesel são equipados com velas de aquecimento para proporcionar melhor partida sob baixas temperaturas.

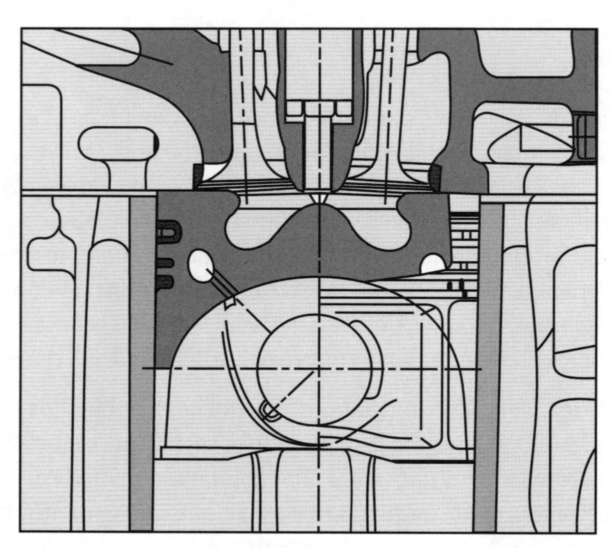

Figura 1. Secção transversal da câmara de combustão de um motor diesel.

A potência do motor é controlada pela variação do volume de combustível injetado no interior do cilindro; assim, não há necessidade do acelerador. A Figura 1 mostra a secção transversal da câmara de combustão e do bico injetor posicionado entre as válvulas de admissão e escapamento.

A duração do tempo envolvido no processo de combustão deve ser precisamente controlada para proporcionar baixas emissões e otimizar a eficiência do combustível. Essa duração é a soma dos tempos de injeção acrescida de um curto período entre o início da injeção e a autoignição, chamado de retardamento de ignição. Assim que ocorre a autoignição, a porção de combustível acumulada no retardamento queima muito rapidamente, durante um período denominado combustão em *pré-mistura*. Enquanto o combustível que tinha sido preparado durante o retardamento da ignição é consumido, o restante do combustível queima a uma determinada taxa que depende da relação ar/combustível da mistura. Esse período é conhecido como o de combustão com *mistura controlada*.

Condições heterogêneas da relação ar/combustível no cilindro, durante o processo de combustão, contribuem para a formação de partículas de fumaça, que é um dos maiores desafios aos projetistas de motores diesel. Essas partículas são formadas em regiões da câmara de combustão onde as temperaturas são altas e a relação ar/combustível é característica para misturas ricas em combustível, consistindo, principalmente, de carbono com uma pequena quantidade de hidrogênio e compostos inorgânicos. Embora ainda não se conheça o mecanismo, o biodiesel reduz a quantidade de fumaça e isso parece estar associado ao fato de que o combustível contém oxigênio (3). O nível de particulado no escapamento do motor compõe-se de partículas de fumaça e de hidrocarbonetos com alto peso molecular que as adsorvem, diminuindo a temperatura durante os processos de expansão e no duto de escapamento. Esses hidrocarbonetos, chamados de *fração orgânica solúvel*, normalmente aumentam quando se usa biodiesel, compensando o decréscimo de fumaça (4). O biodiesel é pouco volátil e, por isso, uma pequena quantidade de combustível não queima na combustão e, provavelmente, se deposita nas paredes do cilindro durante o processo de expansão.

O segundo desafio encontrado pelos projetistas de motores diesel é a emissão de óxidos de nitrogênio (NO_X). As emissões de NO_X estão associadas com as altas temperaturas dos gases e a condição de mistura pobre; quando comparada com outros poluentes, elas normalmente aumentam quando o biodiesel é utilizado (4). O NO_X contribui para a formação de nevoeiros de fumaça tóxica e é de difícil controle nos motores diesel, pois as reduções em NO_X tendem a ser acompanhadas pelo aumento das emissões de particulados e do consumo de combustível. Ainda que o oxigênio da molécula do biodiesel permita a formação de misturas ar/combustível pobres em relação às regiões de formação do NO_X, o mecanismo dominante parece estar relacionado com o efeito das mudanças nas propriedades físicas do biodiesel, como as da velocidade do som e do módulo de "bulk", no tempo de duração da injeção (5).

Uma das mais importantes propriedades do óleo diesel é a sua característica de autoignição nas temperaturas e pressões presentes no cilindro, quando esse combustível é injetado. O teste de laboratório utilizado para medir essa característica é o teste do *número de cetano* (NC) obtido pela norma ASTM D613. O teste compara a tendência de autoignição de uma amostra do combustível com misturas formadas por dois combustíveis padrões de referência, o cetano (hexadecano) e o heptametilnonano. Combustíveis com altos NC terão pequenos retardamentos de ignição e pequenas quantidades de combustível estarão presentes na fase de combustão em pré-mistura, em virtude do pequeno tempo para o preparo do combustível para a combustão. Muitos tipos de biodiesel têm NC maiores que o diesel de petróleo. O biodiesel produzido com matérias-primas saturadas tem NC mais elevado que aqueles produzidos com matérias-primas menos saturadas (6). O biodiesel de soja tem normalmente NC entre 48 e 52, enquanto o biodiesel de gordura amarela, que contém mais ésteres saturados, normalmente tem NC entre 60 e 65 (7). Para mais detalhes, veja o item 4.1 e as tabelas no Apêndice A.

Conteúdo de energia (calor de combustão). A energia contida no combustível não é controlada durante a sua obtenção. O valor do poder calorífico inferior do diesel será variável e dependerá da refinaria na qual é produzido, da época do ano e da fonte de petróleo utilizada como matéria-prima, porque todas essas variáveis afetam a composição do combustível. Óleos diesel com altas porcentagens de aromáticos tendem a ter altos conteúdos de energia por litro, ainda que os aromáticos tenham baixos poderes caloríficos por quilograma. Sua alta densidade mais que compensa o seu baixo conteúdo energético, quando se leva em consideração a massa do combustível. Isso tem importância especial quando se trata de motores diesel, porque o combustível é fornecido volumetricamente para o motor. Um combustível com baixo conteúdo energético por litro causará uma redução na potência máxima desenvolvida pelo motor. Em condições de cargas parciais, o motor fornecerá a potência necessária, mas o operador notará que uma maior quantidade volumétrica de combustível terá que ser injetada. O sistema de injeção pode avançar o ponto de injeção do combustível com o aumento do volume injetado, e isto pode causar um aumento nas emissões de NO_x. Somando-se aos efeitos da compressibilidade mencionados anteriormente, esse efeito é uma outra razão para a elevação das emissões de NO_x com o biodiesel (8).

O biodiesel não contém aromáticos, mas contém ésteres metílicos com diferentes níveis de saturação. Ésteres insaturados têm baixo conteúdo energético considerando-se suas massas, mas, em virtude de suas altas densidades, eles têm mais energia por unidade de volume. Por exemplo, o estearato de metila tem um alto poder calorífico de 40,10 MJ/kg, ou seja, é 0,41% maior que o oleato de metila (39,93 MJ/kg). Entretanto, em base volumétrica (a 40°C), o estearato de metila tem poder calorífico de 34,07 MJ/L, que é 0,7% menor que o oleato de metila (34,32 MJ/L) (9,10). Essas diferenças são tão pequenas que são praticamente desprezíveis para as diferentes matérias-primas utilizadas.

O biodiesel é menos energético (poder calorífico inferior de 37,2 MJ/kg para o biodiesel de soja) que o diesel n°. 2 (42,6 MJ/kg). Com base no peso, o nível de energia é 12,5% menor. Pela maior densidade do biodiesel, o seu conteúdo energético é apenas 8% menor por galão (32,9 vs. 36,0 MJ/L). Então, motores diesel com a mesma injeção volumétrica de combustível, quando em operação, apresentarão perda de potência da ordem de 8,4%. Em alguns casos, a perda da potência pode ser menor que esse valor em virtude da maior viscosidade do biodiesel, que reduz a perda devida a vazamentos no sistema de injeção, aumentando a quantidade de combustível injetado.

Testes mostraram que a eficiência real na conversão da energia do combustível em potência é a mesma para o biodiesel e o diesel de petróleo (11). Entretanto, o consumo específico obtido em freios dinamométricos (BSFC), que é a relação do fluxo em massa de combustível consumido dividido pela potência efetiva fornecida pelo motor, é o parâmetro mais comumente utilizado pelos fabricantes de motores para compará-los sob o ponto de vista de economia de combustível. Em geral, esse parâmetro será pelo menos 12,5% mais alto para o biodiesel. Os valores dos calores de combustão de vários materiais graxos fazem parte da literatura e podem ser encontrados nas tabelas do Apêndice A.

Emissões. Em condições ideais, todo carbono do combustível diesel queimaria transformando-se em dióxido de carbono, e todo o hidrogênio queimaria transformando-se em vapor de água. Em muitos casos, virtualmente todo o combustível segue esse caminho. Contudo, se o combustível tiver enxofre, este será oxidado, transformando-se em dióxido e trióxido de enxofre. Esses óxidos de enxofre podem reagir com o vapor de água formando ácido sulfúrico e outros componentes sulfatados. Esses sulfatos podem formar partículas na exaustão e elevar o nível de particulados na exaustão. Em 1993, a Agência Americana de Proteção Ambiental (EPA) estabeleceu que o diesel americano poderia conter no máximo 500 ppm de enxofre. Isso correspondeu a uma redução de dez vezes no teor de enxofre, contribuindo grandemente para a redução de particulados na exaustão. Em 2006, a EPA estabeleceu uma nova redução do enxofre para 15 ppm. Isso eliminará o enxofre como componente formador de particulados na exaustão e permitirá a introdução de tratamentos catalíticos de gases em motores diesel. O enxofre é um potente veneno para os catalisadores e limita as opções disponíveis para o controle das emissões nos motores do futuro. O biodiesel de óleo de soja tem muito pouco enxofre. Contudo, amostras de biodiesel originárias de algumas gorduras de animais utilizadas como matéria-prima contêm teores de enxofre que excedem o estabelecido em 2006 e, portanto, necessitarão de tratamento posterior.

Os aromáticos são uma classe de hidrocarbonetos que se caracterizam por ter estrutura química estável. Eles usualmente estão presentes no diesel em níveis entre 25 e 35%, e são desejáveis porque contribuem para o aumento da energia por litro de combustível; contudo, podem contribuir para aumentar as emissões de particulados e NO_x e têm baixo NC. No início dos anos 1990, o Conselho da Qualidade do Ar da Califórnia (California Air Resources) estabeleceu normas limitando em 10% o teor de aromáticos do diesel vendido na Califórnia. Mais tarde, o conselho admitiu que o teor de aromáticos poderia ser maior, caso os fabricantes de combustível fossem capazes de mostrar equivalência das emissões comparadas aos combustíveis com baixos teores de aromáticos. O biodiesel não contém compostos aromáticos.

Operação em baixas temperaturas. O combustível diesel contém pequenas quantidades de hidrocarbonetos de cadeia longa, chamados de ceras ou parafinas, que se cristalizam em temperaturas contidas na faixa normal de operação dos motores diesel. Se as temperaturas forem bastante baixas, os cristais de parafinas se aglomerarão, entupindo os filtros de combustível e impedindo o funcionamento do motor. Em temperaturas suficientemente baixas, o combustível se solidificará. Esse fenômeno também ocorre com o biodiesel. Os ácidos graxos saturados produzem ésteres metílicos, fazendo com que ocorra a cristalização na temperatura próxima de 0 °C para o óleo de soja e entre 13 e 15 °C para gordura animal e óleos de fritura (12,13). A medida mais comum para determinar essa tendência é o ponto de névoa (PN). Esse ponto é caracterizado pela temperatura na qual tem início a visualização de névoa no combustível. Um teste mais extremo é o do ponto de fluidez (PF), que é a temperatura mínima na qual o combustível ainda pode fluir através de um vaso recipiente. As normas ASTM D2500 e D97 são usadas para determinar, respectivamente, os pontos de névoa e de fluidez dos combustíveis. Outros testes são usados para medir a tendência de entupimento dos filtros pelo combustível.

Aditivos conhecidos como redutores do ponto de fluidez podem ser usados para reduzir a aglomeração dos cristais de ceras ou parafinas, fazendo com que ocorra uma redução no ponto de entupimento dos filtros. Também é comum a mistura de diesel n°. 1 no diesel n°. 2 para reduzir o ponto de operacionalidade do combustível. O diesel n°. 1 tem um baixíssimo teor de parafinas e, assim, dilui as parafinas contidas no diesel n°. 2, reduzindo a temperatura de solidificação. Tanto o diesel n°. 1 quanto o n°. 2 podem ser misturados com biodiesel para baixar a temperatura de operação do combustível. O biodiesel, usado entre 1-2%, funciona como aditivo de lubricidade e não tem efeito no ponto de névoa. As misturas de B20 têm temperatura de operação mais elevadas que o combustível original diesel, mas muitos usuários de B20 têm constatado que a mistura pode ser utilizada, sem problemas, em clima frio.

Viscosidade. A viscosidade especificada por norma para o combustível diesel encontra-se numa faixa bastante estreita. Os hidrocarbonetos contidos na faixa de destilação do diesel facilmente atendem a especificação da viscosidade. A maioria dos sistemas de injeção diesel comprime o combustível a ser injetado, usando uma simples bomba de pistão e um cilindro. Para atingir as altas pressões requeridas pelos modernos sistemas de injeção, as folgas entre o êmbolo e o cilindro são da ordem de ~0,0001" (0,00025 cm). Apesar dessa pequena folga, uma quantidade significativa de combustível vaza pelo êmbolo durante a compressão. Se a viscosidade do combustível é baixa, o vazamento corresponderá a uma perda de potência da máquina. Se a viscosidade é alta, a bomba injetora não será capaz de fornecer combustível suficiente para a câmara de bombeamento. Novamente, o efeito se manifestará pela perda de potência da máquina. A faixa de viscosidade característica do biodiesel ultrapassa a faixa do combustível diesel; no entanto, alguns tipos de biodiesel têm viscosidade abaixo do limite (14). Se a viscosidade é extremamente excessiva, como no caso dos óleos vegetais, ocorrerá a degradação da pulverização no cilindro, reduzindo a eficiência da atomização e promovendo a contaminação do óleo lubrificante e a produção de fumaça preta. Mais detalhes sobre viscosidade são dados no Capítulo 6.2, e nos dados das tabelas do Apêndice A.

Corrosão. Muitas partes do sistema de injeção diesel são construídas com aço de alto teor de carbono; e são propensas a sofrer corrosão quando em contato com a água. Os danos provocados pela água são a principal causa das falhas prematuras que ocorrem nos sistemas de injeção diesel. Combustível diesel contendo água em excesso, que pode entrar no sistema de injeção, pode causar danos irreversíveis num curtíssimo espaço de tempo. Muitas máquinas diesel são equipadas com separadores de água que fazem com que as pequenas gotas se juntem, formando gotas maiores que se separam do fluxo de combustível, podendo ser removidas. Existem algumas informações dando conta da ineficiência dos separadores de água, quando se usa biodiesel.

A água pode estar presente no combustível de forma dissolvida ou livre. O diesel de petróleo pode absorver cerca de 50 ppm de água dissolvida, enquanto o biodiesel pode absorver mais de 1500 ppm (15). Enquanto a água dissolvida pode afetar a estabilidade do combustível, a água livre está mais fortemente associada aos efeitos da corrosão.

A norma ASTM D2709 é usada para medir a quantidade total de água livre e sedimentos numa amostra de combustível diesel. O método usado é o da centrifugação para separar a água e os sedimentos e a especificação, tanto para o diesel como para o biodiesel, limita a quantidade em 0,05%.

Alguns componentes do diesel, especialmente os compostos do enxofre, podem ser corrosivos. Componentes de cobre são particularmente suscetíveis a esse tipo de corrosão e, por isso, o cobre é usado como indicador da tendência de corrosão causada pelo combustível. A norma ASTM D130 usa uma lâmina de cobre polida, que é mergulhada no combustível para caracterizar a tendência de corrosão dos metais. Embora algumas manchas sejam tipicamente permitidas, o teste de corrosão pode falhar.

Sedimentos. Os filtros de diesel são dimensionados para reter partículas maiores que 10 μm. Algumas máquinas mais novas estão equipadas com filtros para reter partículas menores que 2 μm. Esses filtros podem entupir, em virtude da presença de materiais estranhos no combustível utilizado no sistema de injeção. Contudo, quando o combustível está sujeito a altas temperaturas e na presença de oxigênio do ar, pode sofrer mudanças químicas formando compostos insolúveis no próprio combustível. Esses compostos formam depósitos de verniz e sedimentos que podem obstruir orifícios e colar em partes móveis, causando assim o engripamento. Muitos testes e procedimentos foram desenvolvidos para medir a tendência do combustível diesel em formar sedimentos, como a norma ASTM D2274, que ainda não tem aceitabilidade suficiente para ser incluída nas especificações do combustível diesel (ASTM D975). Em virtude de sua alta concentração de compostos insaturados, espera-se que o biodiesel seja mais suscetível à degradação por oxidação que o diesel de petróleo.

A presença de materiais inorgânicos no combustível produz cinzas que podem ser abrasivas e contribuir para o desgaste entre o pistão e o cilindro. A norma ASTM D482 é usada na determinação de cinzas no combustível diesel. A especificação ASTM para o biodiesel, D6751, refere-se a ASTM D874 para a determinação de cinza. Esse método mede cinza sulfatada, sendo mais completo que o que mede apenas cinza de sódio e de potássio. Esses metais provêm do catalisador usado no processo de produção de biodiesel e são provavelmente as principais fontes de cinza no biodiesel.

Quando o combustível é exposto a altas temperaturas, na ausência de oxigênio, pode sofrer pirólise e se transformar em um resíduo rico em carbono. Ainda que isso não possa ocorrer no cilindro de uma máquina em operação normal, alguns sistemas de injeção têm tendência de formar resíduos na região interna do bico injetor, cuja concentração limita a amplitude de movimento das suas partes móveis. Vários testes e procedimentos, como o das normas ASTM D189, D524 e D4530, foram desenvolvidos no sentido de prever a tendência do combustível em formar depósitos de carbono no interior do cilindro. Infelizmente, é difícil reproduzir, num teste, as condições internas do cilindro; por isso, torna-se limitada a correlação desses procedimentos com os depósitos encontrados nas máquinas atuais, no momento da edição deste livro.

Os sistemas de injeção diesel são criteriosamente dimensionados, pois possuem componentes que trabalham sob elevadas tensões. Essas partes devem ser lubrificadas para evitar o desgaste prematuro. Todos os sistemas de injeção são lubrificados pelo próprio combustível. Essa característica ainda tem sido muito discutida, pois é sabido que, à medida que as refinarias reduzem o teor de enxofre no diesel, também é reduzida a sua capacidade de lubrificação. A propriedade de lubrificação do combustível é caracterizada pela sua *lubricidade*. Existem dois métodos que normalmente são utilizados para medir a lubricidade do diesel, o sistema de avaliação da lubricidade com esfera de atrito sob desgaste adesivo severo (SL-BOCLE: ASTM D6078-99) e um sistema com mecanismo de atrito em movimento recíproco de alta frequência (HFRR: ASTM D6079-99), mas ambos os métodos têm sido muito criticados. Isso se deve principalmente à falta de correlação entre os procedimentos dos testes e à grande variabilidade na comparação entre esses testes. O biodiesel tem excelentes características de lubricidade, fazendo com que a adição de uma pequena quantidade (da ordem de 1 a 2%) de biodiesel num combustível de baixa lubricidade resulte em que o mesmo passe a ter lubricidade aceitável (16).

Ponto de fulgor. Os usuários de motores diesel tratam o combustível como se não fosse inflamável. As volatilidades do diesel nº. 1 e do nº. 2 são baixas, tanto que a mistura vaporizada desses combustíveis está abaixo do limite de inflamabilidade. A propriedade que caracteriza esse comportamento é o *ponto de fulgor*. O ponto de fulgor é dado pela temperatura na qual o combustível estaria bastante vaporizado, a ponto de inflamar a mistura: para o diesel, essa temperatura está entre 52-66 °C e, para a gasolina, em -40 °C. Uma vantagem importante para o biodiesel é a de ter alto ponto de fulgor, > 150 °C, indicando que se trata de um combustível pouco inflamável.

Novas Tecnologias

As exigências para a redução de emissões e consumo de combustível têm conduzido a indústria a incorporar avanços tecnológicos envolvendo o estado da arte tanto na eletrônica como na tecnologia de fabricação. Atuadores com excêntricos controlados eletronicamente permitem que os limites das pressões de injeção do combustível sejam > 2.000 bar. A mistura rápida proporcionada pela alta velocidade do jato, em virtude dessas pressões extremas, proporciona uma redução na formação de material particulado, completa virtualmente a oxidação da fumaça e a atuação simultânea no ajuste adequado do tempo de injeção e permite a redução do NO_x.

A introdução do sistema *common rail* para os motores utilizados nas aplicações leves e médias tem flexibilizado as características da injeção do combustível. Esse sistema permite múltiplas injeções num mesmo ciclo motor. A estratégia comum desses sistemas é a de iniciar a combustão com duas injeções curtas denominadas piloto e pré-injeção. Essas injeções produzem um ambiente interno no cilindro, de modo que a injeção principal ocorre com retardamento muito pequeno, fazendo com que a parte da combustão ainda na fase de pré-mistura seja pequena e, com isto, reduzindo a formação de NO_X. Essas injeções curtas que precedem a injeção principal também reduzem o barulho e a vibração do motor. Imediatamente após a injeção principal, uma pequena quantidade de combustível pode ser injetada para auxiliar na oxidação da fumaça. Ainda na expansão, uma pós-injeção garante o pós-tratamento da grande quantidade de hidrocarbonetos presentes no escapamento. O alto grau de controle oferecido pelo sistema de injeção *common rail* não seria possível sem o uso de uma central eletrônica. O uso de potentes computadores de bordo em motores do ciclo diesel esteve inicialmente por trás dessa mesma aplicação em motores de ignição por centelha; porém, os motores mais modernos têm corrigido essa deficiência.

Com exceção de alguns catalisadores de oxidação, os motores diesel não usavam tradicionalmente o pós-tratamento de gases para controlar as emissões. A tecnologia dos catalisadores de três vias, que é largamente utilizada nos veículos com motores de ignição por centelha, não é adequada para uso em motores diesel porque devem operar em condições próximas da estequiometria da mistura ar-combustível para poder reduzir simultaneamente o monóxido de carbono, os hidrocarbonetos não queimados e os óxidos de nitrogênio. Os motores diesel sempre operam com excesso de oxigênio; então, a redução catalítica necessária para eliminar o NO_X não opera. Os catalisadores de oxidação utilizados em alguns motores diesel são capazes de reduzir, por oxidação, o nível de particulados e adsorver alguns hidrocarbonetos provenientes da fumaça, mas não são efetivos para a redução da parte sólida dos particulados e não reduzem o NO_X.

Recentes inovações incluem catalisadores que capturam materiais particulados do diesel. Esses dispositivos fazem com que os gases da exaustão passem por materiais cerâmicos porosos que absorvem os particulados. A superfície da cerâmica é revestida com catalisador que oxida as partículas e assim elas são coletadas. Retentores de NO_X e absorventes também estão em desenvolvimento. Esses dispositivos convertem cataliticamente o NO_X em compostos estáveis que são coletados pelo catalisador e periodicamente removidos durante o ciclo de regeneração. Os catalisadores utilizados para a retenção de particulados e para absorver NO_X são muito vulneráveis à presença de enxofre no combustível. Como mencionado anteriormente, para permitir o desenvolvimento dessa tecnologia, a agência americana EPA regulamentou, para 2006, a redução no teor de enxofre de 500 para 15 ppm.

Para aumentar o fornecimento de ar no motor, têm sido desenvolvidos sistemas turbocompressores de geometria variável que aumentam a faixa de operação dos motores pelo fornecimento adequado de ar, mantendo baixa a emissão de particulados. Trocadores de calor ar-ar, utilizados como pós-resfriadores ("after-coolers"), também são utilizados para reduzir a temperatura do ar de admissão, reduzindo também o NO_X e os particulados nas emissões.

Ainda se conhece pouco a respeito do uso de biodiesel em motores de tecnologia mais avançada. Contudo, a adição dos sistemas de tratamento dos gases de escape, para controlar as emissões de particulado e NO_X, pode facilitar o uso do biodiesel, mesmo porque não existem indicações contrárias ao fato de que esse combustível seja plenamente compatível com os motores mais modernos.

Referências

1. Broge, J.L., "Revving Up For Diesel", *Automotive Engineering International*, V. 110, n°. 2, Fevereiro de 2002, pp. 40-49.
2. Energy Information Administration, www.eia.doe.gov
3. McCormick, R.L., J.D. Ross, e M.S. Graboski, "Effect of Several Oxygenates on Regulated Emissions from Heavy-Duty Diesel Engines", *Environ. Sci. and Technol.* V. 31, n°. 4, 1997, pp. 1144-1150.
4. Sharp, C.A., S.A. Howell, e J. Jobe, "The Effect of Biodiesel Fuels on Transient Emissions from Modern Diesel Engines", Part I "Regulated Emissions and Performance", *SAE 2000-01-1967*, 2000.
5. Tat, M.E., J.H. Van Gerpen, S. Soylu, M. Canakci, A. Monyem, e S. Wormley, "The Speed of Sound and Isentropic Bulk Modulus of Biodiesel at 21°C from Atmospheric Pressure to 35 Mpa", *Journal of the American Oil Chemists' Society*, V. 77, n°. 3, 2000, pp. 285-289.
6. Knothe, G., M.O. Bagby, e T.W. Ryan, III, "Cetane Numbers of Fatty Compounds: Influence of Compound Structure and of Various Potential Cetane Improvers", *SAE Paper 971681*, (SP-1274), 1997.
7. Van Gerpen, J., "Cetane Number Testing of Biodiesel", Liquid Fuels and Industrial Products from Renewable Resources – *Proceedings of the Third Liquid Fuels Conference*, Nashville, Tenn., 15-17 de setembro, 1996.
8. Tat, M.E e J.H. Van Gerpen, "Fuel Property Effects on Biodiesel", *ASAE Paper 036034*, presented at the American Society of Agricultural Engineers 2003 Annual Meeting, Las Vegas, NV, 27-30 de julho, 2003.
9. Freedman, B. e M.O. Bagby, "Heats of Combustion of Fatty Esters and Triglycerides", *Journal of the American Oil Chemists' Society*, V. 66, n°. 11, Novembro de 1989, p. 1601-1605.
10. Weast, R.C., Editor, "*Handbook of Chemistry and Physics*", 51ª Edição, Chemical Rubber Company, Cleveland, Ohio, 1970-1971.
11. Monyem, A. e J.H. Van Gerpen, "The Effect of Biodiesel Oxidation on Engine Performance and Emissions", *Biomass and Bioenergy*, V. 20, n°. 4, 2001, pp. 317-325.
12. Lee, I., L.A. Johnson, e E.G. Hammond, "Use of Branched-Chain Esters to Reduce the Crystallization Temperature of Biodiesel", *Journal of the American Oil Chemists' Society*, V. 72, n°. 10, 1995, pp. 1155-1160.
13. Dunn, R.O. e M.O. Bagby, "Low-Temperature Properties of Triglyceride-Based Diesel Fuels: Transesterified Methyl Esters and Petroleum Middle Distillate/Ester Blends", *Journal of the American Oil Chemists' Society*, V. 72, n°. 8, 1995, pp. 895-904.
14. Van Gerpen, J.H., E.G. Hammond, L. Yu, e A. Monyem, "*Determining the Influence of Contaminants on Biodiesel Properties*", Society of Automotive Engineers Technical Paper Series n°. 971685, SAE, Warrendale, PA, 1997.
15. Schumacher, L.G. e B.T. Adams, "Using Biodiesel as a Lubricity Additive for Petroleum Diesel Fuel", *ASAE Paper 026085*, julho de 2002.
16. Tat, M.E. e J.H. Van Gerpen, "The Kinematic Viscosity of Biodiesel and Its Blends with Diesel Fuel", *Journal of the American Oil Chemists' Society*, V. 76, n°. 12, 1999, pp. 1511-1513.

Produção de Biodiesel

4.1
Princípios da Reação de Transesterificação

Jon Van Gerpen e Gerhard Knothe

Introdução

Quatro métodos têm sido investigados para reduzir a alta viscosidade de óleos vegetais e, assim, permitir o seu uso em motores diesel sem problemas operacionais, como a formação de incrustações e depósitos: uso de misturas binárias com petrodiesel, pirólise, microemulsificação (ou mistura cossolvente) e transesterificação (1). A transesterificação é de longe o método mais comum e por isso será o assunto deste capítulo. Apenas a transesterificação leva a produtos comumente denominados biodiesel, isto é, ésteres alquílicos de óleos e gorduras. Os outros três métodos são discutidos no Capítulo 10.

Os ésteres mais comumente empregados são os ésteres metílicos, principalmente porque o metanol é geralmente o álcool mais barato, embora existam exceções em alguns países. No Brasil, por exemplo, onde o etanol é mais barato, ésteres etílicos são utilizados como combustível. Além do metanol e do etanol, ésteres de óleos vegetais e gordura animal produzidos com outros álcoois de baixa massa molar já foram investigados em relação ao processo de produção e às propriedades do combustível produzido. As propriedades dos vários ésteres estão listadas nas tabelas do Apêndice A. A Tabela 1 deste capítulo

Tabela 1. Propriedades de álcoois C_1 a C_4					
	Fórmula	Massa molar	Ponto de ebulição (°C)	Ponto de fusão (°C)	Densidade (g/mL)
Metanol	CH_3OH	32,042	65	–93,9	0,791420/4
Etanol	C_2H_5OH	46,069	78,5	–117,3	0,789320/4
1-Propanol	$CH_2OH\text{-}CH_2\text{-}CH_3$	60,096	97,4	–126,5	0,803520/4
2-Propanol (*iso*-Propanol	$CH_3\text{-}CHOH\text{-}CH_3$	60,096	82,4	–89,5	0,785520/4
1-Butanol (*n*-Butanol)	$CH_3\text{-}CH_2\text{-}CH_2\text{-}CH_2\text{-}OH$	74,123	117,2	–89,5	0,809820/4
2-Butanol	$CH_3\text{-}CHOH\text{-}CH_2\text{-}CH_3$	74,123	99,5	–	0,808020/4
2-Metil-1-propanol (*iso*-Butanol)	$CH_2OH\text{-}CH(CH_3)\text{-}CH_2\text{-}CH_3$	74,123	108	–	0,801820/4
2-Metil-2-propanol (*terc*-Butanol)	$CH_3\text{-}COH(CH_3)\text{-}CH_3$	74,123	82,3	25,5	0,788720/4

contém uma lista de álcoois de um a quatro carbonos e as suas principais propriedades. O Apêndice A também traz informações sobre os óleos vegetais e gorduras animais já utilizados como matéria-prima em reações de transesterificação, bem como os ésteres de ácidos graxos e os ésteres produzidos a partir de óleos em gorduras.

Além de óleos vegetais e gordura animal, outros materiais como óleos utilizados para a cocção de alimentos (fritura) também são adequados para a produção de biodiesel; no entanto, mudanças no procedimento de reação são frequentemente necessárias em virtude da presença de água e de ácidos graxos livres (AGL). A presente seção discute a reação de transesterificação da maneira como é mais comumente empregada para óleos vegetais (refinados) e materiais afins. Matérias-primas e processos alternativos, brevemente citados neste trabalho, serão discutidos em outra seção. O esquema geral da reação de transesterificação foi apresentado na introdução deste trabalho e se encontra reproduzido novamente na Figura 1.

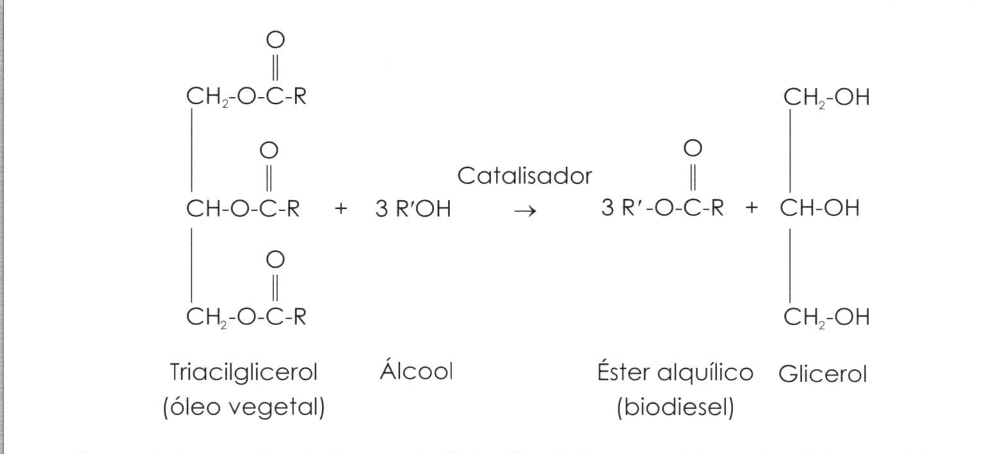

Figura 1. A reação de transesterificação. R é uma mistura de várias cadeias de ácidos graxos. O álcool usado para a produção de biodiesel é usualmente o metanol (R'=CH_3).

Di- e monoacilgliceróis são formados como intermediários durante a reação de transesterificação. A Figura 2 demonstra qualitativamente a relação entre conversão e tempo de reação para um processo em que di- e monoacilgliceróis estão representados como intermediários de reação. Aspectos quantitativos dessa figura, como a concentração final dos vários tipos de glicerídeos e a concentração máxima que di- e monoacilgliceróis podem atingir durante o processo, podem variar consideravelmente de reação para reação, dependendo das condições em que ela é realizada. A escala da Figura 2 também pode variar se a concentração (em mol/L) dos componentes é empregada em substituição à taxa de conversão.

Várias revisões bibliográficas relacionadas à transesterificação como processo para a produção de biodiesel já foram publicadas na literatura (2-10). Da mesma forma, a produção de biodiesel por transesterificação tem sido motivo para numerosos artigos científicos. Geralmente, a transesterificação pode ser realizada por catálise ácida ou básica (para outros tipos de transesterificação, vide a próxima seção). No entanto, em catálise homogênea, catalisadores alcalinos (hidróxidos de sódio e de potássio; ou os alcóxidos correspondentes) proporcionam processos muito mais rápidos que catalisadores ácidos (11-13).

Além do tipo de catalisador (alcalino ou ácido), outros parâmetros de reação que têm sido investigados na transesterificação alcalina incluem a razão molar entre o álcool e o óleo vegetal, a temperatura, o tempo de reação, o grau de refino do óleo vegetal empregado e o efeito da presença de umidade e ácidos graxos livres (12). Para a transesterificação proporcionar rendimentos máximos, o álcool deve ser livre de umidade e o conteúdo de AGL do óleo vegetal deve ser inferior a 0,5% (12). A ausência de umidade na reação de transesterificação é importante porque, de acordo com a equação a seguir (representada para ésteres metílicos),

$$\text{R-COOCH}_3 + \text{H}_2\text{O} \rightarrow \text{R-COOH} + \text{CH}_3\text{OH} \qquad (\text{R = alquil})$$

pode ocorrer a hidrólise dos ésteres alquílicos sintetizados a AGL. Da mesma forma, a reação de triacilgliceróis com água pode formar AGL porque essas substâncias também são ésteres. A 32 °C, a transesterificação atinge 99% de rendimento em 4 h quando um catalisador alcalino é empregado (NaOH ou NaOMe) (12). Em temperaturas $\geq$ 60 °C, empregando óleos vegetais refinados em razões molares álcool:óleo de pelo menos 6:1, a reação pode se completar em 1 h, fornecendo ésteres metílicos, etílicos ou butílicos (12). Apesar de os óleos brutos também poderem ser transesterificados, os rendimentos de reação são geralmente reduzidos, em virtude da presença de gomas e materiais de outra natureza química no óleo vegetal. Estes parâmetros (temperatura de 60 °C e razão molar metanol:óleo de 6:1) têm se definido como uma condição padrão para a transesterificação metílica. Razões molares e temperaturas similares têm sido comumente divulgadas na literatura (14-17). Outros álcoois (etanol ou butanol) requerem temperaturas mais altas (75 e 114 °C, respectivamente) para uma conversão otimizada (12). Soluções de alcóxidos com o álcool correspondente [preparado a partir da reação direta do metal com o álcool ou por eletrólise de sais com a subsequente reação com o álcool (18)] apresentam vantagens sobre os hidróxidos, porque a reação de formação de água,

$$\text{R'OH} + \text{XOH} \rightarrow \text{R'OX} + \text{H}_2\text{O} \qquad (\text{R' = alquil; X = Na ou K})$$

não pode ocorrer no sistema de reação, assegurando que o processo de transesterificação permaneça livre de água tanto quanto possível. Essa reação, no entanto, é responsável pela formação dos alcóxidos quando NaOH ou KOH são empregados como catalisadores. Os catalisadores são muito higroscópicos; portanto, precauções como o tratamento com nitrogênio devem ser tomadas para evitar qualquer contato com a umidade relativa do ar. O uso de alcóxidos também resulta em uma fração glicerínica de maior pureza ao final da reação.

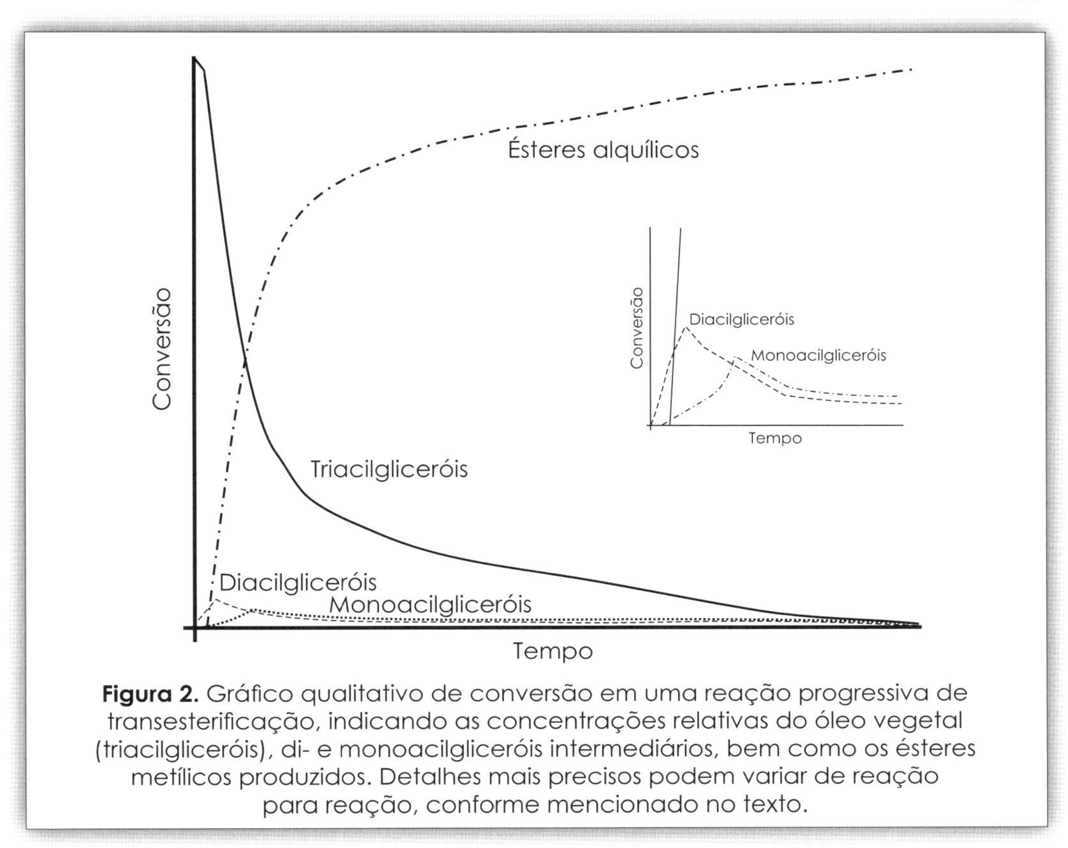

Figura 2. Gráfico qualitativo de conversão em uma reação progressiva de transesterificação, indicando as concentrações relativas do óleo vegetal (triacilgliceróis), di- e monoacilgliceróis intermediários, bem como os ésteres metílicos produzidos. Detalhes mais precisos podem variar de reação para reação, conforme mencionado no texto.

Efeitos similares aos discutidos também foram observados em estudos de transesterificação empregando sebo bovino (19,20). Os AGL e, ainda mais importantemente, a água, devem ser mantidos nos menores níveis praticáveis. O emprego de NaOH foi identificado como mais eficiente que os alcóxidos; no entanto, essa observação também pode ter sido decorrente dos parâmetros reacionais empregados nesse trabalho. A agitação foi considerada importante, em virtude da imiscibilidade do NaOH/metanol em sebo bovino, sendo que a redução do tamanho das gotículas de NaOH/metanol no meio de reação favoreceu o rendimento de transesterificação (20). O etanol é mais solúvel em sebo bovino e por isso resultou em maiores rendimentos (21), e essa observação deve também prevalecer para outros tipos de matéria-prima.

Outros autores divulgaram o uso de ambos NaOH e KOH na transesterificação de óleo de colza (22). Trabalhos recentes optaram pelo emprego de KOH para a produção de biodiesel a partir de óleos de fritura. Com a reação conduzida à pressão e temperatura ambientes, taxas de conversão de 80 a 90% foram obtidas em 5 min, mesmo quando relações estequiométricas de metanol foram empregadas (23). Em duas transesterificações consecutivas (com a adição de mais MeOH/KOH aos ésteres metílicos após a primeira etapa de reação), rendimentos em ésteres de até 99% foram atingidos. Foi observado que o emprego de óleos vegetais com até 3% de AGL não afetou o processo negativamente, e teores de fosfatídeos até o limite de 300 ppm de fósforo também foram aceitáveis. Os ésteres metílicos resultantes do processo atingiram as especificações praticadas na Áustria e na Europa para o produto biodiesel sem qualquer tratamento adicional. Em um estudo similar ao descrito anteriormente sobre a transesterificação de óleo de soja (11,12), foi concluído que o KOH é preferível ao NaOH para a transesterificação de óleo de açafrão de origem turca (24). As condições ótimas de reação foram identificadas como de 1% (m/m) de KOH a 69 ± 1 °C a uma razão álcool:óleo de 7:1 para fornecer um rendimento em ésteres metílicos de 97,7% em 18 minutos. Dependendo do óleo vegetal e de sua composição em ácidos graxos e AGL, ajustes na razão molar álcool:óleo e na concentração do catalisador podem ser necessários, como relatado nos estudos de transesterificação alcalina do óleo de *Brassica carinata* (25).

Em princípio, a transesterificação é uma reação reversível, embora durante a produção de ésteres alquílicos de óleos vegetais, isto é, biodiesel, a reação reversa não ocorra ou seja consideravelmente negligenciável porque o glicerol formado na reação não é miscível no produto, levando a um sistema de duas fases. A cinética de transesterificação do óleo de soja com metanol ou 1-butanol foi definida (26) como de pseudoprimeira ordem ou de segunda ordem. No entanto, dados cinéticos divulgados nesse estudo (26) foram reinvestigados por outros autores (27-30) e diferenças importantes foram identificadas. A cinética da metanólise do óleo de girassol a uma razão molar metanol:óleo de 3:1 foi demonstrada como de segunda ordem no início da reação, mas a velocidade da reação decresceu à medida que o glicerol foi sendo gerado no meio reacional (27). Foi demonstrado que a reação imediata (reação em que todas as três posições do triacilglicerol reagem virtualmente ao mesmo tempo para fornecer três moléculas de ésteres alquílicos e uma de glicerol) originalmente proposta (26) como parte da reação é improvável, que a cinética de segunda ordem não foi seguida e que o fenômeno de miscibilidade (27-30) tem uma importância significativa no processo. O motivo é que o óleo vegetal de origem e o metanol não são muito miscíveis. O fenômeno de miscibilidade resulta em uma fase *lag* na formação dos ésteres metílicos, como indicado qualitativamente na Figura 2. A formação de glicerol a partir dos triacilglicerídeos procede por etapas a partir dos di- e monoacilgliceróis, com uma molécula do alquil éster de ácido graxo sendo formada em cada etapa. A partir da observação de que diacilgliceróis atingem sua concentração máxima anteriormente aos monoacilgliceróis, foi deduzido que a última etapa, correspondente à formação de glicerol a partir de monoacilgliceróis, procede mais rapidamente que a formação de monoacilgliceróis a partir de diacilgliceróis (31).

A adição de cossolventes na reação de metanólise de óleos vegetais, como tetrahidrofurano (THF) ou metil *terc*-butil éter (MTBE), acelera significativamente a velocidade da reação por aumentar a solubilidade do metanol no óleo vegetal, chegando a permitir a obtenção de velocidades comparáveis a processos mais rápidos, como a reação de butanólise (29-34). Essa medida foi proposta como alternativa para superar a miscibilidade limitada entre o álcool e o óleo nos primeiros estágios da reação, criando um sistema monofásico. A técnica é adaptável ao uso de outros tipos de álcoois e ao pré-tratamento ácido-catalisado de matérias-primas ricas em AGL. No entanto, a razão molar álcool:óleo e outros parâmetros da reação são afetados pela adição de cossolventes.

A necessidade de recuperação e reciclagem do solvente também contribui à complexidade desse procedimento, embora isto possa ser simplificado pela escolha de um cossolvente que apresente um ponto de ebulição próximo ao do álcool que se deseja utilizar. Por outro lado, a manipulação da maioria dos cossolventes, como THF e MTBE, é perigosa e bastante insalubre.

Outras possibilidades de se acelerar a reação de transesterificação incluem o uso de micro-ondas (35) ou irradiação ultrassônica (36,37). Planejamentos experimentais e a aplicação do método da superfície de resposta têm sido aplicados a diversos sistemas de produção (38) que são discutidos na próxima seção. Foi também desenvolvido um processo contínuo em escala piloto para a produção de ésteres metílicos, cujos rendimentos de reação superaram 98% (39,40), bem como um processo descontínuo em duas etapas reacionais com uma razão metanol:grupamentos acila (oriundos dos triacilgliceróis) final de 4:3 (41). Outros materiais alcalinos, como alquilguanidinas, que foram ancoradas ou encapsuladas em vários materiais de suporte como o poliestireno e zeólitas (42), também foram demonstrados como capazes de catalisar a transesterificação. Esses sistemas podem facilitar a recuperação e o reúso dos catalisadores.

Produção Industrial

A química descrita fornece os alicerces para a produção industrial de biodiesel. Por outro lado, o processamento e a qualidade do biodiesel estão fortemente relacionados. Os processos utilizados para refinar as matérias-primas e convertê-las a biodiesel determinam se o combustível irá atender as especificações técnicas necessárias. Esta seção descreve o processamento e a produção de biodiesel, e como esses fatores estão relacionados à qualidade do combustível. O enfoque sobre o processo será dado conforme ele existe nos Estados Unidos, onde a maior parte do biodiesel é produzido a partir da metanólise de óleo de soja ou de óleos de fritura e a qualidade é estabelecida pela norma ASTM 6751-02.

Para a transesterificação alcalina, a Figura 3 apresenta um diagrama esquemático do processo envolvido na produção de biodiesel a partir de matérias-primas contendo um baixo teor de AGL. Estas incluem os óleos de soja, canola (colza) e alguns tipos de óleos de fritura de boa qualidade, oriundos de restaurantes e atividades afins. O álcool, o catalisador e o óleo são combinados em um reator e agitados por aproximadamente 1 h a 60 °C. Plantas de pequeno porte geralmente utilizam reatores de batelada (43), mas a maioria das plantas de grande porte (acima de 4 milhões de litros/ano) utiliza processos de fluxo contínuo envolvendo reatores contínuos de leito agitado (RCLA) ou reatores de fluxo pistonado (*plug flow*). A reação é muitas vezes efetuada em duas etapas em que ~80% do álcool e do catalisador são adicionados no primeiro estágio RCLA. Depois, o produto derivado desse reator passa por um processo de remoção da glicerina formada na reação, antes de dar entrada no segundo reator RCLA. Os 20% remanescentes de álcool e catalisador são adicionados nesse segundo reator. Esse sistema dá condições de se atingir uma reação completa com o potencial de poder empregar menos álcool que os processos realizados em uma única etapa.

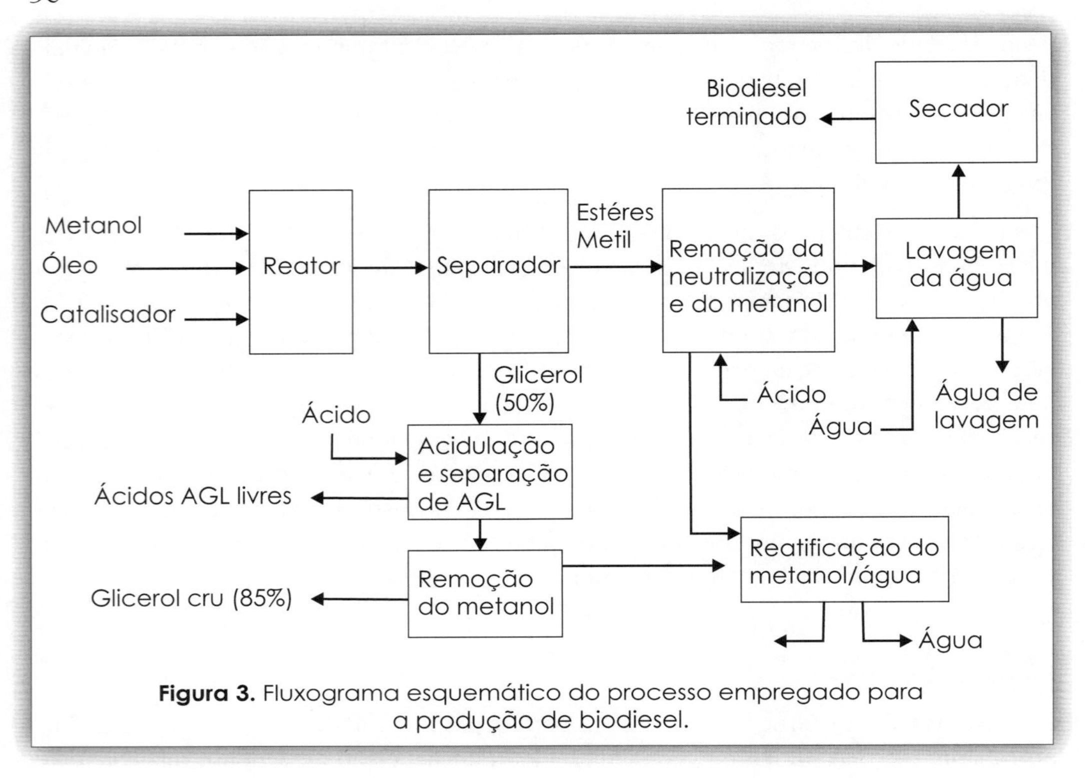

Figura 3. Fluxograma esquemático do processo empregado para a produção de biodiesel.

Após a reação, o glicerol é removido dos ésteres metílicos. Em virtude da baixa solubilidade do glicerol na fase éster, essa separação geralmente ocorre com rapidez e pode ser obtida em decantadores ou pelo emprego de uma centrífuga. O excesso de metanol tende a se comportar como solvente e pode diminuir a eficiência da separação. No entanto, esse excesso de metanol não é geralmente removido do meio, pela possibilidade de reversão da reação de transesterificação. Água também pode ser agregada ao meio de reação depois que a transesterificação está completa para melhorar a separação do glicerol (43,45).

Alguns autores (46-51) demonstraram que é possível reagir o óleo vegetal com o metanol sem a presença de um catalisador, o que elimina a necessidade da inclusão de uma etapa de purificação por lavagem aquosa. No entanto, altas temperaturas e grandes excessos de metanol são exigidos nesse processo. Foram observadas dificuldades na reprodução de resultados cinéticos obtidos por outros pesquisadores (49) e isto foi atribuído aos efeitos catalíticos das superfícies internas do reator; foi também observado que esses efeitos podem ser ainda mais contundentes em regimes de operação a altas temperaturas, sem incluir os efeitos que reações de superfície podem causar quando a escala de produção é ampliada, em virtude do decréscimo da relação entre o volume e a área superficial interna do reator. Kreutzer (52) demonstrou como altas pressões e altas temperaturas (90 bar, 240 °C) podem transesterificar gorduras sem a necessidade da remoção ou conversão inicial dos AGL. No entanto, a maioria das unidades de produção de biodiesel usa temperaturas baixas, pressões próximas à atmosférica e longos tempos de reação para reduzir o custo dos equipamentos necessários ao processo.

Revisando a Figura 3, após a etapa de separação do glicerol, os ésteres metílicos sofrem uma etapa de neutralização e passam então por um estripador de metanol, geralmente um processo de separação a vácuo ou um evaporador de filme líquido descendente (*falling film*), antes mesmo da etapa de lavagem aquosa. O ácido é adicionado ao produto para neutralizar qualquer catalisador residual e quebrar qualquer quantidade de sabão que tenha se formado durante a reação. Sabões reagirão com o ácido para formar sais solúveis em água e AGL, de acordo com a seguinte equação:

R-COONa	+	HAc	→	R-COOH	+	NaAc
Sabão de sódio		Ácido		Ácido graxo		Sal

Os sais serão removidos durante a etapa de lavagem aquosa e os AGL permanecerão no biodiesel. A etapa de lavagem aquosa tem o objetivo de remover qualquer quantidade residual de catalisador, sabões, sais, metanol ou glicerina livre do produto final. A neutralização antes da lavagem aquosa reduz a quantidade de água necessária para o processo e minimiza a tendência à formação de emulsões, quando a água de lavagem é adicionada ao biodiesel. Após o processo de lavagem, qualquer água residual é removida do biodiesel por um processo de evaporação a vácuo.

A fase glicerínica que deixa o decantador geralmente contém apenas 50% de glicerol. Essa fase também contém algum metanol excedente e a maior parte do catalisador e dos sabões formados no processo. Nessa forma, o glicerol tem baixo valor de mercado e sua disposição pode ser relativamente difícil. O seu conteúdo em metanol o classifica como um efluente tóxico e perigoso. A primeira etapa no refino do glicerol é usualmente orientada à adição de ácido para quebrar os sabões em AGL e sais. Os AGL não são solúveis no glicerol e vão flotar à superfície da mistura, de onde podem ser removidos e reciclados. Mittelbach e Koncar (53) desenvolveram um processo para esterificar esses AGL e retorná-los ao processo. Os sais que permanecem no glicerol podem então precipitar da solução, apesar de tal fato depender fortemente da composição química do meio. Uma opção frequentemente considerada para o processo é a utilização de hidróxido de potássio como catalisador da reação e ácido fosfórico para a etapa de neutralização, de forma que o sal formado seja o fosfato de potássio, que pode ser utilizado como fertilizante. Após acidulação e separação dos AGL, o metanol presente no glicerol é removido por evaporação a vácuo, ou outro tipo de processo de evaporação. Nessa etapa, o glicerol deve apresentar uma pureza de aproximadamente 85% e pode ser tipicamente vendido para uma unidade de refino. O processo de refino do glicerol eleva a sua pureza a 99,5-99,7% empregando processos de destilação a vácuo ou de troca iônica.

O metanol, que é removido dos ésteres metílicos e do glicerol, apresenta a tendência de absorver a água que possa ter sido formada no processo. Essa água deverá ser removida em uma coluna de destilação antes que o metanol possa ser retornado ao processo. Essa etapa é mais complicada se o álcool utilizado na reação formar um azeótropo com água, como o etanol ou o *iso*-propanol. Nesse caso, uma peneira molecular deverá ser utilizada para remover a água.

Pré-tratamento catalisado por ácidos

Processos especiais são necessários se o óleo ou gordura apresentar quantidades significativas de AGL. Óleos utilizados em frituras contêm tipicamente de 2 a 7% de AGL, e gorduras animais contêm geralmente 5 a 30% de AGL. Algumas matérias-primas de baixa qualidade, como o resíduo de caixas de gordura, podem aproximar-se de 100% de AGL. Quando um catalisador alcalino é adicionado a essas matérias-primas, os AGL reagem com o catalisador para formar sabões e água, conforme demonstra a seguinte reação:

R-COOH	+	KOH	→	R-COOK	+	H_2O
Ácido graxo		Hidróxido de potássio		Sabão de potássio		Água

Até o nível de 5% de AGL, a reação ainda pode ser realizada com catalisadores alcalinos, mas uma quantidade adicional de catalisador deve ser utilizada para compensar a perda para reações de saponificação. Os sabões formados durante a reação são removidos com o glicerol ou são eliminados durante a etapa de lavagem aquosa. Quando a concentração de AGL é superior a 5%, os sabões inibem a separação de fases entre o glicerol e os ésteres metílicos e contribuem para a formação de emulsões durante a lavagem aquosa. Para esses casos, um catalisador ácido como o ácido sulfúrico pode ser utilizado para esterificar os AGL a ésteres metílicos, como demonstra a seguinte equação:

R-COOH	+	CH_3OH	→	R-$COOCH_3$	+	H_2O
Ácido graxo		Metanol		Éster metílico		Água

Esse processo pode ser utilizado como um pré-tratamento para converter AGL a ésteres metílicos, proporcionando assim uma redução nos níveis de AGL (Figura 4). Assim, o óleo pré-tratado, com baixo teor de AGL, pode ser transesterificado com um catalisador alcalino para converter os triacilgliceróis em ésteres metílicos (54). Como demonstrado na reação, a água formada no meio pode se acumular e assim vir a interromper o processo de conversão muito antes de seu final. Foi sugerido que o álcool deveria ser separado do óleo ou da gordura pré-tratada após a reação. A remoção desse álcool proporciona a remoção da água formada durante a esterificação e facilita a condução de uma segunda etapa de esterificação; alternativamente, o óleo pré-tratado também poderá seguir diretamente para a etapa de transesterificação alcalina. É importante mencionar que a mistura metanol-água também conterá uma pequena quantidade de óleo dissolvido e AGL, e que estes precisam ser recuperados e reciclados no processo. O pré-tratamento com resinas trocadoras de íons fortemente ácidas também já foi descrito (56). Foi demonstrado (57,58) que a esterificação catalisada por ácido pode ser empregada para produzir biodiesel a partir de subprodutos da indústria de óleos vegetais que apresentam baixo valor agregado, como as borras de refino. As borras de refino, que correspondem a uma mistura de água, óleo e sabões, são secas, saponificadas e então esterificadas com metanol ou outros álcoois simples, utilizando um ácido inorgânico como catalisador. O procedimento depende do emprego de grandes quantidades de álcool, e o custo de recuperação desse álcool determina a viabilidade do processo. Maiores informações podem ser obtidas na próxima seção.

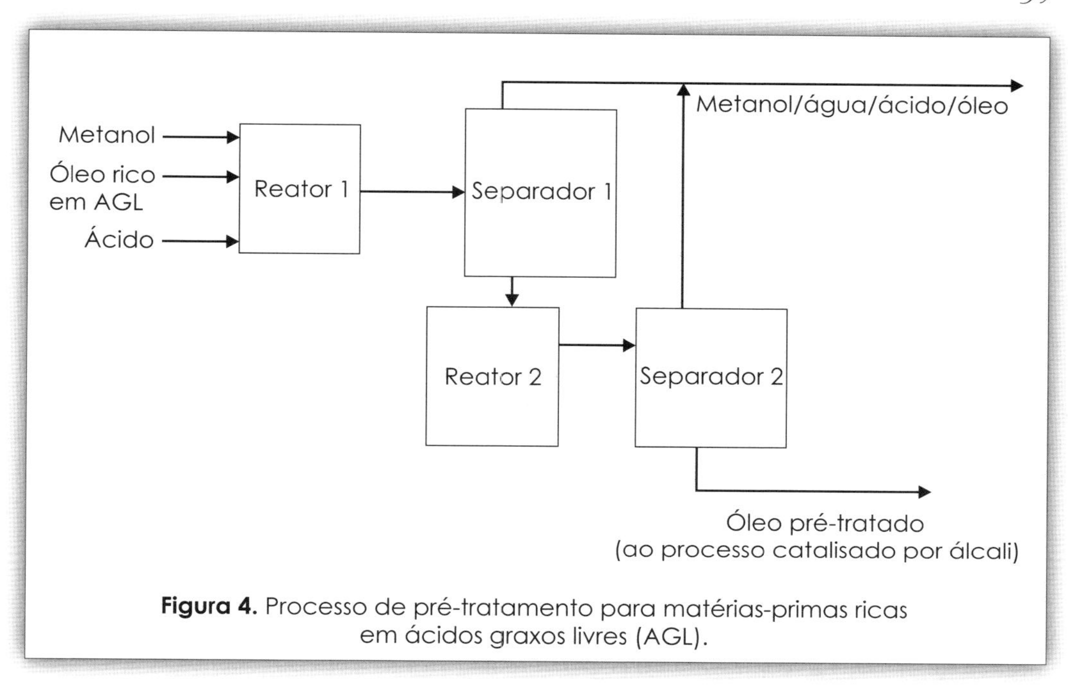

Figura 4. Processo de pré-tratamento para matérias-primas ricas em ácidos graxos livres (AGL).

Qualidade do Combustível

O principal critério para a qualidade do biodiesel é o atendimento a um padrão apropriado. Alguns padrões estão listados no Apêndice B. Geralmente, a qualidade do combustível pode ser influenciada por vários fatores, incluindo a qualidade da matéria-prima, a composição em ácidos graxos do óleo vegetal ou gordura animal de origem, o processo de produção, o emprego de outros materiais no processo e os parâmetros posteriores à produção.

Quando as especificações são atendidas, o biodiesel pode ser utilizado na maioria dos motores modernos, sem neles exigir qualquer modificação nem oferecer qualquer comprometimento da durabilidade e da confiabilidade do motor. Mesmo quando utilizado em mistura com diesel de petróleo, o biodiesel deve atender às especificações, independentemente dos teores empregados. Enquanto algumas propriedades das especificações, como o número de cetano e a densidade, refletem as propriedades das substâncias químicas que compõem o biodiesel, outras propriedades fornecem uma indicação da qualidade obtida no processo de produção. Geralmente, os parâmetros fornecidos na ASTM D6751 são definidos por métodos padronizados pela ASTM, enquanto os presentes na EN 14214 dependem de métodos europeus ou internacionais (ISO). No entanto, outros métodos analíticos, como aqueles desenvolvidos por organizações profissionais ligadas à oleoquímica, como os previstos pela American Oil Chemists' Society (AOCS), podem também ser adequados (ou até mais apropriados porque eles foram desenvolvidos para óleos e gorduras, e não para materiais derivados do petróleo anteriormente avaliados por métodos ASTM). Essa discussão se concentrará nos aspectos de maior importância para a garantia da qualidade do biodiesel, já que está relacionada à produção, bem como a alguns parâmetros posteriores à produção.

Fatores Relacionados ao Processo de Produção

O aspecto mais relevante para a produção de biodiesel é a extensão em que a reação de transesterificação pode ser realizada. O processo químico básico de que depende a reação é indicado na Figura 2, com a reação procedendo por etapas desde os triacilgliceróis até a formação de glicerol e de ésteres alquílicos, com um éster alquílico de ácido graxo sendo produzido a cada etapa.

Mesmo após uma reação de transesterificação virtualmente completa, pequenas quantidades de tri-, di- e monoacilgliceróis permanecerão no produto final. A porção glicerol dos acilgliceróis é sumariamente referida como *glicerol ligado*. Quando o glicerol ligado é somado ao glicerol livre remanescente no produto, a soma é conhecida como *glicerol total*. Limites para o glicerol livre e ligado são usualmente incluídos nas especificações do biodiesel. Por exemplo, a norma ASTM D6751 exige menos de 0,24% de glicerol total no produto final (biodiesel), que deve ser medido por cromatografia de fase gasosa (CG) pelo método descrito na norma ASTM D6584; dado que a porção glicerol geralmente corresponde a cerca de 10,5% do óleo vegetal, esse nível de glicerol total corresponde a uma reação que atinge 97,7% de rendimento. Outros métodos podem ser empregados para medir o glicerol total, como a cromatografia líquida de alta eficiência (CLAE) (p.ex., a prática Ca 14b-96 da AOCS: Quantificação de Glicerina Livre em Glicerídeos Selecionados e Ésteres Metílicos e Ácidos Graxos por CLAE com Detecção por Espalhamento de Radiação Laser), ou procedimentos químicos como o descrito pelo método oficial Ca 14-56 da AOCS (Método Iodométrico para a Determinação de Glicerol Livre, Total e Combinado). No entanto, apenas os procedimentos baseados em CG são considerados aceitáveis para a demonstração de adequação às especificações.

Glicerol livre. O glicerol é essencialmente insolúvel no biodiesel, de modo que sua remoção pode ser facilmente obtida por decantação ou centrifugação. Alguma glicerina livre pode permanecer dispersa como gotículas suspensas ou como uma pequena fração que é capaz de se dissolver no biodiesel. Álcoois podem agir como cossolventes para aumentar a solubilidade do glicerol no biodiesel. A maior parte do glicerol deve ser removida do produto durante as etapas de lavagem aquosa. Combustíveis lavados com água são geralmente pouco contaminados com glicerol livre, especialmente se a lavagem é procedida com água quente. Amostras destiladas de biodiesel tendem a apresentar maiores problemas com glicerol livre, porque esse contaminante pode ser carreado com os ésteres durante o processo de destilação. Combustíveis com teores excessivos de glicerol livre geralmente apresentarão problemas com a deposição de glicerol em tanques de armazenamento, criando uma mistura viscosa que pode entupir filtros de combustível e causar problemas no processo de combustão do motor.

Álcool residual ou catalisador residual. Álcoois, como o metanol e o etanol, bem como catalisadores alcalinos, apresentam maior solubilidade na fração glicerínica de maior polaridade; assim, a maior parte desses materiais residuais é removida quando o glicerol é separado do biodiesel. No entanto, após a separação, o biodiesel ainda pode apresentar 2 a 4% de metanol, o que pode representar até 40% do excesso de metanol empregado na reação.

A maioria das unidades de processamento recupera esse metanol utilizando processos de evaporação a vácuo. Qualquer metanol remanescente do processo de evaporação deverá ser eliminado durante a etapa de lavagem aquosa. Portanto, o nível de álcool residual no biodiesel deve ser muito baixo. Um valor específico para o limite máximo de metanol no produto é especificado na norma europeia de biodiesel (0,2% na norma EM 14214), mas este parâmetro não faz parte da norma ASTM; no entanto, o ponto de fulgor em ambas as especificações limita o teor de álcool. Testes demonstraram que apenas 1% de metanol no biodiesel pode reduzir o ponto de fulgor de 170 °C a < 40 °C. Assim, ao incluir uma especificação de 130 °C para o ponto de fulgor, a norma ASTM limita a quantidade de álcool a concentrações muito baixas (< 0,1%). Teores residuais de álcool no biodiesel são geralmente muito baixos para resultar em qualquer efeito negativo no desempenho do combustível. Por outro lado, a flexibilização dos limites estabelecidos para o ponto de fulgor representa um grande perigo para a segurança do processo, porque o combustível poderá vir a ser classificado como gasolina (que apresenta um baixo ponto de fulgor), em vez de um combustível do tipo diesel.

A maior parte do catalisador residual é removida com o glicerol. Como o álcool, todo o catalisador remanescente do processo deve ser removido durante a lavagem aquosa do produto. Embora um valor limite para o catalisador residual não esteja incluído na norma ASTM, sua concentração é limitada pela especificação em cinzas sulfatadas. Cinzas em excesso no combustível podem levar à formação de depósitos no motor e a altos níveis de deformação abrasiva. A norma europeia EN 14214 limita a ocorrência de cálcio e magnésio no biodiesel, bem como dos metais alcalinos sódio e potássio.

Fatores posteriores à produção

Água e sedimentos. Esses dois itens são considerados fundamentais para o controle da qualidade do biodiesel. A água pode estar presente em duas formas, como água dissolvida ou como água dispersa em gotículas. Embora geralmente insolúvel em água, o biodiesel absorve muito mais água que o diesel de petróleo. O biodiesel pode conter até 1.500 ppm de água dissolvida, enquanto o diesel de petróleo usualmente absorve apenas 50 ppm (59). Ambas as especificações para combustíveis diesel (ASTM D975) e para biodiesel (ASTM D6751) limitam a quantidade de água em 500 ppm. Para o diesel de petróleo, esses limites permitem a presença de alguma água em suspensão. No entanto, o biodiesel deve ser mantido seco. Isso representa um verdadeiro desafio, porque a maioria dos reservatórios de diesel de petróleo apresenta água condensada em sua base. Água em suspensão representa um problema para os sistemas de injeção de combustível, porque pode contribuir para a corrosão de acessórios de cujo ajuste depende o bom funcionamento do motor. A presença de água também pode ocasionar algum crescimento microbiano no combustível. Esse problema pode ocorrer tanto no biodiesel quanto no petrodiesel e está relacionado ao aumento da acidez do combustível e à formação de borras que entupirão os filtros de combustível.

Sedimentos podem corresponder a materiais em suspensão, como ferrugem ou partículas de sujeira, ou ainda podem se originar da oxidação do combustível mediante a formação de compostos insolúveis. Alguns usuários de biodiesel têm percebido que a mudança de petrodiesel para biodiesel causa um aumento na formação de depósitos nas paredes de tanques que foram anteriormente utilizados para armazenar petrodiesel. Por apresentar propriedades de solvência diferentes daquelas do petrodiesel, o biodiesel pode ressuspender esses sedimentos e causar o entupimento de filtros de combustível durante o período de transição.

Estabilidade ao armazenamento. Essa estabilidade se refere à habilidade do combustível em resistir a um conjunto de modificações químicas que são inerentes ao processo de armazenamento por longos períodos; trata-se de uma questão importante para o biodiesel que está discutida em detalhes no item 6.4. Os contatos com o ar (estabilidade oxidativa) e água (estabilidade hidrolítica) são os principais fatores que afetam a estabilidade ao armazenamento. A oxidação é geralmente acompanhada pelo escurecimento do biodiesel do amarelo para o marrom, além do desenvolvimento de um odor tipicamente atribuído a tintas. Na presença de água, os ésteres podem hidrolisar a ácidos graxos de cadeia longa, que também causam um aumento da acidez do produto. Os métodos geralmente utilizados para avaliar esse parâmetro em diesel de petróleo, como a norma ASTM D2274, foram demonstrados como incompatíveis para amostras de biodiesel, e este ainda prevalece como um assunto para investigações futuras. O item 6.4 discute alguns dos métodos que já foram ou estão sendo avaliados para determinar a estabilidade à oxidação do biodiesel.

Aditivos antioxidantes como o hidroxitolueno butilado e a *t*-butilhidroquinona têm sido identificados como capazes de aumentar a estabilidade ao armazenamento do biodiesel. Biodiesel produzido de óleo de soja naturalmente contém alguns antioxidantes naturais (tocoferóis como a vitamina E), o que proporciona alguma proteção contra a oxidação (alguns tocoferóis são perdidos durante o refino do óleo, anteriormente à produção de biodiesel). Qualquer combustível que deva ser armazenado por um longo período, seja diesel de petróleo ou biodiesel, deve ser tratado com um aditivo antioxidante apropriado.

Controle de qualidade. Todas as unidades de produção de biodiesel devem estar equipadas com um laboratório, para que a qualidade do produto final seja constantemente monitorada. Para monitorar a extensão da reação de acordo com os níveis especificados de glicerol total, é necessário o emprego de métodos de CG conforme recomendado pelas especificações oficiais do biodiesel. Métodos analíticos, incluindo a CG e outros procedimentos, serão discutidos em maior detalhe no Capítulo 5.

É também importante monitorar a qualidade das matérias-primas, que podem estar limitadas por parâmetros, como a acidez e o teor de água, cujos testes não são muito dispendiosos. Outra estratégia utilizada por muitos produtores é a de coletar uma amostra do óleo vegetal (e do álcool) de cada batelada recebida e encaminhar essa(s) amostra(s) para a produção de biodiesel no laboratório. Esse teste é relativamente rápido (de 1 a 2 horas) e tem o potencial de indicar se maiores problemas poderão ser encontrados na unidade de produção.

Referências

1. Schwab, A.W., M.O. Bagby, e B. Freedman; Preparation and Properties of Diesel Fuels from Vegetable Oils. *Fuel 66*:1372-1378 (1987).

2. Bondioli, P. The Preparation of Fatty Acid Esters by Means of Catalytic Reactions. *Topics in Catalysis 27*:77-82 (2004).

3. Hoydonckx, H.E., D.E. De Vos, S. A. Chavan, e P.A. Jacobs; Esterification and Transesterification of Renewable Chemicals. *Topics in Catalysis 27*:83-96 (2004).

4. Demirba, A.; Biodiesel Fuels from Vegetable Oils via Catalytic and Non-Catalytic Supercritical Alcohol Transesterifications and Other Methods: A Survey. *Energy Conv. Managem. 44*:2093-2109 (2003).

5. Shah, S., S. Sharma, e M.N. Gupta; Enzymatic Transesterification for Biodiesel Production. *Indian J. Biochem. Biophys. 40*:392-399 (2003).

6. Haas, M.J., G.J. Piazza, e T.A. Foglia; Enzymatic Approaches to the Production of Biodiesel Fuels. In *Lipid Biotechnology*, ed. T.M. Kuo, H.W. Gardner; Marcel Dekker, New York, Basel, 2002, pp. 587-598.

7. Fukuda, H., A. Kondo, e H. Noda; Biodiesel Fuel Production by Transesterification of Oils. *J. Biosci. Bioeng. 92*:405-416 (2001).

8. Ma, F., e M.A. Hanna; Biodiesel Production: A Review. *Bioresour. Technol. 70*:1-15 (1999).

9. Schuchardt, U., R. Sercheli, e R.M. Vargas; Transesterification of Vegetable Oils: A Review. *J. Braz. Chem. Soc. 9*:199-210 (1998).

10. Gutsche, B.; Technologie der Methylesterherstellung - Anwendung für die Biodieselproduktion. (Technology of Methyl Ester Production and Its Application to Biofuels.) *Fett/Lipid 99*:418-427 (1997).

11. Freedman, B., e E.H. Pryde. Fatty Esters from Vegetable Oils for Use as a Diesel Fuel. *ASAE Publ.* 4-82, Veg. Oil Fuels, pp. 117-122 (1982).

12. Freedman, B., E.H. Pryde, e T.L. Mounts. Variables Affecting the Yields of Fatty Esters from Transesterified Vegetable Oils. *J. Am. Oil Chem. Soc.*, 61, 1638-1643 (1984).

13. Canakci, M., e J. Van Gerpen. Biodiesel Production via Acid Catalysis. *Trans. ASAE* 42, 1203-1210 (1999).

14. R.O. Feuge, A.T. Gros; Modification of Vegetable Oils. VII. Alkali Catalyzed Interesterification of Peanut Oil with Ethanol. *J . Am. Oil Chem. Soc.* 26(3):97-102 (1949).

15. E.J. Gauglitz, Jr., L.W. Lehman; The Preparation of Alkyl Esters from Highly Unsaturated Triglycerides. *J. Am. Oil Chem. Soc.* 40:197-198 (1963).

16. L.W. Lehman, E.J. Gauglitz, Jr. The Preparation of Alkyl Esters from Highly Unsaturated Triglycerides. II. *J. Am. Oil Chem. Soc.* 43(6):383-384 (1966).

17. Kurz, H. Zur katalytischen Umesterung fetter Oele durch alkoholische Kalilauge. (The Catalytic Alcoholysis of Fatty oils with Alcoholic Potash.) *Fette u. Seifen* 44:144-145 (1937).

18. Markolwitz, M. Consider Europe's Most Popular Catalyst. *Biodiesel Magazine* 1 (3, Maio-Junho):20-22 (2004).

19. Ma, F., L.D. Clements, e M.A. Hanna. The Effects of Catalyst, Free Fatty Acids, and Water on Transesterification of Beef Tallow. *Trans. ASAE 41*:1261-1264 (1998).

20. Ma, F., L.D. Clements, e M.A. Hanna. The Effect of Mixing on Transesterification of Beef Tallow. *Bioresour. Technol. 69*:289-293 (1999).

21. Ma, F., L.D. Clements, e M.A. Hanna. Biodiesel Fuel from Animal Fat. Ancillary Studies on Transesterification from Beef Tallow. *Ind. Eng. Chem. Res. 37*:3768-3771 (1998).

22. Mittelbach, M., M. Wörgetter, J. Pernkopf, e H. Junek. Diesel Fuel Derived from Vegetable Oils: Preparation and Use of Rape Oil Methyl Ester. *Energy Agric.*, 2, 369-384 (1983).

23. Ahn, E., M. Koncar, M. Mittelbach, e R. Marr. A Low-Waste Process for the Production of Biodiesel. *Sep. Sci. Technol. 30*:2021-2033 (1995).

24. Isigigür, A., F. Karaosmanoôlu, e H.A. Aksoy. Methyl Ester from Safflower Seed Oil of Turkish Origin as a Biofuel for Diesel Engines. *Appl. Biochem. Biotechnol. 45-46*:103-122 (1994).

25. Dorado, M.P., E. Ballisteros, F.J. Lopez, e M. Mittelbach. Optimization of Alkali-Catalyzed Transesterification of *Brassica Carinata* Oil for Biodiesel Production. *Energy & Fuels 18*:77-83 (2004).

26. Freedman, B., R.O. Butterfield, e E.H. Pryde. Transesterification Kinetics of Soybean Oil. *J. Am. Oil Chem. Soc.*, 63, 1375-1380 (1986).

27. Mittelbach, M., e Trathnigg, B. Kinetics of Alkaline Catalyzed Methanolysis of Sunflower Oil. *J. Am. Oil Chem. Soc. 92*:145-148 (1990).

28. Noureddini, H., e D. Zhu. Kinetics of Transesterification of Soybean Oil. *J. Am. Oil Chem. Soc.*, 74, 1457-1463 (1997).

29. Boocock, D.G.B., S.K. Konar, V. Mao, e H. Sidi. Fast One-Phase Oil-Rich Processes for the Preparation of Vegetable Oil Methyl Esters. *Biomass Bioenergy*, 11, 43-50 (1996).

30. Boocock, D.G.B., S.K. Konar, V. Mao, C. Lee, e S. Buligan. Fast Formation of High-Purity Methyl Esters from Vegetable Oils. *J. Am. Oil Chem. Soc.*, 75, 1167-1172 (1998).

31. Komers, K., R. Stloukal, J. Machek, e F. Skopal; Biodiesel from Rapeseed Oil, Methanol and KOH 3. Analysis of Composition of Actual Reaction Mixture. *Eur. J. Lipid. Sci. Technol. 103*: 359-362 (2001).

32. Boocock, D.G.B., S.K. Konar, e H. Sidi. Phase Diagrams for Oil/Methanol/Ether Mixtures. *J. Am. Oil Chem. Soc.* 73:1247-1251 (1996).

33. Zhou, W., S.K. Konar, e D.G.B. Boocock, "Ethyl Esters from the Single-Phase Base-Catalyzed Ethanolysis of Vegetable Oils", *J. Am. Oil Chem. Soc.* 80:367-371 (2003).

34. Boocock, D.G.B. "*Single-Phase Process for Production of Fatty Acid Methyl Esters from Mixtures of Triglycerides and Fatty Acids*", Patente Canadense n°. 2,381,394, Feb. 22, 2001.

35. Breccia, A., Esposito, B., Breccia Fratadocchi, G., e Fini, A. (1999) Reaction Between Methanol and Commercial Seed Oils Under Microwave Irradiation. *J. Microwave Power Electromagn. Energy*, 34, 3-8.

36. Stavarache, C., M. Vinatoru, R. Nishimura, e Y. Maeda; Conversion of Vegetable Oil to Biodiesel Using Ultrasonic Irradiation. *Chem. Lett.* 32, 716-717 (2003).

37. Lifka, J., e B. Ondruschka; Einfluss des Stofftransportes auf die Herstellung von Biodiesel (Influência da Transferência de Massa sobre a Produção de Biodiesel). *Chem. Ing. Techn. 76*:168-171 (2004).

38. Vicente, G., A. Coteron, M. Martinez, e J. Aracil, J. (1998) Application of the Factorial Design of Experiments and Response Methodology to Optimize Biodiesel Production. *Ind. Crops Prod.* 8:29-35 (1998).

39. Noureddini, H., D. Harkey, e V. Medikonduru; A Continuous Process for the Conversion of Vegetable Oils into Methyl Esters of Fatty Acids. *J. Am. Oil Chem. Soc.* 75:1775-1783 (1998).

40. Peterson, C.L., J.I. Cook, J.C. Thompson, e J.S. Taberski. Continuous Flow Biodiesel Production. *Appl. Eng. Agric.* 18, 5-11 (2002).

41. Cvengroš, J., e F. Pova anec. Production and Treatment of Rapeseed Oil Methyl Esters as Alternative Fuels for Diesel Engines. *Bioresour. Technol.* *55*:145-152 (1996).

42. Sercheli, R., R.M. Vargas, e U. Schuchardt. Alkylguanidine-Catalyzed Heterogeneous Transesterification of Soybean Oil. *J. Am. Oil Chem. Soc.* 76, 1207-1210 (1999).

43. Stidham, W.D., D.W. Seaman, e M.F. Danzer, "*Method for Preparing a Lower Alkyl Ester Product from Vegetable Oil*", Patente dos E.U.A. n°. 6,127,560 (2000).

44. Assman, G., G. Blasey, B. Gutsche, L. Jeromin, Jr. Rigal, R. Armengand, e B. Cormary, "*Continuous Progress for the Production of Lower Alkayl Esters*", Patente dos E.U.A. n°. 5,514,820. 1996.

45. Wimmer, T., "*Process for the Production of Fatty Acid Esters of Lower Alcohols*", Patente dos E.U.A. n°. 5,399,731 (1995).

46. Saka, S., e K. Dadan, "Transesterification of Rapeseed Oils in Supercritical Methanol to Biodiesel Fuels", *Proceedings of the 4th Biomass Conference of the Americas*, Oakland, CA, Ed. By R.P. Overend e E. Chornet, 1999.

47. Saka, S., e D. Kusdiana, "Biodiesel Fuel from Rapeseed Oil as Prepared in Supercritical Methanol", *Fuel* 80:225-231 (2001).

48. Kusdiana, D., e S. Saka, "Kinetics of Transesterification in Rapeseed Oil to Biodiesel Fuel as Treated in Supercritical Methanol," *Fuel* 80:693-698 (2001).

49. Dasari, M.A., M.J. Goff, e G.J. Suppes, "Non-Catalytic Alcoholysis Kinetics of Soybean Oil", *J. Am. Oil Chem. Soc.* 80:189-192 (2003).

50. Warabi, Y., D. Kusdiana, e S. Saka, "Reactivity of Triglycerides and Fatty Acids of Rapeseed Oil in Supercritical Alcohols", *Bioresource Technology* 91:283-287 (2004).

51. Diasakou, M., A. Louloudi, e N. Papayannakos, "Kinetics of the Non-Catalytic Transesterification of Soybean Oil", *Fuel* 77:1297-1302 (1998).

52. Kreutzer, U.R., "Manufacture of Fatty Alcohols Based on Natural Fats and Oils", *J. Am. Oil Chem. Soc.* 61:343-348 (1984).

53. Mittelbach, M., e M. Koncar, "*Method for the Preparation of Fatty Acid Alkyl Esters*", Patente dos E.U.A. n°. 5,849,939 (1998).

54. Keim, G.I., "*Treating Fats and Fatty Oils*", Patente dos E.U.A. n°. 2,383,601 (1945).

55. Kawahara, Y., e T. Ono, "*Process for Producing Lower Alcohol Esters of Fatty Acids*", Patente dos E.U.A. n°. 4,164,506 (1979).

56. Jeromin, L., E. Peukert, e G. Wollman, "*Process for the Pre-Esterification of Free Fatty Acids in Fats and Gils*", Patente dos E.U.A. n°. 4,698,186 (1987).

57. Haas, M.J., P.J. Michalski, S. Runyon, A. Nunez, e K.M. Scott, Production of FAME from Acid Oil, a By-product of Vegetable Oil Refining, *J. Am. Oil Chem. Soc.* 80:97-102 (2003).

58. Haas, M.J., S. Bloomer, e K. Scott, "*Process for the Production of Fatty Acid Alkyl Esters*", Patente dos E.U.A. n°. 6,399,800 (2002).

59. Van Gerpen, J.H., E.H. Hammond, L. Yu, e A. Monyem, "Determining the Influence of Contaminants on Biodiesel Properties", *SAE Techn. Pap. Ser.* 971685, SAE, Warrendale, PA, 1997.

60. *Handbook of Chemistry and Physics*, 66ª Edição, Eds. R.C. Weast, M.J. Astle, W.H. Beyer, CRC Press, Boca Raton, FL, 1985-1986.

4.2 Matérias-Primas Alternativas e Tecnologias para a Produção de Biodiesel

Michael J. Haas e Thomas A. Foglia

Introdução

O propósito deste capítulo é examinar as matérias-primas alternativas e tecnologias existentes para a produção de biodiesel. Para realizar tal análise, iniciamos com algumas considerações sobre o estado da arte da produção de biodiesel. Isso facilitará o exame subsequente das forças que determinam a escolha de matérias-primas alternativas e de tecnologias de conversão.

Produção de Biodiesel: o Estado da Arte

O Reagente Lipídico

Em todo o mundo, as matérias-primas graxas mais típicas para a produção de biodiesel são os óleos vegetais refinados. Nesse grupo, a escolha da matéria-prima varia de uma localização à outra de acordo com a disponibilidade; a matéria graxa mais abundante é geralmente a mais comumente utilizada. As razões para isso não estão apenas relacionadas ao desejo de se ter uma ampla oferta de combustível, mas também em virtude da relação inversa que existe entre oferta e custo. Óleos refinados podem ser relativamente dispendiosos mesmo sob as melhores condições, quando comparados com os produtos derivados do petróleo, e a opção pelo óleo para a produção de biodiesel depende da disponibilidade local e da viabilidade econômica correspondente. Assim, os óleos de colza e girassol são utilizados na União Europeia (1), o óleo de palma predomina na produção de biodiesel em países tropicais (2,3), e o óleo de soja (4) e as gorduras animais representam as principais matérias-primas nos Estados Unidos. A produção de ésteres de ácidos graxos (AG) também foi demonstrada para uma variedade de outras matérias-primas, incluindo os óleos de coco (5), arroz (6,7), açafrão (8), polpa de coco (9), *Jatropha curcas* (10) e mostarda etíope (*Brassica carinata*) (11), e gorduras animais, como sebo (12-14) e banha (15). Qualquer lipídeo de origem animal ou vegetal deve ser considerado como adequado para a produção de biodiesel. Vários fatores, como a disponibilidade, o custo, as propriedades de armazenamento e o desempenho como combustível, irão determinar qual o potencial de uma determinada matéria-prima em particular para ser adotada na produção comercial de biodiesel.

Decisões governamentais podem afetar essa opção pela matéria-prima, já que subsídios estabelecidos em programas nacionais favorecem uma matéria-prima em relação à outra e podem interferir seriamente na adoção de um determinado modelo. Assim, os primeiros programas de financiamento nos Estados Unidos favoreceram o uso de óleo de soja refinado como matéria-prima. Por outro lado, embora o Brasil seja o segundo maior produtor mundial de soja, o governo tem se empenhado em promover a produção industrial de biodiesel de óleo de mamona, principalmente, porque o mercado para o óleo de soja já está bem estabelecido, enquanto o aproveitamento do óleo de mamona para o mercado de biodiesel poderá facilitar a geração de renda nas regiões mais pobres do país, onde a soja não pode ser cultivada.

O Álcool Reagente

O metanol é o álcool predominantemente utilizado em todo o mundo para a produção de ésteres de AG para uso como biodiesel. Ésteres metílicos de ácidos graxos (FAME, ou *fatty acid methyl esters*) são empregados como biodiesel na maioria dos laboratórios, em testes em motores estacionários, em testes de campo e em demonstrações práticas. As razões para essa escolha se devem ao fato de que o metanol é de longe o mais barato dos álcoois; nos Estados Unidos, o metanol é 50% mais barato que o etanol, seu competidor mais próximo. Em algumas regiões, mais notadamente no Brasil, a disponibilidade de matéria-prima e tecnologia permite a produção economicamente viável de etanol por processos fermentativos, resultando em um produto que é mais barato que o metanol. Nessas áreas, o biodiesel de natureza etílica é um produto em potencial. O etanol também foi utilizado para a produção de biodiesel nos Estados Unidos em situações onde havia disponibilidade de etanol derivado da fermentação de substratos ricos em amido (16). No entanto, a análise econômica detalhada desse processo ainda não foi realizada, e não foi esclarecido se essa operação poderia ser economicamente viável. A tecnologia química descrita a seguir para o uso de metanol pode ser utilizada para a produção de ésteres etílicos de AG, embora existam alguns relatórios curiosos de que os ésteres etílicos podem ser mais difíceis de serem recuperados após purificação por lavagem aquosa.

O uso de álcoois de cadeia ainda mais longa para a produção de biodiesel, quer lineares ou ramificados, também já foi descrito, e foi demonstrado que os ésteres derivados desses álcoois oferecem a vantagem de exibir pontos de congelamento inferiores aos observados nos ésteres metílicos correspondentes (17,18). Os ésteres produzidos incluem os ésteres *iso*-propílicos e *iso*-butílicos de sebo, sendo que os ésteres metílicos correspondentes são sólidos à temperatura ambiente. As propriedades a baixas temperaturas desses novos ésteres aproximaram-se daquelas dos ésteres metílicos do óleo de soja e se demonstraram comparáveis às propriedades de misturas que empregavam 20% de ésteres de soja em mistura com o petrodiesel. Essa melhora de propriedades pode ser importante e desejável, porque poderia facilitar o uso de combustíveis derivados de sebo em climas frios, sem o perigo de ocasionar a solidificação do combustível e a danificação do motor. A solidificação do combustível, no entanto, pode ser resolvida de uma forma mais econômica por meio do emprego de aditivos comerciais (19). Por outro lado, o alto custo de álcoois de cadeia longa torna o biodiesel deles derivado praticamente inviável para uso comercial. Considerando que o metanol dificilmente deixará de ser o álcool de maior viabilidade para a produção de biodiesel, o uso de álcoois alternativos não será discutido em maior detalhe neste trabalho.

Tecnologia Química

Um aspecto atraente sobre o uso de triacilgliceróis refinados como matéria-prima, que é fator determinante para a sua seleção como matéria-prima predominante para a produção de biodiesel, é a relativa facilidade com que são convertidos a ésteres alquílicos simples (biodiesel) por transesterificação química. Freedman et al. (20,21) publicaram artigos completos em que se caracterizou essa reação, que é rapidamente catalisada sob condições suaves pelo hidróxido de sódio dissolvido em álcool, ou pelo metóxido de sódio (metilato) produzido pela dissolução de sódio metálico em álcool. As condições ótimas de reação identificadas nesses trabalhos tornaram-se uma referência, ou pelo menos o ponto de partida para o desenvolvimento de tecnologias contemporâneas para a produção de biodiesel. As reações em batelada envolvem tipicamente o uso de um excesso molar de seis vezes entre o álcool e o óleo, hidróxido de sódio ou metilato de sódio como catalisador, tempos de reação de 2 a 4 h, temperaturas de reação de 60 a 65 °C, pressão ambiente e agitação vigorosa para converter o óleo de soja em ésteres metílicos (21,22). O substrato empregado deve ser praticamente anidro (menor que 0,1 a 0,3% de água), porque a água catalisa a hidrólise de ésteres de AG. Sob essas condições, a reação de transesterificação é um processo de equilíbrio em que o rendimento em ésteres corresponde a aproximadamente 75% do rendimento teórico. Tipicamente, a camada glicerínica é removida, junto com o álcool não reagido e o catalisador, uma nova partida de metanol contendo catalisador é adicionada, e a transesterificação é repetida. Esse procedimento em duas etapas geralmente fornece altos rendimentos de transesterificação (> 98%), proporcionando a presença de quantidades negligenciáveis de acilgliceróis (parcial ou virtualmente) não reagidos. O produto final se separa rapidamente da fase líquida polar, que contém o álcool não reagido, o coproduto glicerol e o catalisador. Em um estudo subsequente (23), a metanólise alcalina do óleo de girassol foi otimizada pela aplicação de um planejamento fatorial e da metodologia da superfície de resposta. A temperatura e a concentração do catalisador apresentaram uma correlação positiva com o rendimento em ésteres. As condições ótimas para a produção de ésteres metílicos em uma única etapa de reação foram identificadas, mas o processo exigiu o emprego de altas concentrações de catalisador. Processos desenvolvidos em batelada foram originalmente utilizados na indústria e ainda se encontram em funcionamento. No entanto, sistemas contínuos de reação, que são mais fáceis e mais econômicos de serem operados, já foram descritos (24-26) e/ou se encontram em operação, especialmente em unidades com capacidades anuais de produção da ordem de milhões de galões. Para obter informações sobre empresas que comercializam equipamentos para a produção de biodiesel, sugere-se uma consulta à página nbb/org/resources/links/providers.shtm.

O hidróxido de potássio também pode ser empregado como catalisador em reações de transesterificação. Esse produto é raramente utilizado na indústria dos Estados Unidos, mas há relatos de que sua utilização é mais comum que o hidróxido de sódio na Europa (27). A vantagem desse catalisador é relacionada ao fato de que o efluente do processo pode apresentar algum valor econômico como fertilizante, em virtude do seu conteúdo em potássio. Por outro lado, a maior desvantagem é o seu custo em relação aos catalisadores baseados em sódio.

Para pequenas unidades de produção (6 milhões de galões por ano), hidróxidos de metais alcalinos em solução metanólica são considerados catalisadores adequados para a transesterificação. Soluções de alcóxidos metálicos, como os metilatos de sódio e de potássio, também catalisam a transesterificação dos AG presentes em lipídeos. Esses catalisadores são mais dispendiosos que os hidróxidos, mas oferecem vantagens em termos de uma maior segurança e conveniência no seu manuseio, além da obtenção de uma fração glicerínica mais pura. Estes têm sido relatados como os catalisadores mais adequados para processos de larga escala (> 5 milhões de galões por ano), empregados em unidades de produção tanto europeias quanto americanas (27). Nesses métodos, o álcool não reagido, os acilgliceróis remanescentes da reação, o glicerol residual e o catalisador podem ser facilmente eliminados do produto bruto, resultando em um combustível apto a atingir os parâmetros de qualidade estabelecidos pelas especificações vigentes no local onde foi produzido (28,29). Em quaisquer considerações sobre a produção comercial de biodiesel, é, portanto, imperativo que o produto atenda a essas especificações.

Produção de Biodiesel: Motivos para Alterar a Matéria-Prima e o Catalisador

Mesmo empregando o mais barato dos óleos vegetais como matéria-prima, é muito difícil ou praticamente impossível demonstrar a competitividade econômica do biodiesel em relação ao diesel de petróleo. Com base nas informações de que dispomos, todos os cálculos publicados até agora levaram à conclusão de que o biodiesel produzido a partir de óleos vegetais de grau alimentício não apresenta viabilidade econômica em relação ao diesel de petróleo (30-32, Haas et al., dados não publicados). A principal razão para esse fato é o custo relativamente alto da matéria-prima lipídica, que constitui 70 a 85% do custo total de produção, mesmo quando o mais barato dos óleos vegetais refinados é utilizado. Isso resulta em um custo de produção que excede o preço dos combustíveis derivados do petróleo que o biodiesel poderá eventualmente substituir. Essa diferença de custos pode ser de até quatro vezes quando o preço do barril de petróleo está suficientemente baixo. O sentimento entre consumidores individuais ou operadores de frotas comerciais em favor de combustíveis renováveis, produzidos domesticamente e de baixo impacto ambiental, geralmente não é forte o suficiente para justificar o uso de combustíveis alternativos a preços não competitivos. Na Europa, a alta tributação sobre produtos derivados do petróleo serve para diminuir a diferença entre combustíveis fósseis e renováveis e assim promover o uso do biodiesel. Nos Estados Unidos, as forças que promovem o uso de biodiesel são majoritariamente ambientais e relacionadas à segurança nacional, alicerçadas na legislação e nos atos regulatórios subsequentemente promovidos. Essas preocupações representam uma motivação raramente suficiente para estimular a generalização de seu uso. Atos legislativos, como a instituição de uma compensação financeira para os produtores ou a eliminação de impostos que incidem sobre combustíveis, são estratégias que vêm sendo promovidas em alguns países para induzir o uso de combustíveis renováveis como o biodiesel.

A investigação de matérias-primas mais baratas representa uma estratégia associada à produção que tem sido utilizada para melhorar a viabilidade econômica do biodiesel. No entanto, a composição dessas matérias-primas alternativas pode exigir modificações das tecnologias existentes para a produção de um biodiesel de qualidade aceitável. Por outro lado, o desejo de se reduzir a produção de efluentes contaminados com catalisador, e outros subprodutos resultantes da reação clássica de transesterificação alcalina, tem estimulado a investigação de métodos alternativos para a condução e a catálise da síntese de biodiesel. A alcoólise de triglicerídeos catalisada por ácidos foi examinada para a síntese de ésteres alquílicos e a subsequente produção de biodiesel, mas temperaturas muito altas e longos tempos de reação foram necessários para atingir rendimentos satisfatórios (34). Em estudos recentes, uma série de ácidos de Brönsted foi investigada para a conversão de óleo de soja em ésteres metílicos a altas temperaturas, utilizando a reação de metanólise em reatores fechados (35,36). Entretanto, apenas o ácido sulfúrico foi efetivo para a produção de ésteres metílicos em altos rendimentos. Esse processo, embora efetivo na escala de laboratório, não tem sido utilizado para a síntese de biodiesel em larga escala.

Matérias-Primas Alternativas

No contexto da produção de biodiesel, a opção pela matéria-prima pode ser bastante evidente se as diferentes alternativas forem agrupadas de acordo com os seus respectivos graus de pureza, especialmente em relação ao teor de ácidos graxos livres (AGL). Estes últimos não são transformados em biodiesel por transesterificação alcalina, o método mais convencional para a produção de ésteres metílicos de triacilgliceróis. Em virtude desse fator, matérias-primas que contêm teores significativos de AGL requerem processamento distinto do empregado a óleos e gorduras refinados para a produção de biodiesel. Assim, a esterificação ou a remoção de AGL são de vital importância, porque esses componentes podem comprometer os motores e sistemas de combustível. Todas as especificações de qualidade do biodiesel no momento da edição desta obra apresentam limites estritos para o teor permitido de AGL (28,29).

Óleos vegetais refinados (37) e gorduras animais de alta qualidade (38) podem ser transesterificados diretamente com alta eficiência química e bons rendimentos em produto. No entanto, esforços empreendidos para obter e garantir altos níveis de pureza na matéria-prima atribuem a esse produto um alto valor de mercado. Dessas duas opções, gorduras animais são geralmente mais baratas que óleos vegetais refinados porque, em vez de um produto primário, representam um subproduto da agroindústria animal, e porque a demanda por esse produto é menor que a maioria dos óleos vegetais mais comuns. Gorduras animais também contêm um teor de ácidos graxos (AG) saturados superior ao observado em óleos vegetais. Estes têm ponto de fusão relativamente alto, uma propriedade que, a baixas temperaturas, pode levar à precipitação e a um baixo desempenho do motor (19). Do lado positivo, o biodiesel derivado de gorduras animais, por seu alto teor de ésteres de ácidos graxos saturados, geralmente apresenta números de cetano superiores ao observado em biodiesel derivado de óleos vegetais (39). Existem vários graus de qualidade de sebo bovino (gordura bovina) (40,41), diferenciados tão somente pelos seus respectivos teores de AGL. Apenas os graus de menor teor em AGL são suscetíveis a uma transesterificação alcalina bem-sucedida, conforme descrito anteriormente neste trabalho. Embora essas reações de transesterificação sejam acompanhadas por métodos análogos aos empregados para óleos vegetais, algumas observações especiais foram identificadas como necessárias para que rendimentos de reação suficientemente altos sejam atingidos (42,43).

Uma preocupação acerca do uso de gordura animal para a produção de biodiesel, especialmente lipídeos de origem bovina, é a possibilidade de exposição a *prions*, a proteína infecciosa responsável pela encefalopatia espongiforme bovina (doença da vaca louca) em bovinos e por uma variante da síndrome de Creutzfeldt-Jacob (vCJD) em humanos (44). O Comitê de Avaliação Científica da Comunidade Europeia examinou processos convencionais para a produção industrial de sebo e concluiu que o produto resultante é livre de qualquer caráter infeccioso relacionado à doença da vaca louca, mesmo quando o material de origem era altamente infeccioso (45). A *Food and Drug Administration* dos Estados Unidos determinou que o sebo e outros materiais análogos devem ser considerados seguros, e omitiu a citação desses materiais na legislação que proíbe a presença de gorduras de origem animal em rações para bovinos e outros ruminantes (46). A Organização Mundial da Saúde (OMS) examinou esse assunto e concluiu que, dada a natureza proteica dos *prions*, esses materiais devem permanecer com os resíduos celulares da carne e dos ossos durante o processo, em vez de serem transferidos para a fração lipídica não polar. Portanto, a porção do sebo foi julgada como segura para a saúde humana e animal (47). Cummins et al. (48) investigaram o perigo de humanos contraírem vCJD em virtude do uso de sebo bovino como combustível em motores diesel. Esses autores concluíram que o risco era de várias ordens de magnitude menor que a taxa de aparição espontânea de vCJD. Assim, a avaliação científica determinou que gorduras animais processadas não são agentes de transmissão da doença da vaca louca.

Nenhuma exigência especial é requerida quando matérias-primas com baixos teores de AGL (menor ou igual a 0,5%) são empregadas para a produção de biodiesel. No entanto, a produção de óleos e gorduras com baixos teores de AGL requer atenção especial na armazenagem e processamento, e o material resultante apresentará qualidade suficientemente alta para ser classificado como de grau alimentício. Durante a transesterificação alcalina, sais de sódio (ou de potássio) de AGL (sabões) são formados, e estes devem ser removidos durante a purificação subsequente do produto. A dissociação de AGL protonados para formar ácidos livres, que podem reagir com cátions para formar sabões, libera um próton que irá se combinar com íons hidroxila da solução para formar água. No entanto, a resultante redução na disponibilidade do catalisador hidroxílico e o acúmulo de água com poder inibitório são efeitos relativamente pequenos que não afetam negativamente a eficiência da reação. A queda no rendimento em biodiesel, em virtude da perda de AGL para a formação de sabão, também é insignificante sob teores de AGL suficientemente baixos.

Óleos vegetais não refinados de onde os fosfolipídios (lecitina, gomas) tenham sido removidos também são adequados para a reação, e podem ser de 10 a 15% mais baratos que os óleos altamente refinados. Óleos não degomados podem apresentar baixo teor de AGL e, com base na discussão apresentada, é genericamente esperado que eles reajam relativamente bem. No entanto, gomas podem complicar a lavagem do biodiesel bruto que é produzido pela transesterificação, levando a um aumento no custo de processamento. Assim, a aplicação da degomagem é essencial para o emprego de óleos vegetais, embora o branqueamento e a desodorização do óleo, duas outras etapas muito comuns na produção de óleos comestíveis, não são necessárias para produzir uma matéria-prima aceitável para a conversão a biodiesel (49). Gorduras animais não contêm quantidade suficiente de fosfolipídios para exigir uma etapa de degomagem.

Geralmente, há uma correlação direta entre a qualidade do lipídeo, medido como o inverso de seu teor em AGL, e o custo do processo. Assim, existem diretrizes econômicas que justificam a escolha de matérias graxas ricas em AGL. No entanto, a conversão desses materiais em biodiesel é mais difícil que o caso em que materiais de baixo teor de AGL são utilizados. Para lipídeos com teor de AGL entre 0,5 e 4%, a perda de catalisador que acompanha a saponificação durante a transesterificação alcalina é suficiente para comprometer a eficiência do processo, desde que não compensada pela adição de uma quantidade maior de catalisador no início da reação. A estratégia nesses casos é a de conduzir um pré-tratamento alcalino para precipitar os AGL na forma de sabões, antes mesmo do início da transesterificação. Os lipídeos livres de AGL são então submetidos à transesterificação alcalina, da mesma forma como são as matérias-primas de baixa acidez. Materiais que são adequados para este procedimento são aqueles que estão fora das especificações, em virtude de seus altos teores de AGL (branco superior, empacotamento exclusivo para carne de gado, de qualidade superior, alvejada de acordo com o esquema de classificação norte-americano, e o sebo n°. 1 para o esquema britânico) e gorduras não muito utilizadas em fritadeiras de imersão.

Para materiais que apresentem teores de AGL em torno de 4%, a estratégia de removê-los na forma de sabões torna-se impraticável, em virtude do consumo excessivo de álcali e da perda considerável do potencial de rendimento em biodiesel, por causa da eliminação dos sabões. Dentre os lipídeos que atendem a essa categoria se encontram as gorduras animais de baixa qualidade, como sebos de primeira, sebos especiais, sebo "A" e gordura de frango, de acordo com os padrões norte-americanos, bem como sebos n°. 3-6 conforme o esquema de classificação britânico (41). Graxas também recaem nesta categoria de matéria-prima. Nos Estados Unidos, graxas amarelas (AGL $\leq$ 15%) e marrons (AGL > 15%) estão disponíveis no mercado (40). Padrões britânicos identificam apenas uma categoria, "graxas", com um teor máximo de AGL de 20% (41). As graxas são muitas vezes denominadas "óleos vegetais recuperados" e correspondem tipicamente a óleos vegetais parcialmente hidrogenados que são descartados após uso em fritadeiras de imersão. Seu custo varia de um terço a um quarto do valor atribuído aos óleos vegetais refinados.

A estratégia com estes materiais é a de converter ambas as frações de AGL e de acilgliceróis em biodiesel. Tipicamente, com essas matérias-primas, dois tipos de reação são conduzidos sequencialmente. A primeira é a esterificação dos AGL a ésteres, seguida de uma etapa de transesterificação alcalina convencional para produzir ésteres alquílicos simples a partir dos acilgliceróis. Catalisadores alcalinos não são eficientes para a esterificação de AGL, mas ácidos minerais apresentam essa capacidade. Assim, procedimentos em múltiplos estágios são empregados envolvendo a esterificação catalisada por ácidos seguida da transesterificação catalisada por álcali (50). Esses procedimentos em múltiplos estágios são necessários, porque a exposição da matéria-prima de alta acidez às condições alcalinas tradicionalmente utilizadas na transesterificação promove a produção de sabões. Estes emulsificam e solubilizam outros materiais lipofílicos, aumentando a dificuldade de separação entre as fases éster e glicerínica (50). Quando graxas utilizadas como matérias-primas são tratadas empregando a estratégia em duas etapas sequenciais, é estimado que a economia no custo da matéria-prima possa resultar em uma redução geral de custo no processo de 25 a 40% em relação ao uso de óleo de soja virgem (35). Uma nova estratégia descrita recentemente, empregando a síntese dos ésteres exclusivamente por catálise ácida, foi alegada como de maior economicidade (25). No entanto, esse método é relativamente novo, e relatórios sobre o seu uso generalizado para a produção de biodiesel ainda não foram registrados na literatura no momento da edição deste livro.

Por seu baixo custo, o ácido sulfúrico é um catalisador típico para a etapa de esterificação que compõe o processo de duas etapas reacionais (35,36). A água, um subproduto da esterificação, impede a síntese quantitativa dos ésteres. Ao conduzir duas etapas sequenciais de esterificação catalisadas por ácido, com a remoção da água acumulada após a realização da primeira etapa, níveis de esterificação de AGL suficientemente altos podem ser atingidos. Teores finais inferiores a 0,5-1,0% de AGL são desejáveis. Também deve ser mencionado que o óleo ou gordura é parcialmente convertido a glicerídeos parcialmente reagidos e ésteres metílicos de ácidos graxos durante as etapas de esterificação, o que facilita a sua conversão final a ésteres metílicos durante a etapa de transesterificação. A conversão de materiais ricos em AGL a ésteres metílicos, em uma única etapa reacional e com o objetivo de utilizá-los como biodiesel, foi demonstrada por meio do emprego de catalisadores à base dos acetatos de cálcio e bário (51). No entanto, o processo foi desenvolvido a temperaturas de 200-220°C e pressões de 400-600 psi (2,76-4,14 MPa), e os ésteres assim produzidos continham uma contaminação residual de sabões e monoacilgliceróis. Um procedimento alternativo, baseado na utilização de matérias-primas ricas em AGL, envolve a pré-esterificação com glicerol seguida da transesterificação alcalina (52).

Especificações para a composição química de graxas são bem mais flexíveis que aquelas existentes para óleos comestíveis e diferenças substanciais podem ocorrer de um fornecedor a outro. Isso pode comprometer a sua viabilidade para processos de produção de biodiesel. Especial atenção deve ser orientada não apenas para o teor de AGL, mas também para a composição de ácidos graxos presente no material graxo, principalmente de ácidos graxos saturados. Gorduras animais, óleos vegetais hidrogenados e óleos de fritura que contêm gordura de frango apresentam teores mais altos de ácidos graxos saturados que a maioria dos óleos vegetais de clima temperado. Como discutido, esses AG podem causar problemas de estabilidade a baixas temperaturas e de desempenho no motor. O uso de gorduras de descarte e de gorduras animais ricas em AGL é menos expressivo que o uso de óleos vegetais para a produção de biodiesel. A Áustria e a Alemanha (53) são os países mais ativos nesta área, com alguns materiais dessa natureza também sendo utilizados nos Estados Unidos, particularmente por produtores de pequena escala.

Outros materiais de baixa qualidade, que contêm misturas de AGL, acilgliceróis e outros componentes, também se encontram disponíveis no mercado. Uma dessas matérias-primas é a borra de refino, um subproduto do refino de óleos vegetais. A produção anual desse material nos Estados Unidos ultrapassa 100 milhões de libras. Borras de refino representam uma fonte muito rica em AGL, consistindo de ~12% de acilgliceróis, 10% de AGL e 8% de fosfolipídios. Também contêm aproximadamente 50% de água e são muito alcalinas (pH tipicamente superior a 9). Em virtude do alto pH e da presença de substâncias de alta polaridade, os lipídeos de borras de refino são fortemente emulsificados, formando uma massa densa, estável e viscosa, que é sólida na temperatura ambiente. A recuperação dos principais componentes das borras de refino não é um processo muito simples; como consequência, o uso industrial desse material é limitado. Em um passado não muito distante, borras eram descartadas em lixões, mas, no momento da edição deste livro, a maior parte é utilizada em rações animais. Assim, existe um grande interesse na identificação de aplicações mais nobres para as borras de refino.

Usando um catalisador inorgânico a pressões de pelo menos 400 psi (2,76 MPa), a produção de uma mistura de AG simples, a partir de borras de refino, foi aparentemente demonstrada como adequada para a produção de biodiesel (51). No entanto, não é de nosso conhecimento que essa tecnologia já tenha sido adotada na indústria até a edição desta obra, talvez porque o processo requer a utilização de equipamentos de alta pressão.

Nós também investigamos a produção de misturas de ésteres de AG a partir de borras de refino para aplicações combustíveis como biodiesel (54). O procedimento adotado foi definido pela exploração do pH alcalino já apresentado pelas borras de refino para facilitar a hidrólise completa de todas as ligações éster glicerídicas presentes na matéria-prima. Isso foi facilmente obtido pelo aumento da alcalinidade do material com hidróxido de sódio, seguido de 2 h de reação a 95°C. Como resultado, todos os acilgliceróis e fosfoacilgliceróis presentes no substrato foram hidrolisados. A então indispensável remoção da água inicialmente presente nas borras de refino, que inibem a especificação dos AGL, foi obtida por evaporação, com a subsequente conversão imediata dos AGL a ésteres metílicos por esterificação catalisada com ácido sulfúrico na presença de metanol. Os ésteres assim produzidos atenderam às Especificações Provisionais da ASTM que estavam em efeito naquela época para o biodiesel, e resultaram em emissões e desempenho comparáveis ao biodiesel de óleo de soja quando empregados em motores diesel de carga pesada (55).

No entanto, uma consequência indesejável do processo de produção de biodiesel a partir de borras de refino foi a produção de quantidades substanciais de sulfato de sódio sólido, decorrentes da combinação do sódio adicionado na etapa de saponificação com o sulfato adicionado como ácido sulfúrico na reação de esterificação subsequente. Esses sais precipitaram da solução durante a reação de esterificação. A necessidade e o custo da destinação ou descarte desse resíduo sólido constituem uma desvantagem considerável desse processo industrial. Para resolver essa dificuldade, um procedimento alternativo foi proposto para a remoção da água presente na borra saponificada (56). A indústria de processamento de borras de refino aplica rotineiramente uma tecnologia conhecida como acidulação. Nesse processo, vapor e ácido sulfúrico são introduzidos na borra de refino por meio de um purgador. O ácido protona os sabões de AG convertendo-os a AGL, o que reduz grandemente a sua tendência à emulsificação. Quando a purga é interrompida, duas fases se separam dentro do reator. A fase superior, denominada "óleo ácido", é rica em lipídeos, enquanto a fase inferior contém os componentes hidrossolúveis da borra de refino. Quando essa tecnologia é aplicada para a saponificação de borras, o óleo ácido apresenta > 90% de AGL e pode ser submetido à esterificação ácido-catalisada para a produção de biodiesel, conforme descrito. O sulfato de sódio ainda é formado no processo pela interação do sódio presente na borra saponificada com o ácido sulfúrico adicionado durante a acidulação. No entanto, este é solúvel na fase aquosa gerada no processo e é descartado junto com ela como um efluente líquido, cuja destinação é mais fácil que o resíduo sólido produzido nas versões anteriores deste método. Essa tecnologia é relativamente nova e ainda está por ser adotada em processos produtivos de escala industrial.

Outros materiais de baixo custo e, portanto, mais heterogêneos, podem ser identificados como de potencial para a produção de biodiesel. Um exemplo é a graxa residual de caixas de gordura, cujo baixo custo é recomendável para a produção de biodiesel. No entanto, o uso desse material tem sido muito limitado, sendo que as principais barreiras correspondem à cor e ao odor do biodiesel dele derivado.

Tecnologias Alternativas para a Síntese de Ésteres de AG

A transesterificação alcalina de matérias-primas acilglicerídicas, com a adição de uma reação catalisada por ácido para a esterificação de AGL, caso estes estejam presentes, compreende a grande maioria das tecnologias empregadas no momento da edição deste livro para a produção industrial de biodiesel. No entanto, o desejo de reduzir o custo do catalisador, a produção de efluentes ou a necessidade de promover uma purificação extensiva do produto tem estimulado a investigação de métodos alternativos para a síntese de ésteres de AG. Os métodos descritos neste trabalho ainda se encontram em estágio de desenvolvimento, com pouca ou nenhuma aplicação real na indústria de biodiesel até o momento.

Transesterificação monofásica ácido-catalisada. Um aspecto da transesterificação alcalina convencional de acilgliceróis que reduz a velocidade de reação é o fato de que o substrato oleoso não é miscível na fase alcoólica que contém o catalisador. A reação ocorre na interface entre as duas fases, resultando em uma velocidade de reação muito mais lenta que se a reação se encontrasse em uma única fase. Naquilo que tem sido designado como "metanólise assistida por solvente", os componentes e suas proporções na mistura de reação são alterados para superar essa limitação (57). A transesterificação é conduzida em um meio contendo óleo, metanol, álcali e um solvente orgânico como o tetrahidrofurano (THF). Em adição ao uso do solvente para promover a miscibilidade entre o metanol e o óleo, altas razões molares metanol:óleo (27:1) são empregadas para aumentar suficientemente a polaridade do meio, induzir a formação de um sistema de fase única e, assim, aumentar a velocidade de transesterificação. As vantagens desse procedimento são: a condução do processo em uma única etapa reacional, rendimentos em ésteres metílicos superiores a 98%, tempos de reação inferiores a 10 min e baixas temperaturas de reação. As desvantagens são a necessidade de se recuperar o THF e o grande excesso molar de metanol não reagido, além dos perigos inerentes ao manuseio de solventes inflamáveis. Apesar disso, a adoção dessa tecnologia para a produção comercial de biodiesel já foi recentemente relatada (58). Outro procedimento não tradicional de se facilitar a transesterificação de óleos intactos envolve a condução da reação em metanol supercrítico (59,60). Embora sejam altas as taxas de conversão divulgadas, a viabilidade econômica desse processo ainda está por ser comprovada.

Conversão enzimática de óleos e gorduras em ésteres alquílicos. Embora a produção do biodiesel por via química já esteja comprovada, existem problemas a ela associados que impedem a continuação de seu desenvolvimento, como a recuperação da glicerina e a necessidade do uso de óleos ou gorduras refinados como matéria-prima de origem (49). As desvantagens de se utilizar catalisadores químicos podem ser superadas pelo emprego de lipases como biocatalisadores para a síntese de ésteres (61). As vantagens da catálise lipásica sobre a catálise química para a produção de ésteres alquílicos simples incluem: a habilidade de esterificar o AGL presente tanto em acilgliceróis como na forma livre em uma única etapa; a produção de uma fração glicerínica com teor mínimo de água e pouco ou nenhum material inorgânico contaminante; e a possibilidade de reciclagem do catalisador. Os gargalos para o uso de catálise enzimática incluem o alto custo das lipases em comparação com os catalisadores inorgânicos (na ausência de esquemas efetivos para a reciclagem das enzimas) e a inativação das lipases por contaminações da matéria-prima e por álcoois polares de baixa massa molar.

Os primeiros trabalhos sobre a aplicação de enzimas para a síntese de biodiesel foram realizados em éter de petróleo empregando o óleo de girassol como matéria-prima (62) e lipases de várias origens. Das lipases investigadas, apenas três foram capazes de catalisar a alcoólise, sendo que a preparação imobilizada de *Pseudomonas* spp. forneceu o melhor rendimento em ésteres. Quando o processo foi repetido sem o solvente, empregando metanol como álcool para a reação, um rendimento em ésteres de apenas 3% foi observado, enquanto com etanol absoluto, etanol a 96% e 1-butanol, as conversões variaram de 70 a 82%. Experimentos com uma série de álcoois homólogos demonstraram que a velocidade de reação, com e sem a adição de água, aumentou com o aumento do comprimento de cadeia do álcool. Para o metanol, a maior conversão foi obtida na ausência de qualquer adição de água, mas para os outros álcoois, a adição de água aumentou a velocidade de esterificação em duas a cinco vezes.

Em estudos subsequentes, Linko et al. (63) investigaram a alcoólise de óleo de colza com baixos teores de ácido erúcico em reatores de leito agitado, empregando lipases na ausência de solventes orgânicos. Os melhores resultados foram obtidos com a lipase de *Candida rugosa* e, sob condições otimizadas, uma conversão em ésteres praticamente completa foi atingida. Outros estudos (64) relataram a etanólise de óleo de girassol com LipozymeTM (uma lipase comercial imobilizada de *Rhizomucor meihei*) em um meio totalmente composto pelo óleo vegetal e etanol. As variáveis investigadas para a conversão do óleo em ésteres incluíram a razão molar do substrato, a temperatura, o tempo de reação e a carga enzimática. No entanto, os rendimentos em ésteres etílicos não excederam 85%, mesmo sob condições otimizadas de reação. A adição de água (10%, m/m), além de já estar associada com a enzima imobilizada, diminuiu os rendimentos em ésteres significativamente. Nesse caso, o efeito decorrente da adição de água deve ser contrastado com o resultado obtido para reações em solventes orgânicos. Esses autores também demonstraram que os rendimentos em ésteres poderiam ser melhorados a partir da adição de sílica ao meio de reação. Esse efeito positivo da sílica foi atribuído à adsorção do co-produto polar glicerol sobre a sua superfície, o que reduziu a desnaturação da enzima pelo contato com glicerol. O reúso da enzima também foi investigado, mas os rendimentos em ésteres decresceram significativamente com as etapas de reciclagem, mesmo na presença de sílica como adsorvente.

Em outros estudos (65,66), misturas dos óleos de colza e soja foram tratadas com preparações de várias lipases imobilizadas na presença de metanol. A lipase de *C. antarctica* foi a mais efetiva em promover a formação de ésteres metílicos. Para atingir altos níveis de conversão em ésteres metílicos, foi necessária a adição de três equivalentes de metanol. Porém, essa quantidade de metanol foi incorporada em três adições consecutivas, porque altos níveis de metanol resultam na desativação das enzimas. Sob essas condições, foram obtidas conversões acima de 97% de óleo a ésteres metílicos. Também foi demonstrado que, por simples decantação da mistura de reação, houve separação entre as fases de ésteres metílicos e de glicerol. Em outro estudo (67), foi demonstrado que as lipases de *Rhizopus oryzae* catalisam a metanólise do óleo de soja na presença de 4 a 30% de água nas matérias-primas de origem, mas que as mesmas se apresentaram inativas na ausência de água. Rendimentos de ésteres metílicos superiores a 90% puderam ser obtidos quando o metanol foi adicionado à reação em etapas seqüenciais. Recentemente, a conversão de óleo de soja em biodiesel foi demonstrada em um reator de batelada contínua em que a catálise com enzimas imobilizadas de *Thermomyces lanuginosa* foi empregada (68). Esses autores também utilizaram a adição escalonada do metanol à reação e, dessa maneira, obtiveram a conversão completa do óleo em ésteres. O uso repetido da lipase imobilizada foi possível por meio da remoção do glicerol a ela adsorvido por lavagem com *iso*-propanol. Quando o óleo de soja bruto foi utilizado como substrato, um rendimento muito menor em ésteres metílicos foi obtido, quando comparado com rendimentos obtidos a partir do óleo refinado (69). O decréscimo no rendimento da reação foi diretamente relacionado ao teor de fosfolipídios do óleo, que aparentemente inativa as lipases. Atividades de esterificação eficientes puderam ser obtidas a partir da pré-imersão da lipase no óleo bruto, anteriormente à reação de metanólise.

Várias lipases disponíveis comercialmente foram investigadas em relação às suas capacidades em transesterificar sebo bovino com álcoois de cadeia curta (70). Uma lipase imobilizada de *R. miehei* foi a preparação mais eficiente na conversão de sebo bovino aos ésteres metílicos correspondentes, resultando em conversões acima de 95%. As eficiências de esterificação com metanol e etanol foram sensíveis ao teor de água presente nas misturas de reação, com a água reduzindo os rendimentos em éster. Ésteres *n*-propílicos, *n*-butílicos e *iso*-butílicos também foram preparados sob altas eficiências de conversão (94-100%). Pequenas quantidades de água não afetaram a produção de ésteres nestes experimentos.

Na transesterificação de sebo bovino com álcoois secundários, as lipases de *C. antarctica* (de nome comercial SP435) e *Pseudomonas cepacia* (PS30) forneceram as melhores conversões em ésteres (70). Reações realizadas sem a adição de água foram pouco eficientes para ambas as lipases, e conversões de apenas 60-84% foram obtidas em tempos de reação de 16 h. Por outro lado, um efeito oposto foi observado para o caso da metanólise, que se mostrou extremamente sensível à presença de água. Para os álcoois ramificados *iso*-propanol e 2-butanol, melhores conversões foram obtidas quando as reações foram realizadas sem a adição de solvente (71). Rendimentos limitados, quando os álcoois normais metanol e etanol foram utilizados em reações livres de solvente, foram atribuídos à desativação das enzimas por álcoois mais polares. Conversões equivalentes também puderam ser obtidas na metanólise e na *iso*-propanólise dos óleos de soja e de colza (71). O desempenho em motores dos ésteres etílicos e *iso*-propílicos de sebo bovino, bem como suas propriedades a baixas temperaturas, foram comparáveis aos valores observados para os ésteres metílicos de sebo bovino e de óleo de soja (72). A conversão enzimática de gordura de porco a ésteres metílicos e etílicos foi relatada (15) utilizando a adição do álcool ao substrato em três etapas sequenciais, em um meio livre de solventes conforme descrito pelos autores (73). A conversão a ésteres simples de alquila do óleo de palma nigeriano e dos óleos láuricos da polpa da palma e do coco foi relatada para uso como biodiesel (74). As melhores conversões (~85%) se deram para ésteres etílicos, e os autores investigaram várias propriedades combustíveis desses ésteres.

Conversão enzimática de graxas a biodiesel. Pesquisas sobre as propriedades a baixas temperaturas e desempenho em motores de monoésteres de alquila derivados de sebo bovino e de gorduras de descarte oriundas de restaurantes sugeriram fortemente que os ésteres etílicos de gorduras podem ser excelente fonte alternativa para biodiesel (72). Ésteres etílicos de graxas e gorduras (denominados coloquialmente de "graxatos de etila") apresentam propriedades a baixas temperaturas, como ponto de névoa, ponto de escoamento, ponto de entupimento de filtro a frio e testes de fluxo a baixas temperaturas, que se assemelham muito às observadas em ésteres metílicos do óleo de soja, a forma predominante em que o biodiesel é comercializado nos Estados Unidos. O desempenho em motores e o perfil de emissões de misturas contendo 20% de "graxato de etila" e "seboato de *iso*-propila" em combustível diesel n°. 2 foram obtidos em motores diesel de duplo-cilindro equivalentes. Os resultados desses testes indicaram desempenho adequado, redução do consumo de combustível e nenhuma diferença aparente no acúmulo de carbono no motor, ou mesmo nas emissões de CO, CO_2, O_2 e NO_x em comparação com o diesel n°. 2 (72).

O biodiesel utilizado nesses testes foi sintetizado enzimaticamente. Lipídeos de baixo valor agregado, como gorduras de descarte utilizadas em fritadeiras de imersão, geralmente apresentam altos teores de AGL ($\geq$ 8%). As lipases são especialmente interessantes para catalisar a produção de ésteres graxos a partir dessas matérias-primas, porque podem aceitar ácidos graxos tanto livres quanto ligados a acilgliceróis como substratos para a síntese de ésteres. Por outro lado, catalisadores inorgânicos requerem uma multiplicidade de etapas para a produção de biodiesel a partir desse tipo de material (p.ex., óleo de colza usado) (53). Para explorar essas particularidades atraentes da catálise enzimática, estudos foram realizados em reatores de batelada empregando a lipase de *P. cepacia*, óleos reciclados de restaurantes e etanol 95% (66). Trabalhos subsequentes (15) demonstraram que ésteres metílicos e etílicos de gordura de porco poderiam ser obtidos a partir da alcoólise catalisada por lipases. A metanólise e a etanólise de graxas de restaurantes por lipases imobilizadas de *T. lanuginosa*, *C. antarctica* e *P. cepacia* foram demonstradas em sistemas livres de solventes empregando a adição do álcool à reação em uma única etapa (75). A produção contínua de ésteres etílicos a partir de graxas foi investigada utilizando como catalisador a lipase de *Burkholderia* (anteriormente *Pseudomonas*) *cepacia* imobilizada em sistema sol-gel formado por filossilicatos (IM BS-30) (76). A transesterificação enzimática foi realizada em um reator de coluna de leito recirculante utilizando IM BS-30 como fase estacionária e etanol e gordura de restaurante como substratos, sem qualquer adição de solventes. O biorreator foi operado a várias temperaturas (40 a 60 °C), velocidades de fluxo (5 a 50 mL/min) e tempos de reação (8 a 48 h) para otimizar a produção de ésteres. Sob as condições ótimas de operação (30 mL/min de velocidade de fluxo, temperatura de 50 °C, relação molar entre os substratos etanol:gordura de 4:1 e tempo de reação de 48 h), os rendimentos em ésteres foram superiores a 96%.

Outras matérias-primas de baixo custo para a produção de biodiesel incluem o óleo residual presente em terras clarificantes e nas borras de refino produzidas durante o refino de óleos vegetais brutos. Esses materiais contêm ~40 a 50% (m/m) de óleo, respectivamente. Óleos residuais presentes em terras clarificantes derivadas do refino dos óleos de soja, colza e palma foram extraídos com hexano, recuperados e submetidos à metanólise pelas lipases de *R. oryzae* na presença de um alto teor de água e com uma única adição de metanol (77). A maior taxa de conversão em ésteres metílicos, de 55%, se deu com óleo de palma após 96 h de reação. Adversidades em relação à viscosidade foram citadas como as possíveis causas para essas baixas conversões, mas a inativação das lipases pelos fosfolipídios residuais do óleo recuperado, como publicado para o caso de óleos não refinados (69), pode também ter contribuído para os baixos rendimentos de conversão dos óleos de soja e de colza. Enzimas imobilizadas sobre suportes sólidos também foram utilizadas como biocatalisadores para a produção de ésteres alquílicos simples dos AGL e dos lipídios glicerídicos presentes em borras de refino (54). No entanto, as taxas de produção de ésteres foram relativamente baixas. Isso foi provavelmente devido à mistura entre a borra, as lipases e o álcool, resultando em má eficiência na mistura entre o catalisador e os substratos.

Um procedimento enzimático de duas etapas foi utilizado para a conversão em ésteres graxos de óleos ácidos, misturas de AGL e glicerídeos parcialmente reagidos derivados da acidulação de borras de refino (78). Na primeira etapa, os acil-lipídeos presentes no óleo ácido são hidrolisados por completo por lipases de *C. cylindracea*. Na segunda etapa, o óleo de alta acidez é esterificado a ésteres de cadeia longa utilizando uma preparação lipásica imobilizada de *Mucor* (atualmente *Rhizomucor*) *miehei*.

Catálise heterogênea. Como observado anteriormente, os métodos mais comumente utilizados para a produção de biodiesel a partir de óleos refinados dependem do emprego de catalisadores solúveis como hidróxidos metálicos ou metóxidos. A remoção desses catalisadores da fase álcool-glicerínica é tecnicamente difícil; essa etapa implica em um aumento dos custos de produção do biodiesel e complica a purificação do glicerol. Com esses catalisadores homogêneos, altas conversões são fáceis de serem atingidas a temperaturas de 40 a 65 °C em apenas algumas horas de reação. Altas temperaturas não são usualmente empregadas para evitar pressões no sistema superiores à atmosférica, o que requereria o uso de vasos de pressão no processo produtivo.

É possível conduzir a transesterificação na ausência da adição de um catalisador, uma estratégia que requer altas pressões (20 MPa) e altas temperaturas (350 °C). Esse procedimento é empregado em algumas unidades de produção, especialmente na Europa, mas a generalização de seu uso não foi praticada, porque altas pressões são necessárias para aumentar os rendimentos em ésteres a níveis minimamente aceitáveis. Em alguns desses casos, foi observado que a esterificação que havia sido diagnosticada como não catalisada foi na verdade catalisada por superfícies metálicas do reator (79). Esses sistemas com catalisadores insolúveis são designados como "heterogêneos". Comparados com reações catalisadas por sistemas tipicamente homogêneos, esses novos sistemas oferecem a vantagem de simplificar significativamente a limpeza dos produtos e de reduzir a quantidade de material que precisa ser descartado.

Outras pesquisas já foram descritas sobre a alcoólise de triacilgliceróis empregando catalisadores heterogêneos. Por exemplo, óxido de zinco suportado em alumínio foi empregado como catalisador para a alcoólise de óleos e gorduras com uma série de álcoois superiores ao metanol (80). Em outro procedimento patenteado (51), foi utilizada uma mistura binária dos acetatos de sódio e de bário para catalisar a metanólise a 200 °C de óleo de soja degomado, gorduras amarelas, gordura de peru e misturas de acilgliceróis parcialmente reagidos. A aplicação dessa tecnologia para a transesterificação da borra de soja foi comentada anteriormente. A alcoólise de triacilgliceróis com glicerol foi investigada utilizando catalisadores sólidos alcalinos como Cs-MCM-41, Cs-sepiolita e hidrotalcitas (81). A reação foi conduzida a 240 °C por 5 h. A melhor conversão, de 92%, foi obtida com hidrotalcita, seguida do Cs-sepiolita (45%) e do Cs-MCM-41 (26%). A alcoólise de óleo de colza foi estudada na presença de faujasitas do tipo NaX tratadas com césio (Cs) e de hidrotalcitas comerciais (KW2200) como catalisadores. Sob razões metanol/óleo de 275 e 22 h de reação sob refluxo de metanol, as faujasitas NaX tratadas com césio forneceram conversões de até 70%, enquanto uma conversão de apenas 34% foi obtida com o uso de hidrotalcita. Foi patenteado o uso dos catalisadores ETS-4 e ETS-10 para a obtenção de conversões de 85,7 e 52,6%, respectivamente, a 220 °C e 1,5 h de reação (83). Eficiências na produção de ésteres de até 78% a 240 °C e de > 95% a 260 °C, em reações de 18 min, foram obtidas utilizando rochas de carbonato de cálcio como catalisador (84). Todos esses estudos requereram temperaturas superiores a 220 °C para atingir rendimentos acima de 90% no intervalo de tempo definido para os experimentos. O mesmo grupo de pesquisa (85) recentemente divulgou o uso de zeólitas como bases sólidas, após modificação por troca iônica com cátions alcalinos ou por decomposição de sais alcalino-metálicos intercalados seguida de calcinação a 500 °C. A zeólita faujasita NaX e os titanosilicatos de estrutura-10 (ETS-10), respectivamente modificados de acordo com esses procedimentos, foram empregados para a alcoólise de óleo de soja com metanol. Com o catalisador derivado da faujasita, rendimentos de > 90% foram relatados em 24 h a 150 °C, enquanto o catalisador ETS-10 calcinado forneceu rendimentos em éster de 94% em 3 h a 100 °C.

Transesterificação *in situ*. Em vez de trabalhar com óleos vegetais isolados ou refinados, um procedimento alternativo é a condução da reação de transesterificação diretamente com o óleo presente no material oleaginoso. Esse método pode servir essencialmente para reduzir o custo do substrato empregado para a produção de biodiesel. Utilizando ácido sulfúrico como catalisador, foi investigada a transesterificação *in situ* de sementes homogeneizadas de girassol com metanol (86,87); rendimentos em ésteres até 20% superiores aos obtidos de óleos extraídos foram relatados, o que foi atribuído à transesterificação de lipídeos da casca das sementes. Em estudos paralelos, uma variedade de ácidos e concentrações de metanol foram investigadas para a transesterificação *in situ* de sementes homogeneizadas de girassol (88), e rendimentos em ésteres próximos a 98% do teórico foram obtidos, sendo que os cálculos foram baseados no teor de óleo das sementes. A transesterificação *in situ* ácido-catalisada do óleo de arroz foi investigada empregando etanol na reação, e foi descoberto que, apesar de 90% do óleo ter sido convertido a ésteres, o produto apresentou altos níveis de AGL (89,90). Esses autores também aplicaram essa técnica para a transesterificação do óleo de grãos moídos de soja (91). A metanólise *in situ* ácido-catalisada, no entanto, resultou na remoção de apenas 20 a 40% do óleo presente nas sementes.

Recentemente, a produção de alquil-ésteres de ácidos graxos pela transesterificação *in situ* em meio alcalino de flocos de soja comercialmente disponíveis foi demonstrada mediante leve agitação dos flocos com uma solução de hidróxido de sódio a 60 °C (92). Ésteres metílicos, etílicos e *iso*-propílicos foram produzidos. Métodos estatísticos e análises de regressão por superfície de resposta foram utilizados para otimizar as condições de reação, utilizando metanol como álcool. A 60 °C, o maior rendimento em ésteres metílicos foi previsto para razões molares metanol/acilglicerol/NaOH de 226:1:1,6 por 8 h de reação. A 23 °C, a eficiência máxima da metanólise foi predita para uma razão molar de 543:1:2. Dos lipídeos presentes nos flocos de soja, 95% foram removidos e transesterificados sob essas condições [esses valores de rendimento são superiores àqueles relatados na publicação original, resultado de um dado originalmente errôneo para o conteúdo lipídico do substrato (Haas, dados não publicados)]. A fração de ésteres metílicos apresentou quantidades muito pequenas de AG (< 1%) e nenhuma contaminação com acilgliceróis. Do glicerol liberado por transesterificação, mais de 90% permaneceu na fase alcoólica, com o restante sendo retido nos flocos processados. Em trabalhos recentes, foi demonstrado que, mediante secagem dos flocos antes da transesterificação, os requerimentos da reação em metanol e hidróxido de sódio podem ser reduzidos em 55 a 60%, aumentando grandemente a viabilidade econômica do processo (93).

Referências

1. Harold, S., Industrial vegetable oils: opportunities within the European biodiesel and lubricant markets. Part 2. Market characteristics. *Lipid Technol.*, 10:67-70, 1997.
2. Sii, H. S., H. Masjuki, e A. M. Zaki. Dynamometer evaluation and engine wear characteristics of palm oil diesel emulsions. *J. Am. Oil Chem. Soc.*, 72:905-909, 1995.
3. Masjuki, H. H., e S. M. Sapuan. Palm oil methyl esters as lubricant additives in small diesel engines. *Ibid.*, 72:609-612, 1995.

4. Jewett, B., Biodiesel powers up. *Inform 14*:528-530, 2003.

5. Geise, R., Biodiesel's bright future deserves equality. *Render Magazine* (Agosto), 31:16-17, 2002.

6. Nautusch, D. F. S., D. W. Richardson, e R. J. Joyce. Methyl esters of tallow as a diesel extender. *Proceedings: VI International Symposium on Alcohol Fuels Technology Conference*, 21-25 de maio, 1984, Ottawa CA, pp 340-346.

7. Solly, R. K. Coconut oil and coconut oil-ethanol derivatives as fuel for diesel engines. *J. Fiji Agric.*, 42:1-6, 1980.

8. Kamini, N. R., e H. Iefuji. Lipase catalyzed methanolysis of vegetable oils in aqueous medium by Cryptoccus app. S-2. *Process. Biochem.*, 37:405-410, 2001.

9. Özgül-Yücel, S. e S. Türkay. FA monoalkylesters from rice bran oil by *in situ* esterification, *J. Am. Oil Chem. Soc.* 80:81-84, 2003.

10. Isigigür, A., F. Karaosmano lu, e H. A. Aksoy. Methyl ester from safflower seed oil of Turkish origin as a biofuel for Diesel engines. *Appl. Biochem. and Biotechnol.*, 45-46:103-112. 1994.

11. Choo, Y. M., K. Y. Cheah, A. N. Ma, e A. Halim. Conversion of crude palm kernel oil into its methyl esters on a pilot plant scale. *Proceedings, World Conference on Oleochemicals in the 21st Century*, editado por T. H. Applewhite, AOCS Press, Champaign, IL., 1991, pp. 292-295.

12. Foidl, N., G. Foidl, M. Sanchez, M. Mittelbach, & S. Hackel. *Jatropha curcas* L. as a source for the production of biofuel in Nicaragua. *Bioresource Technology*, 58:77-82, 1996.

13. Cardone, M., M. Mazzoncini, S. Menini, V. Rocco, A. Senatore, M. Seggiani, S. Vitolo. *Brassica carinata* as an alternative crop for the production of biodiesel in Italy: agronomic evaluation, fuel production by transesterification and characterization. *Biomass & Bioenergy*, 25:623-636, 2003.

14. Richardson, D. W., R. J. Joyce, T. A. Lister, e D. F. S. Natusch. Methyl esters of tallow as a diesel component. *Proceedings 3rd International Conference on Energy from Biomass*, editado por W. Pulz, J. Coombs, e D. O. Hall, Elsevier, New York, 1985, pp735-743.

15. Lee, K-T., T. A. Foglia, e K-S. Chang. Production of alkyl esters as biodiesel fuel from fractionated lard and restaurant grease. *J. Am. Oil Chem. Soc.*, 79:191-195, 2002.

16. Lowe, G. A., C. L. Peterson, J. C. Thompson, J. S. Taberski, P. T. Mann, e C. L. Chase. 1998. Producing HySEE biodiesel from used French fry oil and ethanol for an over-the-road truck. *ASAE Paper n°. 98-6081.*

17. Lee, I., L. A. Johnson, e E. G. Hammond. Use of branched-chain esters to reduce the crystallization temperature of biodiesel. *J. Am. Oil Chem. Soc.*, 72:1155-1160, 1995.

18. Foglia, T. A., L. L. Nelson, R.O. Dunn, e W. N. Marmer. Low-temperature properties of alkyl esters of tallow and grease. *Ibid.*, 74:951-955, 1997.

19. Dunn, R. O., M. W. Shockley, e M. O. Bagby. Improving the low-temperature properties of alternative diesel fuels: Vegetable oil-derived methyl esters. *Ibid.*, 73:1719-1728, 1996.

20. Freedman, B., E.H. Pryde, e T.L. Mounts. Variables affecting the yields of fatty esters from transesterified vegetable oils. *Ibid.,* 61:1638-1643, 1984.

21. Freedman, B., R.O. Butterfield, e Pryde, E. Transesterification kinetics of soybean oil. *Ibid.*, 63:1375-1380, 1986.

22. Noureddini, H. e D. Zhu. Kinetics of transesterification of soybean oil. *Ibid.*, 74:1457-1463, 1997.

23. Vicente, G., A. Coteron, M. Martinez, e J. Aracil. Application of factorial design of experiments and response surface methodology to optimize biodiesel production. *Ind. Crops Prod.*, 8;29-35, 1998.

24. Peterson, C. L., J. L. Cook, J. C. Thompson, e J. S. Taberski. Continuous flow biodiesel production. *Applied Engineering in Agriculture*, 18:5-11, 2002.

25. Zhang, Y., M. A. Dube, D. D. McLean, e M. Kates. Biodiesel production from waste cooking oil: 2. Economic assessment and sensitivity analysis. *Bioresource Technol.*, 90:229-240, 2003.

26. Harvey, A. P., M. R. Mackley, e T. Seliger. Process intensification of biodiesel production using a continuous oscillatory flow reactor, *J. Chem. Technol. Biotechnol.*, 78:338-341, 2003.

27. Markolwitz, M. Consider Europe's most popular catalyst. *Biodiesel Magazine*, 1:20-22. 2004.

28. Anônimo. *Standard specification for biodiesel fuel (B100) blend stock for distillate fuels, Designation D 6751-02*, American Society for Testing and Materials, West Conshohocken, Pennsylvania, U.S.A. 2002.

29. Anônimo. *European Biodiesel Standard DIN EN 14214*. Beuth-Verlag, Berlin, Germany (www.beuth.de). 2003.

30. Bender, M. Economic feasibility review for community-scale farmer cooperatives for biodiesel. *Bioresource Technology*, 70:81-87. 1999.

31. Noordam, M., e R.V. Withers. Producing biodiesel from canola in the inland Northwest: An economic feasibility study. *Idaho Agricultural Experiment Station. Bulletin n°. 785*. University of Idaho College of Agriculture, Moscow, Idaho, 1996. 12pp.

32. Reining, R.C., e W.E. Tyner. Comparing liquid fuel costs: grain alcohol versus sunflower oil. *American Journal of Agricultural Economics*, 65:567-570, 1983.

33. Piazza, G. J., e T. A. Foglia. Rapeseed oil for oleochemical usage. *Eur. J. Lipid Sci. Technol.*, 103:450-454, 2001.

34. Schwab, A.W., M.O. Bagby, e B. Freedman, Preparation and properties of diesel fuels from vegetable oils, *Fuel*, 66:1372-1378, 1987.

35. Canakci M., e J. Van Gerpen. Biodiesel production via acid catalysis. *Trans. ASAE*, 42:1203-1210, 1999.

36. Goff, M. J., N. S. Bauer, S. Lopes, W. R. Sutterlin, e G. J. Suppes. Acid-catalyzed alcoholysis of soybean oil. *J. Am. Oil Chem. Soc.*, 81:415-420, 2004.

37. Ali, Y., e M. A. Hanna. Alternative diesel fuels from vegetable oils. *Bioresource Technol.*, 50:153-163, 1994.

38. Ali, Y., e M. H. Hanna. Physical properties of tallow ester and diesel fuel blends. *Ibid.*, 47:131-134, 1994.

39. Knothe, G., A. C. Matheaus, e T. W. Ryan. Cetane numbers of branched and straight-chain fatty esters determined by an ignition quality tester. *Fuel*, 82:971-975, 2003.

40. Anônimo. *Specifications for commercial grades of tallows, animal fats and greases*. American Fats & Oils Association, Columbia, South Carolina, U.S.A. www.afoaonline.org. 2004.

41. Anônimo, *Specification for technical tallow and animal grease*. British Standard 3919:1987. BSI British Standards, London, UK. www.bsi-global.com. 1987.

42. Ma, F., L.D. Clements, e M.A. Hanna. The effects of catalysts, free fatty acids, and water on transesterification of beef tallow. *Trans. ASAE* 41:1261-1264, 1998.

43. Ma, F., L.D. Clements, e M.A. Hanna. The effect of mixing on transesterification of beef tallow. *Bioresource Technology*, 69:289-293. 1999.

44. Erdtmann, R. e L. B. Sivitz (Eds.). *Advancing Prion Science: Guidance for the National Prion Research Program*. The National Academies Press, Washington, D.C. 2004. 259 pp.

45. Anônimo, *European Commission, Preliminary Report on Quantitative Risk Assessment on the Use of the Vertebral Column for the Production of Gelatine and Tallow*. Submetido ao Comitê de Planejamento Científico na reunião de 13-14 de abril de 2000, Bruxelas, Bélgica. 2000.

46. Anônimo. Department of Health and Human Service, US Food and Drug Administration, 21 CFR Part 589. *Substances Prohibited from Use in Animal Food or Feed. U.S. Federal Register*, 62(108):30935-30978. U.S. Government Printing Office, Washington, D.C. 1997.

47. Anônimo, World Heath Organization, Relatório WHO/CDS/VPH/95.145, conforme publicado em *Inform*, 12:588, 2001.

48. Cummins, E. J., S. F. Colgan, P. M. Grace, D. J. Fry, K. P. McDonnell, e S. M. Ward. Human risks from the combustion of SRM-derived tallow in Ireland. *Human and Ecological Risk Assessment*, 8:1177-1192, 2002.

49. Kramer, W. The potential of biodiesel production. *Oils and Fats International*, 11:33-34, 1995.

50. Canakci, M., e J. Van Gerpen. Biodiesel production from oils and fats with high free fatty acids. *Trans. ASAE*, 44:1429-1436, 2001.

51. Basu, H. N., e M. E. Norris. *Process for the production of esters for use as a diesel fuel substitute using non-alkaline catalyst*. Patente dos EUA n°. 5,525,126, 1996.

52. Turck, R., *Method of producing fatty acid esters of monovalent alkyl alcohols and use thereof*. Patente dos EUA n°. 6,538,146 B2, 2003.

53. Mittelbach, M., e H. Enzelsberger. Transesterification of heated rapeseed oil for extending diesel fuel. *J. Am. Oil Chem. Soc.*, 76:545-550, 1999.

54. Haas, M. J., S. Bloomer, e K. Scott. Simple, high-efficiency synthesis of fatty acid methyl esters from soapstock. *Ibid.,* 77:373-379, 2000.

55. Haas, M. J., K.M. Scott, T.L. Alleman, e R. L. McCormick. Engine performance of biodiesel fuel prepared from soybean soapstock: a high quality renewable fuel produced from a waste feedstock. *Energy & Fuels*, 15:1207-1212, 2001.

56. Haas, M. J., P. J. Michalski, S. Runyon, A. Nunez, e K. M. Scott. Production of FAME from acid oil, a by-product of vegetable oil refining. *J. Am. Oil Chem. Soc.,* 80:97-102, 2003.

57. Boocock, D. G. B., S. K. Konar, L. Mao, C. Lee, e S. Buligan. Fast formation of high-purity methylesters from vegetable oils. *Ibid.*, 75:1167-1172, 1998.

58. Caparella, T., Biodiesel plants open in Germany. *Render Magazine*, 37:16, 2002.

59. Saka, S., e D. Kusdiana. Biodiesel fuel from rapeseed oil as prepared in supercritical methanol. *Fuel*, 80:225-231, 2001.

60. Kusdiana, D., e S. Saka. Kinetics of transesterification in rapeseed oil to biodiesel fuel as treated in supercritical methanol. *Ibid.*, 80:693-698, 2001.

61. Haas, M. J., G. J. Piazza, e T. A. Foglia. Enzymatic approaches to the production of biodiesel fuels, em *Lipid Biotechnology*, editado por T. M. Kuo e H. W. Gardner, Marcel Decker, New York, NY, 2002, pp 587-598.

62. Mittelbach, M. Lipase-catalyzed alcoholysis of sunflower oil. *J. Am. Oil Chem. Soc.*, 61:168-170, 1990.

63. Linko, Y-Y, M. Lamsa, X. Wu, E. Uosukainen, J. Seppala, e P. Linko. Biodegradable products by lipase biocatalysis. *J. Biotechnol.*, 66:41-50, 1998.

64. Selmi, B., e D. Thomas. Immobilized lipase-catalyzed ethanolysis of sunflower oil in a solvent-free medium. *J. Am. Oil Chem. Soc.*, 75:691-695, 1998.

65. Shimada, Y., Y. Watanabe, T. Samukawa, A. Sugihara, H. Noda, H. Fukuda, e Y. Tominaga. Conversion of vegetable oil to biodiesel using immobilized *Candida antarctica* lipase. *Ibid.*, 76:789-793, 1999.

66. Wu, W. H., Foglia, T. A., Marmer, W. M., e Phillips, J. G., Optimizing production of ethyl esters of grease using 95% ethanol by response surface methodology. *Ibid.*, 76:517-521, 1999.

67. Kaieda, M., T. Samukawa, T. Matsuumoto, K. Ban, A. Kondo, Y. Shimada, H. Noda, F. Nomoto, K. Ohtsuka, E. Izumoto. e H. Fukada. Biodiesel fuel production from plant oil catalyzed by *Rhizopus oryzae* lipase in a water-containing system without an organic solvent. *J. Biosci. Bioeng.*, 88:627-631, 1999.

68. Du, W., Y. Xu, J. Zing, e D. Liu. Novozyme 435-catalyzed transesterification from crude soybean oils for biodiesel production in a solvent-free medium. *Biotechnol. Appl. Biochem.* 2004. Immediate Publication, DOI:10.1042/BA20030142.

69. Du, W., Y. Xu, e D. Liu. Lipase-catalyzed transesterification of soya bean oil for biodiesel production during continuous batch operation. *Ibid.*, 38:103-106, 2003.

70. Nelson, L. L., T. A. Foglia, e W. N. Marmer. Lipase-catalyzed production of biodiesel. *J. Am. Oil Chem. Soc.*, 73:1191-1195, 1996.

71. Foglia, T. A., L. L. Nelson, e W. N. Marmer. *Production of biodiesel, lubricants, and fuel and lubricant additives*. Patente dos EUA n°. 5,713,965, 1998.

72. Wu, W-H., T. A. Foglia, W. N. Marmer, R. O. Dunn, C. E. Goring, e T. E. Briggs. Low-temperature properties and engine performance evaluation of ethyl and isopropyl esters of tallow and grease. *J. Am. Oil Chem. Soc.*, 75:1173-1178, 1998.

73. Watanabe, Y., Y. Shimada, A. Sugihara, H. Noda, H. Fukuda, e Y. Tominaga. Continuous production of biodiesel fuel from vegetable oil using immobilized Candida antarctica lipase. *Ibid.*, 77:355-359, 2000.

74. Abigor, R. D., P. O. Uadia, T. A. Foglia, M. J. Haas, J. E. Okpefa, e J. U. Obibuzor. Lipase-catalyzed production of biodiesel fuel from Nigerian lauric oils. *Biochem. Soc. Trans.*, 28:979-981, 2000.

75. Hsu, A-F., K. Jones, T. A. Foglia, e W. N. Marmer. Immobilized lipase-catalyzed production of alkyl esters of restaurant grease as biodiesel. *Biotechnol. Appl. Biochem.*, 36:181-186, 2002.

76. Hsu, A.-F., K. C. Jones, T. A. Foglia, e W. N. Marmer. Continuous production of ethyl esters of grease using an immobilized lipase. *J. Am. Oil Chem. Soc.* No prelo. 2004.

77. Pizarro, A. V. L., e E. Y. Park. Lipase-catalyzed production of biodiesel fuel from vegetable oils contained in waste activated bleaching earth. *Process Biochem.*, 38:1077-1082, 2003.

78. Ghosh, S., e D. K. Bhattacharyya. Utilization of acid oils in making valuable fatty products by microbial lipase technology. *J. Am. Oil Chem. Soc.*, 77:1541-1544, 1995.

79. Dasari, M., M. J Goff, e G. J Suppes. Noncatalytic alcoholysis of soybean oil. *Ibid.*, 80:189-192, 2003.

80. Stern, R., G. Hillion, J-J. Rouxel, e S. Leporq. *Process for the production of esters from vegetable oils or animal oils alcohols*. Patente dos EUA n°. 5,908,946, 1999.

81. Corma, A., S. Iborra, S. Miquel, e J. Primo. Catalysts for the production of fine chemicals: production of food emulsifiers, monoglycerides, by glycerolysis of fats with solid base catalysts. *J. Catal.*, 173:315-321, 1998.

82. Leclercq, E., A. Finielsand, e C. Moreau. Transesterification of rapeseed oil in the presence of basic zeolites and related catalysts. *J. Am. Oil Chem. Soc.*, 78:1161-1165, 2001.

83. Bayense, C. R., Hinnekens, H., e J. Martens. *Esterification process.* Patente dos EUA n°. 5,508,457, 1996.

84. Suppes, G. J., M. A. Dasari, E. J. Doskocil, P. J. Mankidy, e M. J. Goff. Transesterification of soybean oil with zeolite and metal catalysts. *Appl. Catal. A Gen.* 257:213-223, 2004.

85. Suppes, G.J., K., Bockwinkel, S. Lucas, J. B. Botts, M. H. Mason, e J. A Heppert. Calcium carbonate catalyzed alcoholysis of fats and oils. *J. Am. Oil Chem. Soc.*, 78:139-145, 2001.

86. Harrington, K. J., e C. D'Arcy-Evans, Transesterification *in situ* of sunflower seed oil, *Ind. Eng. Chem. Prod. Res. Dev.* 24:314-318, 1985.

87. Harrington, K. J., e C. D'Arcy-Evans, A comparison of conventional and *in situ* methods of transesterification of seed oil from a series of sunflower cultivars, *J. Am. Oil Chem. Soc.* 62:1009-1013, 1985.

88. Siler-Marinkovic, S., e A. Tomasevic, Transesterification of sunflower oil *in situ*, *Fuel* 77(12):1389-1391, 1998.

89. Özgül, S., e S. Türkay, *In situ e*sterification of rice bran oil with methanol and ethanol, *J. Am. Oil Chem. Soc.* 70:145-147 (1993).

90. Özgül-Yücel, S., e S. Türkay, Variables affecting the yields of methyl esters derived from *in situ* esterification of rice bran oil. *Ibid. 79(6)*:611-613 (2002).

91. Kildiran, G., S. Özgül-Yücel, e S. Türkay, *In-situ* alcoholysis of soybean oil, *J. Am. Oil Chem. Soc.*, *73*:225-228 (1996).

92. Haas, M. J., K. M. Scott, W. N. Marmer, e T. A. Foglia. In situ alkaline transesterification: an effective method for the production of fatty acid esters from vegetable oils. *J. Am Oil Chem. Soc.* 81:83-89, 2004.

93. Haas, M. J., A. McAloon, e K. Scott. Production of fatty acid esters by direct alkaline transesterification: process optimization for improved economics. *Abstracts of the 95th Annual Meeting & Expo*, American Oil Chemists' Society, Champaign, IL, U.S.A. p. 76, 2004.

Métodos Analíticos para o Biodiesel

Gerhard Knothe

Introdução

Como descrito nos capítulos anteriores, durante o processo de transesterificação, gliceróis intermediários como mono- e diacilgliceróis são formados, sendo que uma pequena quantidade desses pode permanecer retida no produto final (ésteres metílicos ou quaisquer outros alquil-ésteres). Além desses gliceróis parcialmente reagidos, triacilgliceróis não reagidos, glicerol, ácidos graxos livres (AGL), álcool e catalisadores residuais podem contaminar o produto final. Os contaminantes podem levar a problemas operacionais severos quando o biodiesel é utilizado em motores, incluindo a formação de depósitos, entupimento de filtro e deterioração do combustível. Portanto, especificações como as da Europa (EN 14214; EN 14213 ao se utilizar biodiesel como óleo para geração de calor) e dos Estados Unidos (ASTM D6751) limitam a quantidade de contaminantes permitida no biodiesel (veja o Apêndice B). Sob essas especificações, restrições são alocadas para contaminantes individuais por meio da inclusão de itens, como glicerina livre e glicerina total para limitar o teor de glicerol e acilgliceróis, ponto de fulgor para limitar o álcool residual, acidez para limitar o teor de AGL e o teor de cinzas para limitar o catalisador residual. Uma discussão mais detalhada sobre a definição dos parâmetros de qualidade das especificações do biodiesel é fornecida em diferentes partes deste livro e na literatura (1-3). Alguns métodos utilizados na análise de biodiesel, incluindo procedimentos para a determinação de contaminantes como água e fósforo, que não serão discutidos neste trabalho, também estão descritos na literatura (3).

A determinação da qualidade do combustível é, portanto, um aspecto de grande importância para o sucesso da comercialização do biodiesel. A manutenção da oferta de um combustível de alta qualidade, que não apresente problemas operacionais, é um pré-requisito para a aceitação do biodiesel no mercado.

As principais categorias dos procedimentos analíticos discutidos neste trabalho compreendem métodos cromatográficos e espectrométricos; no entanto, artigos direcionados a outros métodos, incluindo aqueles baseados em propriedade físicas, também têm sido publicados. Algumas categorias podem se sobrepor, em virtude do advento de técnicas hifenadas, como a cromatografia de fase gasosa acoplada à espectrometria de massas (CG-EM), a cromatografia de fase gasosa acoplada à espectrometria no infravermelho (CG-IR) ou a cromatografia de fase líquida acoplada à espectrometria de massas (CL-EM). No entanto, existem poucos trabalhos relacionados ao uso de técnicas hifenadas para a análise de biodiesel. As principais razões são provavelmente devidas ao alto custo do equipamento e ao alto investimento para a qualificação técnica de pessoal especializado na interpretação dos dados. Essa é a realidade, a despeito do fato de que técnicas hifenadas poderiam auxiliar na resolução de ambiguidades que prevalecem após a análise por métodos cromatográficos isolados.

Para atender as exigências das especificações, não é necessária a quantificação de componentes individuais do biodiesel, mas a quantificação de diferentes *classes de compostos* é fundamental. Por exemplo, para a determinação de mono-, di- ou triacilgliceróis (de acordo com as especificações europeias), não é necessário saber que ácido(s) graxo(s) está(ão) ligado(s) à molécula de glicerol. Para a determinação de glicerol total, não importa o tipo de acilglicerol (mono-, di- ou tri-) ou de onde se origina o glicerol livre, desde que os limites estabelecidos para espécies individuais de acilgliceróis e de glicerol livre sejam observados. A quantificação cromatográfica de acilgliceróis como classes de compostos orgânicos é um resultado da forma como o método foi estabelecido.

Virtualmente, todos os métodos utilizados para análise de biodiesel são adequados (se necessário, com as devidas modificações) para todos os tipos de matérias-primas empregadas no processo, mesmo quando os pesquisadores os apresentam para uma matéria-prima em específico. Por outro lado, um método analítico ideal deve quantificar de maneira confiável e pouco dispendiosa todos os contaminantes, mesmo que em nível de traços, sem apresentar dificuldades experimentais e em questão de segundos, ou ainda mais rapidamente quando empregado para monitoramento remoto da reação. Nenhum método analítico empregado no momento da edição deste livro atinge a rigidez desses objetivos. Portanto, é necessário selecionar um ou mais métodos para analisar o biodiesel ou monitorar a reação de transesterificação.

Em virtude da ampliação do uso de misturas de biodiesel com diesel convencional derivado do petróleo, a caracterização de misturas em diferentes níveis está rapidamente se convertendo em um importante aspecto da análise de biodiesel. Diferentes métodos para várias situações têm sido recentemente desenvolvidos, incluindo a detecção do nível de biodiesel empregado na mistura para uso em motores diesel. A última seção deste capítulo irá tratar dos critérios utilizados para determinar o teor de biodiesel em misturas.

Métodos Cromatográficos

Análises por cromatografias de fase gasosa (CG) e líquida de alta eficiência (CLAE), e combinações entre esses métodos, foram propostas para a caracterização de biodiesel. A cromatografia de permeação em gel também foi relatada como ferramenta analítica para análise. Até o momento de publicação desta obra, a maioria desses métodos cromatográficos foi utilizada para a análise de ésteres metílicos, e não para ésteres superiores, como o etílico e o *iso*-propílico. Portanto, a maioria desses métodos necessitaria de modificações para ser apropriadamente utilizada para a análise de ésteres superiores. Por exemplo, para análises realizadas por CG, mudanças na programação de temperatura ou em outros parâmetros analíticos podem ser necessárias. O trabalho em que esse método foi originalmente desenvolvido (4) tratou da investigação de éteres metílicos e butílicos do óleo de soja. Aparentemente, nem todos os componentes individuais puderam ser resolvidos quando da análise dos ésteres butílicos, mas a análise das diferentes classes de compostos orgânicos pode ser realizada. A análise por CLAE pode ser aplicada para os ésteres etílicos, *iso*-propílicos, 2-butílicos e *iso*-butílicos de óleo de soja e de sebo bovino (5). Se algum desses métodos analíticos já foi desenvolvido para ésteres superiores ao metílico, isso se encontra devidamente registrado na literatura especializada.

O primeiro relatório sobre a análise cromatográfica da reação de transesterificação utilizou cromatografia de camada delgada com detecção por ionização de chama (CCD/DIC; instrumentação Iatroscan) (6). Em outro trabalho (7), CCD/DIC foi utilizada para correlacionar o teor de glicerol ligado com a taxa de conversão em ésteres determinada por CG. Nesse trabalho, foi observado que, quando a conversão em ésteres metílicos foi superior a 96%, a quantidade de glicerol ligado correspondeu a menos de 0,25% (m/m). Embora esse método seja simples e de fácil realização (6), a CCD/DIC foi abandonada, principalmente em virtude de sua baixa precisão e inconsistências atreladas aos materiais empregados, bem como de sua relativa sensibilidade de água (6) e do custo relativamente alto do instrumento de medição (7).

Até o momento, a CG tem sido o método mais utilizado para a análise de biodiesel porque apresenta precisão geralmente alta para a quantificação de componentes minoritários. Porém, a precisão de análises por CG pode ser influenciada por fatores como a deriva da linha de base e a superposição de sinais. De um modo geral, a literatura especializada não esclarece se tais fatores são compensados por outros inerentes à análise de biodiesel. O primeiro trabalho sobre o uso de CG capilar discorreu sobre a quantificação de ésteres totais, bem como de mono-, di- e triacilgliceróis (4). As amostras foram tratadas com *N,O-bis*(trimetilsilil)trifluoracetamida (BSTFA) para converter grupamentos hidroxílicos nos trimetilsilil-derivados (TMS) correspondentes. Esse tipo de transformação química foi o procedimento utilizado para a quantificação de biodiesel por CG nos artigos subsequentes. A preparação de derivados TMS é importante, porque melhora as propriedades cromatográficas dos materiais hidroxilados e, nos casos em que o acoplamento com a espectrometria de massas é empregada, facilita a interpretação dos espectros de massas. Apesar de a coluna capilar originalmente utilizada ter sido curta (1,8 m) e de sílica fundida (100% de dimetilpolisiloxano) (4), outros autores empregaram colunas capilares de sílica fundida de 10-12/15 m de comprimento, revestidas com um filme de 0,1 µm de (5% fenil)-metilpolisiloxano. A análise de ésteres etílicos de óleo de colza foi realizada em um equipamento de CG equipado com detecção por ionização de chama (DIC) e uma coluna empacotada de 1,8 m x 4 mm de diâmetro interno (8).

A maioria dos trabalhos sobre o uso de CG para a análise de biodiesel emprega DIC. O uso de detectores baseados em espectrometria de massas (DEM) poderia eliminar algumas ambiguidades sobre a natureza dos materiais eluentes, porque espectros de massas específicos para cada componente individual seriam obtidos, embora a análise quantitativa possa ser afetada. Existem dois artigos na literatura que descrevem o emprego de DEM nessa análise (9,10).

A maioria dos artigos sobre análise de CG discute a determinação de contaminantes específicos ou de classes de contaminantes presentes no biodiesel. O artigo original sobre análise de biodiesel por CG (4) quantificou mono-, di- e triacilgliceróis em ésteres metílicos de óleo de soja em uma coluna relativamente curta (1,8 m x 0,32 mm d.i.) de 100% dimetilpolisiloxano. Existem trabalhos similares sobre a quantificação de acilglicerídeos por CG (11,12). As principais diferenças estão nas especificações da coluna [ambas de (5% fenil)-metilpolisiloxano, diferindo em outros parâmetros como o comprimento da coluna] e na programação da temperatura de análise, além do uso de diferentes padrões.

Outros artigos se concentraram na determinação individual ou combinada de outros contaminantes em potencial, como o glicerol livre e o metanol. Um artigo descreveu o uso de detectores seletivos de massa para a determinação de glicerol (9) e, por extensão a esse trabalho, um segundo artigo descreveu a quantificação simultânea de glicerol e metanol em amostras de biodiesel (10). Outros autores também investigaram a determinação cromatográfica de glicerol (13) e metanol (14). Usando o mesmo equipamento empregado para a determinação de glicerol (13), a quantificação de metanol foi viabilizada mediante uma modificação na programação de temperatura do forno. Os fatores de resposta associados à análise foram determinados utilizando etanol como padrão e, a partir desse método, foi possível correlacionar o ponto de fulgor do biodiesel de óleo de palma com o seu conteúdo em metanol. Gliceróis não reagidos foram detectados empregando 1,4-butanodiol como padrão interno em uma coluna de vidro de 2 m (4 mm d.i.) preenchida com Chromosorb 101 (13), enquanto o outro método, de maior sensibilidade, empregava derivatização e uma coluna capilar de 60 m x 0,25 mm d.i. revestida de um filme de 0,25 µm de (5% fenil)-metilpolisiloxano (9). A programação de temperatura foi diferente (com temperatura inicial mais baixa para permitir a determinação de metanol) (9,10); fora isto, a coluna foi a mesma empregada em outros estudos.

Dois artigos (9,10) discutiram o uso de EM como método de detecção em complemento à ionização de chama. Na determinação de glicerol livre em biodiesel por CG-EM, o modo de detecção de íons selecionados (técnica SIM) foi utilizado para acompanhar a presença dos íons *m/z* 116 e 117 do *bis-O*-trimetilsilil-1,4-butanodiol (da sililação do padrão de 1,4-butanodiol) e *m/z* 147 e 205 do *tris-O*-trimetrilsilil-1,2,3-propanotriol (da sililação do glicerol). O limite de detecção do método também foi melhorado para os ésteres metílicos de óleo de colza (EMC), quando o MS foi utilizado no modo SIM (10^{-5} %), quando comparado com o detector DIC (10^{-4} %) (9). Em uma continuação desse trabalho, a detecção simultânea de metanol e glicerol por EM em modo SIM foi demonstrada (10). Para a detecção de metanol sililado (trimetilmetoxisilano), picos de *m/z* 59 e 89 foram monitorados, bem como picos de *m/z* 75 e 103 do padrão adicional de etanol sililado (trimetiletoxisilano). A EM em modo SIM apresenta a vantagem adicional de eliminar a interferência de outros sinais, permitindo assim o uso de colunas menores (10).

Uma nova extensão dos artigos mencionados é a determinação simultânea de glicerol junto com mono-, di- e triacilgliceróis por CG (15). A Figura 1 apresenta uma análise de biodiesel por CG, obtida da literatura para a determinação de contaminações em glicerol e acilgliceróis (15). A determinação simultânea de glicerol e acilgliceróis no biodiesel levou ao desenvolvimento de métodos padronizados como o ASTM D6584 e o EN 14105, que por sua vez encontram-se incluídos em especificações abrangentes para o biodiesel. Neste (15) e em outros trabalhos preliminares (12), colunas de 10 m de (5% fenil)-metilpolisiloxano com espessura de filme de 0,1 µm [0,25 µm d.i. em (12) e 0,32 µm d.i. em (15)] foram utilizadas. As principais diferenças corresponderam ao início mais baixo da programação de temperatura (15) e à adição de um novo padrão interno (1,2,4-butanotriol) para a determinação de glicerol. Nesses trabalhos (12,15), foi empregada a injeção a frio em injetor do tipo "on-column".

Materiais não glicerídicos que podem estar presentes no biodiesel também foram analisados por CG. Nesse sentido, métodos para a determinação de esteróis e ésteres de esteróis já foram desenvolvidos (16). A justificativa para esses procedimentos é que a influência desses compostos sobre a qualidade do combustível, que permanecem nos óleos vegetais após processamento (e assim no biodiesel após transesterificação, porque apresentam solubilidade nos ésteres metílicos), ainda não foi determinada (16). A detecção foi realizada com DIC, bem como em outras publicações sobre CG, embora, nesses casos, a detecção por EM fosse especialmente recomendável. O método de detecção de esteróis (16) é virtualmente idêntico a outros métodos de CG desenvolvidos por outros autores (12). A única diferença foi o uso de padrões de esteróis e uma pequena modificação na programação de temperatura do sistema, para separar os picos de esteróis que se apresentavam condensados ou superpostos aos picos de outras classes de compostos orgânicos. O procedimento de derivatização foi realizado uma vez mais com BSTFA (contendo 1% de trimetilclorosilano), e a coluna também correspondeu a uma coluna capilar de sílica fundida recoberta com 0,1 µm de um filme de (5% fenil)-metilpolisiloxano. A concentração total de esteróis nos ésteres metílicos de óleo de colza foi de 0,339-0,500%, enquanto os ésteres de esteróis corresponderam a 0,588-0,722% da amostra. Em outra publicação sobre a análise do teor de esteróis em ésteres metílicos de óleo de colza (17), os mesmos autores encontraram um teor de esteróis de 0,70-0,81%. Outros autores (11) também observaram a presença de esteróis e ésteres de esteróis em amostras de biodiesel.

CLAE. Uma vantagem atribuída à CLAE, em comparação aos métodos de CG, está relacionada ao fato de que procedimentos de derivatização demorados e dispendiosos não são geralmente necessários, o que pode reduzir o tempo de análise. No entanto, a aplicação de CLAE à análise de biodiesel não é tão comum como o emprego de métodos de CG. O primeiro artigo sobre o uso de CLAE (18) descreveu o uso de um sistema isocrático de solventes (clorofórmio contendo um teor de 0,6% em etanol) com uma coluna de sílica

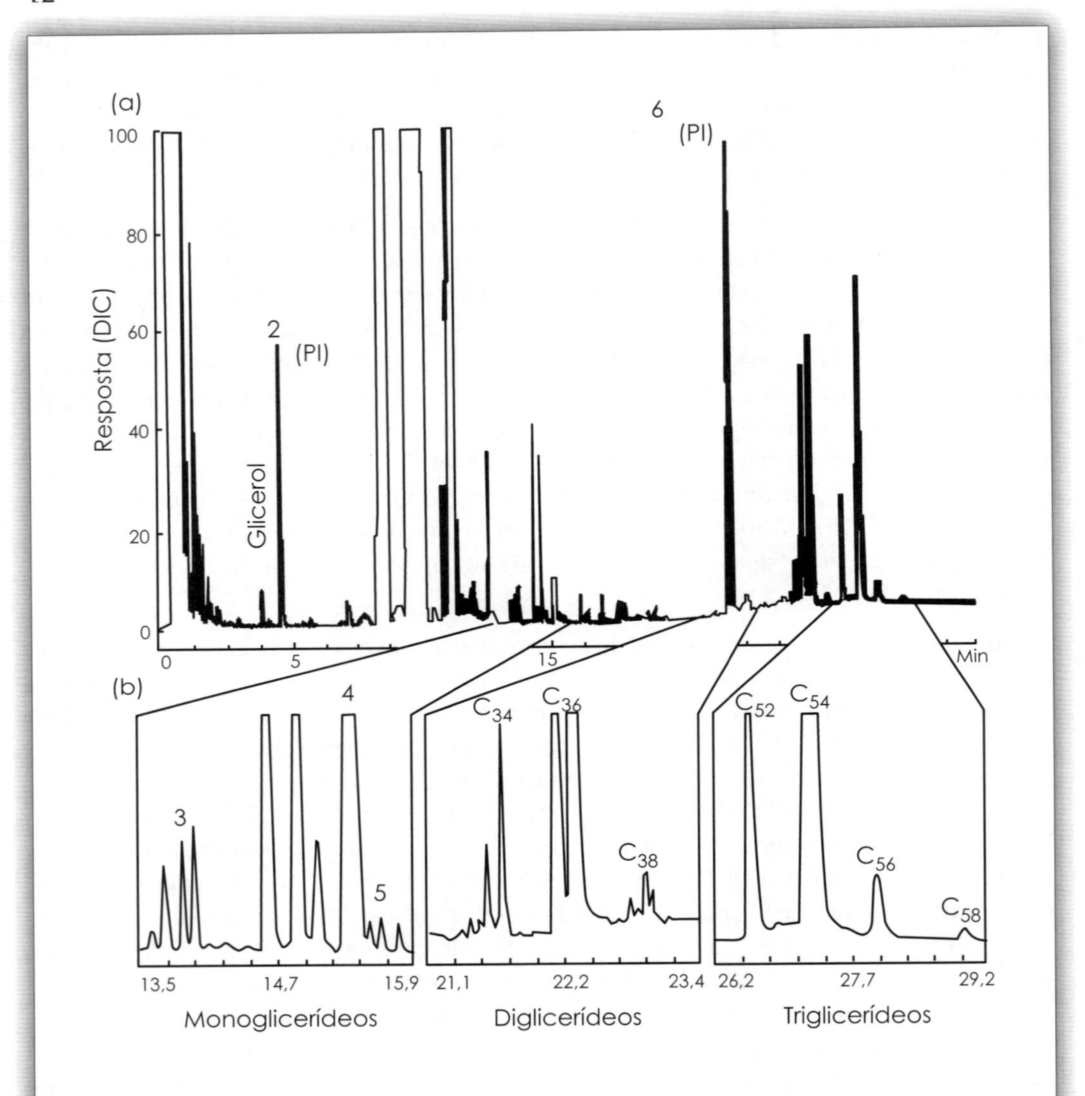

Figura 1. Cromatografia a gás do biodiesel (ésteres metílicos do óleo de colza; grupos hidroxila livres derivatizados por sililação) para determinação quantitativa de glicerol e de acilgliceróis contaminantes. Os números indicados se referem aos picos assinalados: 1 = glicerol; 2 = 1,2,4-butanotriol (Padrão Interno); 3 = monopalmitina; 4 = monooleína, monolinoleína, monolinolenina; 5 = monoestearina; e 6 = tricaprina (padrão interno). Nas porções ampliadas em (b), di- e triacilgliceróis contendo um número específico de carbonos também estão assinalados. Reprodução da Referência 15 com permissão da Elsevier.

ciano-modificada adaptada a duas colunas de cromatografia de permeação em gel (CPG) com detecção por densidade. Esse sistema permitiu a detecção de ésteres metílicos e de mono-, di- e triacilgliceróis como classes de compostos orgânicos, e também foi útil para a determinação de vários graus de conversão durante reações de transesterificação.

A CLAE com detecção pulso-amperométrica (limite de detecção usualmente 10 a 100 vezes inferior a detectores amperométricos; limite de detecção de 1 µg/g) foi utilizada para determinar a quantidade de glicerol livre em ésteres de óleos vegetais (19). A maior vantagem deste método foi a sua alta sensibilidade. A detecção simultânea de álcool residual também foi possível por meio dessa técnica.

Misturas de reação derivadas de transesterificação catalisada por lipases foram analisadas por CLAE utilizando um detector evaporativo de espalhamento de luz (ELSD) (5). Foi demonstrado que esse método é útil para a quantificação de ésteres, de AGL e das várias formas de acilgliceróis. Um sistema de solventes contendo hexano e metil *terc*-butil éter (cada um deles contendo 0,4% de ácido acético) foi empregado em eluição gradiente e a aplicação do método pode ser ampliada para ésteres superiores aos ésteres metílicos, como discutido anteriormente.

Em um estudo mais aprofundado (20), a CLAE de fase reversa foi utilizada com diferentes métodos de detecção [detector de absorção no ultravioleta (UV) a 205 nm, detector evaporativo de espalhamento de luz e detector de EM com ionização química à pressão atmosférica (APCI-MS), no modo de íons-positivos]. Dois sistemas de eluição gradiente foram empregados, um consistindo da mistura de metanol (A) com 2-propanol/hexano 5:4 (B), de 100% de A para 50:50 de A e B (um sistema de solventes não aquosos para fase reversa), e o outro da mistura de água (A), acetonitrila (B) e 2-propanol/hexano 5:4 (C) em duas etapas lineares de gradiente (30:70 de A e B no início, 100% de B em 10 min, 50:50 de B e C em 20 min e, finalmente, isocrático em 50:50 de B e C por 5 min). O primeiro sistema de solventes foi desenvolvido para a quantificação rápida da transesterificação de óleo de colza com metanol por meio da comparação das áreas dos picos de ésteres metílicos com aquelas dos triacilgliceróis. A quantificação de ácidos individuais (utilizando normalização das áreas dos picos) foi suscetível ao erro, e os resultados diferiram entre os diferentes métodos de detecção. A sensibilidade e a linearidade de cada método de detecção variaram entre os diferentes triacilgliceróis. APCI-MS e ELSD apresentaram sensibilidade menor com o aumento do número de duplas ligações nos ésteres metílicos de ácidos graxos, enquanto o UV não permitiu a quantificação de AG saturados. APCI-MS foi indicado como o método mais apropriado para a análise de óleo de colza e biodiesel. Este método CLAE-MS-APCI foi recentemente revisado em respeito à sua aplicabilidade para a análise de biodiesel (21).

CPG. Existe um artigo que descreve o uso de CPG (que é similar à CLAE em instrumentação, exceto pela natureza da coluna e pelo princípio de separação, que é baseado na massa molar dos analitos) para a análise dos produtos de transesterificação (22). Utilizando um detector de índice de refração e tetrahidrofurano como fase móvel, mono-, di- e triacilgliceróis, bem como ésteres metílicos e glicerol, puderam ser analisados. O método foi desenvolvido especificamente para óleo de palma, e os padrões empregados foram selecionados de acordo. A reprodutibilidade foi boa, com um desvio padrão de 0,27 a 3,87% a diferentes taxas de conversão.

Métodos hifenados: CL-CG. A combinação de CL e CG também já foi investigada. O propósito da combinação dos dois métodos de separação foi o de reduzir a complexidade dos cromatogramas de fase gasosa e de obter uma identificação mais precisa dos picos (23). Um instrumento CL-CG totalmente automatizado foi empregado para a determinação de acilgliceróis em ésteres metílicos de óleos vegetais (23). Grupos hidroxílicos foram acetilados e os ésteres metílicos (esteróis e esteróis esterificados eluem com os ésteres metílicos) e acilgliceróis foram pré-separados por CL utilizando um detector de comprimento de onda variável. O sistema de solventes para CL foi de hexano/cloreto de metileno/ acetonitrila na razão 79,97:10:0,05. A análise por CG (DIC) foi realizada em uma coluna de 10 m de (5% fenil)-metilpolisiloxano. Uma corrida cromatográfica nessas condições exigiu 52 min de análise.

O método CL-CG também foi aplicado para a análise de esteróis no biodiesel derivado de óleo de colza (24,25). Em um desses estudos, cinco tipos diferentes de ésteres metílicos foram analisados para esteróis empregando um sistema CL-CG em linha (25). Os ésteres metílicos de óleo vegetal foram derivados de óleo de colza, óleo de soja, óleo de girassol, óleo de girassol rico em ácido oleico e óleos usados em frituras. Os esteróis foram sililados antes da análise com *N*-metil-*N*-trimetilsililtrifluoracetamida (MSTFA). Nenhuma saponificação ou preparação prévia foi necessária. Os ésteres metílicos foram separados dos esteróis por CL com um sistema de solventes formado por hexano/cloreto de metileno/acetonitrila na razão de 79,9:20:0,1. O CG também foi realizado em uma coluna de 12 m de (5% fenil)-metilpolisiloxano e detecção por ionização de chama (DIC). A concentração total de esteróis livres foi de 0,20-0,35% (m/m) para as cinco amostras, enquanto os esterol ésteres foram detectados na faixa de 0,15-0,73% (m/m). Ésteres metílicos de óleo de soja permaneceram no limite inferior destas faixas (0,20 e 0,15%, respectivamente), enquanto os ésteres metílicos de óleo de colza se apresentaram em seus limites superiores (0,33 e 0,73%, respectivamente). Em uma comparação entre os dois métodos, ou seja, a saponificação e isolamento da fração de esteróis com a subsequente análise por CG com a análise por CL-CG de esteróis presentes em ésteres metílicos de óleo de colza (25), o método hifenado foi recomendado pelas informações adicionais que proporcionou sobre a amostra, menor tempo de análise e boa reprodutibilidade, apesar da sofisticação da instrumentação requerida. O teor de esteróis totais dos ésteres metílicos permaneceu entre 0,70-0,81% (m/m).

Métodos Espectroscópicos

Os métodos espectroscópicos investigados para a análise de biodiesel, ou para o monitoramento da reação de transesterificação, incluem a espectroscopia de ressonância magnética nuclear (RMN) de ^{1}H e de ^{13}C e a espectroscopia na região do infravermelho próximo (NIR). O primeiro artigo sobre determinações espectroscópicas do rendimento da reação de transesterificação utilizou ^{1}H RMN (26). A Figura 2 traz um espectro de ^{1}H RMN que representa o andamento de uma reação de transesterificação. Para monitorar o rendimento da reação, os autores utilizaram os prótons do grupo metilênico adjacente à porção éster de triacilglicerídeos e os prótons da porção álcool do éster metílico produzido. A equação simplificada fornecida pelos autores (com a terminologia ligeiramente modificada neste trabalho) foi a seguinte:

$$C = 100 \times (2A_{EM}/3A_{\alpha\text{-}CH2})$$

em que C é a conversão dos triacilgliceróis (óleo vegetal) nos ésteres metílicos correspondentes, A_{EM} é o valor de integração dos prótons dos ésteres metílicos (o pico mais intenso no espectro), e $A_{\alpha\text{-}CH2}$ é o valor de integração dos prótons metilênicos. Os fatores 2 e 3 derivam do fato de que carbonos metilênicos possuem dois prótons, enquanto o carbono do álcool (derivado do metanol) tem três prótons ligados a ele.

A reversibilidade e a cinética da reação de transesterificação metílica do óleo de colza foram investigadas por ^{13}C RMN (27) utilizando benzeno-d_6 como solvente. Os sinais em ~14,5 ppm dos grupos metílicos terminais que não são afetados pela transesterificação foram utilizados como padrão interno para a análise quantitativa. O sinal do carbono metílico dos ésteres metílicos foi registrado a ~51 ppm e os carbonos glicerídicos de mono-, di- e triacilgliceróis, a 62-71 ppm. A análise desse sinal na faixa indicada permitiu a determinação da cinética de transesterificação, e revelou que a formação de acilgliceróis intermediários, a partir dos triacilgliceróis do óleo, é a etapa lenta que determina a velocidade da reação.

A espectroscopia NIR foi investigada para monitorar a reação de transesterificação (28). A base para a quantificação foi a diferença nos espectros de NIR nas regiões de 6005 e 4425-4430 cm^{-1}, onde os ésteres metílicos apresentam picos, enquanto os triacilgliceróis exibem apenas ombros (veja a Figura 3). Ésteres etílicos podem ser distinguidos de uma maneira análoga (28). O emprego da absorção em 6005 cm^{-1}, em vez daquela observada em 4425 cm^{-1}, forneceu melhores resultados quantitativos. Aparentemente, éteres etíli-

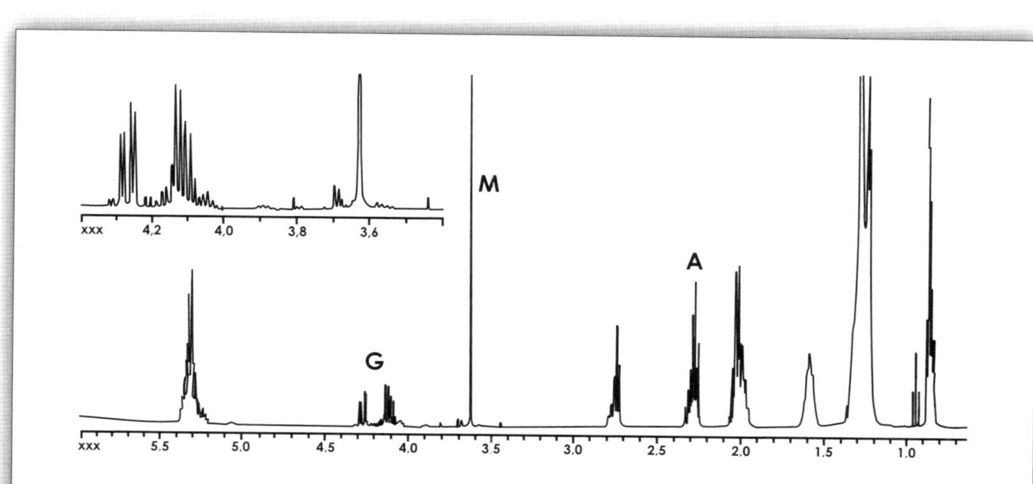

Figura 2. Espectro de ^1H RMN de uma reação de transesterificação em progresso. Os sinais a 4,1-4,4 ppm são gerados pelos prótons ligados à porção glicerol de mono-, di- ou triacilgliceróis. O forte singlete em 3,6 ppm indica a formação do éster metílico ($-CO_2CH_3$). Os sinais em 2,3 ppm resultam dos prótons dos grupos CH_2 adjacentes ao grupo metila ou à porção gliceril-éster ($-CH_2CO_2CH_3$ para ésteres metílicos). Esses sinais podem ser utilizados para análise quantitativa. *Fonte*: Referência 29.

cos, e ésteres de massa molar ainda maior, podem ser distinguidos entre si e de triacilgliceróis de maneira equivalente, mas nenhum resultado nesse sentido foi publicado na literatura até o momento. Espectros NIR também foram obtidos com auxílio de sondas de fibra ótica que foram acopladas ao espectrofotômetro, permitindo assim uma aquisição de dados particularmente fácil, rápida e eficiente.

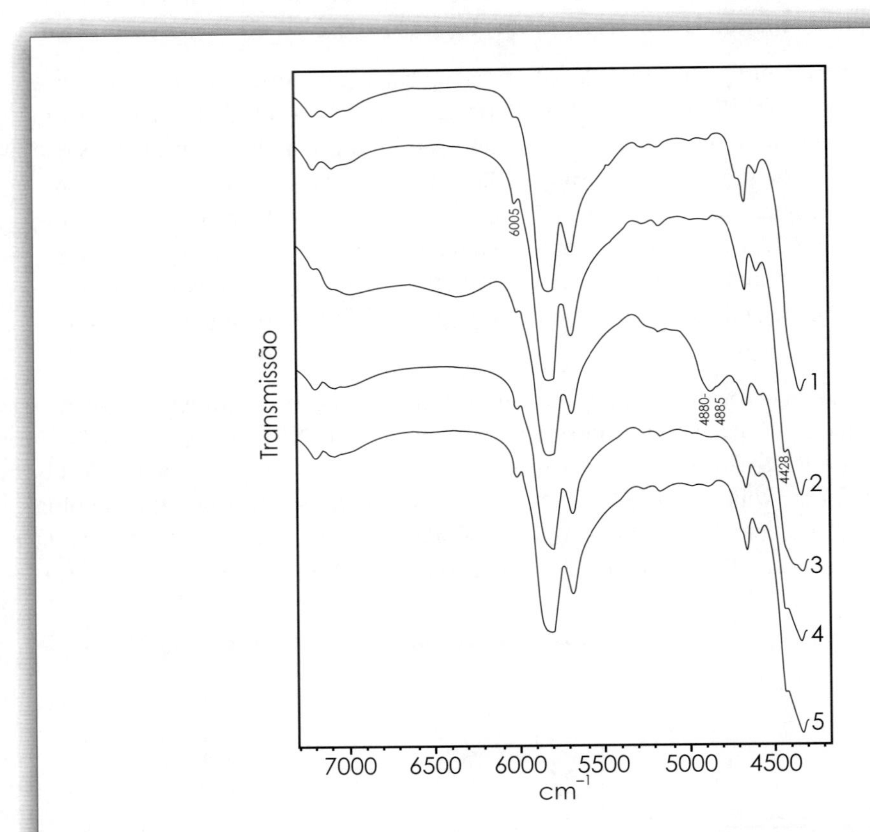

Figura 3. Espectro no NIR do óleo de soja (OS), dos ésteres metílicos do óleo de soja (EMS), e do EMS contendo expressiva contaminação com metanol. Os números de onda anotados evidenciam as possibilidades oferecidas para distinção entre os espectros e, portanto, para a quantificação de componentes. *Fonte*: Referência 28.

Contaminantes do biodiesel não podem ser plenamente quantificados por NIR nos níveis exigidos pelas suas especificações técnicas. A exatidão do método NIR em distinguir triacilgliceróis de ésteres metílicos está na faixa de 1 a 1,5%, muito embora, na maioria dos casos, melhores resultados possam ser alcançados. Para superar essa dificuldade, um método indutivo pode ser aplicado. O método indutivo consiste, por exemplo, na verificação por CG de que uma determinada amostra de biodiesel atende às especificações. O espectro NIR dessa amostra seria então obtido. O espectro NIR da matéria-prima também seria produzido, bem como o espectro de amostras intermediárias em conversões de 25,

50 e 75%, por exemplo. Dessa forma, um método de avaliação quantitativo baseado em NIR pode então ser estabelecido. Se, ao conduzir uma outra reação de transesterificação, o espectro NIR indicar que a reação, sob os mesmos parâmetros de análise, atingiu uma conversão em produtos que (dentro do erro experimental do NIR) está em conformidade com as especificações, será possível assumir com segurança que o resultado é correto, mesmo se todos os contaminantes em potencial não tenham sido adequadamente analisados. Uma verificação mais detalhada, empregando um método mais complexo como o CG, somente seria necessária se o NIR revelasse um desvio significativo da resposta esperada. O procedimento NIR é consideravelmente mais rápido, menos trabalhoso e mais fácil de ser realizado que o CG.

Embora o primeiro artigo sobre NIR tenha investigado o seu uso como sistema modelo para monitorar a transesterificação e desenvolver métodos quantitativos de análise, um segundo artigo aplicou esse método para acompanhar a reação de transesterificação em reator de 6 L. Nesse trabalho, os resultados espectroscópicos não foram obtidos exclusivamente por NIR, mas também por ^{1}H RMN e NIR (29). Os resultados oriundos desses métodos espectroscópicos, que podem ser correlacionados por equações simples, apresentaram-se bastante coerentes entre si. Dois procedimentos de RMN foram utilizados; um correspondeu ao uso de prótons metílicos do éster (pico em 3,6 ppm na Figura 2) e prótons dos carbonos vizinhos à porção glicerol (α-CH_2; picos em 2,3 ppm na Figura 2) (29). O segundo procedimento envolveu o emprego de prótons metílicos do éster e prótons da porção glicerol (picos em 4,1-4,3 ppm na Figura 2) dos triacilgliceróis (29).

Em um trabalho relacionado, foi publicado um método de determinação da quantidade de biodiesel em óleos lubrificantes (30) por espectroscopia no infravermelho médio (mid-IR), utilizando uma sonda de fibra ótica. Esse é um problema importante porque o biodiesel pode diluir o lubrificante que, em última análise, pode comprometer o funcionamento do motor. Essa diluição é atribuída à maior faixa de ebulição do biodiesel (30,31) em comparação com o óleo diesel convencional, cujos componentes mais voláteis têm menos chance de diluir o lubrificante. A faixa empregada do mid-IR foi de 1820-1680 cm^{-1}, que é típica da absorção de carbonilas e não é observada em combustíveis diesel convencionais e no óleo lubrificante. Anteriormente a este trabalho, outros autores empregaram a espectroscopia no infravermelho (sem o auxílio de sondas de fibra ótica), na faixa de 1850-1700 cm^{-1}, para analisar a presença de biodiesel em óleo lubrificante (31). A absorção de carbonilas não sofreu qualquer interferência da absorção de produtos de oxidação a 1710 cm^{-1}. No entanto, as absorções no infravermelho de grupos carbonílicos, em regiões intermediárias dos espectros de triacilgliceróis e de ésteres metílicos, são praticamente idênticas e muito cuidado deve ser tomado ao se avaliar quem está sendo efetivamente analisado, triacilgliceróis ou ésteres metílicos.

Outros Métodos

Viscosimetria. A diferença de viscosidade entre os triacilgliceróis presentes em óleos vegetais e os ésteres metílicos correspondentes, resultantes de reações de transesterificação, corresponde a aproximadamente uma ordem de magnitude (veja o item 6.2 e tabelas do

Apêndice A). Essa diferença de viscosidade forma a base de um método analítico, a viscosimetria, que é utilizado para determinar a conversão de óleos vegetais em ésteres metílicos (32). Viscosidades determinadas a 20 e 37,8 °C apresentaram uma boa correlação com as análises conduzidas por CG para propósitos de investigação. O método viscosimétrico, especialmente em relação aos resultados obtidos a 20 °C, foi considerado adequado para o controle do processo de transformação por sua rapidez (32). Resultados similares foram obtidos por medidas de densidade (32). No entanto, a viscosidade do produto final, que depende da composição em ácidos graxos, deve ser aparentemente conhecida.

Titulação para a determinação de AGL. Métodos de titulação para determinação do número de neutralização (NN) do biodiesel já foram descritos (33). Dois métodos para a determinação de ácidos fortes e de AGL em uma única medida foram desenvolvidos. Um método, de particular interesse, empregou potenciometria, enquanto o outro fez uso de dois indicadores ácido-base (vermelho neutro e fenolftaleína). O método potenciométrico foi mais confiável e, mesmo com a utilização de dois indicadores, os valores de NN derivados do método de titulação foram 10 a 20% superiores em relação à acidez verdadeira da amostra.

Outros métodos. Um método enzimático foi descrito para a análise de glicerol em biodiesel, visando determinar a extensão da reação de transesterificação (34). Foi proposta a extração em fase sólida da mistura de reação com a subsequente análise enzimática do glicerol. Esse método tinha o objetivo original de ser um método simples para a determinação de glicerol, mas houve preocupação quanto à sua reprodutibilidade e complexidade (13,19). Recentemente, um método enzimático para a determinação de glicerol livre e de glicerol total foi disponibilizado comercialmente (35).

Misturas de Biodiesel

Como mencionado, a espectroscopia mid-IR foi utilizada para determinar biodiesel em óleo lubrificante (30) e para a determinação direta dos níveis de incorporação de biodiesel no diesel de petróleo (36). O pico utilizado é aquele da porção carbonílica a ~1740 cm^{-1}. O uso desse pico para a detecção de blendas por IR constitui a base para a especificação europeia EN 14078 [Determinação de ésteres metílicos de ácidos graxos (do inglês "FAME") em destilados intermediários – método de espectroscopia IR].

Na espectroscopia NIR, os picos utilizados para análise quantitativa, como aqueles usados para monitorar a transesterificação e a qualidade do combustível, parecem ser adequados para o propósito da determinação de níveis de biodiesel em blendas (37). O uso do NIR pode permitir o uso do espectrofotômetro, sem qualquer alteração nos ajustes do instrumento, para o monitoramento de reações, o controle da qualidade do combustível e a determinação do teor de biodiesel em blendas. Por outro lado, alguns picos característicos de ésteres metílicos e de triacilgliceróis presentes em óleos vegetais ou gorduras animais ocorrem praticamente no mesmo número de onda (1740 cm^{-1}) do mid-IR, enquanto o NIR explora diferenças entre os espectros de ésteres metílicos e de triacilgliceróis. Assim, o NIR pode detectar simultaneamente se o diesel de petróleo foi misturado com biodiesel ou com óleos ou gorduras triglicerídicas, sendo que o último seria considerado inaceitável.

A cromatografia em cartuchos de sílica com hexano/éter dietílico como solventes foi empregada para separar biodiesel de óleos diesel convencionais, e depois analisá-lo por CG (38). A acetilação dos contaminantes em uma blenda também foi realizada, a blenda foi separada em cartuchos de sílica empregando hexano como solvente e a fração de biodiesel foi então analisada por CG (39).

Embora ainda não existam publicações relacionadas, o CG de uma blenda provavelmente geraria cromatogramas muito complexos, em virtude da presença de um grande número de componentes no combustível diesel convencional. Por CLAE, como realizado anteriormente, as diferentes classes de compostos orgânicos podem eluir separadamente e serem analisadas dessa forma, reduzindo assim a complexidade do procedimento.

Outro método para a detecção do teor de blendas de biodiesel utiliza o número de saponificação (38). Relacionado a isso, o número de éster, definido como a diferença entre o número de saponificação e a acidez de blendas de biodiesel, foi determinado e a fração de ésteres metílicos quantificada utilizando a massa molar média dos ésteres metílicos (37). Se a massa molar média do biodiesel não é conhecida, o oleato de metila pode ser utilizado como referência (37). O método do número de éster forneceu resultados comparáveis aos obtidos por IR (37).

Sensores de misturas instalados em veículos. Em adição aos métodos analíticos já descritos, a análise de blendas de biodiesel no próprio veículo pode ser requerida para ajustar parâmetros do motor, como o tempo de injeção. Isso seria necessário para melhorar o desempenho e as emissões (40,41) quando o abastecimento do motor se dá com blendas de diferentes teores ou quando o abastecimento é alternado entre biodiesel puro e diesel de petróleo. Para esse propósito, foi empregado um sensor comercial originalmente desenvolvido para detectar o nível de álcool (metanol ou etanol) em misturas álcool-gasolina (40). Uma diferença média de ~7 Hz na frequência foi suficiente para determinar o teor de biodiesel na mistura (40). Outro sensor foi desenvolvido para essa aplicação (41,42), e funcionou melhor que os sensores originalmente desenvolvidos para testar a umidade e a salinidade do solo. A resposta desses sensores em relação à frequência, que monitoram a constante dielétrica da mistura, é linearmente proporcional ao nível de biodiesel presente no combustível.

Referências

1. Mittelbach, M., 1994. Analytical Aspects and Quality Criteria for Biodiesel Derived from Vegetable Oils. Proceedings of an Alternative Energy Conference: Liquid Fuels, Lubricants, and Additives from Biomass, publicado por *ASAE*, St. Joseph, MI, pp. 151-156.

2. Mittelbach, M., Diesel Fuel Derived from Vegetable Oils, VI: Specifications and Quality Control of Biodiesel. *Bioresour. Technol. 56*:7-11 (1996).

3. Komers, K., R. Stloukal, J. Machek, F. Skopal e A. Komersová, Biodiesel Fuel from Rapeseed Oil, Methanol, and KOH. Analytical Methods in Research and Production. *Fett/Lipid 100*:507-512 (1998).

4. Freedman, B., W.F. Kwolek e E.H. Pryde, Quantitation in the Analysis of Transesterified Soybean Oil by Capillary Gas Chromatography. *J. Am. Oil Chem. Soc. 63*:1370-1375 (1986).

5. Foglia, T.A., e K.C. Jones. Quantitation of Neutral Lipid Mixtures Using High Performance Liquid Chromatography with Light Scattering Detection. *J. Liq. Chromatogr. Relat. Technol. 20*:1829-1838 (1997).

6. Freedman, B., E.H. Pryde, W.F. Kwolek. Thin Layer Chromatography / Flame Ionization Analysis of Transesterified Vegetable Oils. *J. Am.Oil Chem. Soc. 61*:1215-1220 (1984).

7. Cvengroš, J., e Z. Cvengrošová, Quality Control of Rapeseed Oil Methyl Esters by Determination of Acyl Conversion. *J. Am. Oil Chem. Soc. 71*:1349-1352 (1994).

8. Cvengrošová, Z., J. Cvengroš e M. Hronec, Rapeseed Oil Ethyl Esters as Alternative Fuels and Their Quality Control. *Petrol. Coal 39*:36-40 (1997).

9. Mittelbach, M., Diesel Fuel Derived from Vegetable Oils, V [1]: Gas Chromatographic Determination of Free Glycerol in Transesterified Vegetable Oils. *Chromatographia 37*:623-626 (1993).

10. Mittelbach, M., G. Roth e A. Bergmann, Simultaneous Gas Chromatographic Determination of Methanol and Free Glycerol in Biodiesel. *Chromatographia 42*:431-434 (1996).

11. Mariani, C., P. Bondioli, S. Venturini, e E. Fedeli. Vegetable Oil Derivatives as Diesel Fuel. Analytical Aspects. Note 1: Determination of Methyl Esters, Mono-, Di-, and Triglycerides. *Riv. Ital. Sostanze Grasse 69*:549-551 (1991).

12. Plank, C., e E. Lorbeer. Quality Control of Vegetable Oil Methyl Esters Used as Diesel Fuel Substitutes: Quantitative Determination of Mono-, Di-, and Triglycerides by Capillary GC. *J. High. Resolut. Chromatogr. 16*:609-612 (1992).

13. Bondioli, P., C. Mariani, A. Lanzani, e E. Fedeli. Vegetable Oil Derivatives as Diesel Fuel Substitutes. Analytical Aspects. Note 2: Determination of Free Glycerol. *Riv. Ital. Sostanze Grasse 69*:7-9 (1992).

14. Bondioli, P., C. Mariani, E. Fedeli, A.M. Gomez, e S. Veronese, Vegetable Oil Derivatives as Diesel Fuel Substitutes. Analytical Aspects. Note 3: Determination of Methanol. *Riv. Ital. Sostanze Grasse 69*:467-469 (1992).

15. Plank, C., e E. Lorbeer, Simultaneous Determination of Glycerol, and Mono-, Di-, and Triglycerides in Vegetable Oil Methyl Esters by Capillary Gas Chromatography. *J. Chromatogr., A 697*:461-468 (1995).

16. Plank, C., e E. Lorbeer, Analysis of Free and Esterified Sterols in Vegetable Oil Methyl Esters by Capillary GC. *J. High Resolut. Chromatogr. 16*:483-487 (1993).

17. Plank, C., e E. Lorbeer, Minor Components in Vegetable Oil Methyl Esters I: Sterols in Rapeseed Oil Methyl Esters, *Fett Wiss. Technol. 96*:376-386 (1994).

18. Trathnigg, B., e M. Mittelbach, Analysis of Triglyceride Methanolysis Mixtures Using Isocratic HPLC with Density Detection. *J. Liq. Chromatogr. 13*:95-105 (1990).

19. Lozano, P., N. Chirat, J. Graille e D. Pioch, Measurement of Free Glycerol in Biofuels. *Fresenius J. Anal. Chem. 354*:319-322 (1996).

20. Hol apek, M., P. Jandera, J. Fischer, e B. Prokeš, Analytical Monitoring of the Production of Biodiesel by High-Performance Liquid Chromatography with Various Detection Methods. *J. Chromatogr. A. 858*:13-31 (1999).

21. M. Hol apek, P. Jandera, e J. Fischer; Analysis of Acylglycerols and Methyl Esters of Fatty Acids in Vegetable Oils and Biodiesel. *Crit. Rev. Anal. Chem. 31*:53-56 (2001).

22. Darnoko, D., M. Cheryan e E.G. Perkins, Analysis of Vegetable Oil Transesterification Products by Gel Permeation Chromatography. *J. Liq. Chrom. Rel. Technol. 23*:2327-2335 (2000).

23. Lechner, M., C. Bauer-Plank e E.Lorbeer, Determination of Acylglycerols in Vegetable Oil Methyl Esters by On-Line Normal Phase LC-GC. *J. High Resolut. Chromatogr. 20*:581-585 (1997).

24. Plank, C., e E. Lorbeer, Minor Components in Vegetable Oil Methyl Esters I: Sterols in Rapeseed Oil Methyl Ester. *Fett Wiss. Technol. 96*:379-386 (1994).

25. Plank, C., e E. Lorbeer, On-line Liquid Chromatography-Gas Chromatography for the Analysis of Free and Esterified Sterols in Vegetable Oil Methyl Esters Used as Diesel Fuel Substitutes. *J. Chromatogr. A 683*:95-104 (1994).

26. Gelbard, G., O. Brès, R.M. Vargas, F. Vielfaure e U.F. Schuchardt, ^{1}H Nuclear Magnetic Resonance Determination of the Yield of the Transesterification of Rapeseed Oil with Methanol. *J. Am. Oil Chem. Soc. 72*:1239-1241 (1995).

27. Dimmig, T., W. Radig, C. Knoll e T. Dittmar, ^{13}C-NMR-Spektroskopie zur Bestimmung von Umsatz und Reaktionskinetik der Umesterung von Triglyceriden zu Methylestern (^{13}C-NMR Spectroscopic Determination of the Conversion and Reaction Kinetics of Transesterification of Triglycerols to Methyl Esters). *Chem. Tech. (Leipzig) 51*: 326-329 (1999).

28. Knothe, G., Rapid Monitoring of Transesterification and Assessing Biodiesel Fuel Quality by NIR Spectroscopy Using a Fiber-Optic Probe. *J. Am. Oil Chem. Soc., 76*: 795-800 (1999).

29. Knothe, G., Monitoring the Turnover of a Progressing Transesterification Reaction by Fiber-Optic NIR Spectroscopy with Correlation to ^{1}H-NMR Spectroscopy. *J. Am. Oil Chem. Soc., 77*:489-493 (2000).

30. Sadeghi-Jorabchi, H., V.M.E. Wood, F. Jeffery, A. Bruster-Davies, N. Loh, e D.Coombs. Estimation of Biodiesel in Lubricating Oil Using Fourier Transform Infrared Spectroscopy Combined with a Mid-Infrared Fibre Optic Probe. *Spectroscopy in Europe 6*:16,18,20-21 (1994).

31. Siekmann, R.W., G.H. Pischinger, D. Blackman e L.D. Carvalho, The Influence of Lubricant Contamination by Methyl Esters of Plant Oils on Oxidation Stability and Life, Proc. Int. Conf. Plant and Vegetable Oils as Fuels, publicado por ASAE, St. Joseph, MI, *ASAE Publication* 4-82, pp. 209-217 (1982).

32. De Filippis, P., C. Giavarini, M. Scarsella e M. Sorrentino, Transesterification Processes for Vegetable Oils: A Simple Control Method of Methyl Ester Content. *J. Am. Oil Chem. Soc. 72*:1399-1404 (1995).

33. Komers, K., F. Skopal e R. Stloukal, Determination of the Neutralization Number for Biodiesel Fuel Production. *Fett/Lipid 99*:52-54 (1997).

34. Bailer, J., e K. de Hueber, Determination of Saponifiable Glycerol in "Bio-Diesel". *Fresenius J. Anal. Chem. 340*:186 (1991).

35. Anon.; Glycerine, *Chem. Market Reporter* 263, n°. 21, p. 12 (26 de maio de 2003).

36. A. Bírová, E. Švajdlenka, J. Cvengroš, e V. Dostálíková; Determination of the Mass Fraction of Methyl Esters in Mixed Fuels. *Eur. J. Lipid Sci. Technol. 104*:271-277 (2002).

37. Knothe, G. Determining the Blend Level of Mixtures of Biodiesel with Conventional Diesel Fuel by Fiber-Optic NIR Spectroscopy and ^{1}H Nuclear Magnetic Resonance Spectroscopy. *J. Am. Oil Chem. Soc.78*:1025-1028 (2001).

38. Bondioli, P., A. Lanzani, E. Fedeli, M. Sala e S. Veronese. Vegetable Oil Derivatives as Diesel Fuel Substitutes. Analytical Aspects. Note 4: Determination of Biodiesel and Diesel Fuel in Mixture. *Riv. Ital. Sostanze Grasse 71*:287-289 (1994).

39. Bondioli, P., e L. Della Bella, The Evaluation of Biodiesel Quality in Commercial Blends with Diesel Fuel. *Riv. Ital. Sostanze Grasse* 80, 173-176 (2003).

40. Tat, M.E, e J.H. Van Gerpen, Biodiesel Blend Detection with a Fuel Composition Sensor. *Appl. Eng. Agricult. 19*:125-131 (2003).

41. Munack, A., J. Krahl, e H. Speckmann, A., Fuel Sensor for Biodiesel, Fossil Diesel Fuel, and Their Blends. *ASAE Paper n°.* 02-6081 (2002).

42. Munack, A., e J. Krahl, Erkennung des RME-Betriebs mittels eines Biodiesel-Kraftstoffsensors (Identifying Use of RME with a Biodiesel Fuel Sensor). *Landbauforschung Völkenrode* Sonderheft (Edição Especial) *257* (2003).

Propriedades do Combustível

6.1
Número de Cetano e Calor de Combustão – Por Que Óleos Vegetais e seus Derivados São Combustíveis Diesel Apropriados

Gerhard Knothe

Número de Cetano

Geralmente, o número de cetano (NC) é um indicativo adimensional da qualidade de ignição de um combustível diesel (CD). Como tal, representa um excelente indicador da qualidade do CD. Na discussão subsequente, será conveniente apresentar uma breve introdução sobre CD convencionais.

O CD convencional (petrodiesel) é um produto do craqueamento do petróleo. Trata-se de uma fração que é destilada dentre os componentes intermediários do processo de craqueamento; assim, esse produto também é chamado de “destilado intermediário” (1).

O petrodiesel ainda é classificado como CD n°. 1, n°. 2 e n°. 4 nos Estados Unidos, pela especificação ASTM D975. O n°. 1 (CD1) é obtido na faixa de temperatura de 170 a 270 °C (como o querosene e o combustível de aviação) (2) e é aplicável em motores de alta velocidade, cuja operação envolve variações frequentes e relativamente amplas na carga e na velocidade do motor. Esse produto é geralmente utilizado sob temperaturas excessivamente baixas. O n°. 2 (CD2) está na faixa de ebulição de 180 a 340 °C (2). Essa qualidade é adequada para uso em motores de alta rotatividade sob cargas relativamente altas e velocidades uniformes. O CD2 pode ser utilizado em motores que não requerem combustíveis de alta volatilidade e com outras propriedades características do CD1 (1). O CD2 é o combustível empregado em transporte, ao qual o biodiesel é geralmente comparado. O CD2 contém vários *n*-alcanos e cicloalcanos, bem como alquilbenzenos e vários compostos mono- e poliaromáticos (2). O n°. 4 (CD4), que compreende destilados mais viscosos e suas misturas com óleos combustíveis residuais, é usualmente satisfatório apenas para motores de velocidade baixa ou intermediária, operados sob carga constante a velocidades relativamente constantes (1). No momento da edição deste livro, muitos CD "limpos" encontram-se de uso, cujo conteúdo de compostos aromáticos e enxofre é significativamente baixo.

Uma escala, denominada NC, conceitualmente similar à escala de octanagem utilizada para a gasolina (termo britânico: petróleo), foi estabelecida para descrever a qualidade de ignição do petrodiesel e seus componentes. Geralmente, um composto que tem alto número de octanas tende a apresentar um baixo NC e vice-versa. Assim, o 2,2,4-trimetilpentano (*iso*-octano), um alcano ramificado de baixa massa molar, é o padrão de alta qualidade (ou principal combustível de referência: PCR) para a escala de octanas da gasolina (e por isso dá a ela o seu nome); esse produto apresenta um número de octanas de 100, enquanto o *n*-heptano é o PCR de baixa qualidade, cujo número de octanas é 0 (3). Para a escala de cetanas, o hexadecano ($C_{16}H_{34}$; designado por cetano e que dá à escala o seu nome), um hidrocarboneto longo de cadeia linear, é considerado o padrão de alta qualidade (e o PCR); a ele foi atribuído um NC de 100. No outro lado da escala, ao 2,2,4,4,6,8,8-heptametilnonano (HMN, também $C_{16}H_{34}$), um composto altamente ramificado com péssima qualidade de ignição em motores diesel, foi atribuído o NC de 15 e ele também é considerado um PCR. Assim, as ramificações e o comprimento da cadeia influenciam o NC, com o valor decrescendo com a diminuição do comprimento da cadeia e aumento do grau de ramificação. Compostos aromáticos, como mencionado, ocorrem em quantidades significativas em CD convencionais. Esses compostos apresentam baixo NC, mas esse valor aumenta com o aumento do comprimento da cadeia de cadeias laterais *n*-alquílicas (4,5). O NC de um CD é determinado pelo tempo de retardamento da ignição, isto é, pelo tempo que passa entre a injeção do combustível nos cilindros e a ocorrência da ignição. Quanto menor o tempo de retardamento da ignição, maior o valor de NC e vice-versa. A escala de cetanas é arbitrária e compostos com NC > 100 (embora a escala de cetanas não preveja a existência de compostos com NC > 100) ou de NC < 15 têm sido identificados. Valores de NC muito altos ou muito baixos podem causar problemas operacionais no motor. Se o NC for muito alto, a combustão pode ocorrer antes do combustível e do ar estarem apropriadamente misturados, resultando em combustão incompleta e na emissão de fumaça. Se o NC for muito baixo, podem ocorrer falhas no motor, trepidação, aumento excessivo da temperatura do ar, aquecimento lento do motor ao ser acionado e, também, fenômenos de combustão incompleta. Nos Estados Unidos, a maioria dos fabricantes de motores recomenda uma faixa de NC para os seus motores, usualmente entre 40 e 50.

A escala de cetano esclarece o porquê de triacilgliceróis, como encontrados em óleos vegetais, gordura animal e seus derivados, serem alternativas adequadas para CD. O segredo está na cadeia longa, linear e não ramificada dos ácidos graxos, que é quimicamente similar às existentes em *n*-alcanos de CD convencionais de boa qualidade.

Padrões têm sido estabelecidos em todo o mundo para a determinação de NC, como a norma ASTM D613 nos Estados Unidos e, internacionalmente, a norma ISO 5165 da Organização Internacional de Padronização (ISO). Na norma ASTM, hexadecano e HMN são os compostos de referência. A norma ASTM D975 para CD convencionais exige um NC mínimo de 40, enquanto as especificações de biodiesel prescrevem um mínimo de 47 (ASTM D6751) ou 51 (especificação europeia EN 14214). Em virtude do alto NC de muitos compostos graxos, que pode eventualmente exceder a escala de cetanagem, o termo "número de qualidade de combustão de lipídeos" foi sugerido para esses compostos (6).

Para o petrodiesel, altos NC estão correlacionados com uma redução nas emissões de óxidos de nitrogênio (NO_X) do motor (7). Essa correlação levou a esforços para melhorar o NC do biodiesel, a partir do emprego de aditivos denominados melhoradores de cetanagem (8). Apesar do NC relativamente alto que caracteriza materiais graxos, as emissões de NO_X usualmente sofrem um pequeno aumento quando um motor diesel é alimentado com biodiesel. A conexão entre a estrutura de ésteres graxos e as emissões presentes na exaustão já foi investigada (9) por meio do estudo das emissões causadas por combustíveis enriquecidos com ésteres metílicos de ácidos graxos. As emissões de NO_X do motor aumentaram com o aumento do grau de insaturação e com a diminuição do comprimento da cadeia, o que também pode levar a uma conexão com o NC destes compostos. Por outro lado, a emissão de particulados foi apenas levemente influenciada pelos fatores estruturais mencionados anteriormente. A relação entre o NC e as emissões de motores é complicada por vários fatores, incluindo o nível tecnológico do motor. Motores antigos com sistemas de injeção à baixa pressão são geralmente muito sensíveis ao NC, sendo que NC maiores causam reduções significativas nas emissões de NO_X, pela diminuição no tempo de retardamento da ignição e pela subsequente queda na temperatura média de combustão. Motores mais modernos, que são equipados com sistemas que controlam a taxa de injeção, não são muito sensíveis ao NC (10-12). O perfil das emissões de exaustão de motores diesel alimentados com biodiesel encontra-se discutido em maior detalhe no Capítulo 7.

Historicamente, os primeiros testes de NC foram realizados com ésteres etílicos de óleo de palma (veja o Capítulo 2) e estes apresentaram um alto NC, o que foi confirmado em estudos posteriores sobre muitos outros combustíveis diesel derivados de óleos vegetais e compostos graxos individuais. A influência da estrutura do composto sobre NC foi recentemente discutida (13); as predições feitas nesse artigo foram confirmadas por testes experimentais de cetanagem (6,8,14-16). Os NC de compostos graxos puros encontram-se fornecidos na Tabela A-1 do Apêndice A. Em resumo, os resultados indicaram que o NC é menor com o aumento do grau de insaturação e maior com o aumento do tamanho da cadeia, isto é, unidades repetitivas contínuas de CH_2. No entanto, ésteres ramificados derivados de álcoois como o *iso*-propanol têm valores de NC comparáveis aos de ésteres metílicos ou de qualquer outro éster alquílico de cadeia linear (14,17). Assim, uma cadeia longa e linear é suficiente para atribuir um alto NC, mesmo se outros componentes do combustível forem ramificados. Ésteres ramificados são interessantes porque apresentam melhores propriedades a baixas temperaturas (veja o item 6.3). O ponto de ebulição de ésteres graxos saturados é a propriedade física que melhor se relaciona com os seus respectivos NC (16). Os NC inferiores de compostos graxos insaturados podem ser explicados em parte pelo aumento da formação de compostos intermediários durante a pré-combustão, como compostos aromáticos que apresentam um NC inerentemente mais baixo (18).

Estudos sobre a cetanagem de compostos graxos foram conduzidos utilizando um Teste de Qualidade de Ignição (IQT^{TM}) (14). O IQT^{TM} é um modelo avançado e automatizado de um equipamento de combustão de volume constante (ECVC) (19,20). O ECVC foi originalmente desenvolvido para determinar rapidamente o valor de NC com grande simplicidade experimental, maior reprodutibilidade, baixo consumo de combustível e, portanto, menor custo que o método ASTM D613, que utiliza uma bancada específica para a determinação de cetanos. O método IQT^{TM}, que é a base da norma ASTM D6890, apresentou maior reprodutibilidade e resultados competitivos aos derivados da norma ASTM D613. Alguns resultados do método IQT^{TM} estão incluídos na Tabela A-1 do Apêndice A. Para o IQT^{TM}, o retardamento de ignição (RI) e o NC estão relacionados pela seguinte equação:

$$NC_{IQT} = 83{,}99 \times (RI - 1{,}512)^{-0{,}658} + 3{,}547 \qquad [1]$$

No método ASTM D6890 recentemente aprovado, que é baseado nessa tecnologia, apenas os tempos de RI de 3,6 a 5,5 ms [correspondentes à faixa de 55,3 a 40,5 em valores equivalentes de NC (ENC)] estão previstos, porque foi determinado que a precisão do método pode ser comprometida para medidas externas a essa faixa. No entanto, os resultados do IQT^{TM} para compostos graxos são comparáveis àqueles derivados de outros métodos de medição (14). Geralmente, os resultados dos testes de cetano para compostos com NC baixo, como compostos graxos de maior grau de insaturação, apresentam melhor concordância com as várias referências disponíveis na literatura que os resultados associados a compostos de NC maior. A justificativa está na relação não linear (veja a Equação 1) entre o tempo de RI e o NC. Essa relação não linear entre tempo de RI e NC já havia sido observada anteriormente (21). Assim, pequenas mudanças em tempos de RI mais curtos resultam em alterações de NC superiores àquelas observadas para tempos de RI mais longos. Como discutido, isso poderia indicar uma diminuição gradativa no efeito sobre emissões como o NO_x quando um determinado tempo de RI e o NC correspondente são atingidos, porque a formação de certas espécies químicas depende do tempo de RI. No entanto, como já discutido anteriormente, esse aspecto precisa ser reavaliado para motores de tecnologia mais recente.

Calor de Combustão

Além do NC, o calor de combustão é uma propriedade que demonstra a adequação dos vários tipos de compostos graxos para uso como CD. O calor de combustão, contido em óleos vegetais e seus respectivos ésteres alquílicos, corresponde a aproximadamente 90%

daquele observado em CD2 (veja o Capítulo 5 e as Tabelas A-3 e A-4 do Apêndice A). Os calores de combustão de ésteres graxos e triacilgliceróis (22,23) estão na faixa de ~1300-3.500 kcal/mol para ácidos graxos e ésteres de C_8 a C_{22} (veja a Tabela A-1 no Apêndice A). O calor de combustão aumenta com o comprimento da cadeia. Álcoois graxos também possuem calores de combustão nesse mesmo intervalo (24). A título de comparação, o valor encontrado na literatura (23) para o calor de combustão do hexadecano (cetano) é de 2.559,1 kcal/mol; portanto, um valor compreendido na mesma faixa anteriormente identificada para compostos graxos em geral.

Referências

1. Lane, J.C. Gasoline and Other Motor Fuels, em *Kirk-Othmer, Encyclopedia of Chemical Technology* (eds M. Grayson, D. Eckroth, G.J. Bushey, C.I. Eastmam, A. Klingsberg, L. Spiro), Terceira Edição, Vol. 11. John Wiley & Sons, New York, NY, Vol. 11, pp. 682-689, 1980.
2. Van Gerpen, J. e Reit z, R. Diesel Combustion and Fuels, em *Diesel Engine Reference Book* (eds. B. Challen e R. Baranescu), Society of Automotive Engineers, Warrendale, PA, pp. 89-104, 1998.
3. Hochhauser, A.M. Gasoline and Other Motor Fuels, em *Kirk-Othmer, Encyclopedia of Chemical Technology* (eds J.I. Kroschwitz e M. Howe-Grant), Quarta Edição, Vol. 12, John Wiley & Sons, New York, NY, pp. 341-388, 1994.
4. Puckett, A.D., e B.H. Caudle, U.S. Bur. Mines, *Inform Circ. n°. 7474*, 14 pp., 1948.
5. Clothier, P.Q.E., B.D. Aguda, A. Moise e H. Pritchard, How Do Diesel-fuel Ignition Improvers Work? *Chem. Soc. Rev.:22* 101 (1993).
6. Freedman, B., M.O. Bagby, T.J. Callahan e T.W. Ryan III, Cetane Numbers of Fatty Esters, Fatty Alcohols and Triglycerides Determined in a Constant Volume Combustion Bomb. *SAE Technical Pap. Ser.* 900343, SAE, Warrendale, PA, 9 pp., 1990.
7. Ladommatos, N., M. Parsi e A. Knowles, The Effect of Fuel Cetane Improver on Diesel Pollutant Emissions. *Fuel:75*, 8-14 (1996).
8. Knothe, G., M.O. Bagby e T.W. Ryan III, Cetane Numbers of Fatty Compounds: Influence of Compound Structure and of Various Potential Cetane Improvers. *SAE Technical Pap. Ser.* 971681 in State of Alternative Fuel Technologies, SAE Publication SP-1274, SAE, Warrendale, PA, pp. 127-132, 1997.
9. McCormick, R.L., M.S. Graboski, T.L. Alleman e A.M. Herring, Impact of Biodiesel Source Material and Chemical Structure on Emissions of Criteria Pollutants from a Heavy-Duty Engine. *Environ. Sci. Technol.:35*, 1742-1747 (2001).
10. Mason, R.L., A.C. Matheaus, T.W. Ryan III, R.A. Sobotowski, J.C. Wall, C.H. Hobbs, G.W. Passavant e T.J. Bond, EPA HDEWG Program - Statistical Analysis. SAE Paper 2001-01-1859, também em *Diesel and Gasoline Performance and Additives* (SAE Special Publication SP-1551), 2001.
11. Matheaus, A.C., G.D. Neely, T.W. Ryan III, R.A. Sobotowski, J.C. Wall, C.H. Hobbs, G. W. Passavant e T.J. Bond, EPA HDEWG Program - Engine Test Results. SAE Paper 2001-01-1858, também em *Diesel and Gasoline Performance and Additives* (SAE Special Publication SP-1551), 2001.
12. Sobotowski, R.A., J.C. Wall, C.H. Hobbs, A.C. Matheaus, R.L. Mason, T.W. Ryan III, G.W. Passavant e T.J. Bond, EPA HDEWG Program - Test Fuel Development. SAE Paper 2001-01-1857, também em *Diesel and Gasoline Performance and Additives* (SAE Special Publication SP-1551), 2001.

13. Harrington, K.J., Chemical and Physical Properties of Vegetable Oil Esters and Their Effect on Diesel Fuel Performance. *Biomass:9*, 1-17 (1986).

14. Knothe, G., A.C. Matheaus e T.W. Ryan III, Cetane Numbers of Branched and Straight-Chain Fatty Esters Determined in an Ignition Quality Tester. *Fuel:82*, 971-975 (2003).

15. Klopfenstein, W.E., Effect of Molecular Weights of Fatty Acid Esters on Cetane Numbers as Diesel Fuels. *J. Am. Oil Chem. Soc.:62*, 1029-1031 (1985).

16. Freedman, B., e M.O. Bagby, Predicting Cetane Numbers of n-Alcohols and Methyl Esters from their Physical Properties. *J. Am. Oil Chem. Soc.:67*, 565-571 (1990).

17. Zhang, Y., e J.H. Van Gerpen, Combustion Analysis of Esters of Soybean Oil in a Diesel Engine. Performance of Alternative Fuels for SI and CI Engines, SAE Techn. Pap. Ser. 960765, também em *Performance of Alternative Fuels for SI and CI Engines*, SAE Spec. Publ. SP-1160, 1-15 (1996).

18. Knothe, G., M.O. Bagby, e T.W. Ryan, III; Precombustion of Fatty Acids and Esters of Biodiesel. A Possible Explanation for Differing Cetane Numbers. *J. Am. Oil Chem. Soc.:75*, 1007-1013 (1998).

19. Ryan III, T.W., e B. Stapper, Diesel Fuel Ignition Quality as Determined in a Constant Volume Combustion Bomb. *SAE Techn. Pap. Ser.* 870586, 1987.

20. Aradi, A.A., e T.W. Ryan III, Cetane Effect on Diesel Ignition Delay Times Measured in a Constant Volume Combustion Apparatus. SAE Techn. Pap. Ser. 952352, também em SAE Spec. Pub. SP-1119, *Emission Processes and Control Technologies in Diesel Engines*, p. 43, 1995.

21. Allard, L.N., G.D. Webster, N.J. Hole, T.W. Ryan III, D. Ott e C.W. Fairbridge, Diesel Fuel Ignition Quality as Determined in the Ignition Quality Tester (IQT). *SAE Techn. Pap. Ser.* 961182, 1996.

22. Freedman, B., e M.O. Bagby. Heats of Combustion of Fatty Esters and Triglycerides. *J. Am. Oil Chem. Soc. 66*:1601-1605 (1989).

23. Weast, R.C., Astle, M.J., e Beyer, W.H. *Handbook of Chemistry and Physics*, 66ª. Edição, CRC Press: Boca Raton, FL, pp. D-272 - D-278 (1985-1986).

24. Freedman, B., M.O. Bagby, e H. Khoury. Correlation of Heats of Combustion with Empirical Formulas for Fatty Alcohols. *J. Am. Oil Chem. Soc. 66*:595-596 (1989).

6.2
A Viscosidade do Biodiesel

Gerhard Knothe

A viscosidade, que é uma medida da resistência da vazão de um líquido associada à fricção ou atrito interno de uma parte do fluido que escoa sobre outra, afeta a atomização do combustível no momento de sua injeção na câmara de combustão e, em última análise, a formação de depósitos no motor. Quanto maior a viscosidade, maior a tendência do combustível de causar tais problemas. A viscosidade de óleos transesterificados, isto é, biodiesel, é aproximadamente uma ordem de magnitude inferior àquela do óleo vegetal de origem (veja as tabelas do Apêndice A). A alta viscosidade é a principal propriedade combustível que justifica o abandono relativamente generalizado do emprego de óleos vegetais puros como combustíveis diesel (CD) alternativos. A viscosidade cinemática (ν), que é relacionada à viscosidade dinâmica (η) empregando a densidade como fator, está incluída como um parâmetro de especificação em normas técnicas relacionadas ao biodiesel (veja as tabelas do Apêndice B). Essa propriedade pode ser determinada por metodologias padronizadas, como a ASTM D445 ou a ISO 3104. Valores para a viscosidade cinemática de numerosos ácidos graxos e seus derivados, incluindo ésteres metílicos, já foram publicados (1-4). Dados sobre a viscosidade dinâmica de materiais graxos também se encontram disponíveis na literatura (5-10). Valores de η de ésteres alquílicos de ácidos graxos estão compilados na Tabela A-1, e de gorduras e óleos, bem como de seus respectivos alquil ésteres, nas Tabelas A-3 e A-4 do Apêndice A. Ésteres metílicos de ácidos graxos são fluidos newtonianos a temperaturas superiores a 5 °C (11).

A viscosidade do combustível petrodiesel é menor que aquela do biodiesel, o que também é refletido nos limites de viscosidade cinemática (todos acima de 40 °C) das especificações do petrodiesel. Esses limites correspondem a 1,9-4,1 mm^2/s para o CD2 (1,3-2,4 mm^2/s para CD1) na norma ASTM D975, e a 2,0-4,5 mm^2/s na norma europeia EN 590, ambas elaboradas especificamente para o petrodiesel.

A diferença em viscosidade entre o óleo de origem e o seu derivado alquil éster pode ser utilizada para monitorar a produção de biodiesel (12) (consulte também o Capítulo 5). O efeito sobre a viscosidade da mistura de biodiesel com o combustível diesel convencional derivado do petróleo também já foi investigado (13), e uma equação foi proposta para permitir o cálculo da viscosidade dessas blendas.

A previsão da viscosidade de materiais graxos tem recebido considerável atenção na literatura especializada. Valores de viscosidade do biodiesel e de misturas de ésteres graxos puderam ser previstos a partir da viscosidade dos componentes individuais, empregando uma expressão logarítmica da viscosidade dinâmica (5). A viscosidade aumenta com o tamanho da cadeia (número de átomos de carbono) e com o aumento do grau de saturação. Essa regra também é verdadeira para o álcool empregado na reação, porque a viscosidade dos ésteres etílicos é ligeiramente superior àquela dos ésteres metílicos. Fatores, como a configuração de duplas ligações, influenciam a viscosidade (duplas ligações em configuração *cis* apresentam viscosidade inferior à da configuração *trans*), enquanto a posição das duplas ligações tem menor efeito sobre a viscosidade (resultados não publicados). No entanto, a presença de ramificação na cadeia ligada ao éster tem pouca ou nenhuma influência sobre a viscosidade (resultados não publicados).

Referências

1. Gouw, T.H., J.C. Vlugter, e C.J.A. Roelands. Physical Properties of Fatty Acid Methyl Esters. VI. Viscosity. *J. Am. Oil Chem. Soc.* 43(7):433-434 (1966).
2. Valeri, D., e A.J.A. Meirelles. Viscosities of Fatty Acids, Triglycerides, and Their Binary Mixtures. *J. Am. Oil. Chem. Soc.* 74:1221-1226 (1997).
3. Bonhorst, C.W., P.M. Althouse, e H.O. Triebold. Esters of Naturally Occurring Fatty Acids. *Ind. Eng. Chem.* 40:2379-2384 (1948).
4. Formo, M.W. Physical Properties of Fats and Fatty Acids. In *Bailey's Industrial and Oil Products*, Volume 1, Fourth Edition. John Wiley & Sons, New York, 1979, p. 177-232.
5. Allen, C.A.W., K.C. Watts, R.G. Ackman, e M.J. Pegg. Predicting the Viscosity of Biodiesel Fuels from Their Fatty Acid Ester Composition. *Fuel* 78:1319-1326 (1999).
6. Noureddini, H., B.C. Teoh, e L.D. Clements. Viscosities of Vegetable Oils and Fatty Acids. *J. Am. Oil Chem. Soc.* 69:1189-1191 (1992).
7. Fernandez-Martin, F., e F. Montes, Viscosity of Multicomponent Systems of Normal Fatty Acids: Principle of Congruence. *J. Am. Oil Chem. Soc.* 53:130-131 (1976).
8. Shigley, J.W., C.W. Bonhorst, C.C. Liang, P.M. Althouse, e H.O. Triebold. Physical Characterization of a) a Series of Ethyl Esters and b) a Series of Ethanoate Esters. *J. Am. Oil Chem. Soc.* 32:213-215 (1955).
9. Gros, A.T., e R.O. Feuge. Surface and Interfacial Tensions, Viscosities, and Other Physical Properties of Some n-Aliphatic Acids and Their Methyl and Ethyl Esters. *J. Am. Oil Chem. Soc.* 29:313-317 (1952).
10. Kern, D.Q., e W. Van Nostrand. Heat Transfer Characteristics of Fatty Acids. *Ind. Eng. Chem.* 41:2209-2212 (1948).
11. Srivastava, A., e R. Prasad. Rheological Behavior of Fatty Acid Methyl Esters. *Indian J. Chem. Technol.* 8:473-481 (2001).
12. De Filippis, P., C. Giavarini, M. Scarsella, e M. Sorrentino, *J. Am. Oil Chem. Soc.* 71:1399-1404 (1995).
13. Tat, M.E., e J.H. Van Gerpen, *J. Am. Oil Chem. Soc.* 76 (1999) 1511.

6.3 Propriedades a Baixas Temperaturas e Desempenho do Biodiesel

Robert O. Dunn

Introdução

Apesar das inúmeras vantagens que o biodiesel apresenta, o desempenho a baixas temperaturas pode afetar sua viabilidade comercial ao longo de todo o ano, particularmente em regiões climáticas de temperatura moderada. Testes de campo sobre o desempenho de biodiesel em climas frios são relativamente raros, mas há evidências de que, quando a temperatura ambiente aproxima-se de 0-2 °C, o emprego de ésteres metílicos de óleo de soja (EMS) como biodiesel (produzido a partir da transesterificação de óleo de soja com metanol) aumenta a ocorrência de problemas de desempenho. Como temperaturas noturnas geralmente caem nessa faixa, ésteres metílicos saturados presentes no EMS sofrem nucleação e formam cristais. Esses cristais entopem ou restringem o fluxo das linhas de combustíveis e filtros durante a ignição matinal e podem levar à interrupção na alimentação do combustível e a subsequentes falhas do motor.

Este capítulo tem início no exame das propriedades combustíveis que são pertinentes ao estudo dos efeitos do biodiesel sobre o desempenho a baixas temperaturas, tanto como combustível puro (100%) quanto na forma de misturas com o petrodiesel. Uma revisão é apresentada sobre os métodos padronizados de maior relevância para a medida das propriedades a baixas temperaturas, seguida de uma discussão sobre as tecnologias disponíveis para melhorar as propriedades a baixas temperaturas do biodiesel produzido a partir de diferentes matérias-primas. Este capítulo se encerra com uma avaliação do estado da arte da pesquisa e desenvolvimento sobre o desempenho do biodiesel a baixas temperaturas, seja como combustível alternativo ou como aditivo de combustíveis.

Propriedades a Baixas Temperaturas de Combustíveis Diesel

Todo combustível diesel é suscetível a problemas de ignição na partida e de desempenho quando o veículo e o sistema de combustível são sujeitos a baixas temperaturas. Quando a temperatura ambiente cai em direção à sua temperatura de saturação, parafinas de alta massa molar (n-alcanos de C_{18} a C_{30}) apresentam a tendência de se nuclear e formar cristais de cera suspensos em uma fase líquida, composta por n-alcanos de cadeia curta e compostos aromáticos (1-5). Se um combustível não for inspecionado após ter sido mantido a baixas temperaturas por um longo período de tempo (p.ex., durante a noite), a presença de cristais sólidos pode causar problemas de partida e de desempenho na manhã seguinte. A tendência de um combustível em solidificar ou gelar a baixas temperaturas pode ser quantificada por vários parâmetros experimentais, como descrito a seguir.

Ponto de Névoa e Ponto de Fluidez

Inicialmente, o abaixamento da temperatura causa a formação de núcleos de cristais parafínicos, cuja dimensão está na escala submicrométrica e que, portanto, são invisíveis a olho nu. Decréscimos ainda maiores da temperatura causam o crescimento desses cristais. A temperatura em que os cristais se tornam visíveis [diâmetro (d) ≥ 0.5 µm] é definida como o ponto de névoa (PN), porque os cristais geralmente formam uma suspensão túrbida ou enevoada (1,3,6-8). Em virtude da estrutura cristalina ortorrômbica desses cristais, o crescimento cristalino descontrolado continua rapidamente em duas dimensões, formando lamelas pilarizadas largas (2,4,5,8-12). A temperaturas abaixo do PN, cristais maiores (d ~0,5-1 mm x 0,01 mm de espessura) fundem-se uns aos outros e formam grandes aglomerados que podem restringir ou impedir o fluxo livre dos combustíveis em tubulações e filtros. Esse fenômeno pode então causar problemas na partida do motor ou no seu desempenho na manhã do dia seguinte (1,2,4,5,8,11-15). O ponto de fluidez (PF) é definido como a temperatura em que a aglomeração de cristais está disseminada o suficiente para impedir o escoamento livre do fluido (3,6-8). Alguns tipos de combustíveis petrodiesel podem atingir os seus PF na presença de tão somente 2% de compostos parafínicos em sua composição (12).

A Tabela 1 apresenta o número dos principais métodos e uma rápida descrição deles de acordo com a padronização da ASTM para a determinação de PN, PF e de outras propriedades de fluxo a frio consideradas relevantes. A Tabela 1 também apresenta dois exemplos de métodos automatizados para a determinação de PN (baseados na contagem de partículas em suspensão) e de PF (movimento superficial), baseados na tecnologia de espalhamento estático da luz (LS). Em geral, as medidas requerem um tempo máximo de 12 min e exigem uma baixa quantidade de amostra (< 150 mL) para que a análise seja efetuada. Outros métodos padrão automatizados incluem as normas D 5771 (PN), D 5950 (PF), D 5772 (PN) e D 5885 (PF) (7). Esses métodos especiais apresentam desvio muito baixo (< 0,03 °C para PN) em relação ao método "manual" D 2500 (7,16). Nenhum estudo ainda foi publicado sobre a comparação entre os métodos manual e automatizado para a análise de biodiesel ou misturas entre biodiesel e diesel convencional.

Métodos de análise térmica, como a calorimetria diferencial de varredura (DSC) em condições subambientais, foram empregados com sucesso para amostras de petrodiesel puro (14,17-21) e óleos de motores (18,22-24). O DSC apresenta a vantagem de permitir medidas rápidas e precisas das características de fusão do combustível, a análise de substâncias que são sólidas na temperatura ambiente e o emprego de amostras relativamente pequenas (< 20 mg). Varreduras de DSC sob aquecimento ou resfriamento já foram analisadas para determinar a temperatura de início da cristalização (PN), pontos de fusão (PF) e temperaturas de transição vítrea.

A aplicação do DSC também foi investigada para a análise das características de fusão do biodiesel puro (14,17-21). A temperatura inicial de cristalização foi determinada por resfriamento rápido da amostra a 100 °C/min, seguida de estabilização a -70 °C e aquecimento até 60 °C a 5 °C/min (25,26). Curvas de aquecimento foram analisadas no limite superior de temperatura do pico de fusão mais alto de amostras de biodiesel derivadas de óleo de soja e de óleo de soja com baixo teor de ácido palmítico, que foram transesterificadas com vários álcoois de cadeia linear e ramificada. O mesmo protocolo foi aplicado em uma análise de ésteres derivados de sebo bovino e de gorduras de descarte. Estudos foram também publicados sobre os graus de correlação entre PN, PF e outras propriedades de fluxo a baixas temperaturas, com vários parâmetros obtidos das análises de varredura por DSC sob condições de aquecimento (27) e resfriamento (28). As temperaturas dos picos e os pontos de congelamento, determinados para o pico de menor temperatura nas curvas de resfriamento, forneceram os parâmetros mais precisos para a determinação do PN e do PF de ésteres metílicos de óleo de soja.

Ponto de Aparecimento de Ceras e Índice de Precipitação de Ceras

Embora as determinações de PN e de PF em escala laboratorial sejam relativamente simples, nenhum desses parâmetros é muito adequado para predizer as propriedades de fluxo a frio de combustíveis diesel em condições normais de trabalho. Dados de PN superestimam consistentemente o limite mínimo de temperatura em que problemas de partida a frio ou de desempenho são esperados, enquanto dados de PF tendem a ser excessivamente otimistas (1,3,12,29,30). Embora o ponto de aparecimento de ceras (WAP, norma ASTM D3117) apresente maior precisão que o PN, alguns estudos têm demonstrado que esses dois parâmetros são essencialmente equivalentes, com medidas diferindo por um intervalo de 1 a 2 °C (3). O índice de precipitação de ceras (WPI) também foi introduzido para a previsão da temperatura mínima de operação de um veículo durante períodos de frio mais intenso (30). O WPI é determinado por uma relação empírica baseada em PN e PF, como demonstrado na Tabela 1. Embora tenha sido demonstrada uma boa correlação para o petrodiesel, essa medida (WPI) tem apresentado pouca aplicação na indústria (3,30).

Testes de Filtração a Baixas Temperaturas

Em meados dos anos 1960, houve um esforço especial para o desenvolvimento de testes de laboratório que fossem úteis para predizer a temperatura mínima de operabilidade de combustíveis diesel, independentemente das medidas de PN e PF. Na Europa Oriental, esse trabalho resultou no desenvolvimento do método denominado ponto de entupimento de filtro a frio (CFPP) (1,3,11-13,15). Esse método (norma padrão ASTM D6371) exige o resfriamento de uma amostra de óleo a uma velocidade específica e a filtração desta por meio de um filtro-tela de porosidade específica (veja a Tabela 1). O CFPP é então definido como a menor temperatura em que 20 mL do óleo passa com segurança pelo filtro em um tempo de 60 s (1,3,6,8).

Tabela 1. Propriedades de fluxo a frio de combustíveis derivados dos destilados médios do petróleo (petrodiesel)[a,b]

Parâmetro	Método de teste[b]	Descrição
Ponto de névoa (PN)	ASTM D2500, (IP 219, ISO 3015, DIN 51597, JIS K 2269, AFNOR T60-105)	Resfrie na velocidade indicada, examine a intervalos de 1 °C; PN = temperatura em que a névoa é observada
PN (método automatizado)	ASTM D5773 (IP 446)	Resfriar a amostra a 1,5 °C/min[c], examine continuamente sob espalhamento de luz; PN = temperatura em que partículas são detectadas
Ponto de entupimento de filtro a frio (CFPP)	ASTM D6371 (IP 309, EN 116)	Resfrie na velocidade indicada e examine a intervalos de 1 °C; CFPP = a menor temperatura em que 20 mL da amostra passa por uma malha metálica de 45 μm sob vácuo de 0,0194 atm em 60 s
Ponto de congelamento (FP)	ASTM D2386 (IP 16, ISO 3013, DIN 51421, JIS K 2276, AFNOR M07-048)	Resfrie sob agitação em um tubo de vidro transparente de paredes duplas até que alguma turbidez seja observada e, então, reaqueça e examine em intervalos de 0,5 °C; FP = temperatura onde a turbidez desaparece completamente
FP (método automatizado)	ASTM D5972 (IP 435)	Método automatizado de espalhamento de luz em que a amostra é resfriada a 15 °C/min[c] até que cristais sejam detectados e, depois, reaquecida a 10 °C/min; FP = temperatura em que partículas ainda não podem ser detectadas
Viscosidade cinemática (v)	ASTM D445 (IP 71-1, ISO 3104, DIN 51562, JIS K 2283, AFNOR T60-100)	Resfriar em viscosímetro calibrado em um banho de temperatura constante; medir o tempo (t) necessário, para que um volume fixo flua sob gravidade através do capilar; $v = k\ (t)$, k = constante de calibração do viscosímetro

Teste de fluxo a baixas temperaturas (LTFT)	ASTM D4539	Resfrie a 1 °C/h, examine a intervalos de 1 °C; LTFT = a menor temperatura em que 180 mL da amostra passam por uma malha metálica de 17 μm sob vácuo de 0,197 atm em 60 s
Ponto de fluidez (PF)	ASTM D97 (IP 15, ISO 3016, DIN 51597, JIS K 2269, AFNOR T60-105)	Resfrie na velocidade indicada, examine a intervalos de 3 °C; PF = a menor temperatura em que algum movimento é detectado
PF (método automatizado)	ASTM D5949	Resfriar a amostra a 1,5 °C/min[c]; aplicar força motriz (N_2 pressurizado) a intervalos de 1, 2, ou 3 °; examinar por detector de espalhamento de luz; PF = a menor temperatura em que algum movimento é detectado durante o pulso
Ponto de aparecimento de ceras (WAP)	ASTM D3117	Resfrie sob agitação em um tubo de vidro transparente de paredes duplas e examine a intervalos de 1 °C; WAP = temperatura em que uma agitação dos cristais é observada
Índice de precipitação de ceras (WPI)	Nenhum	Correlação entre dois parâmetros para predizer a temperatura mínima de operação de um veículo: $WPI = PN + x.(PN - PF- y)^z$, onde PN e PF são dados em °C e x, y e z são constantes[d]

Referências: 5, 9, 32, 33, 54, 55 e Manning & Hoover, 2003, em: *Fuels and Lubricants Handbook*, ed. por G. E. Totten, S. R. Westbrook, R. J. Shah, ASTM International, West Conshohocken, PA, pp. 879-883.

[a]AFNOR = Association Française de Normalisation (Paris); ASTM = American Society for Testing and Materials (EUA); DIN = Deutsche Institut Fur Normung (Alemanha); IP = Institute of Petroleum (UK); ISO = International Organization for Standardization (Suiça); JIS = Japan Industrial Standards (Tóquio); N_2 = nitrogênio.

[b]Métodos equivalentes em parêntesis (AFNOR, IP e DIN estão sendo integrados na série de normas ISO/EN-ISO de acordo com a obrigatoriedade estabelecida pela legislação da União Europeia).

[c]Amostras resfriadas por um sistema Peltier.

[d]Para combustíveis diesel convencionais (D-2, misturas de inverno D-2/1) em que (PN - PF) > 1.1, $x = 1.3$, $y = 1.1$ e $z = 0.5$; se (PN - PF) < 1.1, WPI = PN.

Apesar de o CFPP ser aceito em praticamente todo o mundo como um método de bancada padronizado, testes de campo realizados no início dos anos 1980 demonstraram que condições de teste mais severas seriam necessárias para correlacionar adequadamente os resultados com os combustíveis e equipamentos predominantes na América do Norte. Aquele trabalho resultou no desenvolvimento de um método mais complexo intitulado teste de vazão a baixas temperaturas (LTFT) (1,3,5,13,15,30). Esse método (ASTM D4539) é praticamente idêntico ao CFPP, exceto pelo maior volume de amostra, velocidades mais lentas de resfriamento (1 °C/h), emprego de filtros-tela com porosidade menor e uso de pressões mais reduzidas (vácuo) para succionar a amostra pelo filtro (veja a Tabela 1). Como o CFPP, o LTFT é definido como a menor temperatura em que 180 mL do óleo passam com segurança pelo filtro em um intervalo de 60 segundos (1,3,6,29). Um estudo publicado recentemente (13) confirmou que o LTFT foi o melhor método para predizer o desempenho a baixas temperaturas de combustíveis tratados com aditivos melhoradores de fluxo a frio (CFI) (discutido logo a seguir), em aplicações realizadas na América do Norte.

Viscosidade

A viscosidade (veja também o Capítulo 6.2) é definida como a resistência apresentada por uma porção de um material que se desloca (ou escoa) sobre uma outra porção desse mesmo material. A viscosidade dinâmica (η) é definida como a razão do estresse de cisalhamento existente entre camadas de um fluido em movimento e a taxa de cisalhamento entre essas camadas. A resistência à vazão de um líquido sob a ação da gravidade (viscosidade cinemática, ν) é a expressão de η sobre a densidade (ρ) de um fluido (31).

A maioria dos fluidos, como o petrodiesel e o biodiesel, aumenta em viscosidade com o decréscimo da temperatura. As especificações do biodiesel e do petrodiesel para uso combustível limitam ν (32; veja o Apêndice B). O abaixamento da temperatura de 40 para -3 °C aumenta ν de 2,81 para 10,4 mm^2/s para o petrodiesel D-2, e de 1,59 para 4,20 mm^2/s para o petrodiesel D-1 (33).

Aumentos significativos em ν podem ser acompanhados por transições a um comportamento não newtoniano, definido como o fluido que não exibe viscosidade constante sob valores variados da taxa de cisalhamento. Como resultado, mudanças nas propriedades reológicas de fluxo podem restringir a passagem do fluido pela tela de filtração, durante os testes de CFPP e LTFT, além de bloquear a porosidade da tela a partir da deposição de cristais parafínicos suficientemente grandes. Óleos refinados sem aditivos poliméricos, como o petrodiesel, são tipicamente newtonianos (31). Entretanto, como será discutido na próxima seção, estudos relacionados ao biodiesel têm sugerido que a transição a um comportamento não newtoniano irá afetar a viscosidade e outras propriedades de fluxo a baixas temperaturas.

Propriedades de Fluxo a Frio do Biodiesel

A Tabela 2 apresenta um resumo das propriedades de fluxo a frio de ésteres metílicos e etílicos de vários tipos de matérias-primas empregadas para a produção de biodiesel.

Tabela 2. Propriedades de fluxo a frio do biodiesel (ésteres metílicos e etílicos) derivado de óleos e gorduras[a]

Óleo ou gordura de:	Grupo alquila	PN °C	PF °C	CFPP °C	LTFT °C	Ref.
Babaçu	Metil	4				37
Canola	Metil	1	-9			39
Canola	Etil	-1	-6			39
Coco	Etil	5	-3			40
Semente de algodão	Metil		-4[b]			–
Linhaça	Metil	0	-9			39
Linhaça	Etil	-2	-6			39
Semente de mostarda	Etil	1	-15			40
Azeitona	Metil	-2	-3	-6		38
Palma	Metil	13	16[c]			37
Palma	Etil	8	6			46
Amendoim	Metil	5				37
Colza	Metil	-2	-9	-8[d]		42
Colza	Etil	-2	-15			39
Açafrão	Metil		-6			41
Açafrão	Etil	-6	-6			40
Soja	Metil	0	-2	-2	0	33
Soja	Etil	1	-4			35
Girassol	Metil	2	-3	-2		38
Girassol	Etil	-1	-5			39
Girassol[e] rico em oleico	Metil			-12[d]		–
Sebo	Metil	17	15	9	20	35
Sebo	Etil	15	12	8	13	35
Soja hidrogenada usada[f]	Etil	7	6			40
Fritura usada[g]	Metil			-1		97
Graxa de descarte[h]	Etil	9	-3	0	9	35
Azeitona de descarte	Metil	-2	-6	-9		51

[a]Biodiesel da transesterificação de 'óleos ou gorduras' com 'alquil' álcoois; Ref. = número da referência; veja a Tabela 1 para outras abreviações.
[b]Extraído de Geyer, S. M., M. J. Jacobus, S. S. Lestz, 1984, *Trans. ASAE*, 27, 375-381.
[c]Extraído de Masjuki, H., A. M. Zaki, S. M. Sapuan, 1993, in: *Proc., 2nd Inst. Mech. Eng. Seminar, Fuels for Automotive and Industrial Diesel Engines*, Institute of Mechanical Engineers, Londres, UK, pp. 129-137.
[d]Extraído de Neto da Silva, F., A. S. Prata, J. R. Teixeira, 2003, *Energy Conv. Manag.*, 44, 2857-2878.
[e]Óleo de girassol com alto teor de oleico (77,9 % m/m).
[f]Hidrogenada a um número de iodo de ~65.
[g]Conteúdo total de ésteres metílicos saturados de ~19,2% m/m.
[h]Contendo ~9% m/m de ácidos graxos livres.

A transesterificação não altera a composição de ácidos graxos do material de origem. Assim, o biodiesel preparado a partir de matérias-primas que contêm alta concentração de ácidos graxos saturados de cadeia longa, cujos pontos de fusão são altos, tende a apresentar propriedades de fluxo a frio relativamente ruins.

As composições em ácidos graxos de muitos óleos e gorduras comumente empregadas para a produção de biodiesel encontram-se apresentadas na Tabela A-2 do Apêndice A. Por seu teor de ácidos graxos saturados, os ésteres metílicos de sebo bovino (EMSB) têm PN de 17 °C (34). Outro exemplo corresponde aos ésteres metílicos de óleo de palma, cujo PN é de 13 °C (35). Por outro lado, matérias-primas com baixa concentração de ácidos graxos de cadeia longa e saturada geralmente fornecem biodiesel com PN e PF muito menores. Assim, matérias-primas, como os óleos de linhaça, oliva, colza e açafrão, tendem a fornecer biodiesel com PN ≤ 0 °C (36-40).

As Figuras 1 e 2 correspondem a gráficos que relacionam PN e PF, respectivamente, com o percentual da mistura (% de biodiesel) de ésteres metílicos de óleo de

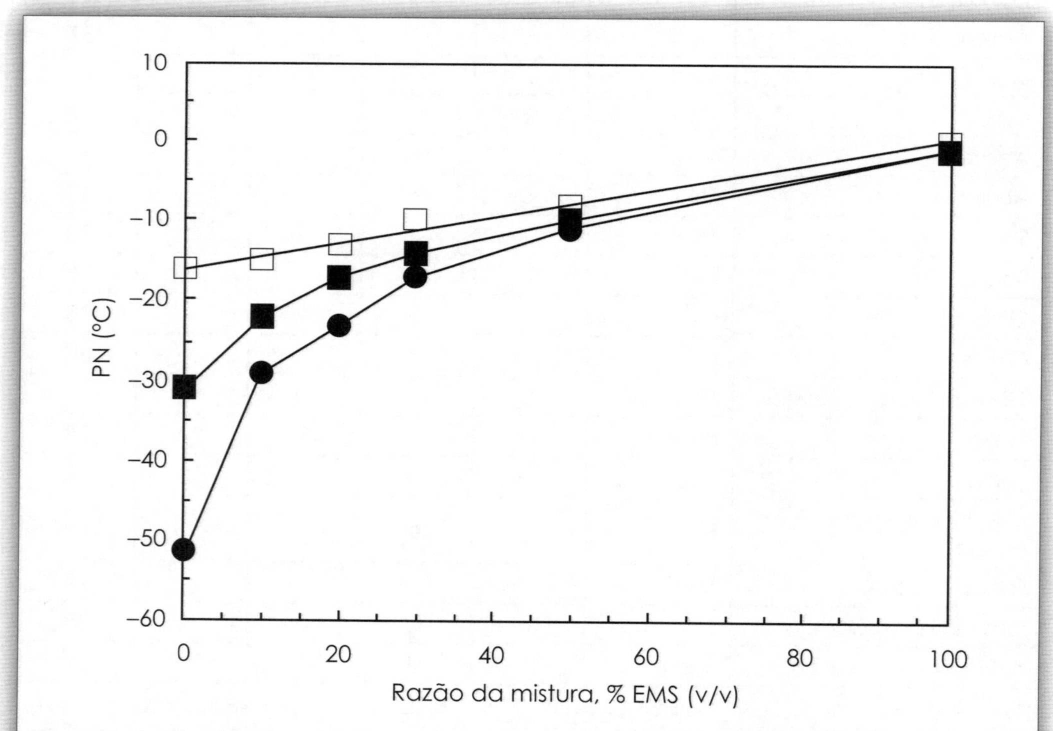

Figura 1. Ponto de névoa (PN) vs. teor da mistura (v/v, %) para os ésteres metílicos dos ácidos graxos do óleo de soja (EMS) em mistura com combustíveis diesel nº. 1 (D-1) e nº. 2 (D-2) e com combustíveis de aviação do tipo JP-8. Legenda: □ = misturas com D-2; ■ = misturas com D-1; ● = misturas com JP-8. Regressão linear para os dados da mistura com D-2: PN = 0,1618. [teor da mistura] − 16,0 (R^2= 0,99; σ_y = 0,67).

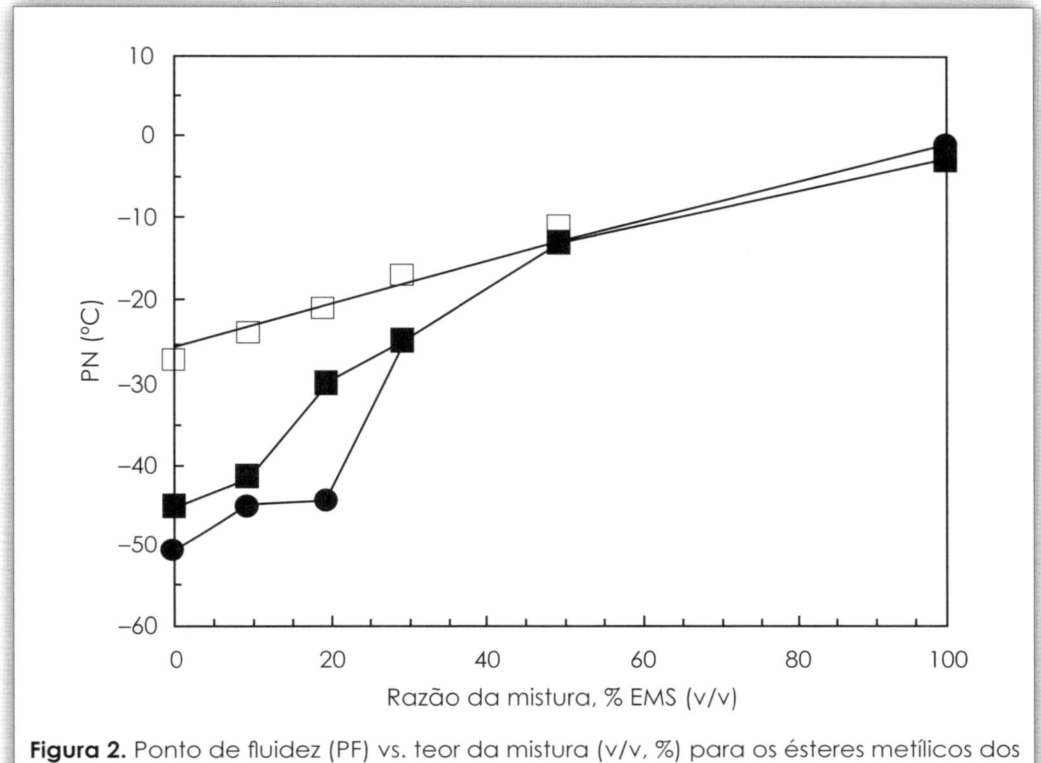

Figura 2. Ponto de fluidez (PF) vs. teor da mistura (v/v, %) para os ésteres metílicos dos ácidos graxos do óleo de soja (EMS) em mistura com combustíveis diesel n°. 1 (D-1) e n°. 2 (D-2) e com combustíveis de aviação do tipo JP-8. Legenda: □ = misturas com D-2; ■ = misturas com D-1; ● misturas com JP-8. Regressão linear para os dados da mistura com D-2: PF = 0,2519. [teor da mistura] – 25,8 (R^2= 0,96, σ_y = 1,6).

soja (EMS) em petrodiesel D-1 e D-2, bem como em blendas com combustíveis de aviação do tipo JP-8 (33,41). Os resultados dessas figuras demonstram que os EMS afetam significativamente a ambos, PN e PF, em proporções de mistura com D-1 e JP-8 relativamente baixas. Para misturas em D-2, o aumento do percentual de mistura resulta em um aumento linear de PN (R^2 = 0,99) e um aumento quase linear em PF (R^2 = 0,96) (33). Misturas com D-1 apresentaram um aumento em PF de apenas 4 °C entre 0 e 10% de EMS, comparado com um aumento de 12 °C entre 10 e 20% de EMS (veja também a Tabela 3). Assim, até um limite de 10% de EMS na mistura, o D-1 aparentemente predomina na determinação do comportamento das propriedades de fluxo a frio destas misturas. Essa tendência é também refletida nos dados de PN da Figura 1. Para misturas com JP-8, um limite similar é perceptível na Figura 2 para uma proporção da mistura de aproximadamente 20% de EMS. Em suma, esses resultados indicam que a susceptibilidade de motores diesel a problemas de partida a frio e de desempenho aumenta quando estes são alimentados com misturas biodiesel/petrodiesel e essas tendências se agravam com o aumento da proporção de biodiesel na mistura.

Estudos preliminares (32,42,43) demonstraram uma correlação linear entre a filtrabilidade a frio (CFPP e LTFT) e o PN para o biodiesel e suas respectivas misturas com D-1 e D-2. As Figuras 3 e 4 apresentam gráficos de CFPP e de LTFT vs. dados de PN publicados coletivamente nos três estudos citados. Os dados para misturas, EMS puro, EMSB puro, misturas de EMS e EMSB e formulações tratadas com aditivos CFI estão representados em ambas as figuras. O efeito decorrente dos aditivos CFI encontra-se discutido em maiores detalhes em outras seções deste capítulo.

A análise de regressão por quadrados mínimos da filtrabilidade vs. dados de PN, para óleos puros e misturas não tratadas com aditivos CFI, forneceu as seguintes expressões:

$$\text{CFPP} = 1{,}019(\text{PN}) - 2{,}9 \qquad [1]$$

$$\text{LTFT} = 1{,}020(\text{PN}) + 0{,}4 \qquad [2]$$

Com R^2 = 0,90 e 0,95 e σ_y = 2,5 e 1,8, respectivamente. Os dados de ANOVA revelaram uma alta probabilidade de coeficientes angulares unitários para ambas as equações (P = 0,81 e 0,78, respectivamente), sugerindo que um decréscimo de 1 °C no PN resulta no decréscimo de 1 °C em ambos, CFPP e LTFT (33). Assim, esse trabalho demonstrou que pesquisas sobre o melhoramento das propriedades de fluxo a frio do biodiesel deverão focar em estratégias que diminuam significativamente o PN. Além disso, essa conclusão se aplica a misturas com apenas 10% (v/v) de biodiesel em D-1 ou D-2.

Vários estudos (33,40,44-46) relataram que o biodiesel derivado da maior parte das matérias-primas, na forma de ésteres metílicos ou etílicos, apresenta ν = 4,1-6,7 mm^2/s a 40 °C. Por outro lado, medidas a 5 °C forneceram ν = 11,4 mm^2/s para EMS (33). Nesse estudo, as amostras foram fechadas em um viscosímetro Cannon-Fenske, imersas em um banho de temperatura constante, e deixadas em repouso durante a noite para simular o resfriamento do combustível por um período preestabelecido (~16 h). O valor de ν para misturas de EMS com até 20% (v/v) de EMSB decresceu ligeiramente a 10,8 mm^2/s. Resultados de uma análise similar do D-2 puro (proporção de mistura = B0) forneceram ν de 10,4 mm^2/s quando o sistema foi resfriado durante a noite até ~3 °C, em comparação com a sua ν de 2,81 mm^2/s a 40 °C.

As tentativas de se medir ν em misturas de EMS e EMSB a temperaturas inferiores a 5 °C foram frustradas pela aparente solidificação da amostra durante o período de equilíbrio de 16 h (33). Foi relatado (47) que, a temperaturas próximas a 5 °C, a reologia dos EMS (bem como as de ésteres metílicos de semente de mostarda) sofre transição de um fluxo newtoniano para um fluxo do tipo *pseudoplástico*. Fluidos pseudoplásticos experimentam uma diminuição na espessura da camada de cisalhamento, que corresponde à propriedade de fluidos não newtonianos de exibir reduções na viscosidade com o aumento da velocidade de cisalhamento (31). Assim, é possível que temperaturas inferiores a 5 °C facilitaram a formação de uma rede de cristais interpenetrados, enquanto os EMS permaneceram imóveis durante a noite, sob cisalhamento (força) nulo ou muito pequeno, entupindo a tubulação do viscosímetro.

Tabela 3. Propriedades de fluxo a frio de misturas biodiesel/petrodiesel[a]								
Óleo ou gordura	**Grupo alquila**	**Tipo do diesel**	**Razão da mistura**	**PN °C**	**PF °C**	**CFPP °C**	**LTFT °C**	**Ref.**
–	–	D-1	B0	-31	-46	-42	-27	33
Soja	Metil	D-1	B10	-22	-42			33
Soja	Metil	D-1	B20	-17	-30	-27	-19	33
Soja	Metil	D-1	B30	-14	-25	-20	-16	33
Soja/Sebo[b]	Metil	D-1	B20	-21	-29	-21	-18	33
Soja/Sebo[b]	Metil	D-1	B30	-13	-24	-18	-14	33
–	–	D-2	B0	-16	-27	-18	-14	33
Coco	Etil	D-2	B20	-7	-15			40
Colza	Etil	D-2	B20	-13	-15			40
Soja	Metil	D-2	B20	-14	-21	-14	-12	33
Soja	Metil	D-2	B30	-10	-17	-12	-12	33
Girassol rico em oleico[c]	Metil	D-2	B30		-12[d]			–
Sebo	Metil	D-2	B20	-5	-9	-8		35
Sebo	Etil	D-2	B20	-3	-12	-10	1	35
Soja/Sebo[b]	Metil	D-2	B20	-12	-20	-13	-10	33
Soja/Sebo[b]	Metil	D-2	B30	-10	-12	-11	-9	33
Soja hidrogenada usada[e]	Etil	D-2	B20	-9	-9			40
Graxa de descarte[f]	Etil	D-2	B20	-12	-21	-12	-3	27

[a]Biodiesel da transesterificação de 'óleos ou gorduras' com 'alquil' álcoois; Tipo do diesel de acordo com a especificação ASTM D975 (34) onde D-1 = grau nº. 1 e D-2 = grau nº. 2; Razão da mistura = 'B*X*' onde *X* = vol% de biodiesel na mistura com petrodiesel; veja as Tabelas 1 e 2 para outras abreviações.
[b]Mistura 4:1 v/v entre ésteres metílicos de óleo de soja/ésteres metílicos de sebo.
[c]Óleo de girassol rico em ácido oleico (77.9 %, m/m).
[d]Extraído de Neto da Silva, F., A. S. Prata, J. R. Teixeira, 2003, *Energy Conv. Manag.*, 44, 2857-2878.
[e]Hidrogenada a um número de iodo de 65.
[f]Contendo ~9% m/m de ácidos graxos livres antes da conversão a biodiesel.

Tentativas similares para medir ν em uma mistura 7:3 (v/v) de EMS e EMSB a 5 °C também foram frustradas (33). Dados os PN e PF relativamente altos do EMSB puro (veja a Tabela 2), se o EMSB sobre uma transição reológica para um fluido pseudoplástico, é perfeitamente provável que isso ocorra a uma temperatura superior à que caracteriza esse fenômeno em EMS. Aparentemente, a reologia em misturas EMS/EMSB a baixas temperaturas se assemelha àquela de EMS puros quando o teor de EMSB é inferior a 20% (v/v), enquanto teores maiores permitem com que o EMSB influa diretamente a reologia das misturas.

Mudanças na reologia de fluidos também podem explicar o porquê do PF de EMSB puro exceder o seu valor de CFPP em pelo menos 6 °C (34). Revisando o resumo do método ASTM D97 apresentado na Tabela 1, as amostras devem ser resfriadas a uma velocidade específica e avaliadas visualmente em intervalos de 3 °C (48); assim, para o EMSB puro, a interrupção do fluxo foi realmente detectada a 12 °C, uma temperatura que excede em apenas 3 °C o valor de CFPP correspondente. Embora isso explique as discrepâncias observadas entre os dados de PF e CFPP da Tabela 2 para ésteres etílicos de sebo bovino, ésteres metílicos de óleo de oliva e ésteres metílicos de óleo de oliva usado, a diferença de 3 °C ainda persiste para amostras de EMSB puro.

É possível que a transição de EMSB a um fluido pseudoplástico também facilitou a formação de cristais interpenetrados após tempos de residência muito extensos no interior das tubulações do viscosímetro, de maneira similar ao observado para EMS. Sem forças de cisalhamento além das induzidas pela força da gravidade, quando o posicionamento vertical do tubo de amostragem foi invertido, é possível que a interpenetração dos cristais também preveniu o movimento da amostra a temperaturas < 12 °C. Embora o movimento do fluido não tenha sido detectado sob a ação da gravidade, os cristais interpenetrados podem ter retido alguma característica de fluido pseudoplástico. A aplicação de forças de

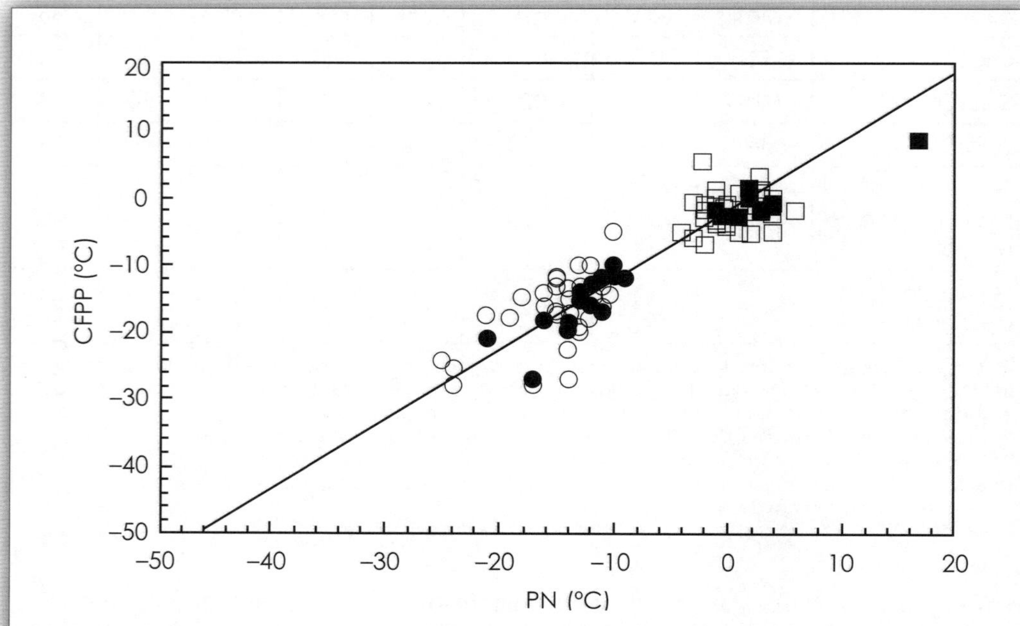

Figura 3. Ponto de entupimento de filtro a frio (CFPP) vs. ponto de névoa (PN) para misturas biodiesel/petrodiesel. Legenda: ◆ = petrodiesel (B0); ■ = biodiesel puro (B100); □ = B100 + CFI; ● = misturas; ○ = misturas + CFI. Biodiesel = ésteres metílicos de ácidos graxos; CFI = melhorador de fluxo a frio. Regressão linear: CFPP = 1,0276. [PN] – 2,2 (R^2 = 0,82, σ_y = 3,5).

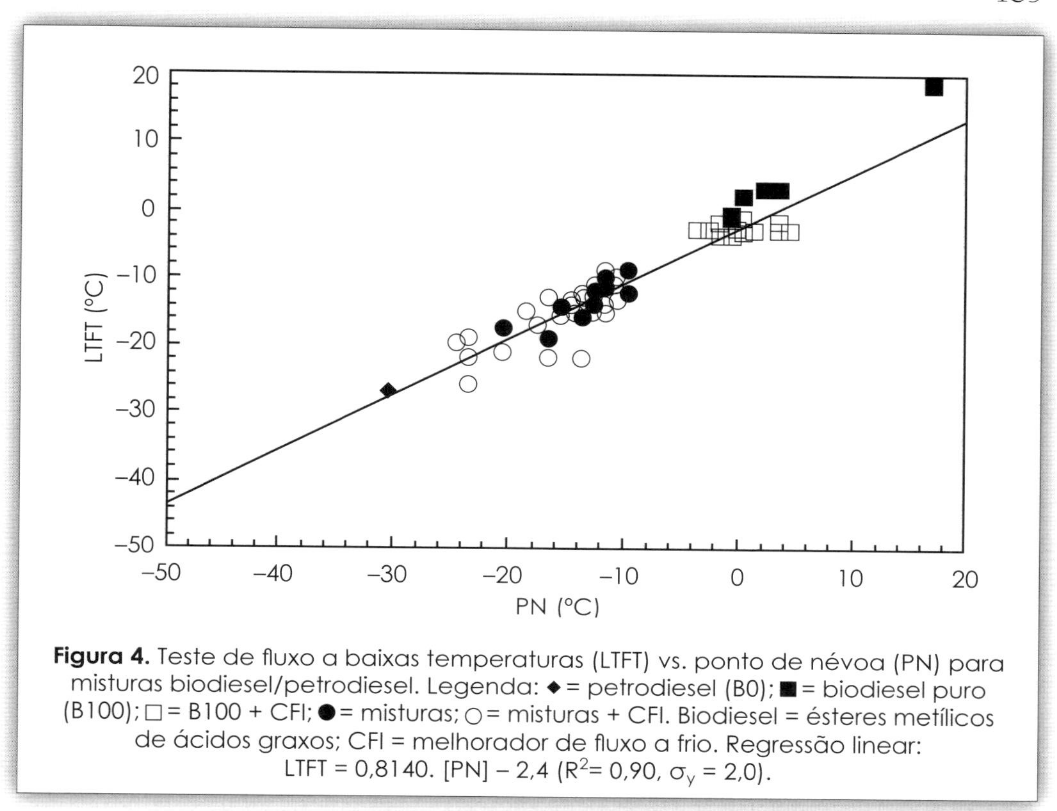

Figura 4. Teste de fluxo a baixas temperaturas (LTFT) vs. ponto de névoa (PN) para misturas biodiesel/petrodiesel. Legenda: ◆ = petrodiesel (B0); ■ = biodiesel puro (B100); □ = B100 + CFI; ● = misturas; ○ = misturas + CFI. Biodiesel = ésteres metílicos de ácidos graxos; CFI = melhorador de fluxo a frio. Regressão linear: LTFT = 0,8140. [PN] – 2,4 (R^2= 0,90, σ_y = 2,0).

cisalhamento induzidas pelo vácuo podem ter sido suficientes para diminuir a viscosidade do fluido pseudoplástico, permitindo a passagem segura do material pela tela de 45 µm que é empregada para a medição de CFPP, de acordo com a norma ASTM D6371 (50). No teste de LTFT, os efeitos da intensidade do cisalhamento associado ao vácuo, ao forçar o fluido pseudoplástico a escoar com viscosidade menor, foram aparentemente compensados pela tela de filtração de menor porosidade (17 µm) que é empregada no teste (51). Portanto, as determinações de LTFT para EMSB foram mais condizentes com as medidas de PF (ou PN) apresentadas na Tabela 2 (34).

Traços de contaminantes podem também influenciar as propriedades de fluxo a frio do biodiesel. Estudos (52) sobre o efeito de contaminantes residuais, oriundos dos processos de refino e de transesterificação, sobre as propriedades de fluxo a frio de EMS puro ou em mistura com D-1, demonstraram que, embora o PF não tenha sido afetado, o PN aumentou com o aumento da concentração de monoglicerídeos e diglicerídeos. Concentrações de apenas 0,1% (m/v) (1000 ppm) de monoglicerídeos ou diglicerídeos saturados aumentaram PN, enquanto a monooleína insaturada não afetou PN ou PF. A presença de 3% (m/v) de materiais não saponificáveis aumenta a temperatura de cristalização, o PF e o PN de EMS, mas não apresenta efeito algum sobre as propriedades de misturas contendo 20% (v/v) de EMS. Outros contaminantes oriundos do processo de refino ou de transesterificação, que podem influenciar as propriedades de fluxo a frio, incluem o álcool, os ácidos graxos livres e os triglicerídeos não reagidos.

Melhorando as Propriedades de Fluxo a Frio do Biodiesel

Baseadas na tecnologia disponível, várias estratégias para reduzir o PN do biodiesel já foram investigadas. As alternativas mais atraentes estudadas até a edição deste livro incluem: (i) a mistura com petrodiesel; (ii) o tratamento do petrodiesel com aditivos CFI; (iii) o desenvolvimento de aditivos específicos para o biodiesel; (iv) a transesterificação de óleos vegetais ou gorduras com álcoois ramificados de cadeia longa; e (v) o fracionamento por cristalização. O restante desta seção discute os efeitos de cada uma destas estratégias sobre o desempenho do biodiesel em temperaturas relativamente frias.

Mistura com Petrodiesel

Um dos métodos mais efetivos para a redução de PN e para a melhoria da bombeabilidade do D-2 durante períodos de baixas temperaturas é a sua mistura com D-1, querosene ou combustível de aviação (1,5,8,12,13,29). A cada 10% (v/v) de D-1, decrescem o PN e o CFPP da mistura em 2 °C (8,12). A mistura com D-1 também reduz a viscosidade, diminui o conteúdo energético (o que reduz a potência resultante) e aumenta o consumo de combustível, o desgaste das bombas injetoras e o custo operacional do motor (1,5,8,11-13,29).

Para melhorar as propriedades de fluxo a frio do petrodiesel, tratamentos com aditivos CFI são preferidos à mistura com D-1, querosene ou combustível de aviação, porque esses aditivos geralmente não causam efeitos secundários que comprometam a potência, o consumo de combustível, os sistemas de injeção ou o custo (1,5,8,13,29). Apesar disso, estudos sobre o emprego de misturas de biodiesel com petrodiesel foram conduzidos com o intuito de melhorar o desempenho do biodiesel em climas frios.

Dados sobre as propriedades de fluxo a frio de misturas de ésteres metílicos e etílicos de várias matérias-primas com D-1 e D-2 encontram-se resumidos na Tabela 3. As propriedades de amostras puras de D-1 e D-2 (B0 em ambos os casos) também estão listadas para comparação. A contraposição entre os dados das misturas e os resultados correspondentes da Tabela 2 demonstram que o CFPP e o LTFT do biodiesel puro (B100) ocorrem em temperaturas 14-16 °C superiores às que caracterizam amostras de D-2. Embora as propriedades de fluxo a frio tenham sido melhoradas em relação ao B100, motores diesel alimentados com blendas de biodiesel são mais suscetíveis a problemas de partida a frio e de desempenho em baixas temperaturas.

Foi demonstrado em estudo preliminar (33) que blendas com D-1 geralmente exibem PN, PF, CFPP e LTFT melhores que blendas com D-2, fundamentalmente porque o D-1 puro apresenta propriedades de fluxo a frio superiores ao D-2. Como discutido, o PN e o PF de misturas EMS/D-2 aumentam quase que linearmente com respeito ao aumento do teor de EMS empregado na mistura. No entanto, blendas com D-2 em teores de B20 a B30 não aumentaram significativamente os valores de CFPP e LTFT, embora exceções tenham sido divulgadas para o LTFT de ésteres etílicos de sebo bovino e gorduras de descarte (veja a Tabela 3). Misturas com D-1 causaram um aumento significativo em PN, PF, CFPP e LTFT em praticamente todos os teores de mistura, embora misturas de até B30 poderiam ser consideradas aceitáveis sob certas condições (isto é, CFPP = -20 °C; LTFT = -16 °C).

Como discutido, os resultados das Figuras 3 e 4 apresentam uma correlação quase linear entre a filtrabilidade a baixas temperaturas e o PN. A análise de regressão de blendas de todos os teores, omitindo os dados de misturas tratadas com aditivos CFI, forneceu a Equação 1, de R_2 = 0,90 para CFPP, e a Equação 2, de R_2 = 0,95 para LTFT (33,42). Além disso, análises estatísticas indicaram a existência de uma probabilidade muito boa (P = 0,94) de que LTFT = PN, sugerindo que a medida de PN era essencialmente equivalente à determinação de LTFT em misturas biodiesel/petrodiesel (33). Esse resultado foi importante, porque a medida de LTFT é apreciavelmente mais complexa e demorada que a medida de PN.

Finalmente, a mistura de até 50% (B50) de EMS ou de blendas EMS/EMSB com petrodiesel diminuiu o valor inicial de ν (33). Isso era esperado, porque tanto D-1 quanto D-2 puros apresentam ν inferiores (4,2 e 10,4 mm^2/s) quando avaliados após equilíbrio a -3 °C durante a noite (16 h). Diferente da discussão apresentada anteriormente sobre os resultados de ν para EMS e para misturas EMS/EMSB, ν aumentou com o aumento do conteúdo volumétrico de EMSB em misturas com D-2 quando incrementos constantes do percentual na mistura foram ensaiados. Esses resultados sugeriram que o decréscimo do grau de insaturação dos ésteres metílicos aumenta a viscosidade de misturas biodiesel/petrodiesel, e foram consistentes com estudos envolvendo álcoois graxos e triacilglicerídeos não misturados ao petrodiesel (53,54).

Tratamento com Aditivos Comerciais CFI para Petrodiesel

As vantagens econômicas e de desempenho do uso de aditivos CFI para melhorar as propriedades de fluxo a frio dos destilados médios do petróleo têm sido amplamente reconhecidas nos 40 anos anteriores à publicação desta obra (1,5,8,12,14,29). A Tabela 4 resume os resultados de estudos relacionados ao emprego de aditivos desenvolvidos para tratar petrodiesel na correção das propriedades de fluxo a frio do biodiesel e de suas misturas com D-1 e D-2. Antes de discutir estes resultados, é necessário examinar algumas informações pertinentes aos tipos de aditivos CFI disponíveis comercialmente.

Depressores do ponto de fluidez. A primeira geração de aditivos, os depressores de PF (DPF), foi desenvolvida inicialmente na década de 1950. Esses aditivos são empregados em refinarias para melhorar a bombeabilidade do óleo cru e têm maior eficiência em aplicações de pós-venda como óleos de aquecimento e lubrificantes (1,3,5,9,17,55). A maioria dos DPF não afeta a nucleação, e o tipo e forma do crescimento cristalino permanecem ortorrômbicos (8,9,56). Esses aditivos inibem o crescimento cristalino e eliminam a aglomeração (gelação), reduzindo o tamanho de partículas a um d = 10-100 μm e prevenindo a formação de grandes cristais plano-lamelares que entopem linhas e filtros de combustível (2,4,5,8,9,11,30,55). Os DPF são tipicamente compostos por copolímeros de baixa massa molar que são similares em estrutura e ponto de fusão às moléculas parafínicas dos n-alcanos, tornando possível a eles adsorver ou cocristalizar logo após o início da nucleação (1,55,56). Embora a redução de CFPP seja possível a altas concentrações desses aditivos (3,7), os efeitos sobre PN e LTFT são negligenciáveis (1,29). Os DPF predominantes no

Tabela 4. Propriedades de fluxo a frio de biodiesel e de misturas biodiesel/petrodiesel tratadas com aditivos melhoradores de fluxo a frio (aditivos CFI)[a]

Biodiesel	Tipo de diesel	Razão da mistura	Aditivo CFI [b]	Teor ppm	PN °C	PF °C	Ref.
EMS		B100	DFI-100	1000	–2	–6	45
EMS		B100	DFI-200	1000	–1	–8	45
EMS		B100	DFI-200	2000	–1	–16	96
EMS		B100	Hitec 672	1000	–2	–6	45
EMS		B100	OS 110050	1000	–1	–7	45
EMS		B100	Paramins	1000	0	–5	45
EMS		B100	Winterflow	1000	0	–5	45
EMS		B100	Winterflow	2000	–1	–17	96
EMS/EMSB (4:1 v/v)		B100	DFI-100	2000	4	0[c]	44
EMS/EMSB (4:1 v/v)		B100	Hitec 672	2000	2	–5[c]	44
EMS	D-1	B30	DFI-100	1000	–14	–49	45
EMS	D-1	B30	DFI-200	1000	–21	–45	45
EMS	D-1	B30	Hitech 672	1000	–13	–44	45
EMS	D-1	B30	OS 110050	1000	–17	–46	45
EMS	D-1	B30	Paramins	1000	–14	–29	45
EMS	D-1	B30	Winterflow	1000	–19	–39	45
EMS	D-2	B20	DFI-100	1000	–14	–26	45
EMS	D-2	B20	DFI-200	1000	–14	–32	45
EMS	D-2	B20	Hitech 672	1000	–14	–27	45
EMS	D-2	B20	OS 110050	1000	–15	–18	45
EMS	D-2	B20	Paramins	1000	–14	–27	45
EMS	D-2	B20	Winterflow	1000	–13	–39	45

[a]Biodiesel da transesterificação de 'óleos ou gorduras' com 'alquil' álcoois; Tipo do diesel de acordo com a especificação ASTM D975 (34); EMS = Éster metílico de soja; EMSB = Éster metílico de sebo bovino; veja as Tabelas 1 e 2 para outras abreviações.
[b]Vendedores: Du Pont (DFI-100, DFI-200); Ethyl Corp. (Hitec 672); Exxon Chemical (Paramins); SVO/Lubrizol (OS 110050); Starreon Corp. (Winterflow).
[c]Resultados de CFPP.

mercado no momento da edição deste livro são os copolímeros de etileno éster vinílico (1,2,8,9,12,17,56). Outros exemplos incluem copolímeros com grupos alquila de cadeia longa (derivados de álcoois graxos) como grupos pendentes, polimetacrilatos, polialquilacrilatos, polialquilmetacrilatos, copolímeros contendo derivados esterificados do anidrido maleico, polietilenos clorados e copolímeros de estireno-éster maleico e acetato de vinila-éster maleico (9,17,22,30,55).

Modificadores da cristalização parafínica (MCP). Como consequência do desenvolvimento de testes preditivos de filtrabilidade a baixas temperaturas (veja discussões anteriores), foram desenvolvidos aditivos mais avançados, do tipo CFI, capazes de modificar a cristalização de parafinas (3,9,11,15). Muitos exemplos se encontram relatados na literatura, incluindo os copolímeros de etileno éster vinílico, alquenil succinamidas, polialquilacrilatos de cadeia longa, polietilenos, copolímeros de α-olefinas lineares com compostos acrílicos, vinílicos e maleicos, aminas secundárias, terpolímeros randomizados de α-olefinas, estearilacrilatos e *N*-alquil-maleimidas, copolímeros de acrilato/metacrilato com anidrido maleico parcialmente amidado com *n*-hexadecilamina, copolímeros de fumarato e acetato de vinila, copolímeros do ácido itacônico, copolímeros em bloco de polietileno-polipropileno, poliamidas de ácidos lineares ou ramificados e copolímeros de α-olefinas, copolímeros do anidrido maleico, interpolímeros contendo grupamentos carboxílicos, copolímeros de estireno-anidrido maleico e compostos polioxialquilênicos (1-3,9,10,12,14,17,21,57-66).

Esses aditivos atacam uma ou mais fases do processo de cristalização, isto é, nucleação, crescimento ou aglomeração (1,2,4,5,8,10,12). Seus efeitos são geralmente orientados à formação de um número maior de cristais parafínicos menores e mais compactos (1-5,8-10,12). Aditivos MCP são copolímeros com características químicas estruturadas desenvolvidas especificamente para se ajustar ao tipo de parafina e à velocidade de cristalização do combustível (2,9,11). Alguns são do tipo *pente* e outros do tipo *escova*, consistindo de cadeias lineares e dentes estruturados com componentes concebidos para interagir com ou adsorver moléculas de parafinas (1,2,9,11,14,21,57). Esses compostos modificam a tendência de formação e crescimento dos cristais para favorecer a formação de pequenos cristais com a forma de agulhas que não entopem as linhas de combustível ou obstruem os filtros primários (2,4,5,9,11,12,29). O acúmulo de sólidos nos filtros secundários (d = 2-10 µm) resulta na formação de uma camada permeável que permite algum fluxo de combustível para os injetores (1,2,4,5,9,11,12). Desde que haja um mecanismo para retornar o excesso de combustível para o tanque, o aquecimento dos cristais depositados sobre a superfície do filtro funde eventualmente essa camada (1-4,9,11,12). Alguns aditivos modificam a geometria da célula cristalina para formar matrizes hexagonais ou uma mistura entre matrizes hexagonais e ortorrômbicas (10). Aditivos MCP são mais apropriados para aplicações de pós-venda do petrodiesel que aditivos DPF, porque eles tipicamente permitem a operação dos motores a temperaturas de apenas 10 °C abaixo do PN do combustível (4,5,8,29). Em geral, aditivos MCP foram desenvolvidos e categorizados como (i) melhoradores de CFPP, (ii) melhoradores de PN e (iii) melhoradores de fluxo que inibem a deposição de ceras ou parafinas.

Dentre os aditivos MCP, os melhoradores de CFPP foram os primeiros aditivos de primeira geração a serem desenvolvidos. Eles tipicamente oferecem funcionalidade dupla ao reduzirem PF e CFPP e são muitas vezes denominados melhoradores de fluxo para destilados médios (1,3,4,11,12). Melhoradores de CFPP são capazes de reduzir CFPP em 10-20 °C (3-5,8,29). Embora alguns aditivos tenham sido propostos para reduzir LTFT (1,5,8,15,29), a maioria dos melhoradores de CFPP geralmente não afeta os valores de PN (1,9,29). Reduções de CFPP em mais de 12 °C abaixo de PN usualmente resultam na perda de precisão do CFPP como teste para predizer a operacionalidade do combustível (3,5,12,15).

O desenvolvimento de depressores de PN (DPN) iniciou-se no final da década de 1970 (3). Esses aditivos correspondem tipicamente a copolímeros de baixa massa molar do tipo pente, que funcionam preferencialmente por meio sua interação ou adsorção com as primeiras moléculas de parafina que se cristalizam, em competição com o processo normal de nucleação (1,2,8). Contrariamente aos melhoradores de CFPP, os aditivos DPN são preparados com uma estrutura solúvel que permite que o complexo aditivo-parafina permaneça solúvel a temperaturas inferiores ao PN (1,9,14,21). Embora os DPN sejam capazes de reduzir o PN em no máximo 3-5 °C (1,3,8,9,12,21), muitos são incompatíveis com melhoradores de CFPP, e combinações entre estes podem piorar o CFPP (3,9,12).

Embora não desenvolvidos especificamente para melhorar o fluxo e a bombeabilidade, os melhoradores de fluxo que inibem a deposição de ceras (MFDC) são tipicamente empregados para prevenir o acúmulo de parafinas no fundo dos tanques de armazenamento de combustível (11,12,29). Ao permitir que combustíveis diesel permaneçam expostos ao frio durante a noite, a temperaturas inferiores ao PN em 10 °C ou mais, o crescimento dos cristais de parafinas é favorecido a uma dimensão suficientemente grande para se depositarem no fundo dos tanques (2,11,13). Esses aditivos são similares em estrutura aos DPN e funcionam pela cocristalização com núcleos e pela indução a um efeito dispersivo causado por grupos funcionais altamente polares baseados em heteroátomos como nitrogênio, oxigênio, enxofre ou fósforo (9,58). Cristais de parafina têm uma densidade ligeiramente superior ao petrodiesel, e a decantação é evitada restringindo-se o tamanho das partículas a dimensões bem pequenas (d < 5-10 µm) (2,4,11,15,58). O efeito do tamanho de partícula (d) sobre a velocidade de decantação (R_S) pode ser determinado pela Lei de Stokes para esferas em suspensão em um fluido (3,11,12,15). A Lei de Stokes demonstra que uma redução de cinco vezes em d resulta em uma redução de 25 vezes em R_S. Os MFDC causam a diminuição de CFPP e PF, mas geralmente não alteram PN (58). Alguns DPF aumentam a velocidade de decantação ou deposição de parafinas (11).

Efeitos de aditivos CFI de petrodiesel sobre o biodiesel. Muitos aditivos comerciais do tipo CFI, que foram desenvolvidos para aplicação em petrodiesel, já foram estudados para o biodiesel; esses resultados encontram-se resumidos na Tabela 4. Aditivos CFI para petrodiesel demonstraram a habilidade de diminuir o PF de misturas EMS/D-1 (B30) e EMS/D-2 (B20) em até 18-20 °C. Comparando os resultados das Tabelas 2 e 4, aditivos CFI diminuíram o PF de amostras de EMS puro em até 6 °C. Sob condições similares, estes aditivos diminuíram o PF de amostras íntegras de D-1 e D-2 em 7 e 23 °C, respectivamente (43). Esses resultados sugeriram que o mecanismo associado com o crescimento e aglomeração de cristais em biodiesel puro (B100) é similar ao característico de combustíveis do tipo petrodiesel.

Os dados da Tabela 4 também demonstram que o aumento da concentração de aditivo diminui ainda mais o PF das misturas. Esse foi o caso da maioria dos aditivos estudados, com respeito a concentrações na faixa de 0-2.000 ppm. Reduções de PF tenderam a ser proporcionais à concentração, embora alguns aditivos tenham sido mais eficientes que outros. Os resultados também demonstraram que, a uma mesma concentração, a eficiência do aditivo decresceu com o aumento do teor de biodiesel nas misturas (43).

Em geral, os resultados de PF foram encorajadores do ponto de vista da utilização de aditivos para facilitar as operações de bombeabilidade do biodiesel em temperaturas mais baixas. A maioria dos aditivos listados na Tabela 4 foi também efetiva para a diminuição de CFPP (43). A habilidade para decrescer ambos, PF e CFPP, sugere que tais aditivos são melhoradores de CFPP conforme definido anteriormente, na extensão de que são capazes de alterar a cristalização de parafinas no biodiesel puro e em misturas biodiesel/petrodiesel. Resultados similares foram relatados (67) quando os efeitos de melhoradores de CFI foram estudados sobre misturas de ésteres metílicos de óleo de colza e D-2. Até o presente, muitos produtores e distribuidores de biodiesel nos Estados Unidos estão usando melhoradores de CFPP durante períodos de clima frio.

Contrariamente aos resultados de PF, a comparação dos dados de PN resumidos nas Tabelas 2 e 4, para EMS puro e misturas EMS/EMSB, demonstra que nenhum dos aditivos CFI testados afetou consideravelmente PN (43). Em termos da cristalização de parafinas em biodiesel puro, aditivos CFI estruturalmente desenvolvidos para alterar a formação de depósitos parafínicos em petrodiesel, como discutido em uma das seções anteriores, não modificou suficientemente a nucleação dos cristais em biodiesel para gerar qualquer efeito significativo sobre PN.

A incorporação dos resultados das formulações tratadas com aditivos CFI à análise de regressão discutida modificou as Equações 1 e 2, como segue (42,43),

$$\text{CFPP} = 1{,}03(\text{PN}) - 2{,}2 \quad [3]$$

$$\text{LTFT} = 0{,}81(\text{PN}) - 2{,}4 \quad [4]$$

que passaram a apresentar $R^2 = 0{,}82$ e $0{,}90$ e $\sigma_y = 3{,}5$ e $4{,}0$, respectivamente. Embora a ANOVA tenha apresentado uma tendência com $P = 0{,}743$ de que o coeficiente angular de [3] era próximo da unidade, o coeficiente angular de [4] não o foi ($P < 0{,}001$). A perda da correlação aparentemente perfeita (1:1) entre LTFT e PN foi atribuída aos efeitos dos aditivos sobre o biodiesel puro (B100), que demonstraram que pequenas diminuições de PN estão associadas a efeitos ainda menores sobre LTFT. O fatoramento das formulações tratadas com aditivos diminuiu o coeficiente angular de [4], resultando na exigência de uma queda de 1,25 °C em PN para cada 1 °C de decréscimo em LTFT. Finalmente, as Figuras 3 e 4 demonstraram que os dados derivados de formulações tratadas com aditivos (símbolos abertos) apresentaram uma dispersão maior que aqueles derivados de amostras que não foram tratadas com aditivos (símbolos cheios); assim, os valores de R^2 para [3] e [4] diminuíram em relação aos calculados para [1] e [2]. No entanto, os resultados das Figuras 3 e 4 demonstraram que as estratégias mais efetivas para a melhoria das propriedades de fluxo e desempenho do biodiesel a baixas temperaturas serão aquelas capazes de diminuir PN significativamente.

Finalmente, os efeitos que o tratamento com os melhores DPV e melhoradores de CFPP apresentam sobre ν de misturas EMS/D-2 também foram estudados (43). A análise estatística dos resultados demonstrou que o aumento do teor da mistura de B10 a B50 não afetou significativamente a ν medida a 40 ou -3 °C. Análises similares mostraram que o aumento da concentração do aditivo, de 0 a 2.000 ppm, também não apresentou qualquer efeito significativo sobre ν sob as mesmas condições de temperatura (5 °C para o EMS puro).

Desenvolvimento de Novos Aditivos CFI para Biodiesel

A maioria dos aditivos CFI comerciais foi desenvolvida para tratar derivados do petróleo. As gerações mais recentes de aditivos MCP foram desenvolvidas com maior grau de seletividade, baseado na concentração de *n*-alcanos específicos, de alto ponto de fusão, que se encontram presentes no petrodiesel refinado (1-3,5,8-11,14,15,21,55,57,58). O petrodiesel é tipicamente definido como um destilado médio, geralmente volatilizado entre 170 e 390 °C e composto de 15-30% (m/v) de hidrocarbonetos parafínicos (ceras), mais compostos aromáticos e olefínicos (5,9,12,15,21). Entretanto, a maioria dos combustíveis petrodiesel produzidos na América do Norte e Japão tende a apresentar faixas de ebulição mais estreitas, com um ponto final de ebulição comparável aos combustíveis da Europa, Índia ou Cingapura (3,5,12). Combustíveis de *cortes* mais estreitos são mais difíceis de tratar, porque apresentam maiores precipitações de parafinas e taxas de crescimento (3,5,11,12). Por analogia a essa complexidade, diferenças na estrutura molecular, nucleação de cristais e mecanismos de crescimento podem também limitar a eficiência de aditivos CFI modernos para o tratamento de biodiesel, por estes terem sido inicialmente desenvolvidos para uso com o petrodiesel.

Dado que a maioria das substâncias estudadas como aditivos CFI para biodiesel foi inicialmente desenvolvida para o tratamento de petrodiesel, não é de se surpreender que muitos desses mesmos aditivos sejam efetivos na redução de PF do biodiesel, quer puro ou em misturas (vide as Tabelas 2, 3 e 4), porque DPFs tendem a apresentar uma seletividade estrutural muito baixa. Ao contrário, melhoradores de CFPP são mais seletivos e tendem a promover a formação de cristais de parafina menores que aqueles observados para aditivos que diminuem PF exclusivamente (1,2,5,8,9,11,58). Os DPN e MFDC apresentam seletividade superior e tendem a promover a formação de cristais ainda menores (1,2,9,11). Como observado anteriormente, quando aplicados sobre biodiesel puro ou misturas de biodiesel/petrodiesel, os aditivos CFI apresentados na Tabela 4 diminuem significativamente PF e CFPP, diminuem (ou aumentam) PN discretamente e têm efeito muito pequeno sobre LTFT (43). A incapacidade desses aditivos de reduzir PN e LTFT mais eficientemente sugere que a capacidade de alterar os mecanismos de nucleação e crescimento cristalino, presentes no biodiesel puro e em misturas com petrodiesel, pode ser limitada pela seletividade estrutural.

Como igualmente descrito, existe uma correlação quase linear entre PN e LTFT (Figuras 3 e 4). Isso significa que, na América do Norte, o aumento do desempenho do biodiesel a baixas temperaturas, seja como combustível puro ou como mistura com petrodiesel, depende principalmente do abaixamento do PN. Assim, os estudos aqui resumidos sugerem que a esperança de melhorar as propriedades de fluxo a frio do biodiesel, por meio do tratamento com aditivos CFI, está no desenvolvimento de novos compostos, cuja estrutura molecular carregue um maior grau de seletividade sobre ésteres alquílicos de alto ponto

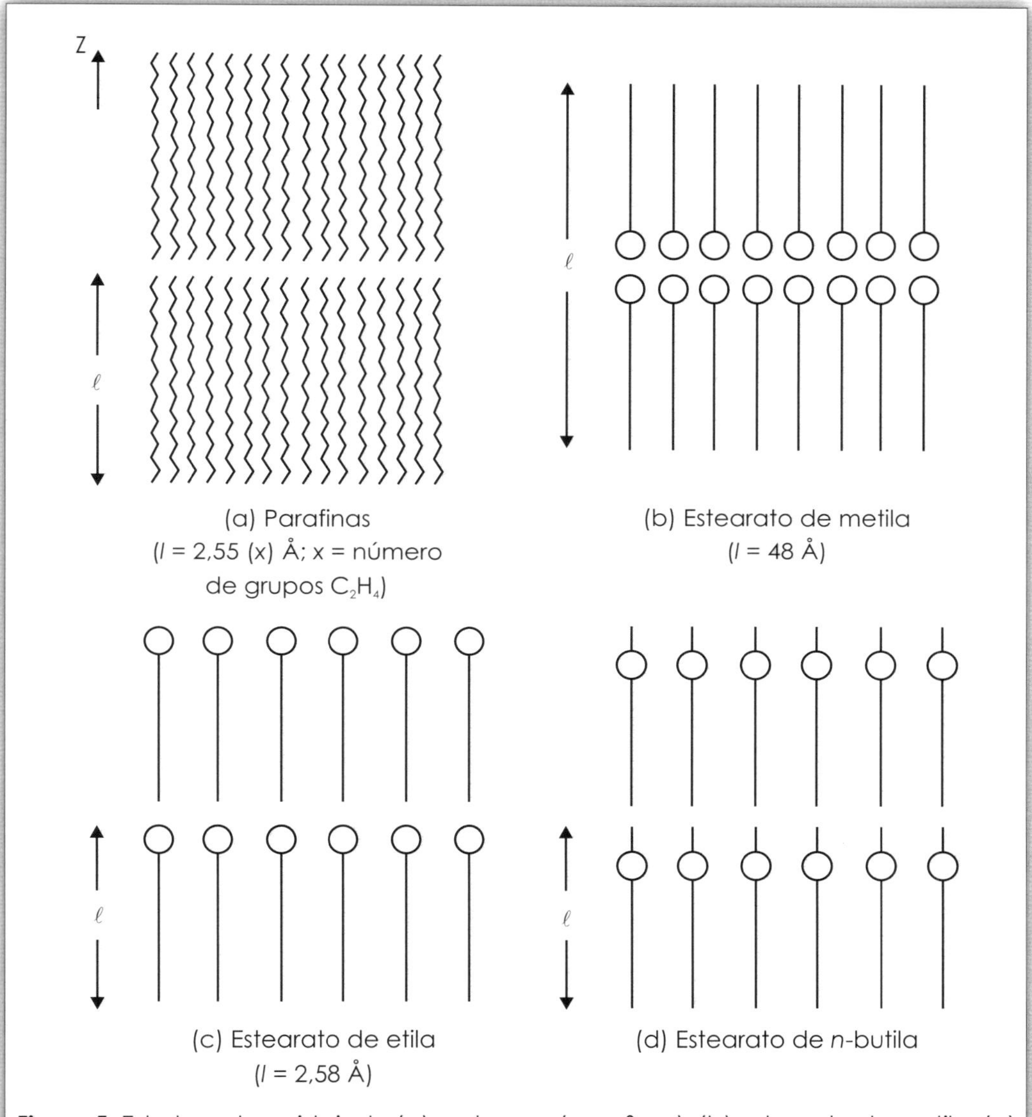

Figura 5. Estrutura dos cristais de (a) n-alcanos (parafinas); (b) estearato de metila; (c) estearato de etila; e (d) estearato de butila, vistos ao longo do eixo da menor célula unitária. Legenda: l = espaçamento no comprimento. *Fonte*: Referências 4, 74.

de fusão, de modo a permitir a modificação dos mecanismos de nucleação e crescimento cristalino que são predominantes no biodiesel.

Baseado na revisão de discussões recentes sobre a cristalização de parafinas em petrodiesel, o abaixamento da temperatura causa a formação de estruturas cristalinas ortorrômbicas em que moléculas parafínicas de cadeia longa encontram-se arranjadas paralelamente, como demonstrado na Figura 5(a) (2,9,21). O crescimento de cristais continua livremente em duas dimensões (no plano *XY*), enquanto moléculas de parafina continuam a se alinhar umas contra as outras. Forças intermoleculares muito fracas entre os terminais das cadeias hidrocarbônicas diminuem o crescimento na direção Z, resultando na formação de lamelas planares de grandes dimensões (2,4,5,8-12).

Estudos de difração de raios-X de materiais graxos, contendo grandes quantidades de hidrocarbonetos de cadeia longa, revelaram a formação de células unitárias cristalinas a baixas temperaturas, cujas geometrias eram derivadas do empacotamento triclínico, ortorrômbico ou hexagonal das cadeias (68-70). O lento resfriamento ou cristalização em solventes não polares favorece a formação de prismas com empacotamento ortorrômbico a partir das cadeias de ésteres alquílicos presentes em amostras de biodiesel (70,71). Esses cristais tipicamente apresentam dois espaçamentos curtos e um longo e são orientados de acordo com a direção do plano dos grupamentos terminais do hidrocarboneto (69-72).

Diagramas esquemáticos das redes cristalinas dos estearatos de metila, etila e butila estão apresentados na Figura 5(b), (c) e (d). Para o estearato de metila, os estudos de difração de raios-X revelaram espaçamentos longos que são quase duas vezes maiores que os do estearato de etila (70). As moléculas de estearato de metila possuem polaridade suficiente no grupamento carboxílico para conferir à estrutura uma natureza anfifílica e permite a formação de estruturas em bicamada onde as cabeças polares estão próximas entre si, orientadas para dentro do cristal e distantes da fase líquida não polar como demonstrado na Figura 5(b) (70,71). Estruturas similares foram observadas para ácidos graxos de cadeia longa (69-72). Ésteres etílicos, butílicos e ésteres superiores têm cadeias não polares no grupo funcional que são suficientes em tamanho para blindar as forças entre as porções mais polares da cabeça da estrutura lipídica. Assim, esses ésteres se orientam de cabeça para cauda com as cadeias carbônicas alinhando-se paralelamente entre si, conforme a Figura 5(c) e (d) (71). O crescimento na direção Z é geralmente impedido pelas forças intermoleculares relativamente fracas que existem entre os grupos alquílicos (caudas) do estearato de metila ou entre as cabeças carboxílicas e os grupos hidrocarbônicos de outros ésteres alquílicos (71).

Sob condições de resfriamento lento, como aquelas experimentadas em clima frio, há evidências de que a morfologia dos cristais formados em biodiesel puro é similar à observada em petrodiesel. Além disso, os dados da Tabela 2 demonstram que o biodiesel derivado de matérias-primas, como os óleos de oliva, palma, açafrão e soja, e também de sebo bovino, apresentam uma diferença pequena entre PN e PF [(PN – PF) $\leq$ 3 °C] relativamente ao petrodiesel (9-15 °C, Tabela 3). Isso sugere que, a despeito do crescimento cristalino relativamente lento na direção Z, a formação de pontes cristalinas entre cristais grandes [sinterização (68)] resulta rapidamente na transição a uma dispersão semissólida. Assim, a transição a um sólido não bombeável ocorre no biodiesel a uma velocidade muito mais rápida que em petrodiesel. Como discutido, alguns aditivos CFI são efetivos em desacelerar a taxa de sinterização e diminuir o PF de amostras de biodiesel puro.

Fruto de discussões anteriores, a próxima etapa no desenvolvimento de aditivos similares para tratar biodiesel está na identificação de compostos com alta seletividade sobre a modificação do processo de nucleação e disrupção do crescimento cristalino em uma ou duas dimensões. Por analogia aos aditivos CFI do petrodiesel, para o tratamento de biodiesel, tais compostos deverão possuir algumas características de DPN. Duas hipóteses foram sugeridas para esse fim: (i) a síntese de compostos graxos, similares em estrutura aos ésteres saturados, que contenham grupos volumosos como substituintes, e (ii) a modificação de copolímeros em bloco similares aos empregados para tratar petrodiesel.

Para examinar a primeira hipótese, uma variedade de novos diésteres graxos foi sintetizada a partir da esterificação de diois com ácidos e de diácidos com 2-octanol, empregando tolueno como solvente e o ácido *p*-tolueno sulfônico com catalisador (73). O teste desses produtos com EMS seguiu a suposição de que sua cocristalização com cristais de ésteres saturados causa a disrupção do processo de formação dos cristais sólidos que, de outra forma, seguiriam a orientação harmoniosa em uma única direção, como mostrado na Figura 5(b). No entanto, os resultados daquele estudo demonstraram a ocorrência de um efeito apenas discreto sobre PN e PF ($\leq$ 1 °C), a uma concentração equivalente a 2.000 ppm. Por outro lado, o aumento da concentração para 5.000 ou 10.000 ppm não forneceu nenhum efeito significativo.

Em relação à segunda hipótese, pelo menos dois artigos na literatura de patentes já requereram direitos sobre a invenção de aditivos CFI especificamente desenvolvidos para a melhoria do desempenho do biodiesel a baixas temperaturas. Foi relatado (74,75) que copolímeros em bloco de acrilatos e alquil metacrilatos de cadeia longa foram efetivos como DPF e como melhoradores de fluxo para óleos lubrificantes e aditivos combustíveis à base de biodiesel. Da mesma forma, copolímeros de metacrilato foram relatados como efetivos para o abaixamento de CFPP de óleos combustíveis derivados de material biológico e de biodiesel produzido a partir de óleo de colza (76).

Esforços também foram feitos para empregar glicerol (veja o Capítulo 11), que é tipicamente gerado como um coproduto da produção de biodiesel, na síntese de agentes que aumentassem efetivamente as propriedades de fluxo a frio do biodiesel. O glicerol pode ser reagido com isobutileno ou isoamileno na presença de um catalisador ácido forte para produzir derivados glicerol-éter (77). A incorporação desses derivados no biodiesel foi capaz de melhorar as características do combustível, embora grandes quantidades (> 1%) tenham sido geralmente necessárias para reduzir PN significativamente.

Alquil Monoésteres de Cadeia Média ou Ramificada

É conhecido que a transesterificação de óleos ou gorduras com álcoois alquílicos de cadeia média (C_3-C_8) ou ramificada produz biodiesel com melhores propriedades de fluxo a frio. Como observado anteriormente, ésteres etílicos e ésteres superiores tendem a formar lamelas estreitas e planas durante a nucleação [p.ex., Figura 5(d)]. Grupos funcionais grandes ou volumosos também comprometem o espaçamento lamelar entre moléculas individuais, causando uma desordem rotacional nas caudas ou cadeias hidrocarbônicas ligadas a eles. Essa desordem resultou na formação inicial de núcleos cristalinos com empacotamento menos estável das cadeias, seguida por transformação em uma forma mais estável a baixas temperaturas. Assim, os pontos de fusão do palmitato e do estearato de etila são inferiores aos pontos de fusão de seus ésteres metílicos correspondentes (veja a Tabela A-1 no Apêndice A). Pontos de fusão de palmitatos e estearatos de alquila continuam a decrescer até um comprimento de cadeia alquílica igual a 4 (*n*-butil), e passam a aumentar com o tamanho de cadeia a partir de C_5 (*n*-pentil) e ésteres alquílicos superiores (71).

Comparando os dados das Tabelas 2 e 5 para os ésteres alquílicos dos óleos de canola, linhaça e soja, o PN diminuiu consistentemente com o aumento do comprimento da cadeia alquílica ligada ao grupo éster (33,34,37,46). Além disso, o PF diminuiu em 4 a 7 °C entre os ésteres metílicos e *n*-butílicos desses óleos. O PN de ésteres alquílicos de sebo bovino decresceu de 17 °C para o EMSB a 15, 12 e 9 °C para os ésteres etílico, *n*-propílico e *n*-butílico, respectivamente, correspondendo a uma diminuição total de 9 °C em PF (34). Esse estudo também relatou CFPP = 3 °C e LTFT = 13 °C para ésteres *n*-butílicos, comparados com CFPP = 9 °C e LTFT = 20 °C para EMSB.

A comparação dos dados das Tabelas 2 e 5 para ésteres alquílicos também demonstra que o biodiesel produzido a partir de álcoois de cadeia ramificada pode melhorar significativamente as propriedades de fluxo a frio relativas aos ésteres metílicos correspondentes. A substituição do grupo isopropílico pelo grupo metílico da porção éster reduz a T_{Cryst} em 11 °C (26). A comparação de dados para os mesmos ésteres alquílicos de óleo de soja (Tabelas 2 e 5) apresenta reduções de 0 a -9 °C para PN e de -2 a -10 °C para PF (26,34,78). Da mesma forma, uma nova comparação para os ésteres 2-butílicos de óleo de soja revela reduções de 14 °C para T_{Cryst}, 12 °C para PN, e -15 °C para PF (26,34).

Os resultados para as quatro maiores propriedades de fluxo a frio, PN, PF, CFPP e LTFT estão listados nas Tabelas 2 e 5 apenas para os ésteres alquílicos de sebo bovino.

Tabela 5. Propriedades de fluxo a frio de alquil monoésteres selecionados[a]

Óleo ou gordura	Grupo alquila	PN °C	PF °C	CFPP °C	LTFT °C	Ref.
Canola	Isopropil	7	−12			39
Canola	*n*-Butil	−6	−16			39
Linhaça	Isopropil	3	−12			39
Linhaça	*n*-Butil	−10	−13			39
Soja	Isopropil	−9	−12			26, 80
Soja	*n*-Butil	−3	−7			48
Soja	2-Butil	−12	−15			26
Sebo	*n*-Propil	12	9	7	18	35
Sebo	Isopropil	8	0	7	19	35
Sebo	*n*-Butil	9	6	3	13	35
Sebo	Isobutil	8	3	8	17	35
Sebo	2-Butil	9	0	4	12	35

[a]Biodiesel da transesterificação de 'óleos ou gorduras' com 'alquil' álcoois; veja as Tabelas 1 e 2 para outras abreviações.

O PN decresceu de 17 °C para EMSB a 8 °C para os ésteres isopropílico e isobutílico de sebo bovino; o PF diminuiu de 15 °C para EMSB a 3 e 0 °C para os ésteres isopropílico e isobutílico (34). No entanto, houve uma diminuição muito discreta dos valores de CFPP e LTFT (1-2 °C).

Além de melhorias nas propriedades de fluxo a frio, a transesterificação com álcoois de cadeia longa pode melhorar a qualidade de ignição do biodiesel. O aumento do comprimento da cadeia hidrocarbônica em ésteres metílicos saturados aumenta o número de cetano (NC), um parâmetro que pode influenciar a qualidade da combustão e das emissões (79). No entanto, o aumento do grau de ramificação das cadeias hidrocarbônicas diminui NC (80). Poucos dados existem na literatura sobre testes de desempenho e emissões de motores alimentados com ésteres alquílicos de cadeia longa ou ramificada. Um artigo (27) demonstrou que a mistura de 20% (v/v) de ésteres etílicos de gorduras de descarte em D-2 apresentou um comportamento melhor em testes de motores que uma mistura similar baseada em EMSB.

Apesar de todos esses argumentos, a conversão de óleos vegetais e gordura animal empregando metanol ainda persiste como a maneira mais economicamente viável para a produção de biodiesel. De acordo com levantamentos de preços realizados recentemente, a substituição do metanol por etanol aumenta o custo da produção de biodiesel em $0,039/L ($0,147/gal). Para uma mistura B20 com ésteres etílicos, o custo do combustível aumenta apenas $0,008/L ($0,029/gal). Por outro lado, a conversão com álcoois de cadeias alquílicas mais longas ou ramificadas é significativamente mais onerosa. A substituição de metanol por álcool isopropílico aumenta os custos de produção de biodiesel por pelo menos $0,211/L ($0,803/gal), enquanto a substituição por 2-butanol aumenta os custos de produção por pelo menos $0,372/L ($1,41/gal).

Fracionamento por Cristalização

A natureza do biodiesel sugere que o fracionamento por cristalização pode ser uma técnica útil para diminuir PN por meio de uma redução no conteúdo total de ésteres alquílicos saturados. O biodiesel preparado a partir dos substratos mais comuns (p.ex., Tabela 2) pode ser considerado como uma mistura pseudobinária que consiste de componentes que caem em uma de duas famílias, aqueles de alto ponto de fusão e aqueles de com baixo ponto de fusão. Por exemplo, existe uma diferença relativamente grande entre os pontos de fusão do palmitato de metila e do oleato de metila, que correspondem a 30 e -19,9 °C, respectivamente (34). Esse grande diferencial tipicamente significa que a mistura binária desses dois componentes experimentaria cinéticas de nucleação e de crescimento cristalino similares à precipitação do soluto (palmitato de metila) a partir de um solvente (oleato de metila). A cristalização não ocorre imediatamente nesses tipos de mistura; ao contrário, ela é governada pela solubilidade relativa do soluto (82). A aplicação dessa interpretação sobre misturas multicomponentes como o biodiesel sugere que uma estratégia efetiva para melhorar as propriedades de fluxo a frio seria a redução da concentração total de componentes de alto ponto de fusão por meio do fracionamento por cristalização.

O fracionamento por cristalização é a separação dos componentes de lipídeos (óleos vegetais, gorduras, ácidos graxos, ésteres de ácidos graxos, mono- e diglicerídeos e outros derivados) baseada em diferenças na temperatura de cristalização (ou fusão) (83-90). O fracionamento por cristalização do óleo de margarina de sebo bovino, fornecendo 60% de uma fração amarela (macia) e 40% de uma fração branca (dura), data do ano de ~1869 (83,91). O processo de "winterização" desenvolveu-se da observação de que o armazenamento de óleo de algodão em tanques externos, durante o inverno, causou a separação do óleo em frações duras e claras (83-86). O líquido claro foi decantado e comercializado como óleo de salada "winterizado" (86,91), enquanto pequenas quantidades (2-5%, m/v) da fração dura (ceras) foram processadas em óleos de margarina (91). A "winterização" é tipicamente associada com a cristalização por longos tempos de armazenamento a baixas temperaturas (84,85,87,88,90,91) e, por isso, o fracionamento por cristalização foi abandonado como um procedimento prático para a produção de margarina em escala comercial logo após a Primeira Guerra Mundial, em favor do processo mais rápido de hidrogenação (83,91). No entanto, o aumento na demanda por óleos de salada e por outros óleos e/ou produtos graxos de alta qualidade, associado ao ressurgimento da produção de óleos de palma na década de 1960, levou ao desenvolvimento de processos mecanizados mais rápidos para o fracionamento por cristalização (83,85,86,91). Processos comerciais foram aplicados no fracionamento dos óleos de canola, coco, milho, algodão, peixe, palma, açafrão, gergelim e girassol, margarinas, banha e banha esterificada, gorduras de leite, endoderma de palma, oleína de palma, sebo bovino e gorduras amarelas de descarte, além de óleos parcialmente hidrogenados de soja, algodão e peixe (83-88,90,91). Além de óleos de salada e margarinas, o fracionamento de lipídeos fornece os ácidos oleico e esteárico, triacilgliceróis saturados de cadeia média (C_6-C_{10}), óleos líquidos de alta estabilidade oxidativa (Método do Oxigênio Ativo > 350 h), substitutos da manteiga de cacau, coberturas para bolos, espumas cremosas, produtos derivados do leite, óleos de cozinha, manteiga para bolos, produtos oleoquímicos como sabões, ácidos graxos e derivados de ácidos graxos e, especialmente, gorduras (83-85,90).

O processo de fracionamento tradicional contém dois estágios. O estágio de cristalização consiste na nucleação seletiva e crescimento cristalino sob uma taxa de resfriamento estritamente controlada, com agitação suave. Tão logo sejam formados cristais bem definidos, com uma distribuição estreita e específica de tamanhos de partícula e de formatos, a suspensão resultante é transferida para um segundo estágio, onde ocorre a separação das fases sólida e líquida, tipicamente por filtração ou centrifugação (83-88,90,91).

Auxiliares de filtração ou modificadores de cristalização podem ser adicionados ao cristalizado para promover a nucleação, modificar o crescimento e a forma dos cristais, reduzir a retenção de fase líquida entre os aglomerados de cristais sólidos, facilitar a separação por filtração ou retardar a cristalização nas frações de produto acabado. Por analogia à função discutida anteriormente para os aditivos CFI em combustíveis diesel, a modificação da cristalização de derivados graxos é promovida pela ação do aditivo como sementes que promovem a nucleação, ou pela cocristalização sobre superfícies cristalinas que perturbam os padrões ordenados que seriam seguidos pelo crescimento e aglomeração de estruturas cristalinas. Exemplos de modificadores de cristalização incluem as lecitinas comerciais, mono- e diglicerídeos, monodiglicerídeos esterificados com ácido cítrico, ácidos graxos livres, ésteres de ácidos graxos com sorbitol, ésteres de ácidos graxos com poliglicerol ou outros álcoois polihidroxilados, estearato de alumínio, gorduras não hidrolisadas, polissacarídeos e ésteres peptídicos (83-88,90).

As frações cristalinas em misturas lipídicas tendem a ser volumosas, tornando difícil a sua completa separação da solução-mãe (89). Assim, o rendimento dos produtos, como definido pela separação de frações de alto e baixo ponto de fusão, depende grandemente da manutenção de um controle sobre ambas as frações do processo (86-88,91). A velocidade de resfriamento no cristalizador controla a velocidade de nucleação, o número, o tamanho e a forma dos cristais e reduz a velocidade de sua aglomeração, diminuindo assim a retenção de fase líquida (83-88,91). A agitação previne o acúmulo de cristais sobre as paredes do condensador (geralmente associado a trocas térmicas), reduz a retenção de fase líquida por reduzir a aglomeração causada pela interação entre cristais de pequeno porte e reduz os efeitos de viscosidade. A viscosidade, que aumenta com a diminuição da temperatura, pode afetar a velocidade de crescimento dos cristais por evitar a transferência de massa (ou de moléculas) da fase líquida para a superfície do cristal e diminuir a transferência de calor a partir dos cristais. Um controle estrito da agitação é necessário para prevenir os efeitos negativos de altas taxas de cisalhamento, que podem fragmentar ou destruir cristais e introduzir trabalho mecânico dentro do sistema (83-87). Outras variáveis de processo incluem a composição do óleo ou gordura de origem, a temperatura de cristalização e o tempo de cristalização; os dois fatores mencionados por último podem afetar significativamente a velocidade de crescimento cristalino (83-85,88).

O estágio de separação é usualmente realizado por filtração, centrifugação ou decantação. A maioria dos equipamentos comerciais de filtração emprega tecnologias de placas e molduras, de sistemas a vácuo com leito plano, de tambor rotativo a vácuo, de membranas (polipropileno ou borrachas sintéticas), de prensas hidráulicas ou de filtros que operam por alívio de pressão. As condições são também rigidamente controladas e geralmente determinam o tamanho ótimo dos cristais que deverão ser gerados durante o estágio de cristalização (83,85-87,90,91).

Os três processos unitários que já foram empregados em unidades comerciais de fracionamento por cristalização de derivados lipídicos foram: os fracionamentos a seco, por solventes e por detergência (83-88,91). Dois desses processos, os fracionamentos a seco e por solventes, foram aplicados em estudos com biodiesel e serão discutidos em maiores detalhes a seguir.

Fracionamento a seco. O fracionamento a seco, definido como a cristalização diretamente da fase líquida sem qualquer diluição com solvente(s) (85,86,90), é o processo mais simples e mais barato para a separação de derivados lipídicos de diferentes pontos de fusão (83,87). Assim, essa é a forma mais amplamente empregada para o processo de fracionamento por cristalização e a mais comum entre todas as tecnologias utilizadas para a separação de gorduras (83,85).

A eliminação de ceras e a "winterização" são formas simplificadas do fracionamento a seco (84-88,90,91). Elas são comumente associadas com o refino de óleos vegetais, porque promovem a remoção de uma quantidade relativamente pequena de ceras (< 2%, m/v) e não afetam propriedades físicas, a não ser a aparência do produto; essas ceras correspondem a materiais residuais oriundos das cascas das sementes após a extração do óleo, triacilgliceróis de alto ponto de fusão, e outros componentes de baixa solubilidade (84,85,87,91).

O fracionamento a seco se refere mais genericamente a um processo de modificação em que mudanças drásticas na composição são acompanhadas pela alteração significativa do PN [medido pela norma AOCS Cc 6-25 (92)], da estabilidade ao frio [norma AOCS Cc 11-53 (93)], e de outras propriedades (84-88,91). Os estágios de cristalização e de separação são tecnologicamente mais sofisticados e requerem um grau de controle maior que a eliminação de ceras e a "winterização" (84,87). Óleos vegetais e gorduras são separados com um alto grau de seletividade (86,87); as frações coletadas fornecem materiais que são considerados de maior utilidade que os produtos lipídicos naturais de onde derivam (85).

A Tabela 6 resume as propriedades de fluxo a frio das frações líquidas obtidas pelo fracionamento a frio de EMS e de ésteres metílicos de óleos de fritura. Estudos anteriores (43,94) demonstraram que a aplicação do fracionamento a seco em escala de bancada sobre amostras de EMS diminuiu o PN a -20 °C e o LTFT a -16 °C, resultados que foram inferiores aos obtidos para o D-2 (-16 e -14 °C, conforme a Tabela 3). O fracionamento a seco também reduziu significativamente o PF e o CFPP do EMS. Embora o fracionamento tenha reduzido a concentração total de ésteres metílicos saturados (C_{16}, C_{18}) a valores de apenas 5,6% (m/m), os rendimentos líquidos foram de apenas 25 a 33% (m/m) em relação à massa de material originalmente empregada. A condução do processo de cristalização em etapas, com incrementos de temperatura de 2 a 3 °C, foi necessária para manter um controle sobre o estágio de cristalização, porque o PN era apenas 2-3 °C superior ao PF (veja a Tabela 2). A velocidade inicial de resfriamento para cada uma das etapas dependeu da diferença entre a temperatura ambiente e a temperatura de cristalização (T_B). O tempo total de residência no banho, incluindo o resfriamento e a etapa de equilíbrio, foi de aproximadamente 16 h (durante a noite) para cada etapa, e 5 a 6 etapas foram necessárias para afetar o PN significativamente.

Lee et al. (25) estudaram o fracionamento a seco de EMS sob condições similares e obtiveram resultados praticamente idênticos. Nesse trabalho, a cristalização por etapas foi conseguida mediante o emprego de diferentes períodos de equilíbrio para cada uma das etapas envolvidas, que respeitaram o tempo necessário para que houvesse uma taxa significativa de cristalização. Tipicamente, os rendimentos de fração líquida para cada etapa foram de 84-90%. Após 10 etapas, com um tempo total de residência de 84 h, a fração líquida final apresentou um teor total de 5,5% (m/m) em ésteres metílicos saturados e uma T_{Crist} igual a -7,1 °C, em comparação com os valores de 15,6% e 3,7 °C para o EMS não fracionado. O rendimento líquido também foi de apenas 25,5% em relação à massa de material original. O fracionamento de amostras de EMS de baixos teores em ácido palmítico (4,0% m/m em C_{16}), sob condições similares, aumentou significativamente o rendimento para 85,7% e diminuiu o número de etapas necessário (3, para um tempo total de residência de 40 h) para produzir uma fração líquida com T_{Crist} igual a -6,5 °C.

Tabela 6. Propriedades de fluxo a frio de ésteres metílicos fracionados[a]

Fonte de óleo ou gordura	Solvente	Aditivo CFI[b]	B/S g/g	Etapas	T_B °C	Rendimento g/g	Total de Saturados % m/m	PN °C	PF °C	CFPP °C	Ref.
Soja[c]	Nenhum	Nenhum	–	6	-10	0,334	6,3	-20	-21	-19	96, 100
Fritura de descarte[d]	Nenhum	Nenhum	–	1	-1	0,25-0,30	14			-5	97
Soja	Nenhum	DSojaFI-200	–	6	-10	0,801	9,8	-11		-12	96, 100
Soja	Nenhum	Winterflow	–	6	-10	0,870	9,3	-11		-11	96, 100
Soja	Hexano	Nenhum	0,284	1	-25	0,784	16,2	-10	-11	-10	96, 100
Soja[e]	Hexano	DFI-200	0,200	1	-34	0,992	13,5	-5	-12		96
Soja[e]	Hexano	Winterflow	0,200	1	-34	1,029	11,1	-5	-12		96
Soja	Isopropanol	Nenhum	0,228	1	-15	0,860	10,8	-9	-9	-9	96, 100
Soja[e]	Isopropanol	DFI-200	0,200	1	-20	0,952	12,8	-6	-9[f]		96
Soja[e]	Isopropanol	Winterflow	0,199	1	-20	0,989	13,3	-5	-9[f]		96

[a]Biodiesel da transesterificação de 'óleos ou gorduras' com metanol; B/S = relação mássica biodiesel/solvente; T_B = temperatura do refrigerante (última etapa); Rendimento = razão mássica entre a fração líquida e o material de origem; Saturados totais presentes na fração líquida (determinados por cromatografia de fase gasosa); veja as Tabelas 1, 2 e 4 para outras abreviações.

[b]Concentração = 2000 ppm (antes da primeira etapa de fracionamento).

[c]LTFT = -16 °C.

[d]Taxa de resfriamento = 0,1 °C/min.

[e]Frações líquidas contendo pequenas quantidades de solvente residual após evaporação.

[f]Para amostras fracionadas a -15 °C.

Comparando os resultados obtidos nos estudos conduzidos por Lee et al. (25) e Dunn et al. (43,94), os primeiros procuraram controlar os processos de nucleação e crescimento cristalino durante cada etapa de fracionamento por meio da manutenção de uma massa constante de fase cristalina (84-90%), enquanto os segundos simplesmente aplicaram um tempo de residência constante (16 h) para cada etapa. Ambos os esquemas de controle resultaram em rendimentos relativamente ruins da fração líquida. Assim, a oclusão da fase líquida por cristais sólidos que crescem e se aglomeram levou a uma perda substancial de rendimento durante a filtração. A comparação dos esquemas de controle também sugere que a velocidade de crescimento e aglomeração cristalina foi rápida, causando uma retenção considerável de fase líquida durante os primeiros estágios de cristalização.

A redução do CFPP de ésteres metílicos de óleo de fritura usado, por meio do uso do fracionamento a seco, foi estudada pelo seu resfriamento a T_B = -1 °C com uma velocidade de resfriamento relativamente lenta e igual a 0,1 °C/min (95). Comparando os resultados apresentados nas Tabelas 3 e 6, esse processo diminuiu o conteúdo de ésteres saturados totais de 19,2 a 14% (m/m), e o CFPP de -1 a -5 °C. Esses resultados demonstraram a existência de uma relação relativamente linear (R^2 = 0,95) entre CFPP e o teor de ésteres saturados totais.

O fracionamento a seco também exibiu bom potencial para a melhoria das propriedades de fluxo a frio do biodiesel preparado a partir de substratos de alto ponto de fusão. O fracionamento por cristalização do EMSB, sob condições controladas, resultou em um rendimento de líquido de 60-65% em que o número de iodo (NI) aumentou de 41 a 60, enquanto o PN (medido pela da norma AOCS Cc 6-25) diminuiu de 11 para -1 °C (87).

Modificadores de cristais. Revisando as discussões anteriores sobre aditivos, foi observado que vários aditivos CFI comerciais, desenvolvidos para o petrodiesel, também foram efetivos em reduzir o PF e o CFPP de amostras de biodiesel puro (B100). A comparação dos dados resumidos nas Tabelas 2 e 4 indica que o tratamento de EMS com 2000 ppm de DFI-200 ou Winterflow diminui o PF sem afetar significativamente o PN, expandindo a diferença entre PN e PF de 2 para 15-16 °C (33,94). Esses resultados demonstraram que os aditivos CFI foram também efetivos na redução das velocidades de crescimento e aglomeração a temperaturas inferiores ao PN. Desta feita, essas observações sugerem que o tratamento de biodiesel com aditivos CFI de diesel comercial, antes da cristalização, pode ser um modo efetivo de se aumentar o rendimento de fração líquida, por reduzir a retenção de fase líquida nos aglomerados sólidos cristalinos.

Na Tabela 6, estão listados os resultados da "winterização" em etapas de duas amostras de EMS, cada uma delas tratada com 2000 ppm de DFI-200 e Winterflow. De modo semelhante ao fracionamento de EMS puro, seis etapas de cristalização e filtração foram conduzidas sucessivamente sobre a fração líquida dessa amostra, empregando sucessivas temperaturas de resfriamento que diferiam negativamente entre si por 2 a 3 °C. Os resultados demonstraram que a adição de DFI-200 e Winterflow aumentou o rendimento para 80,1 e 87,0% (m/m), respectivamente. Embora os rendimentos tenham aumentado significativamente, os resultados de PN para as frações líquidas finais apresentaram-se superiores na comparação com os resultados do fracionamento em etapas de EMS puro. Para ambos os aditivos, PN = -11 °C, um valor muito próximo à temperatura final T_B de -10 °C, sugerindo que uma eficiência de separação relativamente alta tenha ocorrido depois da separação das frações líquida e sólida (94). De uma forma geral, esses resultados aparentemente confirmam a hipótese de que a inibição do crescimento e aglomeração cristalina, mediante o tratamento de biodiesel com modificadores de cristais, reduz a retenção de líquido e aumenta o rendimento das frações líquidas oriundas do processo.

Fracionamento por solventes. Relativamente ao fracionamento a seco, o fracionamento por cristalização a partir de soluções diluídas com solvente orgânico oferece muitas vantagens. O fracionamento por solventes reduz significativamente a viscosidade e a retenção de fase líquida nos cristais sólidos, reduz os tempos de cristalização, facilita a separação, fornece eficiências de separação relativamente mais altas e aumenta o rendimento do processo (83-85,87,88,90). Também representa o mais eficiente de todos os processos de fracionamento (83,84). As desvantagens incluem o aumento de custos associados à segurança, manuseio e recuperação de solventes (83-85,90,91). A descontaminação das frações coletadas de quaisquer contaminações residuais de solvente tem se provado difícil. É, portanto, o mais oneroso dos processos de fracionamento (83) e está usualmente reservado para a fabricação de produtos de alta qualidade ou de óleos ou gorduras de propriedades especiais (85,88,96).

Os fatores que afetam a seleção de solventes incluem a polaridade, a solubilidade relativa dos compostos a serem cristalizados e a presença de ácidos graxos insaturados. A polaridade do solvente afeta a morfologia cristalina, que pode afetar a taxa de crescimento e as dimensões do cristal (70,71). Ésteres alquílicos têm solubilidade maior em solventes orgânicos que os ácidos graxos livres correspondentes. Como resultado, ésteres alquílicos vão requerer temperaturas muito mais baixas para a cristalização (p.ex., o ácido linoleico é facilmente cristalizado a -75 °C, enquanto os linoleatos de metila e de etila podem exigir temperaturas abaixo de -100 °C). Finalmente, a presença de ácidos graxos insaturados solubiliza (aumenta a solubilidade de) ácidos saturados e ésteres. Acetona, metanol, Skellysolve B e éter têm sido empregados como solventes para o fracionamento de ésteres alquílicos produzidos dos óleos de algodão, soja e outros ácidos graxos de cadeia longa (C_{18}) (89). Outros solventes que foram empregados no fracionamento de lipídeos incluem clorofórmio, acetato de etila, etanol (5%, aquoso), hexano, isopropanol, 2-nitropropano e naftas de petróleo, cloradas ou não (83-85,87,89-91).

Frações da cristalização por solventes foram aplicadas para a separação de biodiesel. Os resultados de um estudo anterior (94) encontram-se resumidos na Tabela 6. Cada fracionamento foi conduzido em uma etapa com um tempo de residência de 3,5 a 6,5 h. Para misturas EMS/hexano com uma razão mássica biodiesel/solvente (B/S) de 0,284 g/g e um T_B de -25 °C, a fração líquida foi separada com um rendimento de 78,4% para um PN = -10 °C. O teor de ésteres metílicos saturados totais foi relativamente alto, de 16,3% (m/m) em comparação com 19,7% do EMS não fracionado. O decréscimo relativamente pequeno em ésteres saturados totais sugere que a melhoria em PN possa ter sido causada pela retenção residual do solvente hexano após a evaporação rotativa da fração líquida. Embora o decréscimo de T_B a -30 °C tenha reduzido o rendimento a 59,6%, os ésteres saturados totais da fração líquida corresponderam a apenas 11,3%, ou seja, a um nível que permitiu a proposição de uma explicação mais razoável para os decréscimos de PN a -10 °C e de PF a -11 °C.

O fracionamento por solventes do EMS a partir de uma diluição com isopropanol (B/S = 0,228 g/g) a uma T_B = -15 °C resultou na separação da fração líquida com um rendimento de 86,0% e um PN = -9 °C (94). A redução para 10,8% (m/m) no teor de ésteres saturados totais da fração líquida também foi considerada razoável, dadas as reduções em PN, PF e CFPP listadas na Tabela 6.

O fracionamento de EMS a partir de uma solução em hexano foi investigado por meio do emprego de três etapas de cristalização (25). A concentração inicial da mistura foi de 217 g de EMS em 1 L de hexano, o tempo de residência de cada etapa foi de 16, 16, e 5 h, respectivamente, e a T_B final foi de -28,4 °C. A fração líquida foi separada com um rendimento igual a 77% (m/m), um aumento significativo em relação ao fracionamento a seco de EMS que foi realizado nesse mesmo estudo (conforme discutido). As frações líquidas foram caracterizadas por um conteúdo total de ésteres saturados de 6,0% (m/m) e uma T_{Crist} de -5,8 °C. Os resultados também demonstraram a importância da natureza do solvente no processo. Misturas EMS/metanol se separaram em duas fases líquidas quando a temperatura de resfriamento atingiu -1,6 °C; a acetona não resultou em qualquer redução de T_{Crist} em relação ao EMS não fracionado; e o estudo com clorofórmio foi abandonado depois que os cristais não foram capazes de se formar a temperaturas inferiores a T_B = -25 °C.

A cristalização de EMSB foi investigada a partir de blendas com etanol, D-2 e misturas etanol/D-2 (97). Os procedimentos experimentais para este estudo remontaram à "winterização" tradicional, já que as amostras foram estocadas por 3 semanas em congeladores de grande porte, onde sofreram uma série de tratamentos sequenciais sob T_B = 10, 0, -5, -10, e -16 °C. Após cada etapa, as amostras foram filtradas para remover os cristais e a fração líquida foi encaminhada para a próxima etapa da sequência. A adição de etanol diminuiu a formação de cristais em EMSB e em misturas EMSB/D-2. A "winterização" de misturas 1:9 (v/v) de EMSB/D-2 e 16,5/13,5/70 de EMSB/etanol/D-2 reduziu o PN a temperaturas inferiores a -5 °C.

As quatro misturas listadas na Tabela 6 demonstraram os resultados do fracionamento por solventes de EMS na presença de aditivos CFI (94). Para ambos, hexano e isopropanol, menores valores de T_B foram necessários para manter os tempos de residência relativamente baixos (4-6,5 h). As frações líquidas exibiram rendimentos de recuperação muito altos (95,2-103%) em relação ao fracionamento por solventes e isso foi uma indicação de que uma quantidade razoável de solvente residual permaneceu provavelmente retida na amostra após evaporação rotativa. Os ésteres saturados totais também foram ligeiramente maiores quando o fracionamento em isopropanol foi assistido por aditivos CFI. Embora os resultados de PF tenham sido comparáveis, o PN apresentou melhorias mais discretas quando o processo foi conduzido na presença de aditivos CFI.

As desvantagens do fracionamento. A redução da concentração de ésteres saturados totais em biodiesel afeta outras propriedades do combustível que não as de fluxo a frio. Um estudo preliminar (98) examinou os efeitos dos fracionamentos a seco e por solventes sobre as propriedades combustíveis do EMS. Embora o fracionamento a seco tenha aumentado levemente o valor de ν (40 °C), o fracionamento por solventes causou um efeito exatamente oposto. Este último efeito foi provavelmente causado pela presença de traços de solvente residual na fração líquida, após a evaporação rotativa. Nenhum dos fracionamentos, a seco ou por solventes, aumentou ν o suficiente para exceder os limites impostos pela norma ASTM D6751 de especificação do biodiesel (veja a Tabela B-1 no Apêndice B). O fracionamento aumentou a acidez, embora também aquém do necessário para exceder a norma ASTM D6751 de especificação do biodiesel (veja a Tabela B-1 no Apêndice B). O fracionamento a seco aumentou discretamente a densidade específica (DE), enquanto o fracionamento por solvente causou pouco ou nenhum efeito sobre esta propriedade. O índice de peróxido aumentou levemente para ambos os fracionamentos, a seco e por solvente (98). Como esperado, o fracionamento para aumentar o teor de ésteres insaturados totais também aumentou o número de iodo (NI) do EMS. Frações líquidas de EMS exibiram grandes reduções em PN, e o comportamento de outras propriedades de fluxo a frio confirmou o grande efeito sobre NI. O NI de amostras fracionadas, conforme análise por CG, permaneceu dentro da faixa característica para o EMS não fracionado (veja a Tabela A-2 no Apêndice A para valores típicos de NI). Os fracionamentos a seco e por solventes do EMS diminuíram significativamente o período de indução oxidativa (98). Isso foi determinado a partir da comparação dos resultados do índice de estabilidade de óleos, determinado isotermicamente para o EMS puro e para blendas de 20% (m/m) com D-2, com aqueles obtidos para as amostras correspondentes de EMS fracionado. Novamente, a remoção de ésteres saturados aumentou o teor de ésteres insaturados totais por unidade de massa, tornando a fração líquida mais suscetível à degradação oxidativa quando em contato com o oxigênio presente no ar atmosférico.

A qualidade de ignição (isto é, o tempo de retardamento da ignição), conforme medido pelo NC do biodiesel, pode também ser afetada negativamente pelo fracionamento. O aumento do grau de insaturação na estrutura das cadeias de hidrocarbonetos diminui NC para moléculas de comprimento de cadeia constante (99-101). O tempo de retardamento da ignição geralmente aumenta com a diminuição de NC, um efeito que pode piorar consideravelmente o desempenho e as emissões.

Finalmente, o fracionamento pode ter efeitos econômicos importantes sobre a produção de biodiesel. A cristalização e a separação de compostos de alto ponto de fusão, bem como qualquer tratamento posterior para a recuperação de solventes ou de modificadores de cristalização, aumentarão os custos de produção. Efeitos secundários podem ser assumidos, caso os equipamentos e as condições de estocagem e manuseio tenham que ser especiais para garantir a gestão da qualidade do combustível. Outra consideração importante é a necessidade de disposição de *coprodutos* acumulados nas frações sólidas, embora haja a possibilidade de convertê-los a ácidos graxos ou álcoois para aproveitamento na indústria de oleoquímicos.

Perspectivas para Estudos Futuros

Nos Estados Unidos, a Agência de Proteção Ambiental (EPA) decretou que o teor de enxofre do petrodiesel, destinado para alimentar motores pesados, deveria ser reduzido a 15 ppm até o mês de junho de 2006 (102). O emprego da tecnologia de refino atual, no momento da edição deste livro, para atender a essa nova exigência (ou seja, por teores muito baixos de enxofre) causa um aumento no teor de ceras parafínicas no combustível. Consequentemente, essas mudanças provavelmente favorecerão o uso de misturas de biodiesel com petrodiesel. Assim, o desenvolvimento de tecnologias para mitigar ou simplesmente melhorar o efeito do biodiesel sobre as propriedades de fluxo a frio das misturas deverá aumentar em importância no futuro.

Esta revisão demonstra que a chave para melhorar o desempenho a baixas temperaturas do biodiesel, seja como combustível puro ou na forma de blendas com petrodiesel, é o decréscimo de PN. Baseadas neste critério, as estratégias mais promissoras envolvem o fracionamento para a remoção de componentes de alto ponto de fusão. Aplicações em transporte e em atividades *off-road* (geração de energia, aquecimento de ambientes e como combustível para caldeiras) sob climas mais frios, bem como em uso como combustível de aviação, podem fornecer as motivações necessárias para o desenvolvimento de processos de fracionamento em escala comercial, visando a melhoria das propriedades de fluxo a frio do biodiesel.

O fracionamento por surfactantes (ou detergentes), uma modificação do processo de fracionamento a frio, é uma técnica que também poderá ser explorada no futuro. Após a etapa de cristalização, o óleo é misturado com uma solução aquosa resfriada, em cuja composição estejam presentes o agente de umectação junto com eletrólitos (83-85,87,88,91). As moléculas de surfactante ligam-se à superfície do cristal, resultando em uma suspensão de cristais revestidos com uma fina camada de surfactante (84,85,87,88,91). A agitação deve ser forte no início para eliminar a retenção de líquido e promover a hidratação, e depois reduzida para permitir a formação de uma suspensão (87,91). Toda a mistura é então centrifugada para completar a separação de fases. O aquecimento e a centrifugação da fase aquosa permitem a recuperação de sólidos e a reciclagem da solução do surfactante. Embora o fracionamento por surfactantes aumente o rendimento e a eficiência de separação em relação ao fracionamento a seco tradicional, suas desvantagens estão no alto custo e na contaminação dos produtos finais (83-85,87,88,91).

Outra técnica de fracionamento que apresenta méritos para uma futura investigação é a extração em fluido supercrítico. A separação em fluidos supercríticos é baseada na solubilidade relativa dos componentes, que pode ser afetada pelo comprimento da cadeia e pelo grau de insaturação (83,87). Apesar de muitos estudos terem explorado o CO_2 supercrítico, derivados graxos como o biodiesel apresentam solubilidades muito superiores em etileno e propano supercríticos (83).

Cruzamentos tradicionais ou modificações genéticas podem ser empregados no desenvolvimento de novas oleaginosas, em que os perfis de ácidos graxos tenham sido modificados. O óleo de tais oleaginosas poderia ser extraído e convertido a um biodiesel com melhores propriedades de fluxo a frio. O estudo desenvolvido por Lee et al. (25) com amostras de EMS de baixos teores de ácido palmítico é um bom exemplo, conforme discutido anteriormente. Outro exemplo é o desenvolvimento da canola, que foi derivada de colza para reduzir a concentração de ácido erúcico nesse óleo (Tabela A-2 no Apêndice A).

Embora várias estratégias já tenham sido discutidas sobre o desenvolvimento de novos aditivos, projetados para aumentar as propriedades de fluxo de amostras de biodiesel, muito poucos artigos têm sido publicados na literatura além daqueles resumidos neste capítulo. Para aplicações em que pequenas (5 °C) reduções em PN ou CFPP são suficientes, essas estratégias podem apresentar boas perspectivas, principalmente se for possível o desenvolvimento de aditivos poliméricos que interfiram ou bloqueiem os principais mecanismos de nucleação dos ésteres saturados presentes no biodiesel.

As propriedades de fluxo a frio de misturas de ésteres alquílicos tendem a se aproximar daquelas que caracterizam os ésteres alquílicos mais predominantes na mistura. Estudos anteriores (34) com misturas de EMS/EMSB demonstraram que o emprego de blendas a 20% (v/v) em D-1 e D-2, utilizando EMS puro e uma composição 7:3 (v/v) de EMS/EMSB, apresentou um efeito positivo muito pequeno sobre PN e PF (Tabela 3). Uma comparação similar demonstrou que a opção por composições 4:1 (v/v) de EMS/EMSB não comprometeu os valores de LTFT em comparação com a mistura em que o EMS puro foi empregado. Sob essas condições, o EMS aparentemente dominou os efeitos sobre as propriedades de fluxo a frio de misturas EMS/EMSB. Assim, é possível que a mistura de EMS com outros tipos de ésteres alquílicos possa fornecer efeitos benéficos sobre as propriedades do EMS de origem. Por exemplo, o laurato de etila diminui discretamente o PF de misturas contendo biodiesel (103).

Outra possibilidade para futuras investigações é o desenvolvimento de agentes que atuem como depressores do ponto de congelamento (PC) quando adicionados ao biodiesel. Holder e Wilker (104) usaram a teoria da diminuição do PC, em vez de simplesmente admitirem regras lineares de mistura para soluções de sólidos. Comparando os dados de PN e PF para óleos desparafinizados adicionados de até 8% (C_{20}-C_{28}) de n-alcanos com os resultados derivados da teoria da diminuição do ponto de congelamento, foi determinado que n-alcanos muito diferentes (p.ex., C_{20} e C_{28}) sofreram cristalização independente e formaram cristais puros de um único componente, enquanto aqueles com constituintes similares cocristalizaram para formar soluções sólidas. A cristalização independente foi preferencial, à medida que a massa molecular (isto é, o ponto de fusão) aumentou. Finalmente, os autores usaram a teoria da diminuição de PC para explicar como uma pequena quantidade de parafinas pesadas influencia as propriedades de fluxo a frio.

A teoria de diminuição do PC foi aplicada a estudos sobre o comportamento de cristalização em misturas binárias de tripalmitina de palma em óleo de semente de gergelim (105). Da mesma forma, essa teoria foi aplicada sobre as propriedades de fluxo a frio de combustíveis do tipo Fischer-Tropsch (106). Modelos foram resolvidos tanto para a cristalização independente quanto para a cocristalização (106). Os resultados demonstraram que a distinção entre esses dois tipos de comportamento é um aspecto importante para o controle das propriedades de fluxo a frio, que é realizado por meio da modificação da composição química dos combustíveis.

Misturas binárias de compostos que apresentam cristalização independente de cada um de seus constituintes frequentemente exibem transições eutéticas em que, a uma deteminada composição, o valor mínimo de PC ocorre a uma temperatura que está abaixo da dos componentes puros. Misturas que sofrem cocristalização e formam soluções sólidas geralmente demonstram temperaturas de transição em faixa intermediária ao PC dos componentes puros presentes em todas as composições (87,90). Assim, estudos complementares deverão ser realizados no futuro, talvez por meio da incorporação da teoria da diminuição de PC, para identificar os agentes e diluentes que exibem transições eutéticas quando misturados em soluções pseudobinárias com biodiesel.

Referências

1. Chandler, J.E., F.G. Horneck, e G.I. Brown, The Effect of Cold Flow Additives on Low Temperature Operability of Diesel Fuels, em *Proceedings of the SAE International Fuels and Lubricants Meeting and Exposition*, San Francisco, CA, SAE Paper n°. 922186, Warrendale, PA, 1992.

2. Lewtas, K., R.D. Tack, D.H.M. Beiny, e J.W. Mullin, Wax Crystallisation in Diesel Fuel: Habit Modification and the Growth of n-Alkane Crystals, em *Advances in Industrial Crystallization*, editado por J. Garside, R.J. Davey, e A.G. Jones, Butterworth-Heinemann, Oxford, 1991, pp. 166–179.

3. Owen, K., e T. Coley, em *Automotive Fuels Handbook*, Society of Automotive Engineers, Warrendale, PA, 1990, pp. 353-403.

4. Brown, G.I., E.W. Lehmann, e K. Lewtas, Evolution of Diesel Fuel Cold Flow - The Next Frontier, em *SAE Technical Paper Series*, Paper n°. 890031, Society of Automotive Engineers, Warrendale, PA, 1989.

5. Zielinski, J., e F. Rossi, Wax and Flow in Diesel Fuels, em *Proceedings of SAE Fuels and Lubricants Meeting and Exposition*, Paper n°. 841352, Society of Automotive Engineers, Warrendale, PA, 1984.

6 Westbrook, S.R., em *Significance of Tests for Petroleum Products* 7ª edição, editado por S.J. Rand, ASTM International, West Conshohocken, PA, 2003, pp. 63–81.

7. Nadkarni, R.A.K., em *Guide to ASTM Test Methods for the Analysis of Petroleum Products and Lubricants*, American Society for Testing and Materials, West Conshohocken, PA, 2000.

8. Botros, M.G., Enhancing the Cold Flow Behavior of Diesel Fuels, em *Gasoline and Diesel Fuel: Performance and Additives*, SAE Special Publication SP-1302, Paper n°. 972899, Society of Automotive Engineers, Warrendale, PA, 1997.

9. Denis, J., e J.-P. Durand, Modification of Wax Crystallization in Petroleum Products, *Rev. Inst. Fr. Pétrole 46*:637–649 (1991).

10. Beiny, D.H.M., J.W. Mullin, e K. Lewtas, Crystallization of n-Dotriacontane from Hydrocarbon Solution with Polymeric Additives, *J. Crystal Growth 102*: 801–806 (1990).

11. Brown, G.I., e G.P. Gaskill, Enhanced Diesel Fuel Low Temperature Operability: Additive Developments, *Erdöle Kohle-Erdgas Petrochem. 43*:196–204 (1990).

12. Coley, T.R., Diesel Fuel Additives Influencing Flow and Storage Properties, em *Critical Reports on Applied Chemistry, Vol. 25: Gasoline and Diesel Fuel Additives*, editado por K. Owen, Wiley and Sons, Chichester, 1989, pp. 105–132.

13. Chandler, J.E., e J.A. Zechman, Low Temperature Operability Limits of Late Model Heavy Duty Diesel Trucks and the Effect Operability Additives and Changes to the Fuel Delivery System Have on Low Temperature Performance, em *Gasoline and Diesel Fuel: Performance and Additives 2000*, SAE Special Publication SP-1563, Paper n°. 2001-01-2883, Society of Automotive Engineers, Warrendale, PA, 2000.

14. Heraud, A., e B. Pouligny, How Does a "Cloud Point" Diesel Fuel Additive Work?, *J. Colloid Interface Sci. 153*:378–391 (1992).

15. Brown, G.I., R.D. Tack, e J.E. Chandler, An Additive Solutions to the Problem of Wax Settling in Diesel Fuels, em *Proceedings of the SAE International Fuels and Lubricants Meeting and Exposition*, Paper n°. 881652, Society of Automotive Engineers, Warrendale, PA, 1988.

16. Anônimo, D 5773 Test Method for Cloud Point of Petroleum Products (Constant Cooling Rate Method), em *Annual Book of ASTM Standards,* Vol. 05.03, ASTM International, West Conshohocken, PA, 2003.

17. Machado, A.L.C., e E.F. Lucas, Influence of Ethylene-co-Vinyl Acetate Copolymers on the Flow Properties of Wax Synthetic Systems, *J. Appl. Polym. Sci. 85*:1337–1348 (2002).

18. Zanier, A., Application of Modulated Temperature DSC to Distillate Fuels and Lubricating Greases, *J. Therm. Anal. 54*:381–390 (1998).

19. Heino, E.L., Determination of Cloud Point for Petroleum Middle Distillates by Differential Scanning Calorimetry, *Thermochim. Acta 114*:125–130 (1987).

20. Claudy, P., J.-M.Létoffé, B. Neff, e B. Damin, Diesel Fuels: Determination of Onset Crystallization Temperature, Pour Point and Filter Plugging Point by Differential Scanning Calorimetry. Correlation with Standard Test Methods, 1986, *Fuel 65*:861–864.

21. Damin, B., A. Faure, J. Denis, B. Sillion, P. Claudy, e J.M. Létoffé, New Additives for Diesel Fuels: Cloud-Point Depressants, em *Diesel Fuels: Performance and Characteristics*, SAE Special Publication SP-675, Paper n°. 861527, Society of Automotive Engineers, Warrendale, PA, 1986.

22. Hipeaux, J.C., M. Born, J.P. Durand, P. Claudy, e J.M. Létoffé, Physico-Chemical Characterization of Base Stocks and Thermal Analysis by Differential Scanning Calorimetry and Thermomicroscopy at Low Temperature, *Thermochim. Acta 348*:147–159 (2000).

23. Redelius, P., The Use of DSC in Predicting Low Temperature Behaviour of Mineral Oil Products, *Thermochim. Acta 85*:327–330 (1985).

24. Noel, F., Thermal Analysis of Lubricating Oils, *Thermochim. Acta 4*:377–392 (1972).

25. Lee, I., L.A. Johnson, e E.G. Hammond, Reducing the Crystallization Temperature of Biodiesel by Winterizing Methyl Soyate, *J. Am. Oil Chem. Soc. 73*:631–636 (1996).

26. Lee, I., L.A. Johnson, e E.G. Hammond, Use of Branched-Chain Esters to Reduce the Crystallization Temperature of Biodiesel, *J. Am. Oil Chem. Soc. 72*:1155–1160 (1995).

27. Wu, W.-H., T.A. Foglia, W.N. Marmer, R.O. Dunn, C.E. Goering, e T.E. Briggs, Low Temperature Property and Engine Performance Evaluation of Ethyl and Isopropyl Esters of Tallow and Grease, *J. Am. Oil Chem. Soc. 75*:1173–1178 (1998).

28. Dunn, R.O., Thermal Analysis of Alternative Diesel Fuels from Vegetable Oils, *J. Am. Oil Chem. Soc. 76*:109–115 (1999).

29. Rickeard, D.J., S.J. Cartwright, J.E. Chandler, The Impact of Ambient Conditions, Fuel Characteristics and Fuel Additives on Fuel Consumption of Diesel Vehicles, em *Proceedings of the SAE International Fuels and Lubricants Meeting and Exposition*, Paper n°. 912332, Society of Automotive Engineers, Warrendale, PA, 1991.

30. McMillan, M.L., E.G. Barry, Fuel and Vehicle Effects on Low-Temperature Operation of Diesel Vehicles - The 1981 CRC Field Test, em *Proceedings of the SAE International Congress and Exposition*, Paper n°. 830594, Society of Automotive Engineers, Warrendale, PA, 1983.

31. Manning, R.E., e M.R. Hoover, Flow Properties and Shear Stability, em *Fuels and Lubricants Handbook: Technology, Properties, Performance and Testing*, editado por G.E. Totten, S.R. Westbrook, e R.J. Shah, ASTM International, West Conshohocken, PA, 2003, pp. 833–878.

32. Anônimo, D 975 Specification for Diesel Fuel Oils, em *Annual Book of ASTM Standards,* Vol. 05.01, ASTM International, West Conshohocken, PA, 2003.

33. Dunn, R.O., e M.O. Bagby, Low-Temperature Properties of Triglyceride-Based Diesel Fuels: Transesterified Methyl Esters and Petroleum Middle Distillate/Ester Blends, *J. Am. Oil Chem. Soc. 72*:895–904 (1995).

34. Foglia, T.A., L.A. Nelson, R.O. Dunn, e W.N. Marmer, Low-Temperature Properties of Alkyl Esters of Tallow and Grease, *J. Am. Oil Chem. Soc. 74*:951–955 (1997).

35. Fukuda, H., A. Kondo, e H. Noda, Biodiesel Fuel Production by Transesterification of Oils, *J. Biosci. Bioeng. 92*:405–416 (2001).

36. Kalligeros, S., F. Zannikos, S. Stournas, E. Lois, G. Anastopoulos, Ch. Teas, e F. Sakellaropoulos, An Investigation of Using Biodiesel/Marine Diesel Blends on the Performance of a Stationary Diesel Engine, *Biomass Bioenergy 24*:141–149 (2003).

37. Lang, X., A.K. Dalai, N.N. Bakhshi, M.J. Reaney, e P.B. Hertz, Preparation and Characterization of Bio-Diesels from Various Bio-Oils, *Bioresour. Technol. 80*:53–62 (2001).

38. Peterson, C.L., J.S. Taberski, J.C. Thompson, e C.L. Chase, The Effect of Biodiesel Feedstock on Regulated Emissions in Chassis Dynamometer Tests of a Pickup Truck, *Trans. ASAE 43*:1371–1381 (2000).

39. Isi igür, A., F. Karaosmanoôlu, H.A. Aksoy, F. Hamdallahpur, e Ö.L. Gülder, Performance and Emission Characteristics of a Diesel Engine Operating on Safflower Seed Oil Methyl Ester, *Appl. Biochem. Biotechnol. 45–46*: 93–102 (1994).

40. Peterson, C.L., R.A. Korus, P.G. Mora, e J.P. Madsen, Fumigation with Propane and Transesterification Effects on Injector Coking with Vegetable Oils, *Trans. ASAE 30*:28–35(1987).

41. Dunn, R.O., Alternative Jet Fuels from Vegetable Oils, *Trans. ASAE 44*:1751–1757 (2001).

42. Dunn, R.O., e M.O. Bagby, Low-Temperature Filterability Properties of Alternative Diesel Fuels from Vegetable Oils, em *Proceedings of the Third Liquid Fuel Conference: Liquid Fuel and Industrial Products from Renewable Resources*, editado por J.S. Cundiff, E.E. Gavett, C. Hansen, C. Peterson, M.A. Sanderson, H. Shapouri, e D.L. Van Dyke, American Society of Agricultural Engineers, St. Joseph, MI, 1996, pp. 95–103.

43. Dunn, R.O., M.W. Shockley, e M.O. Bagby, Improving the Low-Temperature Flow Properties of Alternative Diesel Fuels: Vegetable Oil-Derived Methyl Esters, *J. Am. Oil Chem. Soc. 73*:1719–1728 (1996).

44. Avella, F., A. Galtieri, e A. Flumara, Characteristics and Utilization of Vegetable Oil Derivatives as Diesel Fuels, *Riv. Combust. 46*:181–188 (1992).

45. Kaufman, K.R., M. Ziejewski, Sunflower Methyl Esters for Direct Injection Diesel Engines, *Trans. ASAE 27*:1626–1633 (1984).

46. Clark, S.J., M.D. Schrock, L.E. Wagner, e P.G. Piennaar, 1983, em *Final Report for Project 5980—Soybean Oil Esters as a Renewable Fuel for Diesel Engines*, Contract n°. 59-2201-1-6-059-0, U.S. Department of Agriculture, Agricultural Research Service, Peoria, IL.

47. Srivastava, A., e R. Prasad, Rheological Behavior of Fatty Acid Methyl Esters, *Ind. J. Chem. Technol. 8*:473–481 (2001).

48. Anônimo, D 97 Test Method for Pour Point of Petroleum Products, em *Annual Book of ASTM Standards,* Vol. 05.01, ASTM International, West Conshohocken, PA, 2003.

49. Dorado, M.P., E. Ballesteros, J.M. Arnal, J.Gómez, e F.J. López, Exhaust Emissions from a Diesel Engine Fueled with Transesterified Waste Olive Oil, *Fuel 82*:1311–1315 (2003).

50. Anônimo, D 6371 Test Method for Cold Filter Plugging Point of Diesel and Heating Fuels, em *Annual Book of ASTM Standards,* Vol. 05.04, ASTM International, West Conshohocken, PA, 2003.

51. Anônimo, D 4539 Test Method for Filterability of Diesel Fuels by Low Temperature Flow Test (LTFT), em *Annual Book of ASTM Standards,* Vol. 05.02, ASTM International, West Conshohocken, PA, 2003.

52. Yu, L., Lee., I., Hammond, E.G., Johnson, L.A., e Van Gerpen, J.H., The Influence of Trace Components on the Melting Point of Methyl Soyate, *J. Am. Oil Chem. Soc. 75*:1821–1824 (1998).

53. Dunn, R.O., A.W. Schwab, e M.O. Bagby, Physical Property and Phase Studies of Nonaqueous Triglyceride/Unsaturated Long Chain Fatty Alcohol/Methanol Systems, *J. Dispers. Sci. Technol. 13*:77–93 (1992).

54. Goering, C.E., A.W. Schwab, M.J. Daugherty, E.H. Pryde, e A.J. Heakin, Fuel Properties of Eleven Vegetable Oils, *Trans. ASAE 25*:1472–1483 (1982).

55. Desai, N.M., A.S. Sarma, e K.L. Mallik, Application of Performance Polymers in Petroleum Products: Studies on Viscosity Modifiers and Pour Point Depressants, *Polym. Sci. 2*:706–712 (1991).

56. Holder, G.A., e Thorne, J., Inhibition of Crystallisation of Polymers, *ACS Polymer Chemistry Division, Polymer Preprints 20*:766–769 (1979).

57. Monkenbusch, M., D. Schneiders, D. Richter, L. Willner, W. Leube, L.J. Fetters, J.S. Huang, e M. Lin, Aggregation Behaviour of PE-PEP Copolymers and the Winterization of Diesel Fuel, *Physica B 276–278*:941–943 (2000).

58. El-Gamal, I.M., T.T. Khidr, e F.M. Ghuiba, Nitrogen-Based Copolymers as Wax Dispersants for Paraffinic Gas Oils, *Fuel 77*:375–385 (1998).

59. Davies, B.W., K. Lewtas, e A. Lombardi, PCT Int. Appl. WO 94 10,267 (1994).

60. Lal, K., Patente dos EUA n°. 5,338,471: *Pour Point Depressants for Industrial Lubricants Containing Mixtures of Fatty Acid Esters and Vegetable Oils* (1994).

61. Lal, K., D.M. Dishong, e J.G. Dietz, Eur. Patent Appl. EP 604,125: *Pour Point Depressants for High Monounsaturated Vegetable Oils and for High Monounsaturated Vegetable Oils/Biodegradable Base and Fluid Mixtures* (1994).

62. Böhmke, U., e H. Pennewiss, Eur. Patent Appl. EP 543,356 (1993).

63. Lewtas, K., e D. Block, PCT Int. Appl. WO 93 18,115 (1993).

64. Demmering, G., K. Schmid, F. Bongardt, e L. Wittich, Patente Alemã n°. 4,040,317 (1992).

65. Bormann, K., A. Gerstmeyer, H. Franke, G. Stirnal, K.D. Wagner, B. Flemmig, K. Kosubeck, W. Fuchs, R. Voigt, J. Welker, U. Viehweger, e K. Wehner, Patente Alemã (Leste) n°. DD 287,048 (1991).

66. Müller, M., H.P. Pennewiss, e D. Jenssen, Eur. Pat. Appl. EP 406,684 (1991).

67. Nylund, N.-O., e P. Aakko, Characterization of New Fuel Qualities, em *State of Alternative Fuel Technologies 2000*, SAE Special Publication SP-1545, Paper n°. 2000-01-2009, Society of Automotive Engineers, Warrendale, PA, 2000.

68. Lawler, P.J., e P.S. Dimick, Crystallization and Polymorphism of Fats, em *Food Science and Technology Series n°. 87, Food Lipids: Chemistry, Nutrition, and Biotechnology*, Marcel Dekker, New York, 1998, pp. 229–250.

69. Hernqvist, L., Crystal Structures of Fats and Fatty Acids, em *Crystallization and Polymorphism of Fats and Fatty Acids*, editado por N. Garti and Y. Sato, Marcel Dekker, New York, 1988, pp. 97–137.

70. Gunstone, F.D., em *An Introduction to the Chemistry and Biochemistry of Fatty Acids and Their Glycerides,* 2ª edição, Chapman & Hall, London, 1967, pp. 69–74.

71. Larson, K., e P.J. Quinn, em *The Lipid Handbook,* 2ª edição, editado por F.D. Gunstone, J.L. Harwood, e F.B. Padley, Chapman & Hall, London, 1994, pp. 401–430.

72. Bailey, A.E., em *Melting and Solidification of Fats*, Interscience, New York, 1950, pp. 1–73.

73. Knothe, G., R.O. Dunn, M.W. Shockley, e M.O. Bagby, Synthesis and Characterization of Some Long-Chain Diesters of Branched or Bulky Moieties, *J. Am. Oil Chem. Soc. 77*:865–871 (2000).

74. Scherer, M., e J. Souchik, PCT Int. Appl. WO 0140334: Synthesis of Long-Chain Polymethacrylates by Atom Transfer Radical Polymerization for Manufacture of Lubricating Oil Additives (2001).

75. Scherer, M., e J. Souchik, J.M. Bollinger, PCT Int. Appl. WO 0140339: Block Copolymers of Long-Chain Alkyl Methacrylates and Acrylates as Lubricating Oil and Biodiesel Additives (2001).

76. Auschra, C., J. Vetter, U. Bohmke, e M. Neusius, PCT Int. Appl. WO 9927037: Methacrylate Copolymers as Low-Temperature Flow Improvers for Biodiesel Fuels and Biologically-Derived Fuel Oils (1999).

77. Noureddini, H., Patente dos EUA n°. 6,015,440: *Process for Producing Biodiesel Fuel with Reduced Viscosity and a Cloud Point Below 32°F* (2000).

78. Zhang, Y., J.H. Van Gerpen, Combustion Analysis of Esters of Soybean Oil in a Diesel Engine, em *Performance of Alternative Fuels for SI and CI Engines* SAE Special Publication SP-1160, SAE Paper n°. 960765, Society of Automotive Engineers, Warrendale, PA, 1996, pp. 1–15.

79. Klopfenstein, W.E., Effects of Molecular Weights of Fatty Acid Esters on Cetane Numbers as Diesel Fuels, *J. Am. Oil Chem. Soc. 62*:1029–1031 (1985).

80. Anônimo, D 613 Test Method for Cetane Number of Diesel Fuel Oil in *Annual Book of ASTM Standards,* Vol. 05.01, ASTM International, West Conshohocken, PA, 2003.

81. Anônimo, *Chem. Market Rep. 265*:20–24 (2004).

82. Roussett, P., Modeling Crystallization Kinetics of Triacylglycerols, em *Physical Properties of Lipids*, editado por A.G. Marangoni e S.S. Narine, Marcel Dekker, New York, 2002, pp. 1–36.

83. Illingworth, D., Fractionation of Fats, em *Physical Properties of Lipids*, editado por A.G. Marangoni and S.S. Narine, Marcel Dekker, New York, 2002, pp. 411–447.

84. Kellens, M., e M. Hendrix, Fractionation, em *Introduction to Fats and Oils Technology,* 2ª edição, editado por R.D. O'Brien, W.E. Farr, e P.J. Wan, AOCS Press, Champaign, IL, 2000, pp. 194–207.

85. O'Brien, R.D., em *Fats and Oils: Formulating and Processing for Applications*, Technomic, London, UK, 1998, pp. 109–121.

86. Anderson, D., A Primer on Oils Processing Technology, em *Bailey's Industrial Oil and Fat Products, Vol. 4 (Edible Oil and Fat Products: Processing Technology)*, 5ª edição, editado por Y.H. Hui, Wiley-Interscience, New York, 1996, pp. 1–45.

87. Krishnamurthy, R., e M. Kellens, Fractionation and Crystallization, em *Bailey's Industrial Oil and Fat Products, Vol. 4 (Edible Oil and Fat Products: Processing Technology)*, 5ª edição editado por Y.H. Hui, Wiley-Interscience, New York, 1996, pp. 301–338.

88. Duff, H.G., Winterizing, em *Introduction to Fats and Oils Chemistry*, editado por P.J. Wan, American Oil Chemists' Society, Champaign, IL, 1991, pp. 105–113.

89. Brown, J.B., e D.K. Kolb, Applications of Low Temperature Crystallization in the Separation of the Fatty Acids and Their Compounds, em *Progress in the Chemistry of Fats and other Lipids, Vol. 3*, editado por R.T. Holman, W.O. Lundberg, e T. Malkin, Pergammon Press, New York, 1955, pp. 58–80.

90. Bailey, A.E., em *Melting and Solidification of Fats*, Interscience, New York, 1950, pp. 328–346.

91. Rajah, K.K., Fractionation of Fat, em *Separation Processes in the Food and Biotechnology Industries: Principles and Applications*, editado por A.S. Grandison and M.J. Lewis, Technomic, Lancaster, UK, 1996, pp. 207–242.

92. Anônimo, Cc 6–25 Cloud Point Test, em *Official Methods and Recommended Practices of the AOCS*, American Oil Chemists' Society, Champaign, IL, 1997.

93. Anônimo, Cc 11–53 Cold (Stability) Test, em *Official Methods and Recommended Practices of the AOCS*, American Oil Chemists' Society, Champaign, IL, 1997.

94. Dunn, R.O., M.W. Shockley, e M.O. Bagby, Winterized Methyl Esters from Soybean Oil: An Alternative Diesel Fuel with Improved Low-Temperature Flow Properties, em *State of Alternative Fuel Technologies*, SAE Special Publication n°. SP-1274, SAE Paper n°. 971682, Society of Automotive Engineers, Warrendale, PA, 1997, pp. 133–142.

95. González Gómez, M.E., R. Howard-Hildige, J.J. Leahy, e B. Rice, Winterisation of Waste Cooking Oil Methyl Ester to Improve Cold Flow Temperature Fuel Properties, *Fuel 81*:33–39 (2002).

96. Formo, M.W., em *Bailey's Industrial Oil and Fat Products, Vol. 1,* 4ª edição, John Wiley & Sons, New York, 1979, p. 214.

97. Hanna, M.A., Y. Ali, S.L. Cuppett, e D. Zheng, Crystallization Characteristics of Methyl Tallowate and its Blends with Ethanol and Diesel Fuel, *J. Am. Oil Chem. Soc. 73*:759–763 (1996).

98. Dunn, R.O., Effect of Winterization on Fuel Properties of Methyl Soyate, em *Proceedings of the Commercialization of Biodiesel: Producing a Quality Fuel (1997)*, editado por C.L. Peterson, University of Idaho, Moscow, ID, 1998, pp. 164–186.

99. Harrington, K.J., Chemical and Physical Properties of Vegetable Oil Esters and their Effect on Diesel Fuel Performance, *Biomass 9*:1–17 (1986).

100. Knothe, G., M.O. Bagby, e T.W. Ryan, III, Cetane Numbers of Fatty Compounds: Influence of Compound Structure and of Various Potential Cetane Improvers, em *State of Alternative Fuel Technologies*, SAE Special Publication SP-1274, SAE Paper n°. 971681, Society of Automotive Engineers, Warrendale, PA 1997, pp. 127–132.

101. Knothe, G., M.O. Bagby, e T.W. Ryan, III, The Influence of Various Oxygenated Compounds on the Cetane Numbers of Fatty Acids and Esters, em *Proceedings of the Third Liquid Fuels Conference: Liquid Fuels and Industrial Products from Renewable Resources*, editado por J.S. Cundiff, E.E. Gavett, C. Hansen, C. Peterson, M.A. Sanderson, H. Shapouri, e D.L. VanDyne, American Society of Agricultural Engineers, St. Joseph, MI, 1996, pp. 54–58.

102. Anônimo, Part V, EPA, 40 CFR Parts 69, 80, e 86: Control of Air Pollution from New Motor Vehicles: Heavy-Duty Engine and Vehicle Standards and Highway Diesel Fuel Sulfur Control Requirements; Final Rule, *Fed. Reg. 66*:5001–5193 (2001).

103. Stournas, S., E. Lois, e A. Serdari, Effects of Fatty Acid Derivatives on the Ignition Quality and Cold Flow of Diesel Fuel, *J. Am. Oil Chem. Soc. 72*:433–437 (1995).

104. Holder, G.A., e J. Winkler, Wax Crystallization from Diesel Fuels, *J. Inst. Pet. 51*:228–252 (1965).

105. Toro-Vasquez, J.F., M. Briceño-Montelongo, E. Dibildox-Alvarado, M. Charó-Alonso, e J. Reyes-Hernández, Crystallization Kinetics of Palm Stearin in Blends with Sesame Seed Oil, *J. Am. Oil Chem. Soc. 77*:297–310 (2000).

106. Suppes, G.J., T.J. Fox, K.R. Gerdes, H. Jin, M.L. Burkhart, e D.N. Koert, Cold Flow and Ignition Properties of Fischer-Tropsch Fuels, em *SAE Technical Paper Series*, Paper n°. 2000-01-2014, Society of Automotive Engineers, Warrendale, PA, 2000.

107. Manning, R.E., e M.R. Hoover, Cold Flow Properties, em *Fuels and Lubricants Handbook: Technology, Properties, Performance and Testing*, editado por G.E. Totten, S.R. Westbrook, e R.J. Shah, ASTM International, West Conshohocken, PA, 2003, pp. 879–883.

108. Geyer, S.M., M.J. Jacobus, e S.S. Lestz, Comparison of Diesel Engine Performance and Emissions from Neat and Transesterified Vegetable Oils, *Trans. ASAE 27*:375–381, (1984).

109. Masjuki, H., A.M. Zaki, S.M. Sapuan, Methyl Ester of Palm Oil as an Alternative Diesel Fuel, em *Fuels for Automotive and Industrial Diesel Engines*, Proceedings of the 2nd Institute of Mechanical Engineers Seminar, Institute of Mechanical Engineers, London, 1993, pp. 129–137.

110. Neto da Silva, F., A.S. Prata, e J.R. Teixeira, Technical Feasibility Assessment of Oleic Sunflower Methyl Ester Utilisation in Diesel Bus Engines, *Energy Conv. Manag. 44*:2857–2878 (2003).

6.4
Estabilidade à Oxidação do Biodiesel

6.4.1
Revisão da Literatura

Gerhard Knothe

O biodiesel é suscetível à oxidação quando exposto ao ar e esse processo de oxidação, em última análise, afeta a qualidade do combustível. Em função disso, a estabilidade à oxidação tem sido objeto de inúmeras pesquisas (1-20). Um parâmetro de especificação para a estabilidade à oxidação foi incluído nas normas europeias de biodiesel, EN 14213 e EN 14214 (veja o Apêndice B). O método utilizado para avaliar a estabilidade à oxidação emprega o equipamento Rancimat. Esse método é muito similar ao que determina o Índice de Estabilidade de Óleos (IEO) (21). O próximo capítulo, que versa sobre o projeto europeu de investigação da "Estabilidade do Biodiesel" (BIOSTAB), detalha o desenvolvimento dos parâmetros de estabilidade oxidativa do biodiesel nas normas europeias, por meio do teste Rancimat [veja também (13,15,17)]. Este capítulo fornece uma breve revisão dos resultados relatados na literatura sobre a estabilidade à oxidação.

O biodiesel também é potencialmente suscetível à degradação hidrolítica, causada pela presença de água. Esse é um fator importante de avaliação do combustível, embora a presença de substâncias, como mono- e diglicerídeos (intermediários da reação de transesterificação) ou glicerol, possa influenciá-lo fortemente, dadas as suas respectivas capacidades de emulsificar em contato com a água (4).

As razões para a auto-oxidação do biodiesel estão relacionadas à presença de ligações duplas nas cadeias de várias substâncias graxas. A auto-oxidação de substâncias graxas insaturadas procede a diferentes velocidades, dependendo do número e da posição das ligações duplas (22). As posições CH_2-alílicas, em relação às duplas ligações presentes nas cadeias dos ácidos graxos, são aquelas efetivamente suscetíveis à oxidação. As posições *bis*-alílicas em ácidos graxos poli-insaturados de ocorrência natural (AGPI), como os ácidos linoleico (duplas ligações em $\Delta 9$ e $\Delta 10$, gerando uma posição *bis*-alílica em C-11) e linolênico (duplas ligações em $\Delta 9$, $\Delta 12$ e $\Delta 15$, gerando duas posições *bis*-alílicas em C-11 e C-14), são ainda mais suscetíveis à auto-oxidação que as posições meramente alílicas. As velocidades relativas de oxidação fornecidas na literatura [(22) e outras referências aqui citadas] correspondem a 1 para oleatos (ésteres metílicos e etílicos), 41 para linoleatos, e

98 para linolenatos. Essa é uma propriedade essencial, porque a maioria dos diferentes tipos de biodiesel contém quantidades significativas dos ésteres dos ácidos oleico, linoleico e linolênico que, por sua vez, podem influenciar a estabilidade oxidativa dos combustíveis. As espécies formadas durante o processo de oxidação causam a deterioração eventual do combustível. Pequenas quantidades de componentes graxos de maior grau de insaturação têm um efeito forte, porém, diferenciado, sobre os resultados de estabilidade à oxidação obtidos pelo método IEO (16).

Inicialmente, hidroperóxidos são formados durante a oxidação, gerando aldeídos, ácidos e outros compostos oxigenados como produtos do processo de oxidação em cadeia (22). Entretanto, duplas ligações também podem ser orientadas a reações de polimerização que levam a produtos de maior massa molar e, eventualmente, a um aumento da viscosidade do combustível. Isso pode ocasionar a formação de espécies insolúveis que poderão entupir linhas e bombas de combustível. Um estudo (13) demonstrou que os polímeros formados durante o armazenamento do biodiesel sob condições controladas são, pela sua natureza polar, solúveis no biodiesel e insolúveis em misturas de biodiesel com petrodiesel.

A questão da estabilidade à oxidação afeta a qualidade do biodiesel principalmente em decorrência de longos períodos de armazenamento. A influência de parâmetros como a presença de ar, calor, traços de metais, antioxidantes e peróxidos, bem como a natureza do tanque de armazenamento, foi investigada na maioria dos estudos citados nesta revisão. Resumindo as descobertas obtidas até a publicação desta obra, a presença de ar, luz ou metais, bem como de temperaturas elevadas, facilita o processo de oxidação. Estudos realizados com métodos IEO automatizados confirmam o efeito catalisador de metais sobre a oxidação, com o cobre apresentando o efeito catalítico mais forte; no entanto, a influência da estrutura dos ésteres graxos, especialmente o grau de insaturação, foi ainda mais importante (16). Vários outros métodos, incluindo alguns de via úmida como o índice de acidez (IA), o índice de peróxidos (IP) e a calorimetria diferencial de varredura sob pressão (P-DSC), têm sido aplicados em estudos de oxidação do biodiesel.

Testes de armazenamento de longa duração também foram conduzidos. A viscosidade, o IA, o IP e a densidade aumentaram em amostras de biodiesel estocadas por 2 anos, enquanto o calor de combustão diminuiu (6). A viscosidade e o IA, que podem estar fortemente relacionados (11), aumentaram dramaticamente após um ano de estocagem, com mudanças no período de indução do método Rancimat sendo alteradas dependendo do tipo de matéria-prima em questão (15); no entanto, mesmo após testes de estocagem de 90 dias, foram observados aumentos significativos em viscosidade, IP, teor de ácidos graxos livres, índice de anisidina (IAn) e absorção no ultravioleta (2). Amostras de biodiesel de diferentes origens, armazenadas por 170 a 200 dias a 20-22 °C, não apresentaram valores de viscosidade e IA fora das especificações, mas o período de indução diminuiu, sendo que a exposição à luz e ao ar apresentou os efeitos mais pronunciados (12).

O IP é o método menos adequado para o monitoramento da estabilidade à oxidação por tender a aumentar e depois decrescer, em virtude do avanço dos processos oxidativos e da formação de produtos secundários de oxidação (9,11,15). Quando o IP atinge um platô de ~350 meq/kg de éster durante a oxidação do biodiesel [ésteres metílicos de óleo de soja (EMS)], o IC e a viscosidade continuam a aumentar gradativamente. Assim, além da viscosidade, o IA representa uma boa alternativa como parâmetro para o monitoramento da qualidade do biodiesel durante o armazenamento (14). A P-DSC também pode ser utilizada para determinar a estabilidade à oxidação do biodiesel, com e sem a presença de antioxidantes (10).

Testes de estabilidade desenvolvidos para combustíveis petrodiesel foram relatados como não apropriados para biodiesel e misturas de biodiesel com petrodiesel (8,11), embora a introdução de modificações apropriadas possa torná-los relativamente úteis (8). No entanto, outro estudo (15) demonstrou que o método ASTM D4625 para petrodiesel [Método Padronizado para Determinar a Estabilidade ao Armazenamento a 43 °C (110 °F) de Combustíveis Destilados] é adequado, embora relativamente lento, para essas aplicações.

Óleos vegetais usualmente contêm antioxidantes de ocorrência natural como os tocoferóis. Portanto, óleos vegetais não refinados que ainda apresentem seus teores naturais de antioxidantes naturalmente apresentam estabilidade oxidativa superior em comparação com óleos refinados (1), mas não satisfazem a maioria das outras exigências para uso combustível. Antioxidantes naturais também foram deliberadamente adicionados ao biodiesel para avaliar os seus respectivos comportamentos sobre a oxidação. Além desses antioxidantes naturais, também existe uma variedade de antioxidantes sintéticos. Muitos deles são fenóis substituídos como o butil hidroxitolueno (BHT; 2,6-di-*tert*-butil-4-metilfenol), butil hidroxianisol [BHA; (3)-*t*-butil-4-hidroxianisol], *tert*-butil hidroquinona (TBHQ; 2-*tert*-butil-hidroquinona), pirogalol (1,2,3-trihidroxibenzeno) e propil galato (éster propílico do ácido 3,4,5-trihidroxibenzoico). Esses antioxidantes sintéticos também foram investigados em relação aos seus efeitos sobre a estabilidade do biodiesel.

Diferentes antioxidantes sintéticos têm diferentes efeitos sobre o biodiesel, dependendo do tipo de matéria-prima (18,19), sem causar alterações em propriedades, como viscosidade, ponto de entupimento de filtro a frio, densidade, dentre outros. Em outro estudo, diferentes antioxidantes apresentaram pouco ou nenhum efeito quando investigados pelo método AOM (7). O TBHQ e o α-tocoferol retardaram a oxidação de amostras de SEM (14). Um método de cromatografia líquida de alta eficiência também foi desenvolvido para a análise e detecção de antioxidantes em biodiesel (20).

Uma norma europeia (pr EN 14112) foi estabelecida para a eventual inclusão de um parâmetro de estabilidade oxidativa na especificação europeia EN 14214 para biodiesel. A especificação EN 14214 estabelece que a estabilidade à oxidação do biodiesel deve ser determinada a 110 °C pelo método Rancimat, exigindo um valor mínimo de 6 h para o período de indução. O método Rancimat é praticamente idêntico ao método IEO, que é um método da AOCS. No momento da edição deste livro, a norma ASTM D6751 para o biodiesel não inclui qualquer parâmetro de especificação desse tipo.

Outro parâmetro que foi originalmente incluído em algumas normas para especificação de biodiesel, para avaliar questões relativas à estabilidade oxidativa, é o número de iodo (NI). O NI é a medida do teor de insaturações totais de um material graxo, baseada na adição formal de iodo nas duplas ligações e determinada em g de iodo/100 g de amostra.

O NI de um óleo vegetal ou gordura animal é praticamente idêntico ao dos ésteres metílicos correspondentes (consulte as tabelas do Apêndice B). No entanto, o NI de ésteres alquílicos decresce para amostras produzidas a partir de álcoois superiores.

A ideia que justifica o uso do NI é a de que esse parâmetro indicaria a propensão de um óleo ou gordura à oxidação, mas o NI também pode indicar a propensão do óleo ou gordura à polimerização e formação de depósitos no motor. Assim, um NI de 120 foi especificado na EN 14214 e de 130 na EN 14213. Essas medidas implicam na exclusão de vários óleos vegetais como matéria-prima para a produção de biodiesel, como os óleos de soja e de girassol.

Entretanto, o NI de uma mistura de substâncias graxas, como observado em óleos e gorduras, não leva em consideração que um número infinito de misturas de ácidos graxos pode fornecer o mesmo NI (23). Diferentes estruturas de ácidos graxos podem também fornecer o mesmo NI (23). Portanto, outros índices estruturais são provavelmente mais apropriados que o NI para atender a esse objetivo (23). O teste de desempenho em motores de misturas de óleos vegetais que apresentaram diferentes NI não forneceu resultados que poderiam justificar a exigência por baixos NI (24,25). Em outra investigação, nenhuma relação foi observada entre NI e a estabilidade à oxidação de amostras de biodiesel que apresentavam uma ampla faixa de NI (4).

Assim, o NI não foi incluído nas normas de especificação para biodiesel nos Estados Unidos e na Austrália; esse parâmetro está limitado a 140 na especificação preliminar da África do Sul (o que permite o emprego dos óleos de soja e de girassol), e a especificação preliminar brasileira requer que essa medida seja apenas relatada ao consumidor (veja o Apêndice B).

Referências

1. Lane, J.C. Gasoline e Other Motor Fuels, em *Kirk-Othmer, Encyclopedia of Chemical Technology* (eds M. Grayson, D. Eckroth, G.J. Bushey, C.I. Eastmam, A. Klingsberg, L. Spiro), Third Ed., Vol. 11. John Wiley & Sons, New York, NY, Vol. 11, pp. 682-689, 1980.

2. Van Gerpen, J. e Reitz, R. Diesel Combustion and Fuels, em *Diesel Engine Reference Book* (eds. B. Challen e R. Baranescu), Society of Automotive Engineers, Warrendale, PA, pp. 89-104, 1998.

3. Hochhauser, A.M. Gasoline and Other Motor Fuels, em *Kirk-Othmer, Encyclopedia of Chemical Technology* (eds J.I. Kroschwitz e M. Howe-Grant), 4th edn, Vol. 12, John Wiley & Sons, New York, NY, pp. 341-388, 1994.

4. Puckett, A.D., e B.H. Caudle, U.S. Bur. Mines, *Inform Circ. n°. 7474*, 14 pp., 1948.

5. Clothier, P.Q.E., B.D. Aguda, A. Moise e H. Pritchard, How Do Diesel-fuel Ignition Improvers Work? *Chem. Soc. Rev.:22* 101 (1993).

6. Freedman, B., M.O. Bagby, T.J. Callahan e T.W. Ryan III, Cetane Numbers of Fatty Esters, Fatty Alcohols and Triglycerides Determined in a Constant Volume Combustion Bomb. *SAE Technical Pap. Ser.* 900343, SAE, Warrendale, PA, 9 pp., 1990.

7. Ladommatos, N., M. Parsi e A. Knowles, The Effect of Fuel Cetane Improver on Diesel Pollutant Emissions. *Fuel:75*, 8-14 (1996).

8. Knothe, G., M.O. Bagby e T.W. Ryan III, Cetane Numbers of Fatty Compounds: Influence of Compound Structure and of Various Potential Cetane Improvers. *SAE Technical Pap. Ser.* 971681 in State of Alternative Fuel Technologies, SAE Publication SP-1274, SAE, Warrendale, PA, pp. 127-132, 1997.

9. McCormick, R.L., M.S. Graboski, T.L. Alleman e A.M. Herring, Impact of Biodiesel Source Material and Chemical Structure on Emissions of Criteria Pollutants from a Heavy-Duty Engine. *Environ. Sci. Technol.:35*, 1742-1747 (2001).

10. Mason, R.L., A.C. Matheaus, T.W. Ryan III, R.A. Sobotowski, J.C. Wall, C.H. Hobbs, G.W. Passavant e T.J. Bond, EPA HDEWG Program - Statistical Analysis. SAE Paper 2001-01-1859, also in *Diesel and Gasoline Performance and Additives* (SAE Special Publication SP-1551), 2001.

11. Matheaus, A.C., G.D. Neely, T.W. Ryan III, R.A. Sobotowski, J.C. Wall, C.H. Hobbs, G. W. Passavant e T.J. Bond, EPA HDEWG Program - Engine Test Results. SAE Paper 2001-01-1858, also in *Diesel and Gasoline Performance and Additives* (SAE Special Publication SP-1551), 2001.

12. Sobotowski, R.A., J.C. Wall, C.H. Hobbs, A.C. Matheaus, R.L. Mason, T.W. Ryan III, G.W. Passavant e T.J. Bond, EPA HDEWG Program - Test Fuel Development. SAE Paper 2001-01-1857, also in *Diesel and Gasoline Performance and Additives* (SAE Special Publication SP-1551), 2001.

13. Harrington, K.J., Chemical and Physical Properties of Vegetable Oil Esters and Their Effect on Diesel Fuel Performance. *Biomass:9*, 1-17 (1986).

14. Knothe, G., A.C. Matheaus e T.W. Ryan III, Cetane Numbers of Branched and Straight-Chain Fatty Esters Determined in an Ignition Quality Tester. *Fuel:82*, 971-975 (2003).

15. Klopfenstein, W.E., Effect of Molecular Weights of Fatty Acid Esters on Cetane Numbers as Diesel Fuels. *J. Am. Oil Chem. Soc.:62*, 1029-1031 (1985).

16. Freedman, B., M.O. Bagby; Predicting Cetane Numbers of n-Alcohols and Methyl Esters from their Physical Properties. *J. Am. Oil Chem. Soc.:67*, 565-571 (1990).

17. Zhang, Y., e J.H. Van Gerpen, Combustion Analysis of Esters of Soybean Oil in a Diesel Engine. Performance of Alternative Fuels for SI and CI Engines, SAE Techn. Pap. Ser. 960765, also in *Performance of Alternative Fuels for SI and CI Engines*, SAE Spec. Publ. SP-1160, 1-15 (1996).

18. Knothe, G., M.O. Bagby, e T.W. Ryan, III; Precombustion of Fatty Acids and Esters of Biodiesel. A Possible Explanation for Differing Cetane Numbers. *J. Am. Oil Chem. Soc.:75*, 1007-1013 (1998).

19. T.W. Ryan III e B. Stapper, Diesel Fuel Ignition Quality as Determined in a Constant Volume Combustion Bomb. *SAE Techn. Pap. Ser.* 870586, 1987.

20. A.A. Aradi e T.W. Ryan III, Cetane Effect on Diesel Ignition Delay Times Measured in a Constant Volume Combustion Apparatus. SAE Techn. Pap. Ser. 952352, also in SAE Spec. Pub. SP-1119 (*Emission Processes and Control Technologies in Diesel Engines*, p. 43, 1995.

21. L.N. Allard, G.D. Webster, N.J. Hole, T.W. Ryan III, D. Ott e C.W. Fairbridge, Diesel Fuel Ignition Quality as Determined in the Ignition Quality Tester (IQT). *SAE Techn. Pap. Ser.* 961182, 1996.

22. Freedman, B., e M.O. Bagby. Heats of Combustion of Fatty Esters and Triglycerides. *J. Am. Oil Chem. Soc. 66*:1601-1605 (1989).

23. Weast, R.C., Astle, M.J., e Beyer, W.H. *Handbook of Chemistry and Physics*, 66th Ed., CRC Press: Boca Raton, FL, pp. D-272 - D-278 (1985-1986).

24. Freedman, B., M.O. Bagby, e H. Khoury. Correlation of Heats of Combustion with Empirical Formulas for Fatty Alcohols. *J. Am. Oil Chem. Soc. 66*:595-596 (1989).

6.4.2
Estabilidade do Biodiesel

Heinrich Prankl

Introdução

Em 1997, a Comissão Europeia demandou ao Comitê Europeu de Padronização (CEN) o desenvolvimento de um padrão para o biodiesel que viria a ser empregado como combustível para motores diesel e para geração de calor, junto com as normas necessárias para o estabelecimento de métodos analíticos de referência (1). Durante os procedimentos iniciais do processo, a falta de conhecimento sobre a estabilidade do biodiesel tornou-se evidente. Essa questão foi imediatamente considerada como de grande importância, cuja solução exigiria uma investigação científica detalhada. Entre os anos de 2001 e 2003, a Comissão Europeia criou o projeto "Estabilidade do Biodiesel" (BIOSTAB; http://www.biostab.info; maiores detalhes estão disponíveis na referência 2), que foi desenvolvido para esclarecer questões relevantes sobre os métodos de determinação da estabilidade, do armazenamento e da estabilização do biodiesel. Ambas as especificações europeias para o biodiesel (EN14213, FAME como combustível para a geração de calor, e EN14214, FAME como combustível diesel automotivo) encontram-se disponíveis desde julho de 2003.

Objetivos

O objetivo do projeto foi o de estabelecer critérios e os métodos analíticos correspondentes para a determinação da estabilidade do biodiesel. Os objetivos detalhados eram os seguintes: (i) desenvolver métodos apropriados para a determinação da estabilidade sob condições realísticas; (ii) compreender a influência das condições de armazenamento sobre a qualidade do biodiesel; (iii) definir um nível mínimo de aditivação com antioxidantes naturais ou sintéticos; e (iv) determinar os efeitos da estabilidade do combustível sobre o uso como combustível diesel e como combustível para a geração de calor.

Parceiros no Projeto

Nove parceiros da indústria, ciência e pesquisa foram envolvidos neste projeto. Sete eram membros de um ou mais grupos de trabalho durante o processo de padronização do biodiesel. Um consórcio bastante experiente de pesquisa em biodiesel foi formado, envolvendo a Bundesanstalt für Landtechnik (BLT, Áustria; coordenadora do projeto), o Institut des Corps Grass (ITERG, Pessac, França), a Stazione Sperimentale Oil e Grassi (SSOG, Milão, Itália), o Instituto de Química da Universidade de Graz (Áustria), a Universidade de Tecnologia de Graz (TUG, Áustria), o OMV AG (Viena, Áustria), o TEAGASC (Centro de Pesquisa Oak Park, Carlow, Irlanda), a NOVAOL (Paris, França) e o OLC-Ölmühle Leer Connemann (OLC, Alemanha).

Plano de Trabalho do Projeto

O projeto foi dividido em quatro áreas temáticas de trabalho. Para cada área, um líder foi designado como responsável pela coordenação entre os parceiros.

Métodos de Determinação (Líder: ITERG, França)

O objetivo era o de avaliar e desenvolver métodos precisos para a determinação da oxidação, armazenamento e estabilidade térmica do biodiesel. Na área da estabilidade à oxidação, o teste Rancimat (EN 14112) já tinha sido selecionado como padrão para o biodiesel. Porém, a relação entre o período de indução fornecido por esse teste e outros parâmetros de qualidade ainda requeriam esclarecimentos. Em virtude da falta de conhecimento sobre o tema, nenhum método de teste foi previamente escolhido para a determinação da estabilidade térmica e da estabilidade ao armazenamento. Um dos objetivos principais era o de selecionar e desenvolver um método para cada item, considerando critérios como a simulação de condições reais de operação, a correlação com parâmetros de qualidade do biodiesel, a precisão e o custo.

Testes de Armazenamento (Líder: SSOG, Itália)

Pesquisas anteriores demonstraram que as condições de armazenamento (p.ex., temperatura, iluminação, atmosfera e presença de metais pró-oxidantes) têm um forte efeito sobre o comportamento do biodiesel. A natureza da matéria-prima também pode apresentar uma influência considerável sobre os resultados finais. O objetivo principal dessa tarefa era o de realizar um estudo sistemático sobre as alterações que o biodiesel sofre durante longos experimentos de armazenamento sob condições reais de trabalho, empregando amostras obtidas de diferentes matérias-primas e preparadas por diferentes tecnologias de produção.

Antioxidantes (Líder: Instituto de Química, Universidade de Graz, Áustria)

Antioxidantes naturais, como tocoferóis e carotenoides, retardam a oxidação de óleos vegetais. O efeito do antioxidante depende do tipo e da quantidade que estão presentes no combustível. Antioxidantes também estão presentes no biodiesel derivado de óleos vegetais, e os teores dependerão do tipo de óleo vegetal empregado e da tecnologia do processo de produção. Consequentemente, a adição de antioxidantes naturais ou sintéticos pode ser necessária para melhorar a estabilidade à oxidação do biodiesel. O objetivo dessa tarefa era avaliar o efeito estabilizante de antioxidantes sintéticos e naturais disponíveis no mercado sobre amostras de biodiesel obtidas comercialmente. Mais de 20 antioxidantes sintéticos e naturais foram avaliados, e os seus níveis ótimos de aditivação foram determinados.

Utilização de Biodiesel

O biodiesel é usado como combustível diesel automotivo e como combustível para a geração de calor. Testes de laboratório e testes de campo foram realizados em veículos e sistemas de injeção, bem como em sistemas de aquecimento ou geração de calor, para estabelecer a conexão entre os métodos de teste de laboratório e os efeitos observados durante o uso.

Biodiesel como combustível diesel automotivo (Líder: Universidade de Tecnologia de Graz, Graz, Áustria). O programa de testes compreendeu experimentos de bancada com três sistemas diferentes de injeção, testes do combustível com baixa, média (ou padrão) e alta estabilidade, testes de longa duração com dois motores diesel, um teste de frota usando biodiesel de baixa estabilidade e um teste de frota com misturas de combustível diesel de origem fóssil e biodiesel de baixa estabilidade.

Biodiesel como combustível para a geração de calor (Líder: OMV, Áustria). O objetivo dessa tarefa era o de investigar os efeitos da estabilidade do combustível quando empregado em sistemas de geração de calor. Os efeitos da estabilidade do combustível durante a aplicação e os parâmetros operacionais de sistemas residenciais de aquecimento foram investigados mediante o emprego de misturas combustíveis ou blendas. O programa de testes compreendeu experimentos de bancada (emissões, operacionalidade, testes de longa duração) em sistemas de aquecimento e testes de campo com oito sistemas de aquecimento de grande porte.

Resultados

Métodos de Determinação

Estabilidade oxidativa. Sete amostras de biodiesel (ésteres metílicos do óleo de colza, óleo de girassol, óleo de fritura usado e sebo bovino) foram avaliadas com o teste Rancimat (EN 14112; Figura 1). A determinação dos parâmetros de qualidade foi realizada sobre alíquotas da amostra a cada 0,5 h. Ao final do período de indução do Rancimat (PIR), as amostras não atenderam às especificações que caracterizam ésteres metílicos de ácidos graxos (FAME) ou óleos e gorduras, como viscosidade, índice de acidez (IA), teor de ésteres ou índice de peróxidos (IP). A principal conclusão foi que o período de indução, determinado por condutividade, se correlaciona bem com a degradação dos parâmetros de qualidade do biodiesel pelo teste Rancimat (3).

Figura 1. Rancimat para a determinação da estabilidade à oxidação.

Estabilidade ao armazenamento. No início do projeto, dois métodos de teste foram avaliados, o ASTM D4625 (estocagem a 43 °C por 24 semanas) e um método semelhante ao IP46/IP306, a 90 °C com um fluxo de ar logo acima da superfície da amostra. Para cada método, sete parâmetros de qualidade foram definidos. Em virtude das dificuldades na correlação entre o método ASTM D4625 e dos resultados do método de oxidação acelerada inicialmente proposto (método acelerado semelhante ao IP46/IP306 a 90 °C), foi decidido que o equipamento Rancimat deveria ser utilizado com algumas modificações especiais para a avaliação da estabilidade ao armazenamento. Um fluxo de ar purificado (10 L/h) foi passado sobre a superfície de 3 g de amostra aquecida a 80 °C por 24 h. Então, foram medidos o IP, o teor de ésteres e o teor de polímeros da amostra. O método modificado do teste Rancimat foi adequado para uso em termos de sua repetibilidade, significado e facilidade de manuseio. O IP apresentou a melhor correlação com o método ASTM D4625 (estocagem a 43 °C por 24 semanas). Usando esse método, amostras de "má estabilidade" e de "boa estabilidade" puderam ser distinguidas (4).

Estabilidade térmica. Inicialmente, foi decidido pela manutenção das condições de envelhecimento do método ASTM D6468 (150 °C, 180 ou 90 min), porque estas foram consideradas razoavelmente próximas às condições reais de trabalho. Sete parâmetros de qualidade foram definidos para serem avaliados antes e depois do teste de envelhecimento. No entanto, a variação dos parâmetros de qualidade (IA, Rancimat, teor de ésteres) depois do teste de envelhecimento foi muito baixa para ser medida corretamente. Finalmente, foi decidido pela utilização do equipamento Rancimat com um procedimento especialmente modificado para a avaliação da estabilidade térmica. A amostra (8 g) foi envelhecida por 6 h a 200 °C em tubos abertos expostos ao ar. Depois do envelhecimento e resfriamento da amostra, o conteúdo de polímeros foi determinado por cromatografia líquida da alta eficiência (CLAE). O teste Rancimat modificado foi demonstrado como adequado para uso em termos de sua repetibilidade e facilidade no manuseio.

Testes de Armazenamento

Um estudo sistemático das alterações químicas e físicas de 11 amostras distintas de biodiesel foi realizado entre julho de 2001 e outubro de 2002. Os resultados permitiram a avaliação da influência de diferentes matérias-primas e tecnologias de produção, bem como do uso de antioxidantes selecionados sobre as propriedades químicas das amostras envelhecidas de biodiesel. Não foi possível observar fortes alterações nas 15 características monitoradas durante o ensaio. Todas as amostras atenderam os limites de qualidade das especificações mesmo ao final do período de armazenamento, com exceção do PIR; mudanças de IP variaram, dependendo da amostra. Para amostras não muito oxidadas no início, o aumento de IP foi lento. Para amostras inicialmente oxidadas, o IP aumentou a princípio e depois diminuiu, em virtude da formação de produtos secundários de oxidação.

As mudanças mais importantes foram registradas na estabilidade à oxidação, como demonstrado pelo teste Rancimat. Isso significa que o envelhecimento do biodiesel ocorreu independentemente dos parâmetros monitorados, tornando o biodiesel cada vez menos estável. Assim, o período de indução do Rancimat diminui com o tempo. A velocidade depende da qualidade da amostra e das condições de armazenamento. O Rancimat fornece uma leitura da situação real, mas é virtualmente impossível predizer os valores de PIR após longos períodos de armazenamento. Existem processos de armazenamento que não podem ser observados pela análise dos parâmetros descritos nas normas EN 14213 e EN 14214; assim, é necessário estabelecer um método de previsão da estabilidade ao armazenamento.

A aditivação apropriada do biodiesel aumenta grandemente o período de indução e garante que a amostra atenda à especificação para estabilidade à oxidação por no mínimo seis meses. Procedimentos de aditivação excessiva, que promovem períodos de indução superiores a 20 h, não têm significado e podem apresentar um efeito negativo sobre outros parâmetros (p.ex., o resíduo de carbono Conradson). A necessidade de um armazenamento correto, e de soluções logísticas para evitar o contato com o ar, foi recomendada para toda a extensão do ciclo de vida do biodiesel.

Antioxidantes

Baseados nas descobertas de uma revisão bibliográfica extensiva, 20 antioxidantes de origem natural ou sintética foram selecionados, todos disponíveis comercialmente a um custo relativamente acessível. O efeito de estabilização dos antioxidantes selecionados foi avaliado com amostras de biodiesel derivadas de quatro matérias-primas distintas: EMC (éster metílico do óleo de colza), EMS (éster metílico do óleo de soja), EMOFU (éster metílico de óleo de fritura usado) e EMSB (éster metílico de sebo bovino). Amostras de biodiesel tanto destiladas quanto não destiladas foram avaliadas nesse estudo, e os tempos de indução Rancimat foram usados para indicar as suas respectivas estabilidades à oxidação. Antioxidantes com um bom efeito de estabilização foram testados a diferentes concentrações para determinar os níveis ótimos de aditivação. O efeito de antioxidantes naturais sobre a estabilidade oxidativa do biodiesel também foi avaliado. A relativamente alta estabilidade do EMC, que não pode ser atribuída tão somente à presença de antioxidantes naturais, está sendo investigada em maiores detalhes.

Em geral, os limites propostos para o parâmetro de estabilidade oxidativa puderam ser atingidos para todos os diferentes tipos de biodiesel mediante a incorporação de antioxidantes. Dentre a variedade de antioxidantes que foram testados, os produtos sintéticos foram mais eficientes que os antioxidantes naturais. A eficiência e a quantidade requerida de cada um dos diferentes antioxidantes dependeu fortemente da matéria-prima e da tecnologia empregada para a produção do biodiesel (5). Sob as condições determinadas para o ensaio, não foi observada nenhuma influência negativa dos antioxidantes sobre o comportamento do combustível. A influência dos antioxidantes sobre o desempenho em motores não foi investigada como parte deste projeto. Porém, para minimizar quaisquer efeitos negativos, é recomendável que os antioxidantes sejam usados a baixas concentrações. O relatório em questão não inclui qualquer recomendação para o uso de algum antioxidante em específico. Por outro lado, testes de longa duração em motores deverão ser conduzidos para estudar a influência de antioxidantes sintéticos sobre o desempenho do motor.

Tocoferóis (α-, δ- e γ-) retardam a oxidação de EMS, EMC, ésteres metílicos de óleos usados em cozimento (EMOUC) e EMSB por fatores muitas vezes superiores a 10, em comparação com ésteres metílicos isentos de tocoferóis. Dentre os três antioxidantes naturais, o γ-Tocoferol foi o de melhor eficiência, enquanto o α-tocoferol apresentou o pior comportamento. O efeito antioxidante aumentou com a concentração até atingir um nível ótimo. Acima desse nível, o aumento do efeito antioxidante foi relativamente pequeno em relação ao aumento da concentração. O efeito de estabilização dos tocoferóis também dependeu da composição química dos ésteres metílicos. A ordem de eficiência observada foi a seguinte: EMSB > EMOUC > EMC > EMS.

A oxidação de compostos graxos insaturados se inicia com o acúmulo de peróxidos. A oxidação irreversível, indicada pelo aumento da viscosidade, começa apenas depois dos peróxidos atingirem um certo nível. Tocoferóis estabilizam os ésteres de compostos graxos insaturados por reduzirem a taxa de formação de peróxidos, causando uma extensão do tempo requerido para atingir o nível de peróxidos em que a viscosidade começa a aumentar.

Os carotenoides, astaxantina e ácido retinoico, não apresentam nenhum efeito detectável sobre a estabilidade de EMS. Da mesma forma, a adição de β-caroteno aos ésteres metílicos de óleo de camelina (EMOC), junto com algum α-tocoferol para fornecer a mesma absorção máxima observada para o EMC a 448 nm, não apresentou qualquer efeito de estabilização sobre os ésteres metílicos. No entanto, foi detectada a presença de um carotenoide em EMC a um nível muito superior ao do β-caroteno, um composto que não se viu presente em ésteres metílicos de menor estabilidade, como o EMOC e o EMS. O carotenoide detectado não promoveu um aumento no período de estabilidade do EMC, mas foi capaz de alterar o seu padrão de oxidação por reduzir tanto a velocidade de formação de peróxidos quanto o aumento da viscosidade durante o processo de oxidação.

Utilização de Biodiesel

Biodiesel como combustível diesel automotivo. Como testes de bancada, experimentos de longa duração foram realizados com três sistemas de injeção modernos (*common rail* de veículos pesados, bombas distribuidoras de automóveis de passeio e *common rail* de automóveis de passeio) em bancadas de teste. Três qualidades de combustível foram empregadas, ou seja, EMC com baixa (período de indução de 1,8 a 3,5 h de acordo com o método EN 14112), média (período de indução padronizado de 6 h) e alta estabilidade (período de indução de 14-18 h).

O desgaste e os sedimentos foram normais para o tempo de operação de cada sistema de injeção. Todos os efeitos identificados no ensaio foram mais evidentes nas partes que foram expostas aos combustíveis de menor estabilidade oxidativa. Depósitos de gordura foram detectados apenas nas partes do sistema que foram operadas sob condições muito severas (EMC de baixa estabilidade, sem nenhuma substituição do combustível na base do sistema de injeção durante todo o teste). Em todos os outros sistemas, não foram detectadas quaisquer evidências críticas de sedimentação. Depois dos testes operacionais, a funcionalidade foi avaliada para cada um dos sistemas testados.

Dois testes de longa duração foram conduzidos em condições reais de trabalho, empregando motores adaptados à bancada de testes que foram alimentados com biodiesel de baixa (período de indução de 3,5 h de acordo com o método EN 14112) e alta estabilidade (período de indução de 20 h). Os motores diesel de injeção direta foram equipados com um sistema moderno de injeção *commom rail*. A duração de cada teste correspondeu a 500 h. As diferenças observadas no início dos testes para emissões e potência, entre operações realizadas com diesel e EMC, foram consideradas normais para o uso do biodiesel. A perda de potência e as diferenças na quantidade de combustível injetado aumentaram mais que o esperado após 250 h de operação. A inspeção do motor revelou um nível normal de abrasão para as 500 h de operação e nenhuma diferença significativa em relação à operação com diesel.

Para os testes de frota com biodiesel puro, quatro automóveis de passeio foram operados com combustíveis de baixa estabilidade de julho de 2001 a novembro de 2002. O combustível teste foi pré-envelhecido por um tratamento especial envolvendo temperatura e contato com o ar. A estabilidade à oxidação, determinada a partir do período de indução Rancimat, pode ser reduzida de 7 h para menos de 2 h. Dois automóveis foram equipados com sistema de injeção por bomba distribuidora; os outros automóveis possuíam um sistema de injeção unitário. Os automóveis foram utilizados em um regime particular de operação, principalmente em autoestradas. A distância e o consumo de combustível foram registrados em um livro de protocolo. Algumas temperaturas (óleo do motor, filtro de combustível, tanque de combustível e ambiente) foram registradas automaticamente durante todo o período dos testes. A distância total percorrida variou de 21.000 a 60.000 km/automóvel.

Testes iniciais e finais, conduzidos no banco de teste de rolamentos, incluíram análises de desempenho e de emissões de exaustão (CO, HC + NO_X, partículas). As diferenças em emissões e desempenho não puderam ser atribuídas à operação com biodiesel (junto com os resultados de avaliação do sistema de injeção após a conclusão dos testes). Antes e após os testes de campo, todas as emissões monitoradas permaneceram abaixo dos limites estabelecidos pela EURO 3 (limite EURO 3 para veículos do grupo 2, 1.305 kg < peso de referência < 1.760 kg).

Depois dos testes, os sistemas de injeção foram inspecionados pelo fabricante. Todos os sistemas funcionaram normalmente. Os elastômeros das bombas distribuidoras de injeção apresentaram inchamentos que podem ocasionar o vazamento do combustível, particularmente quando alimentadas com petrodiesel. Traços de oxidação e uma corrosão apreciável foram observados em algumas partes dos injetores unitários. Um filtro de combustível foi entupido e outros tiveram de ser trocados durante o inverno. É importante reconhecer que os resultados dos testes de campo foram obtidos de apenas quatro automóveis, independentemente. Assim, não foi possível emitir uma conclusão mais generalizada sobre o desempenho com biodiesel de baixa estabilidade. Tal conclusão exigiria uma frota mais abrangente de automóveis e a cobertura de todos os fatores que podem apresentar influência sobre os testes de campo.

Para o teste em frota de veículos com misturas FAME/petrodiesel, uma operação de 19 meses foi realizada com quatro veículos diesel (veículos de passeio leves e pesados). O desempenho do combustível diesel (EN 950) foi avaliado em misturas com 5% de EMOFU. Os parâmetros controlados regularmente durante os testes foram a qualidade do combustível, a limpeza dos sistemas de armazenamento e fornecimento do combustível e a sua operacionalidade, as emissões na exaustão dos veículos, o desempenho na lubrificação do motor, a dirigibilidade dos veículos em condições climáticas quentes e frias, a limpeza e desgaste dos sistemas de combustível dos veículos e o equipamento ou sistema de injeção do combustível.

Após ~66.000 km de direção em tráfego diário, não houve o registro de qualquer reclamação significativa sobre a operacionalidade dos veículos. Nenhum desgaste excessivo ou acúmulo de depósitos ocorreram durante esse período, quando comparado à operação com o combustível diesel, o que já era conhecido dos testes de frota anteriores. O lubrificante do motor apresentou um desempenho similar ao experimentado com o combustível diesel puro (com intervalos de troca regulares em 15.000 km), e não foi necessária a troca prematura do lubrificante do motor. Um aumento moderado nas emissões de exaustão foi detectado durante a extensão dos testes.

Os principais componentes do armazenamento do combustível e do sistema de distribuição não sofreram deterioração. A qualidade do combustível, em termos da maioria dos parâmetros de especificação, permaneceu geralmente constante. Contaminações microbianas não ocorreram, provavelmente porque uma limpeza apropriada, especialmente no que tange à eliminação de água, foi providenciada logo no início dos testes. A estabilidade à oxidação nas camadas inferiores das câmaras de armazenamento do combustível aumentou dramaticamente e excedeu significativamente os limites estabelecidos na norma EN 590 (25 g/cm^3; EN ISO 12205).

Biodiesel como combustível para a geração de calor. Em geral, os testes de bancada nos testes de aquecimento de 1 h forneceram dois resultados distintos, dependendo do modo de operação do sistema de aquecimento, isto é, condições estacionárias e não estacionárias. Sob condições estacionárias, as emissões foram tão baixas quanto o esperado e todas as unidades atenderam as normas gerais para unidades de aquecimento de ambientes. No entanto, durante o procedimento de partida dessas unidades de aquecimento (partida semiaquecida, condições não estacionárias), os gases do combustível apresentaram concentrações de hidrocarbonetos e de monóxido de carbono superiores às observadas alguns segundos após a ignição do sistema. Essas irregularidades dependeram em grande parte da tecnologia das unidades de aquecimento. Além disso, aqueles sistemas de aquecimento que apresentaram altas emissões durante o procedimento de partida também apresentaram piores emissões em CO e C_xH_y quando houve um aumento do percentual de FAME na mistura.

Nos testes de longa duração com diferentes combustíveis em três sistemas de aquecimento diferentes, um fato pôde ser claramente observado. As misturas feitas com amostras de FAME de estabilidade crítica (amostras envelhecidas artificialmente, estocadas por um ano, ou destiladas e estocadas por um ano e meio) causaram problemas no aparato que controla a taxa de alimentação do combustível. Nos testes de campo, nenhum problema significativo foi relatado até o momento. Porém, é preciso observar que as condições empregadas no teste foram tão perfeitas quanto possível.

Questões a serem resolvidas incluem o seguinte: (i) ataque microbiano das misturas por bactérias ou micróbios, em virtude da rápida decomposição biológica do FAME; (ii) a estabilidade ao armazenamento das misturas, que é influenciada pelos materiais do tanque, plásticos e aditivos de amaciamento; (iii) a maior tendência à formação de espumas durante o abastecimento, que pode levar a vazamentos e problemas com a medida correta do volume abastecido durante o procedimento; (iv) a decomposição do Euromaker (marcadores de tributação europeus) ou de outros aditivos; e (v) o efeito de inchamento dos materiais plásticos utilizados, isto é, anéis de vedação, tubulações, partes dos controladores de vazão, bombas e bicos de injeção.

Resumo

O método para a determinação da estabilidade oxidativa (EN 14112 – teste Rancimat) apresenta uma boa correlação com o desenvolvimento dos parâmetros de qualidade do combustível. O biodiesel apresentou alta resistência contra o aumento da temperatura. Um método para a determinação da estabilidade térmica foi proposto, utilizando o equipamento

Rancimat para determinar o teor de polímeros presente no combustível. Um método para a determinação da estabilidade ao armazenamento também foi proposto mediante o emprego do equipamento Rancimat. Amostras com má ou boa estabilidade puderam ser claramente identificadas.

O biodiesel pode ser estocado por um ano sob condições normais de armazenamento, sem mudanças dramáticas em seus parâmetros de qualidade. Alterações observadas afetaram a estabilidade oxidativa e o IP, dependendo da qualidade e das condições de armazenamento. A aditivação correta garante que as amostras continuem a atender as especificações após períodos de armazenamento superiores a um ano. Mesmo assim, o armazenamento e a logística/transporte apropriados são absolutamente necessários. O contato com o ar, água e luz solar deve ser evitado.

O limite para a estabilidade oxidativa pode ser atingido por meio da adição apropriada de antioxidantes para todos os diferentes tipos de biodiesel. Antioxidantes sintéticos são mais eficientes que os naturais. A eficiência e a quantidade requerida dos diferentes antioxidantes depende fortemente da matéria-prima e da tecnologia de produção do biodiesel. Nenhuma influência significantemente negativa foi observada sobre o desempenho do combustível até o momento. A influência de aditivos sobre o desempenho dos motores não foi investigada no projeto. No entanto, para minimizar quaisquer efeitos negativos, é recomendável que os antioxidantes sejam utilizados a baixas concentrações. Os α-, δ-, e γ-tocoferóis retardaram significativamente a oxidação de compostos graxos insaturados, com o γ-tocoferol apresentando a eficiência mais pronunciada.

Os resultados de testes de bancada com sistemas de injeção demonstraram que a funcionalidade esteve presente em todos os experimentos após testes de longa duração com combustíveis de diferentes estabilidades. O desgaste e a formação de sedimentos foram normais para o tempo empregado na operação. Depósitos semelhantes a gorduras foram observados apenas em partes submetidas a condições muito severas de operação. Nenhum efeito relacionado à estabilidade do combustível foi observado durante os testes de longa duração em motores.

Os sistemas de injeção dos quatro veículos utilizados em testes de campo, e que foram alimentados com biodiesel de baixa estabilidade, se apresentaram em boas condições após a conclusão dos ensaios. No entanto, vestígios de oxidação puderam ser observados em algumas partes do sistema de injeção unitário. Depósitos de combustível foram observados em várias partes deste sistema de injeção. Embora nenhum problema tenha ocorrido em relação à baixa estabilidade do combustível, é recomendável a garantia de que o mínimo de estabilidade exigido pela especificação seja atendido para evitar problemas durante a operação sob condições muito severas.

Testes de campo demonstraram que o uso de misturas de 5% de biodiesel de baixa estabilidade em diesel de origem fóssil não ocasionou quaisquer efeitos negativos sobre o desgaste, a formação de depósitos e a lubrificação do motor, além do armazenamento, distribuição, contaminação microbiana e qualidade do combustível. Pontos críticos que prevaleceram no ensaio incluem a estabilidade oxidativa (EN ISO 12205, como previsto pela EN 590) e a necessidade imperativa de limpar e manter limpa a infraestrutura de armazenamento (vasos, tubulações) do biodiesel.

Quando o biodiesel foi utilizado como combustível para aquecimento, não houve diferença nos testes de bancada de curta duração dentro das cinco unidades de geração de calor utilizadas em condições estacionárias. Por outro lado, as emissões de HC e de CO foram superiores durante o procedimento de partida, quando comparadas com o emprego de óleo combustível puro de origem fóssil. Os resultados dependem significativamente da tecnologia das unidades geradoras de calor. Nos testes de longa duração das três unidades que foram alimentadas com diferentes combustíveis, problemas ocorreram no controle da taxa de alimentação, quando o combustível empregado era de estabilidade muito baixa.

Até o momento, não foi registrado nenhum problema significativo nos testes de campo realizados com oito geradores de calor durante duas temporadas de uso, sendo que o combustível teste corresponde ao óleo de origem fóssil contendo 5% de FAME (EMC, EMOFU e antioxidantes). As questões ainda em aberto estão focadas no ataque microbiológico e na estabilidade das misturas ao armazenamento, bem como na formação de espumas e na compatibilidade de diferentes materiais com estas misturas.

Agradecimentos

Este artigo está baseado nos resultados do projeto "Estabilidade do Biodiesel", que foi desenvolvido na quinta etapa de trabalhos da Comissão Europeia. Aos parceiros do projeto, os mais sinceros agradecimentos pela disponibilização dos resultados e pelo excelente trabalho em grupo.

Referências

1. Mandado M/245 à CEN para a elaboração e adoção de padrões relacionados aos requerimentos mínimos da especificação, incluindo os métodos de teste, de ésteres metílicos de ácidos graxos (FAME) como combustível para motores diesel e para aquecimento de ambientes (29 de janeiro de 1997).

2. Estabilidade do Biodiesel – Empregado como combustível para motores diesel e para aquecimento de ambientes. Apresentação dos resultados do projeto BIOSTAB. *Anais. Graz*, 3 de julho de 2003. Publicado pela BLT Wieselburg, Áustria (2003). ISBN 3-902451-00-9.

3. Lacoste, F., e L. Lagardere, Quality parameters evolution during biodiesel oxidation using Rancimat test. *Eur. J. Lipid Sci. Techn.:105*, 149-155 (2003).

4. Bondioli, P., A. Gasparoli, L. Della Bella, e S. Tagliabue, Evaluation of biodiesel storage stability using reference methods. *Eur. J. Lipid Sci. Techn.. 104* 777-784 (2002).

5. Mittelbach, M., e S. Schober, The Influence of Antioxidants on the Oxidation Stability of Biodiesel. *J. Am. Oil Chem. Soc. 80*:817-823 (2003).

6.5
Lubricidade do Biodiesel

Leo Schumacher

Introdução

A necessidade de reduzir as emissões de exaustão de motores diesel tem direcionado o desenvolvimento de novas tecnologias de motores diesel. Essas inovações têm focado nos seguintes desenvolvimentos: (i) tecnologias de injeção de combustíveis diesel, (ii) tecnologias de tratamento dos gases de exaustão *a posteriori* e (iii) aperfeiçoamento dos padrões de refino do combustível diesel. A tecnologia de injeção de combustíveis diesel em motores diesel modernos opera a pressões superiores às utilizadas em outros sistemas análogos de injeção (1). Essa nova tecnologia tem levado a uma demanda por melhores propriedades de lubrificação do combustível diesel que, tradicionalmente, tem a função de lubrificar o sistema de injeção dos motores do ciclo diesel.

Antes de outubro de 1993, o combustível diesel que era vendido nos Estados Unidos apresentava um teor de enxofre de ~5.000 ppm. Em 1993, a Agência de Proteção Ambiental (EPA) exigiu que todo o combustível diesel vendido nos Estados Unidos contivesse ≤ 500 ppm de enxofre. As refinarias de petróleo, particularmente em virtude de um processo especial de hidrotratamento do combustível diesel, produziram um combustível diesel mais limpo que conseguiu atender a essa exigência. No momento da edição deste livro, espera-se que em 1 de junho de 2006 a EPA abaixe novamente o nível permitido de enxofre nos combustíveis diesel. A nova especificação será de 15 ppm ou menos. Essa diminuição no teor de enxofre está projetada para reduzir as emissões associadas à exaustão dos motores diesel em cerca de 90%, em comparação com a era dos combustíveis diesel de 500 ppm de enxofre. Essa redução nas emissões de exaustão dos motores está projetada para os novos motores diesel, que estão equipados com conversores catalíticos apropriados para o tratamento dos gases de exaustão.

A pesquisa tem demonstrado que, quando combustíveis mais limpos são queimados em motores diesel, os conversores catalíticos duram mais e as emissões em hidrocarbonetos aromáticos e em óxidos de nitrogênio são inferiores. Infelizmente, o hidrotratamento que foi empregado para reduzir o teor de enxofre produziu um combustível que, muitas vezes, falha em prover uma lubrificação adequada do sistema de injeção de combustível que equipa os motores diesel.

A análise de lubricidade utilizando o procedimento do sistema de avaliação da lubricidade com esfera de atrito sob desgaste adesivo severo (SL-BOCLE) e com mecanismo de atrito em movimento recíproco de alta frequência (HFRR) indicou que o novo combustível diesel de baixo teor de enxofre (15 ppm) apresentará uma lubricidade inferior ao combustível diesel de 500 ppm (5). Fabricantes de motores provaram que um simples tanque cheio de um combustível diesel com lubricidade extremamente baixa pode causar falhas catastróficas na bomba injetora de combustível.

Pesquisas têm revelado que a mistura com biodiesel causa um aumento de lubricidade de combustíveis diesel derivados do petróleo (6). Testes de HFRR utilizando misturas de 2% de biodiesel demonstraram uma redução no diâmetro das ranhuras de desgaste em aproximadamente 60% (de 513 a 200 μm).

Informações Básicas sobre a Lubricidade

A lubricidade pode ser definida de várias maneiras. "A lubricidade é a habilidade de um líquido em fornecer lubrificação hidrodinâmica e/ou de contato para prevenir o desgaste entre partes que se movem" (7). Também pode ser definida como segue: "Lubricidade é a habilidade de reduzir a fricção entre superfícies sólidas em movimento relativo" (7). Outra definição (2) é a "qualidade que evita o desgaste quando duas partes metálicas em movimento entram em contato entre si".

A produção de um combustível diesel limpo pode de fato reduzir a lubricidade do combustível (8). Os autores relataram que a qualidade de lubrificação do combustível diesel caiu significativamente em 1993, quando os Estados Unidos exigiram o uso de combustíveis diesel que apresentassem ≤ 500 ppm de enxofre. No momento da edição deste livro, a indústria de petróleo espera que a lubricidade do diesel de petróleo caia a níveis ainda menores quando o limite para o teor de enxofre for reduzido para 15 ppm, em junho de 2006.

Embora se pensasse que a viscosidade do combustível diesel estava relacionada com a lubricidade (9), muitos pesquisadores sugeriram que a lubricidade do combustível não é consequência de sua viscosidade (4,8). Vários pesquisadores observaram que a lubricidade é fornecida pelo teor de outros componentes do combustível, como "substâncias policíclicas aromáticas que contêm enxofre, oxigênio e nitrogênio". Foi demonstrado que o oxigênio e o nitrogênio conferem uma lubricidade natural ao combustível diesel (1). Em outro estudo, foi confirmado (4) que o oxigênio contribui definitivamente à lubricidade natural do combustível diesel, mas que o nitrogênio é um agente mais ativo que o oxigênio nesta propriedade. Os autores demonstraram que combustíveis diesel de alto teor de enxofre exibiram má lubricidade quando apresentavam um baixo teor de nitrogênio.

Alguns pesquisadores afirmaram que a diminuição dos teores de enxofre e de aromáticos pode não acarretar uma diminuição na lubricidade do combustível. No entanto, nos idos de 1991, o hidrotratamento foi documentado como capaz de diminuir a lubricidade de combustíveis diesel (5,10-12). Foi observado que os métodos especiais de hidrotratamento, que estavam sendo empregados para reduzir o teor de enxofre de combustíveis diesel, também ocasionaram uma redução de sua lubricidade (8). Os autores ainda teorizaram que o oxigênio e o nitrogênio "podem se tornar ineficientes caso o combustível for submetido a um hidrotratamento severo de dessulfurização".

É importante observar que alguns sistemas de injeção de motores diesel dependem inteiramente do combustível diesel para lubrificar as partes móveis internas que operam com grande precisão a altas temperaturas e altas pressões (2). Problemas de desgaste relacionados à lubricidade já foram evidenciados no Canadá, na Califórnia e no Texas, quando as frotas passaram a utilizar combustível diesel de baixos teores de enxofre para reduzir as emissões da exaustão do motor (10). Foi observado que as bombas injetoras de distribuição rotativa, de produzidas por vários fabricantes, foram as mais suscetíveis ao desgaste por má lubrificação (2). É importante ressaltar que a falha dos componentes do sistema de injeção não foi limitada a um único fabricante. Muitos motores experimentaram problemas com as vedações Buna-N, que levam, em última análise, à falência prematura de ambos sistema de injeção e componentes internos do motor (11).

As maneiras de se avaliar a lubricidade de um combustível incluem: (i) teste em veículo, (ii) equipamento de bancada para testes de injeção do combustível e (iii) testes de laboratório (7). O mais barato e o mais eficiente destes é o teste de lubricidade de laboratório. Equipamentos de injeção de combustível requerem 500-1.000 h de operações cuidadosamente monitoradas por 1 a 3 meses. "Testes de veículo" em condições normais de uso requerem um tempo relativamente semelhante (500-1.000 h); no entanto, os resultados podem demorar até 2 anos para se tornarem disponíveis. O teste de lubricidade de laboratório fornece uma avaliação precisa e de baixo custo em menos de uma semana.

Nos Estados Unidos, a especificação ASTM D975 (13) para óleo diesel combustível, pelo menos até o momento em que este material foi redigido, não inclui uma norma específica para lubricidade. No entanto, Wielligh et al. (14) afirmaram que o estabelecimento de uma norma padronizada para a determinação da lubricidade em combustíveis diesel é uma necessidade inquestionável. Alguns fabricantes europeus de motores diesel aceitaram a norma ASTM D6078 (15) como parâmetro para a determinação da lubricidade. Essas companhias têm desenvolvido processos de seleção de procedimentos experimentais para avaliar a qualidade de lubrificação de combustíveis diesel. Por exemplo, a Companhia de Motores Cummins determinou que "medidas iguais ou superiores a 3.100 g pelo método SL-BOCLE (ASTM D6078) do Exército dos EUA, ou diâmetros em ranhuras de desgaste de 380 micras a 25 °C, medidos pelo método HFRR (ASTM D6079)", são valores adequados de lubricidade para motores diesel modernos. Combustíveis com valores de SL-BOCLE > 2.800 g ou com diâmetros em ranhuras de desgaste que sejam de < 450 μm a 60 °C, ou < 380 μm a 25 °C, geralmente apresentam desempenho satisfatório em motores (7). De acordo com LePera (2), no momento da edição deste livro, espera-se que a norma ASTM D975 incorpore uma norma para lubricidade até o ano de 2006, para quando está planejada a próxima redução no teor de enxofre de combustíveis diesel.

Foi observado que embora existam várias normas, não há consenso na indústria de petróleo sobre qual método está baseado no melhor procedimento (12). Os procedimentos para avaliação da lubricidade que estão disponíveis incluem: M-ROCLE (sistema de avaliação da lubricidade por desgaste de rolamento de Munson), HFRR e SRV (com movimento recíproco otimizado).

O teste SRV está baseado em um aparelho equipado com uma esfera de aço de 10 mm que desliza de um modo descentralizado sobre um disco de diâmetro correpondente a 25 mm. A esfera é posicionada no aparelho em posições que podem ser ajustadas, e a frequência e o impacto da ação de deslizamento podem ser alterados. A fricção entre a esfera e o disco resulta em um efeito de torque sobre o disco, e esse torque pode ser medido. Um computador calcula o coeficiente de fricção baseado na medida de torque. O disco e a esfera devem estar submersos no combustível pelo seu gotejamento sobre as superfícies que estão em contato direto (14).

Os equipamentos de teste BOCLE e SL-BOCLE pressionam uma esfera de aço contra um anel de aço rotativo, que está parcialmente submerso no líquido lubrificante. Um peso é aplicado até que uma marca de "ranhura" seja observada sobre o cilindro rotativo (15). Mais especificamente, uma esfera de aço de 12,7 mm (0,15 polegada) é colocada sobre o cilindro rotativo. Uma carga é então aplicada em gramas. Após cada teste bem sucedido, a esfera usada é substituída por uma nova, e mais carga é aplicada até que uma força específica de fricção seja ultrapassada. A ultrapassagem dessa força de fricção indica a ocorrência do desgaste. Os gramas de força requeridos para produzir a ranhura ou escarificação sobre o anel rotativo são registrados de acordo com a norma ASTM D6078.

O teste HFRR corresponde a um sistema de testes de fricção e de desgaste controlado por computador, e consiste de uma esfera que é colocada sobre uma superfície plana (16). A esfera é então vibracionada rapidamente para frente e para trás sobre um percurso de 1 mm, enquanto uma massa de 200 g é aplicada. Após 75 min, a região plana da esfera de aço que foi deformada é medida com o auxílio de um microscópio com campo de ampliação de 100X. O tamanho dessa região está diretamente associado à qualidade lubrificante do combustível que estiver sendo testado.

Procedimentos para a Determinação da Lubricidade que São Reconhecidos pelas Normas ASTM e EN (Normas Europeias ou "EuroNorms")

As companhias de motores demandaram uma solução rápida, fidedigna e de bom custo-benefício para predizer o desempenho de combustíveis em bombas injetoras de uso comum. Dois testes foram propostos, o HFRR e o SL-BOCLE. O SL-BOCLE foi desenvolvido para modificar o instrumento (BOCLE) que era utilizado para medir a lubricidade de combustíveis de avião.

Os fabricantes europeus de motores diesel e de bombas de injeção de combustível desenvolveram um programa de validação interlaboratorial em um esforço para determinar qual desses dois procedimentos poderia ser considerado o mais apropriado. Como observado anteriormente, se o diâmetro das ranhuras de desgaste do HFRR for < 450 μm, o combustível geralmente apresenta um desempenho satisfatório. De acordo com os fabricantes europeus de motores, o teste HFRR forneceu a melhor correlação com a durabilidade das bombas de injeção de combustível. Esse procedimento teste foi então adotado como padrão pela Comissão das Comunidades Europeias (CEC) em 1996. Os europeus também aditaram à norma EN 590 um parâmetro específico para a determinação da lubricidade. O teste HFRR foi selecionado para esse fim, com um limite máximo de 460 μm para o diâmetro das ranhuras de desgaste.

Nos Estados Unidos, o manual da Associação dos Fabricantes de Motores (EMA) recomenda o uso do teste SL-BOCLE com um limite mínimo de 3100 g. Alternativamente, o estado da Califórnia recomenda um limite mínimo de 3.000 g (SL-BOCLE). Pesquisas e discussões técnicas complementares ainda persistem entre os fabricantes de motores nos Estados Unidos; esse processo deverá culminar com a proposição de uma especificação. No entanto, é importante observar que, na ausência de uma norma padronizada, cada unidade de refino estabelece os seus próprios limites para a lubricidade de combustíveis diesel.

Em virtude da falta de exatidão dos resultados obtidos a partir desses dois procedimentos de teste, podem ser encontrados relatos que especificam valores de 500 ou 550 μm para o HFRR e de 2.800, 3.000, 3.100 ou mesmo 3.150 g para o SL-BOCLE. Em resumo, a comparação entre dados derivados dos testes HFRR e SL-BOCLE não é precisa. Ademais, a maior parte das informações disponíveis sugere que o nível proposto de 520 μm para o teste HFRR não corresponde a um valor de lubricidade inferior ao definido por um resultado de 3100 g no teste SL-BOCLE. Alguns fabricantes de motores têm sugerido que o HFRR poderia ser um teste de melhor qualidade para predizer a lubricidade do combustível para o motor.

De acordo com a literatura, o método de testes HFRR é também de menor complexidade operacional que o SL-BOCLE. Dado que grande parte da variação dos resultados de testes SL-BOCLE parece estar associada a diferenças no procedimento técnico/operacional do executor, o HFRR pode prevalecer como o método de melhor escolha. A adoção do HFRR poderá, em última análise, permitir que os fabricantes de motores e de sistemas de combustível possam comparar mais facilmente os seus resultados experimentais.

Variação Analítica dos Testes de Lubricidade

Seja qual for o procedimento analítico em questão, as informações obtidas podem muitas vezes variar de um laboratório para outro. Ademais, as informações obtidas podem variar de um técnico de laboratório para outro no mesmo laboratório, empregando o mesmo equipamento analítico de teste. Algumas companhias empregam uma compensação para essa variação no teste SL-BOCLE por permitir uma faixa de tolerância de 300 g em torno de uma medida de 3.100 g. A repetibilidade do SL-BOCLE é de ± 900 g, enquanto a reprodutibilidade é de 1.500 g (7). Um efeito similar, embora em uma menor escala, é observado para o teste HFRR, em que a repetibilidade é de ± 0,8 e a reprodutibilidade é de ± 0,136.

Efeito do uso de Biodiesel como Aditivo Lubrificante

Um estudo avaliou a lubricidade de óleos vegetais virgens (17). Esse mesmo estudo forneceu uma revisão sobre a lubricidade dos combustíveis diesel número 1 e número 2 de baixo teor de enxofre (500 ppm) (Tabela 1). Nessa tabela, o valor (3.150 g) estabelecido como padrão de referência (17) foi ligeiramente superior aos exigidos pelas normas ASTM para os procedimentos SL-BOCLE (3.100 g) e HFRR. O combustível diesel número 1 de baixo teor de enxofre (querosene com 500 ppm de enxofre) exigiu o emprego de um aditivo lubrificante para que pudesse ser utilizado em motores diesel.

Quando as primeiras pesquisas claramente indicaram a hipótese de que o biodiesel realmente apresenta uma boa lubricidade, e que os testes conduzidos sugeriram que o biodiesel era capaz de fornecer uma lubricidade duas vezes superior à do combustível diesel de petróleo, os pesquisadores se propuseram a determinar se o emprego de blendas de biodiesel (1-2%) com os novos combustíveis diesel de baixo teor de enxofre poderia fornecer a lubrificação adequada para os sistemas de injeção de combustível dos motores diesel. Misturas de 1 e de 2% de biodiesel (além de outras mais) foram preparadas em base volumétrica para avaliação em testes de lubricidade. Esses combustíveis misturados foram analisados por dois laboratórios independentes usando o procedimento do teste ASTM SL-BOCLE. Os testes SL-BOCLE foram conduzidos com biodiesel e com os combustíveis diesel de número 1 e de número 2 (Tier 2 2004). Os resultados desses testes, empregando o método ASTM D6078, encontram-se registrados na Tabela 2.

Vários fabricantes de motores diesel indicaram que um valor SL-BOCLE de 3.100 g (a Chevron relata valores de 2.800 g) fornece lubrificação adequada para sistemas modernos de injeção de motores diesel. Os resultados da Tabela 2 indicam que a substituição de 1% do combustível diesel número 2 por biodiesel tem a capacidade de fornecer a lubrificação adequada para o sistema de injeção de motores diesel. A aditivação do combustível diesel

Tabela 1. Resultados dos testes de lubricidade para combustíveis diesel de baixo teor de enxofre, óleos vegetais e de misturas contendo biodiesel[a]

Aditivo	F2 comercial #2 com aditivos		F3 querosene (#1 diesel)		F4 amoco #2 com inibidor de corrosão/sem outro aditivo	
	SL-BOCLE	HFRR	SL-BOCLE	HFRR	SL-BOCLE	HFRR
Nenhum	4150	376	1250	675	4200	531
1% Óleo de soja	4150	365	3050	468	4550	303
1% Éster metílico de soja	5200	251	3700	294	4775	233

[a] Padrão do fabricante do motor: sistema de avaliação da lubricidade com esfera de atrito sob desgaste adesivo severo (SL-BOCLE) deve ser > 3150; a medida de lubricidade com mecanismo de atrito em movimento recíproco de alta frequência (HFRR) deve ser < 450.

Tabela 2. Resultados dos testes SL-BOCLE para combustíveis diesel de baixo teor de enxofre (CD) e de misturas contendo biodiesel (BD)[a]

Combustível	0% BD (100% CD)	0,5% BD	1% BD	2% BD	4% BD	12% BD	100% BD
Número 1	1250	N/A	2550	2880	2950	4200	5450
Número 2	2100	2600	3400	3500	N/A	N/A	5450

[a] SL-BOCLE, sistema de avaliação da lubricidade com esfera de atrito sob desgaste adesivo severo; N/A, não disponível.

número 1 com biodiesel, ao nível de 4%, aumentou a lubricidade para um valor muito próximo ao padrão ASTM SL-BOCLE. Com base nesses dados e nas informações coletadas subsequentemente (18), foi evidenciado que a adição de pelo menos 5 a 6% de biodiesel seria necessária para aumentar a lubricidade de combustíveis diesel de teor ultrabaixo de enxofre a um nível superior a 3.100 g.

Resumo

Os dados disponíveis de fabricantes de motores, de procedimentos ASTM, EN e CEC, e de companhias privadas, sugerem que a lubricidade de combustíveis diesel de teor muito baixo de enxofre (15 ppm) será inferior à de combustíveis diesel com teores de enxofre da ordem de 500 ppm. Procedimentos severos de hidrotratamento têm sido empregados para remover o enxofre de combustíveis diesel. O resultado final foi a obtenção de um combustível mais limpo, mas de lubricidade consideravelmente inferior. Portanto, as distribuidoras de petróleo estão planejando empregar aditivos de lubricidade para evitar o comprometimento prematuro dos sistemas de injeção de combustíveis diesel, a partir do momento em que os novos combustíveis de baixos teores de enxofre tornarem-se obrigatórios por ato da EPA.

Os sistemas de injeção de combustíveis em motores diesel de tecnologia moderna requerem melhor lubrificação em virtude de suas pressões de operação, que são maiores que aquelas empregadas em sistemas de injeção de combustível de tecnologia anterior. Vários procedimentos foram desenvolvidos por fabricantes de motores diesel e pela indústria do petróleo para testar a lubricidade, em um esforço conjunto para evitar que os sistemas de injeção de combustíveis pudessem vir a falhar prematuramente. Dois desses procedimentos teste despontaram como métodos de bancada para avaliar a lubricidade, isto é, os procedimentos SL-BOCLE e HFRR. Embora vários pesquisadores tenham afirmado que o teste SL-BOCLE apresenta melhor correlação com os testes de durabilidade de bombas injetoras (19), o teste HFRR tem adquirido uma aparente popularidade, porque a EN adotou este procedimento como padrão na norma EN 590.

A lubricidade do combustível diesel derivado do petróleo foi anteriormente considerada como diretamente relacionada à viscosidade do combustível diesel. Embora a viscosidade e a temperatura do combustível estejam correlacionadas com a alta lubricidade, vários pesquisadores determinaram que outros componentes são responsáveis pela lubricidade natural do combustível diesel. Esses pesquisadores também determinaram que a remoção do enxofre não causou um abaixamento da lubricidade do combustível; em vez disso, a remoção de oxigênio e nitrogênio durante a dessulfurização resultou em combustíveis diesel de lubricidade inferior.

Pesquisas sobre lubricidade revelaram que a lubricidade de combustíveis diesel de número um com baixos teores de enxofre será menor que a de combustíveis diesel de nímero dois. A lubricidade de combustíveis diesel de número dois foi consideravelmente inferior ao nível estabelecido como minimamente aceitável por instituições como a EMA, a EN e a CEC. A adição de pequenas quantidades de biodiesel aumentou significativamente a lubricidade dos combustíveis diesel de número um e de número dois (20).

A mistura de 1 a 2% de biodiesel no combustível diesel de número dois, cujo teor de enxofre era de apenas 15 ppm (teores considerados ultrabaixos), aumentou a lubricidade do diesel de petróleo. Por outro lado, ainda é desconhecida a quantidade de biodiesel que será necessária para aumentar a lubricidade do combustível diesel Tier 2 de número um até um nível minimamente aceitável, já que esse novo combustível ainda não se encontra disponível em escala de produção. No entanto, com base nas investigações sobre a lubricidade do combustível diesel de número um de teores de enxofre ultrabaixos (15 ppm), cujas curvas de destilação e viscosidade eram equivalentes ao combustível diesel de número um de 500 ppm de enxofre, foi necessária a adição de 5 a 6% de biodiesel para aumentar a lubricidade a um nível que pudesse atender às recomendações de lubricidade propostas pelas instituições citadas (EMA, EN e CEC).

Referências

1. Mitchell, K. Diesel Fuel Lubricity – Base Fuel Effects. *SAE Techn. Pap. Ser.* 2001-01-1928 (2001).
2. LePera, M. Low-Sulfur and Diesel Fuel Lubricity – The Continuing Saga. LePera and Associates. *Fuel Line Magazine*, Vol. 4:18-19 (2000).
3. Karonis, D., G. Anastopoulos, E. Lois, F. Stournas, F. Zannikos, e A. Serdari. Assessment of the Lubricity of Greek Road Diesel and the Effect of the Addition of Specific Types of Biodiesel. *SAE Techn. Pap. Ser.* 1999-01-1471 (1999).
4. Barbour, R., D. Rickeard, e N. Elliott, N. 2000. Understanding Diesel Lubricity. *SAE Techn. Pap. Ser.* 2000-01-1918. Warrendale, PA.
5. Anônimo. *Biodiesel 2002: Indicators That the Biodiesel Industry is Growing and Poised to Be a Significant Contributor to the U.S. Alternative Fuels Market.* National Biodiesel Board, Jefferson City, MO, 2002.
6. Schumacher, L., J. Van Gerpen, e B. Adams. Diesel Fuel Injection Pump Durability Test with Low Level Biodiesel Blends. *Proceedings of the 2003 American Society of Agricultural Engineers Annual Meeting.* Las Vegas, 2003.
7. Chevron U.S.A. Inc. *Diesel Fuel Technical Review.* (FTR-2). San Francisco, CA, 1998.
8. Keith, O., e T. Conley. *Automotive Fuels Reference Book*, 2ª edição, Society of Automotive Engineers, Inc. Warrendale, PA., 2ª edição, p. 487 & 519, 1995.
9. Lacey, P., e R. Mason. Fuel lubricity: Statistical analysis of literature data. *SAE Techn. Pap. Ser.* 2000-01-1917 (2000).
10. Anônimo. *Low-Sulfur Diesel Fuel Requires Additives to Preserve Fuel Lubricity.* Stanadyne Corporation, Windsor, CT, 2002.
11. Kidwell-Ross, R. Engine Damage from Low Sulfur Diesel Fuel, *American Sweeper*, 17-21 (2001).
12. Munson, J., e P. Hetz. *Seasonal Diesel Fuel and Fuel Additive Lubricity Survey Using the "Munson ROCLE" Bench Test.* Saskatchewan Canola Development Commission, Saskatoon, Canada, 1999.
13. Anônimo, *Standard Specification for Diesel Fuel Oils*, ASTM D975. ASTM. West Conshohocken, PA. pp. 1-19 (2002).

14. Wielligh, A., N. Burger, e T. Wilcocks. *Diesel Engine Failure Due to Fuel with Insufficient Lubricity*. Dept. of Mechanical and Aeronautical Engineering. University of Pretoria, Pretoria, Republic of South Africa, 2002.

15. Anônimo. *Standard Test Method for Evaluating Lubricity of Diesel Fuels by Scuffing Load Ball-on-Cylinder Lubricity Evaluator (SLBOCLE)*. ASTM D6078. ASTM. West Conshohocken, PA. pp. 1-9, 1999.

16. Anônimo. *Standard Test Method for Evaluating Lubricity of Diesel Fuels by the High-Frequency Reciprocating Rig (HFRR)*, ASTM D6079. ASTM. West Conshohocken, PA. pp. 1-4 (1999).

17. Van Gerpen, J., S. Soylu, e D. Chang. *Evaluation of Lubricity of Soybean Oil-based Additives in Diesel Fuel*, Iowa State University, Ames, IA, 1998.

18. Beach, M., e L. Schumacher, *Lubricity of Biodiesel Blends*. On Campus Undergraduate Research Internship Poster Session. University of Missouri, Columbia, MO, 27 de abril, 2004.

19. Anônimo. *Standard Specification for Biodiesel Fuel (B100) Blend Stock for Distillate Fuels*. ASTM D6751. ASTM. West Conshohocken, PA, 2002.

20. Anônimo. *WK2571 – Standard Specification for Diesel Fuel Oils*. Revision of D975-04. ASTM. West Conshohocken, PA, 2004.

6.6
Biodiesel: Biodegradabilidade, Demandas Química e Biológica de Oxigênio e Toxicidade

C. L. Peterson e Gregory Müller

Introdução

Este capítulo resume as pesquisas da Universidade de Idaho relacionadas à biodegradabilidade, demanda bioquímica de oxigênio (DBO_5), demanda química de oxigênio (DQO_5) e toxicidade do biodiesel (1-5). Esses estudos foram conduzidos em meados da década de 1990 utilizando óleos puros e biodiesel de uma variedade de matérias-primas incluindo soja, canola e colza, dentre outros. Os ésteres metílicos e etílicos foram incluídos na maioria desses estudos. O petrodiesel empregado nos estudos de comparação foi o combustível diesel Philips 2-D de baixo teor de enxofre. Em alguns desses estudos, misturas do combustível 2-D de referência com os combustíveis derivados de óleos vegetais foram também investigadas, conforme observado em cada seção pertinente deste capítulo. A nomenclatura utilizada para os combustíveis foi a seguinte: combustível diesel Philips 2-D de baixo teor de enxofre, 2-D (petrodiesel); ésteres metílicos de colza a 100%, EMC; ésteres etílicos de colza a 100%, EEC; 50% EMC/50% 2-D, 50EMC; 50% EEC/50% 2-D, 50EEC; 20% EMC/80% 2-D, 20EMC; e 20% EEC/80% 2-D, 20EEC.

Biodegradabilidade

A biodegradabilidade de vários tipos de biodiesel em ambientes aquáticos e terrestres foi examinada pelos métodos de evolução de CO_2, de cromatografia a gás (CG) e de germinação de sementes. Os combustíveis examinados incluíram o óleo de colza puro (OCP), o óleo de soja puro (OSP), os ésteres metílicos e etílicos dos óleos de colza e de soja, e o combustível diesel Philips 2-D de referência. Misturas de biodiesel/petrodiesel a diferentes razões volumétricas, incluindo 80/20, 50/50 e 20/80, também foram examinadas em ambientes aquáticos.

Existem vários métodos de teste para avaliar a biodegradabilidade de um composto orgânico. Entre eles, o teste de evolução de CO_2 (sistema de vaso agitado) e a análise por CG são os mais comuns e foram aplicados como os principais métodos para os experimentos nos ambientes aquático e terrestre, respectivamente. Uma diferença importante entre eles está em que a evolução de CO_2 mede a degradação terminal (mineralização), em que uma substância é convertida a CO_2 e H_2O como produtos finais, enquanto a análise por CG mede apenas a degradação primária, em que a substância não é necessariamente transformada nos produtos finais de sua degradação. Finalmente, dado que o recobrimento de solos contaminados com derramamentos de combustível é um objetivo desejável para esses estudos, a germinação de sementes foi empregada para avaliar a toxicidade do biodiesel sobre o desenvolvimento de plantas em sistemas terrestres.

O método de evolução de CO_2 empregado nesse estudo seguiu as recomendações do método padronizado 560/6-82-003 da Agência de Proteção Ambiental (EPA), utilizando um sistema de frascos agitados para a determinação da biodegradabilidade de substâncias químicas (4). O método de CG envolveu a extração das amostras com um solvente e a subsequente injeção de uma porção do extrato em um cromatógrafo a gás.

Um sistema de frascos Erlenmeyer de 500 mL foi utilizado nos testes de biodegradabilidade no solo. Amostras de solo seco (30 g) foram acondicionadas em frascos e cuidadosamente adicionadas à quantidade requerida da substância teste (10.000 mg/L), pesada em balança com precisão a partir de uma solução estoque. Água deionizada foi então adicionada se necessária para elevar o solo a um teor de umidade de 30%. Cada frasco foi selado e então incubado na temperatura ambiente.

A cada intervalo de tempo, 2 g de solo (peso seco) foram removidos para extração e análise por CG. Os 2 g de amostra de solo foram colocados em um frasco de 24 mL, provido de uma tampa de Teflon. O solo foi misturado com o mesmo volume de sulfato de sódio anidro para que toda a umidade da amostra fosse absorvida. Então, 1 mL de um padrão interno (o mesmo empregado nos sistemas aquáticos) foi adicionado ao frasco da amostra para determinar a eficiência do processo de extração e servir como um padrão quantitativo de referência. Imediatamente após a adição do padrão interno, foram adicionados 9 mL do solvente de extração (o mesmo empregado nos sistemas aquáticos); 2 mL da suspensão foram então sonicados em banho sonicador por 30 min, sem que um número superior a 10 frascos fosse submetido simultaneamente a esse procedimento. Os extratos foram transferidos a um novo frasco de amostragem, que foi selado e mantido em refrigerador (4 °C) para análise cromatográfica.

A germinação de sementes envolveu quatro pratos de 32 cm x 6 cm (diâmetro x altura) que receberam 2,0 kg de uma amostra de solo (peso seco) inicialmente contaminada com uma das quatro diferentes substâncias submetidas ao teste, incluindo EEC, EMC, OCP e 2-D a uma concentração de ~50.000 mg/mL, em média. Um prato sem qualquer adição de substrato foi utilizado como controle. Sementes selecionadas (n = 100) de alfafa foram distribuídas no controle e em cada prato previamente contaminado com as amostras de combustível no primeiro dia e após 1, 3 e 6 semanas do início do experimento. Os pratos foram cobertos com um filme plástico fino (com pequenos orifícios), mantidos em estufa, para manter uma temperatura favorável para o desenvolvimento de micro-organismos e plantas, e aguados periodicamente para manter a umidade exigida pelo sistema.

Resultados

O percentual médio cumulativo da evolução teórica de CO_2, durante um período de 28 dias, encontra-se resumido na Figura 1 para seis amostras de biodiesel (OCP, OSP, EEC, EMC, EES, EMS e 2-D). [Todas as seis amostras foram submetidas a experimentos em duplicata, de cujos resultados foram calculados a média aritmética, o desvio padrão (DP) e o desvio padrão relativo (DPR)%]. A percentagem máxima de evolução de CO_2 permaneceu entre 84 e 89% para EEC, EMC, EES e EMS, o que equivale ao comportamento da dextrose. A análise estatística dos resultados indicou que não houve qualquer diferença entre as suas respectivas biodegradabilidades. Para o OCP e o OSP, o percentual máximo de evolução de CO_2 foi de 78 e 76%, respectivamente, ou ligeiramente inferior ao observado para os produtos de sua modificação. Esses resultados podem ser explicados pela maior viscosidade desses materiais. A evolução de CO_2 a partir de 2-D foi de apenas 18,2% (o que corresponde à média de vários experimentos).

Os resultados demonstraram que todas as amostras de biodiesel são "facilmente biodegradáveis". Além disso, um cometabolismo foi observado na biodegradação de misturas de biodiesel em sistemas aquáticos, isto é, na presença de EEC, a velocidade e a extensão da degradação do combustível petrodiesel aumentaram a um nível duas vezes superior ao atribuído para o petrodiesel puro.

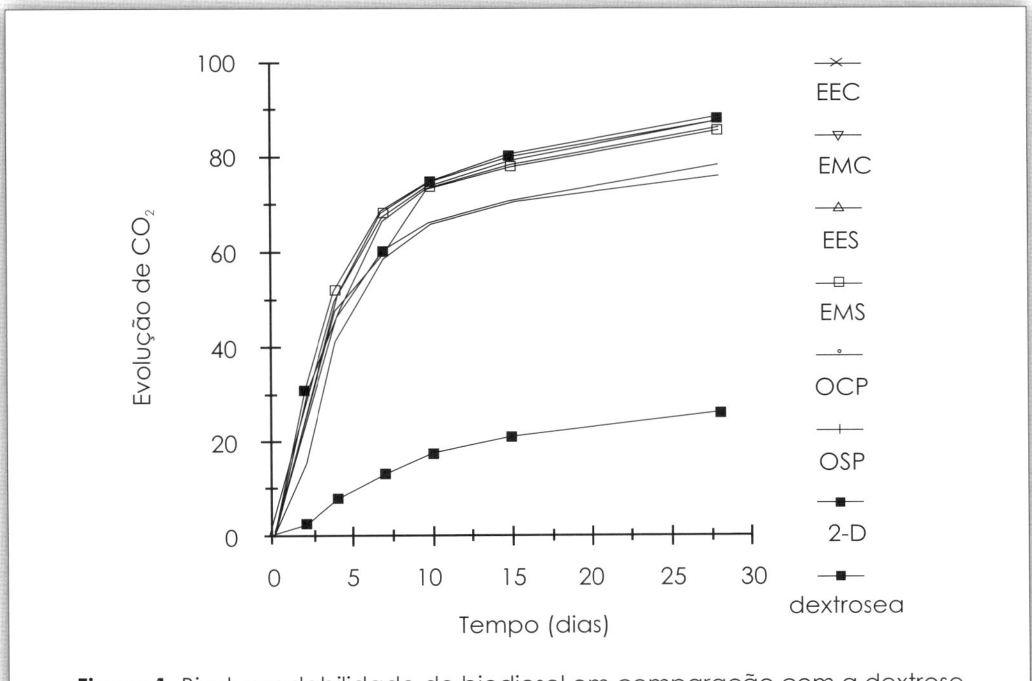

Figura 1. Biodegradabilidade do biodiesel em comparação com a dextrose e com o combustível D-2 de referência, de acordo com o teste realizado em frascos agitados.

A análise por CG demonstrou uma taxa de degradação muito mais rápida para o EEC e o D-2. O desaparecimento de EEC e D-2, após um dia de degradação, atingiu 64 e 27%, respectivamente. No segundo dia, todos os ácidos graxos do EEC passaram a ser indetectáveis, enquanto apenas 48% do D-2 efetivamente desapareceu. No entanto, as relações entre os percentuais de degradação primária e de degradação terminal foram bastante diferentes para as duas amostras, EEC e D-2 (1,2 vs. 2,7). A detecção de um valor inferior para EEC indica que a maior parte do biodiesel foi transformada nos produtos finais de degradação, enquanto o valor superior para o diesel implica em que a maior parte de sua constituição química, ou aproximadamente dois terços dos 48% transformados em sua degradação primária, foi convertida a produtos intermediários. A determinação da natureza desses intermediários exigirá o desenvolvimento de novos procedimentos de investigação.

Misturas. O percentual de evolução de CO_2 a partir de misturas EEC/D-2 (Figura 2) aumentou linearmente com o aumento da concentração de EEC na mistura. Quanto maior o volume de EEC na mistura, maior o percentual de evolução de CO_2. Essa relação pode ser descrita pela equação linear $Y = 0{,}629X + 20{,}16$ com um $R^2 = 0{,}992$ (a um limite de confidencialidade de 95%), sendo que X é a concentração percentual de EEC na mistura e Y é o percentual cumulativo de CO_2 que foi evolado em 28 dias.

Novamente, a análise por CG demonstrou que a degradação primária da mistura 50/50 de EEC e D-2 foi maior e mais rápida, correspondendo a 64 e 96% no primeiro e no segundo dia, respectivamente. Além disso, evidências de cometabolismo também foram observadas. O D-2 da mistura foi degradado a uma velocidade duas vezes maior que o D-2 puro, ou 63 vs. 27% no primeiro dia do experimento. Isso sugere que, na presença de EEC,

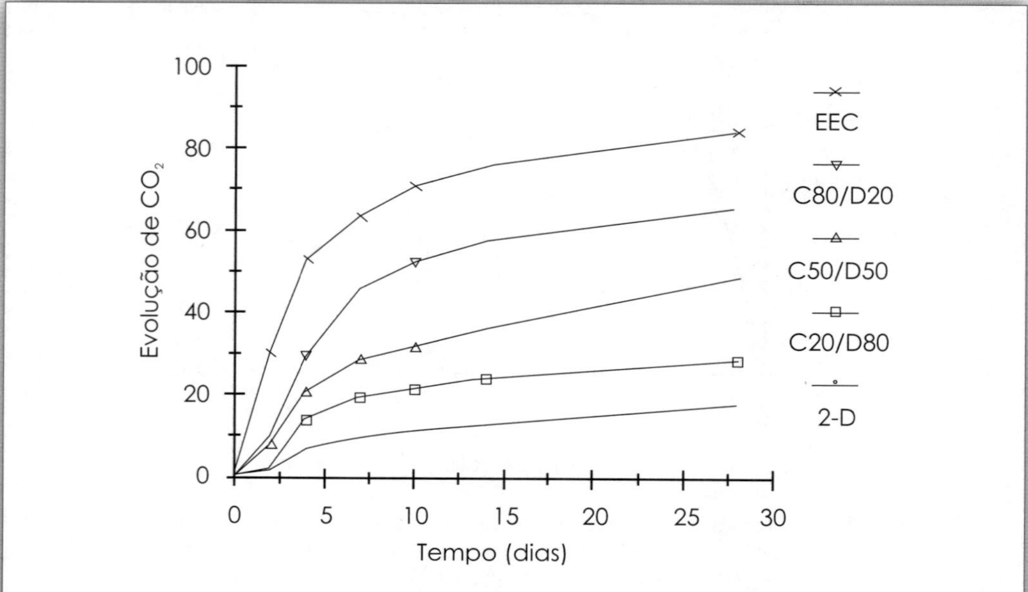

Figura 2. Biodegradabilidade das misturas que contêm biodiesel e do combustível D-2 utilizado como referência, de acordo com o teste realizado em frascos agitados.

os micro-organismos utilizam os ácidos graxos como fonte de energia para promover a degradação dos componentes do D-2.

Resultados dos frascos de solo. A média de desaparecimento de substrato vs. tempo para o diesel de referência e para cinco diferentes amostras de biodiesel, a uma concentração inicial de 10.000 mg/mL, encontra-se resumida na Figura 3 (foi empregada a média entre três amostragens para cada substância). Em 28 dias, o percentual de desaparecimento da substância atingiu 83-95% para as cinco amostras de biodiesel, correspondendo a um valor médio de 88%; para o diesel, esse valor foi de 52%.

Os resultados dos testes de germinação de sementes encontram-se registrados na Tabela 1. As amostras de solo contaminadas com EEC, EMC e OCP apresentaram velocidades inferiores de germinação quando as sementes foram semeadas no primeiro dia ou após uma semana do início do experimento, em comparação com situações em que a semeadura foi realizada apenas após três ou quatro semanas, porque fungos se desenvolveram rapidamente em todo o solo após duas semanas da contaminação. Cerca de 20 sementes chegaram a germinar, mas logo morreram sob o solo. No entanto, após três semanas, quando todo o biodiesel tinha sido degradado e o fungo começou a desaparecer visualmente, a velocidade de germinação das sementes aumentou nas amostras de solo que sofreram o derramamento de biodiesel. Após seis semanas, as taxas de germinação atingiram 92-98% nas três amostras de solo que sofreram derramamento de amostras de biodiesel. Entre as amostras de biodiesel, o OCP foi o que apresentou a maior taxa de germinação, de ~87%.

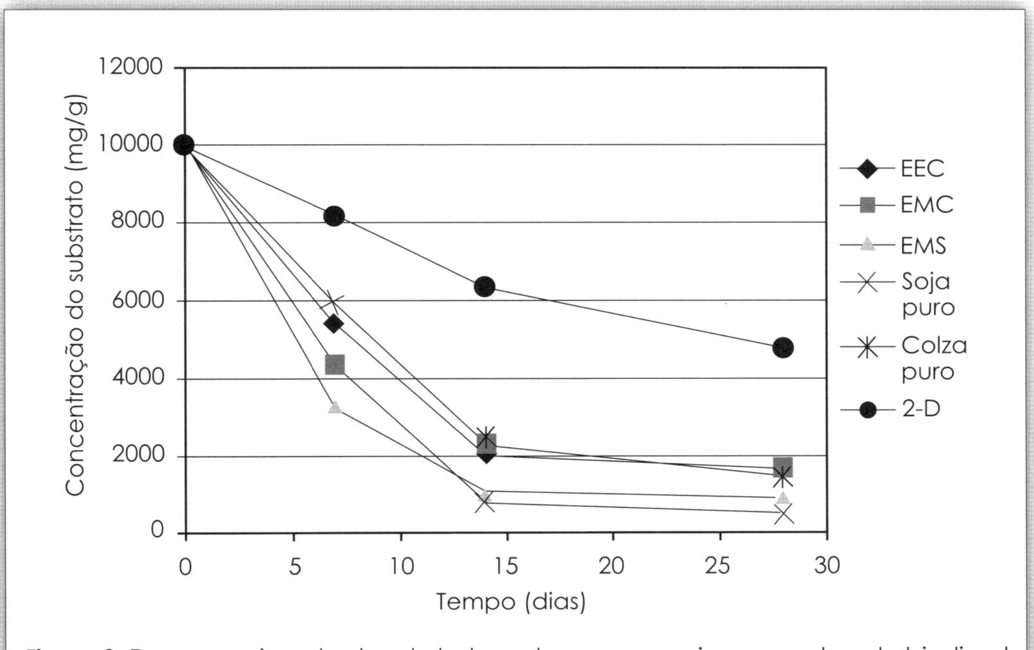

Figura 3. Desaparecimento do substrato vs. tempo para cinco amostras de biodiesel e para o diesel de petróleo, a uma concentração inicial de 10.000 mg/L no solo.

Tabela 1. Germinação de sementes em solos semeados posteriormente à contaminação com combustíveis[a]

Tempo da semeadura (dias)	Germinação da semente (%)				
	Controle	Óleo de colza bruto	EMC	EEC	Diesel
1	100	84,0	60,5	51,9	19,8
7	100	76,1	55,4	73,9	62,0
21	100	91,1	82,2	83,3	87,8
42	100	95,4	92,0	97,7	19,5
média	100	86,6	72,5	76,7	47,3

[a] EMC, éster metílico de sementes de colza; EEC, éster etílico de sementes de colza

Em solos que sofreram o derramamento de D-2, as sementes da primeira semeadura germinaram com um atraso de pelo menos 7 dias em relação às amostras de solo que sofreram derramamento com biodiesel. Além disso, o crescimento de fungos não foi observado no solo contaminado com D-2 até a quarta semana do experimento. Essa é a provável razão que justifica o decréscimo dramático na germinação de sementes em solos contaminados com D-2, após a quarta semana da contaminação. Esses resultados demonstram que a biodegradação pode recuperar um solo contaminado com biodiesel em 4-6 semanas, tornando-o novamente adequado como suporte para a germinação de plantas.

Conclusões sobre a Biodegradabilidade

1. Todas as amostras de biodiesel se mostraram "facilmente biodegradáveis" em ambientes aquáticos e terrestres. Durante um período de 28 dias, a evolução de CO_2 para todas as amostras de biodiesel atingiu 84% em média no sistema aquoso, e o desaparecimento de seus componentes orgânicos chegou a 88% no ambiente terrestre.

2. Dos resultados da evolução de CO_2, o aumento da concentração de EEC em misturas com petrodiesel causou um aumento linear no percentual de biodegradação terminal das misturas. De acordo com os resultados da análise por CG, houve cometabolismo durante a biodegradação primária da mistura 50EEC. A presença de biodiesel na mistura aparentemente promoveu um aumento de 100% na extensão com que o petrodiesel foi biodegradado.

3. A capacidade de solos contaminados com biodiesel em promover a germinação de sementes pode ser restaurada pela biodegradação em 4 a 6 semanas. No entanto, o teste de germinação de sementes demonstrou que o derramamento de biodiesel no solo teve um efeito negativo sobre o crescimento vegetal durante as 3 primeiras semanas posteriores à contaminação, e que esse efeito foi devido ao rápido crescimento de micro-organismos durante o período em que o combustível foi degradado.

DBO_5 e DQO

A DBO_5 é uma medida do oxigênio dissolvido que é consumido durante a oxidação bioquímica da matéria orgânica presente em uma substância. No presente estudo, a DBO_5 foi utilizada como uma medida relativa à quantidade de matéria orgânica que está presente no biodiesel e que é sujeita a processos oxidativos mediados por micro-organismos. Portanto, esse valor também pode servir como uma medida relativa da biodegradabilidade. A DQO é a medida da quantidade de oxigênio que é requerida para oxidar quimicamente a matéria orgânica presente em uma amostra. Os valores de DQO foram usados nesse estudo como uma medida independente do total de matéria orgânica oxidável que está presente nos combustíveis submetidos ao teste.

A DBO_5 foi determinada pelo Método EPA 405.1, em que o oxigênio dissolvido é medido no início e após um procedimento de incubação. Portanto, a DBO é computada a partir da diferença entre as quantidades inicial e final de oxigênio dissolvido (OD). A repetição das análises foi realizada em triplicata (o método especifica o uso de amostras em duplicata; assim, n = 6). Amostras de referência compostas por soluções de glucose/ácido glutâmico também foram analisadas em duplicata, bem como uma referência disponível comercialmente (WasteWatR™). Os combustíveis foram testados em suas respectivas condições de saturação em água (CSA: a concentração mais alta em que a substância é mantida em solução aquosa), cujos valores foram determinados utilizando o Método EPA 410.1. Os combustíveis foram testados em seus respectivos CSA, e esses valores foram convertidos à substância pura para permitir uma comparação estatística dos resultados (1).

Resultados. Os valores de DBO_5 para EEC ($1{,}7 \times 10^6$ mg/L), EMC ($1{,}5 \times 10^6$ mg/L), EMS ($1{,}7 \times 10^6$ mg/L), OCP ($1{,}7 \times 10^6$ mg/L) e óleo de soja ($1{,}6 \times 10^6$ mg/L) foram significativamente superiores aos do combustível D-2 de referência ($0{,}4 \times 10^6$ mg/L) (Figura 4).

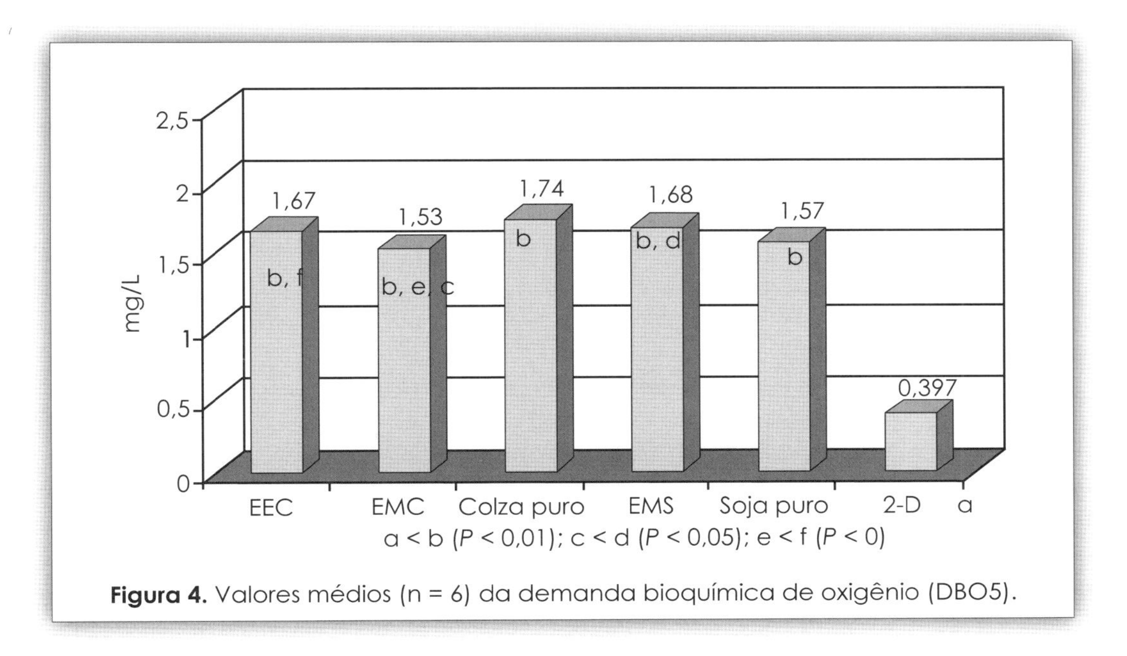

Figura 4. Valores médios (n = 6) da demanda bioquímica de oxigênio (DBO5).

Os valores de DQO foram similares para todos os combustíveis testados (Figura 5). Esses resultados indicam que as substâncias contidas no biodiesel correspondem a uma matéria orgânica significativamente mais suscetível à degradação microbiana que aquela presente no combustível D-2 de referência.

Conclusões dos Estudos de DBO_5 e DQO

Nenhuma diferença significativa era esperada ou foi observada entre os valores de DQO para o combustível controle D-2 e qualquer outra substância submetida ao teste. Por sua natureza química, esse teste fornece uma leitura de toda a matéria orgânica oxidável presente na amostra. Tal resultado vai contra o teste de DBO_5 que, de uma forma apropriada, limita a atividade oxidativa apenas à ação de populações microbianas. As diferenças significativas ($P < 0{,}01$ e $P < 0{,}05$, respectivamente) entre EEC e EMS e entre EEC e EMC podem refletir ligeiras diferenças na quantidade de matéria orgânica oxidável por processos microbiológicos. Embora essas diferenças tenham sido significativas, sua magnitude foi inferior a 10%. Assim, a biodegradabilidade dessas substâncias pode ser considerada bastante similar. O valor de DBO_5 significantemente inferior para o combustível D-2 empregado como controle, e a grande magnitude da diferença observada em relação às outras amostras (uma diferença de 122% em média), podem ser atribuídos a vários fatores. O valor de CSA do combustível 2-D, registrado como de 3,8 mg/L, foi bastante inferior ao detectado nas outras substâncias submetidas ao teste; isso poderia ocorrer porque uma menor quantidade da substância estava presente na solução e, portanto, disponível para processos microbiológicos de oxidação. O valor de DBO_5 significativamente inferior ($P << 0{,}01$) indica a presença de uma quantidade muito menor de matéria orgânica biodegradável por ação microbiana no combustível diesel

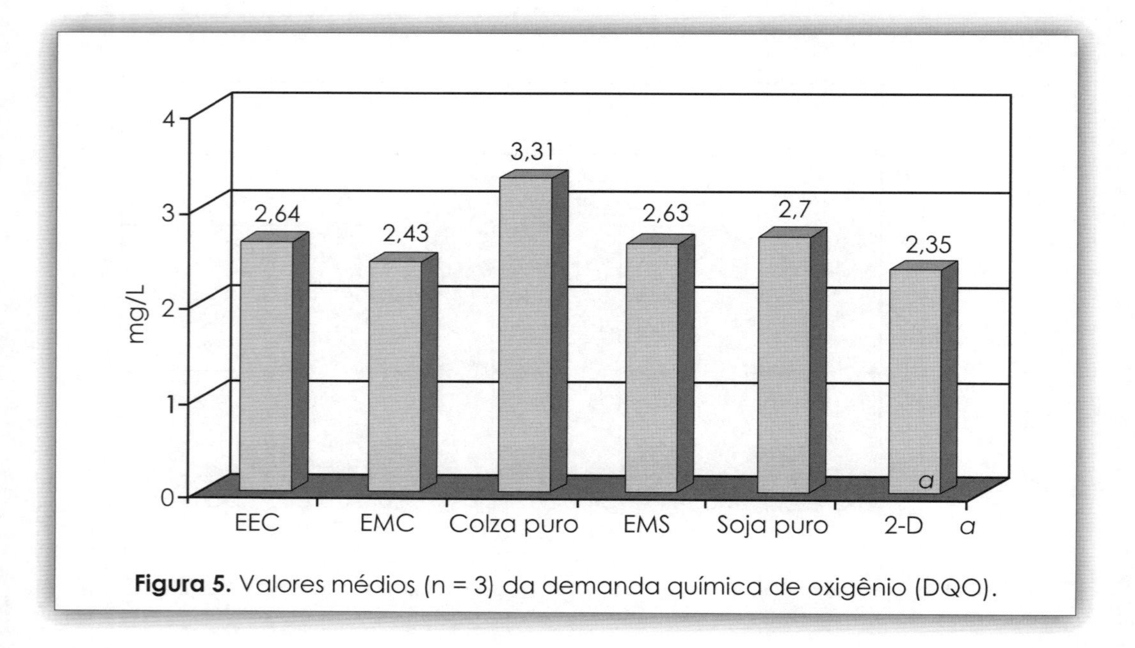

Figura 5. Valores médios (n = 3) da demanda química de oxigênio (DQO).

Philips 2-D. O baixo valor de DBO_5 pode também refletir a toxicidade microbiana que o combustível diesel ou algum de seus componentes possam eventualmente apresentar.

Toxicidade

Esta seção relata sobre os testes de toxicidade aguda oral e cutânea e sobre a toxicidade estática aguda em meio aquático de EMC, EEC e de misturas destes com combustíveis diesel. Os testes de toxicidade oral aguda foram conduzidos com ratos albinos e os testes de toxicidade cutânea aguda foram desenvolvidos com coelhos albinos. Testes de toxicidade aquática aguda foram realizados com *Daphnia magna* e trutas arco-íris. Cada um desses estudos foi contratado junto à Universidade de Idaho. Um conjunto de estudos complementares também foi realizado pela Universidade de Idaho com *Daphnia magna* e trutas arco-íris.

Os valores de dose letal DL_{50} (ponto obtido por interpolação em que 50% da população morre e 50% permanece viva) para cada uma das substâncias testadas foram superiores a 5.000 mg/kg quando os ratos foram administrados oralmente apenas uma vez, e superiores a 2.000 mg/kg quando a administração foi realizada continuamente por 24 h via injeção subcutânea sob a pele intacta de coelhos albinos tanto machos quanto fêmeas. Os valores de DL_{50} em mg/L para toxicidade aquática aguda com *D. magna* foram de 3,7 para sal de mesa, 1,43 para 2-D, 23 para EMC, 99 para EEC e 332 para os ésteres metílicos de soja. Os testes em duplicata com trutas arco-íris foram realizados com 10 organismos por replicata. Os valores de concentração média letal (CL_{50}) não foram relatados, em virtude da incapacidade das amostras em sacrificar um número suficiente de peixes nas concentrações testadas, mesmo no caso do petrodiesel. As misturas contendo 20 e 50% de biodiesel levaram a perdas relativamente dispersas de organismos, mas nenhum dos testes teve menos que 85% de sobrevivência após 96 h, independentemente da concentração empregada.

O protocolo de toxicologia foi estabelecido e conduzido de acordo com as recomendações da EPA para o registro de pesticidas nos Estados Unidos (Guia para a Investigação de Pesticidas, Subdivisão F, Avaliação da Periculosidade: Humanos e Animais Domésticos, Seção 81-1) e com as recomendações do Teste sobre os Efeitos à Saúde (40 CFR 798.1175) do Ato Regulatório para o Controle de Substâncias Tóxicas (TSCA). Os estudos foram conduzidos de acordo com as Regras de Boas Práticas de Laboratório da EPA (40 CFR Partes 160 e 792) e com os Procedimentos Operacionais Padronizados dos Laboratórios de Pesquisa WIL. Portanto, o estudo foi conduzido e inspecionado de acordo com as Regras de Boas Práticas de Laboratório e Procedimentos Operacionais Padronizados do contratante.

Os procedimentos para os testes de toxicidade aquática estão discriminados no método 40 CFR, parte 797.1300 (Teste de toxicidade aguda em *Daphnia*) e parte 797.1400 (Teste de toxicidade aguda em peixes), e na norma ASTM E 729-88. Esses procedimentos incluem, junto à CL_{50}, a CE_{50} (concentração média efetiva) e a CI_{50} (concentração inibitória). Todos os testes descritos neste estudo foram realizados de acordo com a Referência 6.

Estudos de Toxicidade Oral Aguda

A um grupo de ratos, formado por cinco machos e cinco fêmeas, foi administrada uma dose única de cada substância teste, a um nível de 5000 mg/kg. A mortalidade dos ratos foi avaliada após terem transcorrido ~1, 3 e 4 h da aplicação da dose e duas vezes por dia (manhã e tarde) pelos 14 dias subsequentes. Os ratos foram avaliados por observações clínicas após ~1, 3 e 4 h da aplicação da dose e apenas uma vez por dia pelos mesmos 14 dias do início do experimento. Os pesos dos corpos foram determinados e registrados no estudo nos dias -1, 0 (início), 7 e 14 (término). Após o término do experimento, todos os ratos foram sacrificados por asfixia com dióxido de carbono. Os maiores sistemas orgânicos do crânio, tórax e cavidade abdominal também foram examinados em todos os ratos.

Estudos de Toxicidade Cutânea Aguda

A um grupo de coelhos albinos, formado por cinco machos e cinco fêmeas, foi administrada uma dose única (24 h, exposição semiocluída) de cada substância teste, a um nível de 2.000 mg/kg. Depois, os coelhos foram avaliados em relação à mortalidade após ~1, 3 e 4 h da aplicação da dose e duas vezes por dia (manhã e tarde) pelos 14 dias subsequentes. Depois, os coelhos foram avaliados por observações clínicas após ~1, 3 e 4 h da aplicação da dose e apenas uma vez por dia por 14 dias. Os locais de aplicação das substâncias teste foram observados quanto à formação de eritemas, edemas e outras ocorrências dérmicas em 30-60 min após a remoção da bandagem e diariamente durante os 13 dias subsequentes. Os coelhos foram imobilizados para facilitar a avaliação da epiderme após 3, 7, 10 e 14 dias do experimento. Os pesos dos corpos foram determinados e registrados nos dias -1, 0 (início), 7 e 14 (término). Após o término do experimento, os coelhos foram sacrificados por injeção intravenosa de pentobarbital de sódio. Os maiores sistemas orgânicos do crânio, tórax e cavidade abdominal também foram examinados em todos os coelhos.

Resultados dos Estudos de Toxicidade Oral Aguda

100% EMC e 100% EEC. Durante o estudo, não houve mortes, mudanças consideráveis no peso dos animais, ou qualquer evidência de alteração nos resultados de necropsia que pudessem ser relacionadas às substâncias teste. Observações pontuais sobre a ocorrência de manchas urogenitais amarelas foram constatadas em duas ratas após um dia da administração de EMC e em três ratas após um dia da administração de EEC. Portanto, apenas duas observações clínicas foram relatadas para EMC e três para EEC. Todos os ratos se apresentaram normais no segundo dia do experimento, anteriormente e ao longo de todo o período subsequente de sua realização. DL_{50} para 100% EMC e 100% EEC foram superiores a 5.000 mg/kg quando essas substâncias foram administradas oralmente em uma única etapa por meio da intubação gástrica de ratos albinos mantidos em jejum (machos e fêmeas).

50% EMC/50% 2-D. Não foram observados óbitos durante o estudo, nem mudanças consideráveis no peso dos animais ou qualquer evidência de alteração nos resultados de necropsia que pudessem ser relacionados às substâncias teste. Todos os ratos apresentaram manchas amarelas secas ou úmidas em tecidos urogenitais e/ou abdominais de cúbito ventral. Para 50% EMC/50% 2-D, um rato de cada sexo apresentou secreções oculares claras ou materiais avermelhados e secos em torno do nariz. Para 50% EMC/50% 2-D, alguns indivíduos apresentaram secreções oculares claras, hipoatividade, perda de pelos no dorso da cabeça ou materiais avermelhados e secos em torno do nariz ou do(s) membro(s) dianteiro(s). Foram constatadas 18 observações clínicas individuais para 50% EMC/50% 2-D e 30 para 50% EEC/50% 2-D. Com exceção do rato que apresentou perda de pelos no dorso da cabeça com a administração de 50% EMC/50% 2-D, todos os ratos se apresentaram normais no terceiro dia do experimento, anteriormente e ao longo de todo período subsequente de sua realização. A DL_{50} para ambas as misturas foi superior a 5.000 mg/kg quando administradas oralmente em uma única etapa por meio da intubação gástrica de ratos albinos mantidos em jejum (machos e fêmeas).

100% 2-D. Não foram observados óbitos, mudanças consideráveis no peso dos animais ou qualquer evidência de alteração nos resultados de necropsia durante o estudo. Todos os ratos apresentaram manchas amarelas secas ou úmidas em tecidos urogenitais e/ou abdominais de cúbito ventral. Observações complementares incluíram várias quedas de pelo, excreção clara e úmida em torno da boca e/ou da região urogenital, fezes moles e hipoatividade. Foram constatadas 105 observações clínicas individuais durante o estudo. Com exceção da perda de pelos no(s) membro(s) posterior(es) e/ou na região urogenital em quatro espécimes, todos os ratos se apresentaram normais no nono dia do experimento, anteriormente e ao longo de todo o período subsequente de sua realização. A DL_{50} para 100% 2-D foi superior a 5.000 mg/kg quando a dose foi administrada oralmente em uma única etapa por meio da intubação gástrica de ratos albinos mantidos em jejum (machos e fêmeas).

Resultados dos Estudos de Toxicidade Cutânea Aguda

100% EMC. Não foram observados óbitos, observações clínicas relacionadas à substância teste, mudanças no peso dos animais ou qualquer evidência de alteração nos resultados de necropsia durante o estudo. A substância teste induziu à ocorrência de pequenos ou muito pequenos eritemas em todos os coelhos, e de edemas pequenos ou muito pequenos em sete coelhos. Todas as áreas sofreram escamação da pele. Fissuras foram observadas em um dos espécimes que recebeu 100% EMC. Todos os edemas desapareceram completamente após 12 dias para 100% EMC e 10 dias para 100% EEC. Com exceção dos dois coelhos que apresentaram pequenos eritemas com 100% EMC, todas as irritações cutâneas desapareceram anteriormente ou no 14° dia do experimento. Foram constatadas 8 observações clínicas individuais para 100% EMC e 5 para 100% EEC. Houve 102 e 90 ocorrências de eritemas muito suaves para EMC e EEC, respectivamente, bem como 8 e 10 eritemas suaves, 32 e 55 edemas muito suaves, 7 e 9 edemas suaves, e 70 e 63 escamações para EMC e EEC, respectivamente; houve apenas uma ocorrência de fissuração da pele para EMC durante os 14 dias do estudo. A DL_{50} para ambos 100% EMC e 100% EEC foi superior a 2.000 mg/kg quando essas substâncias foram administradas em uma única etapa por 24 h por injeção subcutânea em pele intacta de coelhos albinos (machos e fêmeas). Adicionalmente, nas condições empregadas nesse estudo, o nível de dosagem de 2.000 mg/kg correspondeu a um nível de efeitos não observáveis (NOEL) para toxicidade sistêmica.

100% 2-D. Não foram observados óbitos, observações clínicas relacionadas à substância teste, mudanças no peso dos animais ou qualquer evidência de alteração nos resultados de necropsia durante o estudo. A substância teste induziu à ocorrência de eritemas moderados, edemas de suaves a moderados, e escamação em todos os coelhos. Nenhuma outra observação cutânea foi constatada. Todos os eritemas e edemas desapareceram completamente antes ou até o 14º dia do experimento. A escamação persistiu ao longo de todo o experimento (14 dias) em sete espécimes. Não foram relatadas quaisquer observações clínicas individuais. Houve a ocorrência de 42 eritemas muito leves, 27 eritemas leves e 31 eritemas moderados; 22 edemas muito leves, 28 edemas leves e 6 edemas moderados; três ocorrências de fissuração e 120 ocorrências de escamação durante os 14 dias do experimento. A DL_{50} para 100% 2-D foi superior a 2.000 mg/kg quando a substância foi administrada em uma única etapa por 24 h por injeção subcutânea em pele intacta de coelhos albinos (machos e fêmeas). Adicionalmente, nas condições empregadas nesse estudo, a dosagem de 2.000 mg/kg correspondeu a um NOEL para toxicidade sistêmica.

Toxicidade Aquática Aguda

D. magna. Os organismos foram obtidos de cultivos particulares do contratante, e corresponderam a espécimes com idade inferior a 24 h anteriormente ao início do teste. Todos os organismos testados foram alimentados e mantidos durante o cultivo, aclimatação e testes de acordo com as recomendações da EPA. Os organismos teste se apresentaram vigorosos e em boas condições antes do início do experimento. Em virtude da natureza pouco solúvel das amostras, os espécimes de *D. magna* foram inicialmente introduzidos no experimento em posição logo inferior à superfície de teste.

Trutas arco-íris jovens. Os peixes utilizados na primeira etapa eram de 22 dias e apresentavam um comprimento de 32 ± 2 mm. As trutas arco-íris foram aclimatadas nas condições teste (diluição da água e temperatura) por 10 dias antes do início do experimento. As trutas arco-íris utilizadas na segunda etapa eram de 24 dias e apresentavam um comprimento de 28 ± 1 mm. Nesse caso, os espécimes foram aclimatados (diluição da água e temperatura) por 12 dias antes do início do teste. Todos os organismos selecionados para o teste se apresentaram vigorosos e em boas condições antes do início do experimento.

Concentrações Empregadas no Teste

D. magna. As concentrações ensaiadas no teste definitivo com EEC foram de 33, 167, 833, 4.170 e 20.800 mg/mL de amostra, empregando a água de diluição como controle.

As concentrações ensaiadas nos testes definitivos com EMC foram de 67, 333, 1.330, 6.670 e 26.700 mg/mL de amostra, empregando a água de diluição como controle. As concentrações ensaiadas no teste definitivo com D-2 foram de 6,7, 13,3, 66,7 e 1.333 mg/mL de amostra, empregando a água de diluição como controle. As concentrações ensaiadas no teste definitivo com ésteres metílicos de óleo de soja foram de 13,3, 33,3, 66,7 e 6.667 mg/mL de amostra, empregando a água de diluição como controle. As concentrações de cada combustível foram avaliadas em quadruplicadas, contendo cinco organismos por replicata. Concentrações adicionais de 1,43 e 3,33 mg/L foram avaliadas para D-2 em uma câmara contendo 10 organismos. O combustível foi misturado à água por agitação antes que os espécimes de *D. magna* fossem introduzidos no tanque. Todos os tanques apresentaram uma fina camada de combustível em sua superfície.

Truta arco-íris. As concentrações ensaiadas na primeira etapa dos testes definitivos com D2, 20EMC, 20EEC, e EEC foram de 100, 300, 600, 1.200 e 2.400 mg/mL, empregando água de diluição como controle. As concentrações ensaiadas na segunda etapa dos testes definitivos com EMC e 50EEC foram de 100, 500, 750, 1.000 e 7.500 mg/mL, e a amostra de 50EMC foi testada a 100, 500, 600 e 7.500 mg/mL em virtude de limitações na quantidade de amostra disponível para os testes.

Os bioensaios com truta arco-íris foram realizados em aquários de vidro de 5 galões, com um volume de água de 5 L. As amostras foram ensaiadas em duplicata com 10 organismos por replicata. O fotoperíodo foi de 16 h de luz para 8 h de escuridão. A faixa de temperatura foi de 12 ± 1 °C. Na primeira etapa, a carga de organismos teste foi de 0,53 g de peixe (peso úmido) por litro, enquanto uma carga de 0,26 g/L foi empregada na segunda etapa. A mortalidade foi medida pela falta de resposta a um estímulo táctil e pela ausência de movimentos respiratórios. O combustível foi misturado na água por agitação antes do momento em que as trutas arco-íris foram introduzidas nas câmaras. Todas as câmaras apresentaram uma fina camada de combustível na superfície da água.

Resultados dos Testes de Toxicidade Aquática Aguda

D. magna. Parte do índice de mortalidade observado nos testes pode ter sido decorrente da natureza física das substâncias teste. As planilhas de dados brutos indicaram que alguns espécimes de *D. magna* permaneceram aprisionados na fina camada de óleo distribuída na superfície das câmaras de teste. A CL_{50} para EEC foi de 99 mg/L. Os resultados foram ainda resumidos a uma CL_{50} de 23 mg/L para EMC e de 332 mg/L para ésteres metílicos de óleo de soja.

Os ésteres metílicos e etílicos não são solúveis em água e formam uma fina camada na superfície aquosa. Essa fina camada pode ser facilmente removida da superfície por escumação, mas espécimes de *D. magna* foram inevitavelmente capturados durante o processo. A uma concentração de 3,7 mg/L de sal de mesa, 50% da população de *D. magna* foi sacrificada. Com petrodiesel, 50% morreram a concentrações inferiores a 1,43 mg/L e toda a população foi sacrificada quando a concentração foi de 3,7 mg/L. Quando esse teste foi concluído pela primeira vez, a CL_{50} para o combustível diesel foi inferior a 6 mg/L porque toda a população de *D. magna* foi sacrificada. Quatro novas concentrações inferiores a 6 mg/L foram então testadas e todas causaram a morte de toda a população de *D. magna*. Para EMC, a CL_{50} foi de 23 mg/kg, e a 26.700 mg/L, 30% da população ainda estava viva. Com EEC, a CL_{50} foi de 99 mg/kg e 20% da população ainda estava viva a concentrações de 20.800 mg/L. Com ésteres metílicos de óleo de soja, a CL_{50} foi de 332 mg/L; no entanto, apenas 45% da população permaneceu viva a 667 mg/L. A diferença entre os ésteres de colza e os ésteres metílicos de soja pode ter sido associada ao alto teor de ácido erúcico presente na colza. No pior cenário, comparando 23 mg/L para EEC com 1,4 mg/L para o combustível diesel, a toxicidade aquática aguda dos ésteres foi 15 vezes inferior. E ainda mais relevante foi a observação de que 20 a 30% da população ainda permaneceu viva, mesmo na presença de altas concentrações de biodiesel.

Trutas arco-íris. A CL_{50} para D2 não foi determinada. Os resultados desse estudo comparativo envolvem o cloreto de cádmio (CdCl), o petrodiesel e os ésteres metílico e etílico de óleo de colza. O resumo dos resultados percentuais de sobrevivência de 50EMC foi idêntico ao obtido para 100% EMC. Para a substância tóxica de referência (CdCl), o valor de DL_{50} em 48 h e os limites da Planilha Controle foram estabelecidos em 2,8 mg/L para a primeira etapa e em 4,6 mg/L para a segunda etapa dos experimentos envolvendo trutas arco-íris. Os resultados indicam que os organismos teste permaneceram entre os limites de sensibilidade esperados. Os comentários incluídos nos dados da primeira etapa dos testes (24 h) indicaram um comportamento generalizado de contração muscular, natação lateralizada e deslizamento na superfície da água; em 48 h, as observações foram as mesmas realizadas em 24 h. As trutas dos recipientes que continham 20EEC nas concentrações de 100 e 300 mg/L apresentaram comportamento natatório verticalizado; a 600 mg/L, as trutas estavam deitadas no fundo do tanque, e a 2.400 mg/L, elas sequer se moviam nessa posição. As trutas dos recipientes que continham EEC não se apresentaram tão ativas quanto aquelas expostas às outras três substâncias teste. A condição final dos sobreviventes foi relatada como precária. O único comentário da segunda etapa foi registrado após 48 h. A concentrações tão baixas quanto 500 mg/L de 50EMC e 50EEC, os peixes estavam escurecidos e nadando verticalmente e a condição final dos sobreviventes foi novamente relatada como precária.

Testes de Toxicidade Aquática Aguda da Universidade de Idaho, realizados em Condições Estáticas e de Fluxo Constante

D. magna (n = 20) foi exposta a cinco concentrações das substâncias teste ou de referência, bem como a um procedimento controle, por períodos de 48 h em ambientes estáticos e de fluxo contínuo, conforme as recomendações EPA TSCA para Ensaios de Efeitos Ambientais descritas nos procedimentos 40 CFR §797.1300 para o Teste de Toxicidade Aquática Aguda para Dafnídeos (*Daphnia* sp.) e outras recomendações adicionais disponíveis em Métodos EPA para a Medida de Toxicidade Aguda de Efluentes e Águas Servidas a Fontes Naturais e Organismos Marinhos, 4ª. Edição (EPA/600 4-90-027). Os dados de mortalidade foram coletados em 24 e 48 h e os resultados de DE_{50} foram calculados utilizando o Programa de Análise Probit da EPA.

Testes de toxicidade em sistema estático não renovado. Este é um sistema em que a solução teste e os organismos selecionados para o teste são colocados em uma câmara de teste e mantidos em seu interior por toda a extensão do experimento, sem que haja renovação da solução teste. A natureza insolúvel das substâncias teste e sua tendência à adesão sobre superfíces vítreas exigiram uma modificação do WAF para minimizar a mortalidade derivada da sufocação dos dafnídeos. Os testes foram realizados nos níveis WAF ou abaixo, e uma pré-agitação do sistema por períodos mais longos fez-se necessária para evitar a flotação da substância teste sobre a superfície da câmara de teste, onde a mortalidade pode ser causada por efeitos não necessariamente tóxicos. O WAF modificado foi utilizado como limite máximo da concentração, a partir da qual foram obtidas por diluição as outras concentrações empregadas na análise. As câmaras teste foram preenchidas com o volume apropriado da água de diluição e as substâncias teste foram então introduzidas em cada câmara de tratamento. O teste teve início cerca de 30 min depois que a substância teste foi adicionada e uniformemente distribuída nas câmaras de teste de volume estático. No início do experimento, os dafnídeos que tinham sido cultivados e aclimatados randomicamente, de acordo com o planejamento experimental, foram então transferidos para as câmaras teste. Durante o teste, os dafnídeos foram observados periodicamente no interior das câmaras, dafnídeos imóveis foram removidos e as observações foram anotadas. Foram realizadas medidas de oxigênio dissolvido, pH, temperatura, concentração da substância teste e outros parâmetros de qualidade da água.

Testes de fluxo contínuo. No teste de fluxo contínuo, as substâncias teste foram inicialmente misturadas no nível WAF por um período mínimo de 20 h em um tanque de armazenamento de 50 L sob constante agitação. O procedimento de agitação foi mantido ao longo de toda a extensão do experimento. A mistura, contendo a substância teste no nível WAF, foi retirada do tanque agitado a cada ciclo. O volume que foi removido do tanque foi então reposto em cada novo ciclo, mantendo o nível WAF da mistura sempre em equilíbrio.

Resultados dos Testes Estáticos e de Fluxo Constante da Universidade de Idaho

Os valores de CL_{50} para experimentos de 48 h encontram-se apresentados na Figura 6, para os testes estáticos sem renovação do volume, e na Figura 7, para os testes de fluxo contínuo. A CE_{50} (48 h) mais baixa nos testes estáticos com *D. magna*, indicativa de maior toxicidade, foi de 0,37 mg/L para a mistura 20% EEC/80% 2-D. Esse valor foi sucedido pelas medidas de 1,56 mg/L para o combustível diesel 2-D de referência e de 2,13 mg/L para os ésteres metílicos do óleo de soja. A mistura 50/50 de EEC e 2-D apresentou uma CE_{50} (48 h) de 2,75 mg/L. Os maiores valores de CE_{50}, caracterizados em 4,11 e 3,07 mg/L, foram derivados dos testes com EEC e EMC, respectivamente.

A CE_{50} (48 h) mais baixa nos testes de fluxo contínuo com *D. magna*, indicativa de maior toxicidade, foi de 0,19 mg/L para o combustível diesel 2-D de referência. Esse valor foi sucedido pelas medidas de 0,21 mg/L para a mistura 20EEC e de 0,40 mg/L para os ésteres metílicos do óleo de soja. A mistura 50/50 de EEC e 2-D apresentou uma CE_{50} (48 h) de 5,12 mg/L. Os maiores valores de CE_{50}, caracterizados em 587 e 25,2 mg/L, foram derivados dos testes com EMC e EEC, respectivamente.

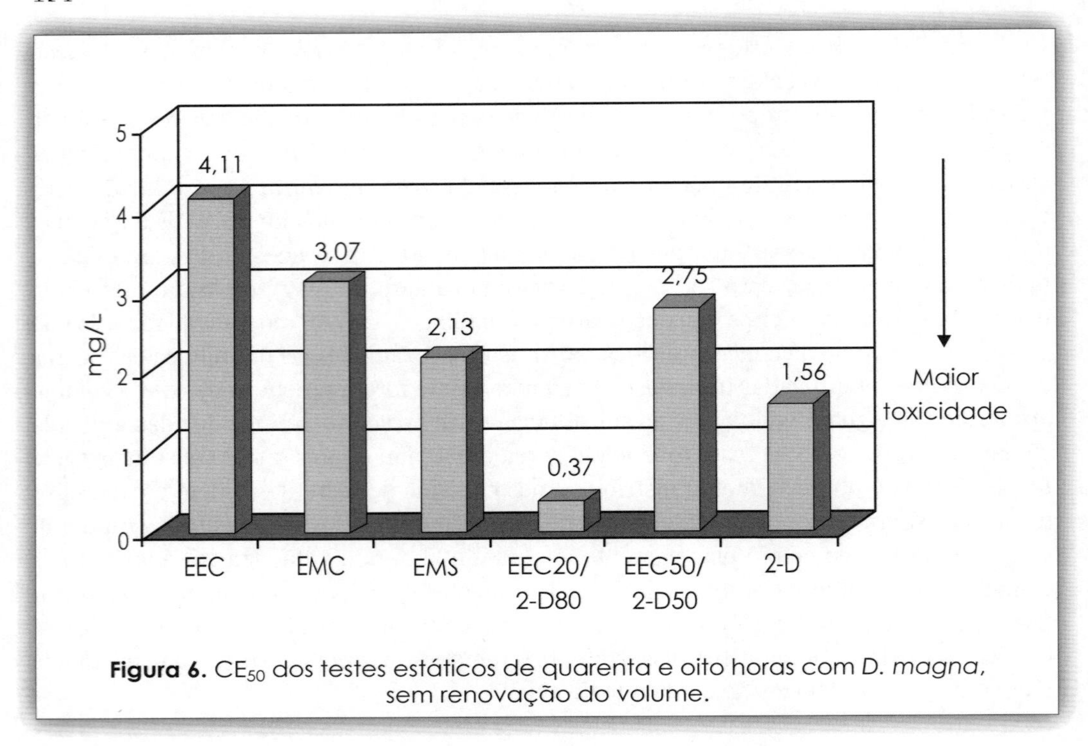

Figura 6. CE_{50} dos testes estáticos de quarenta e oito horas com *D. magna*, sem renovação do volume.

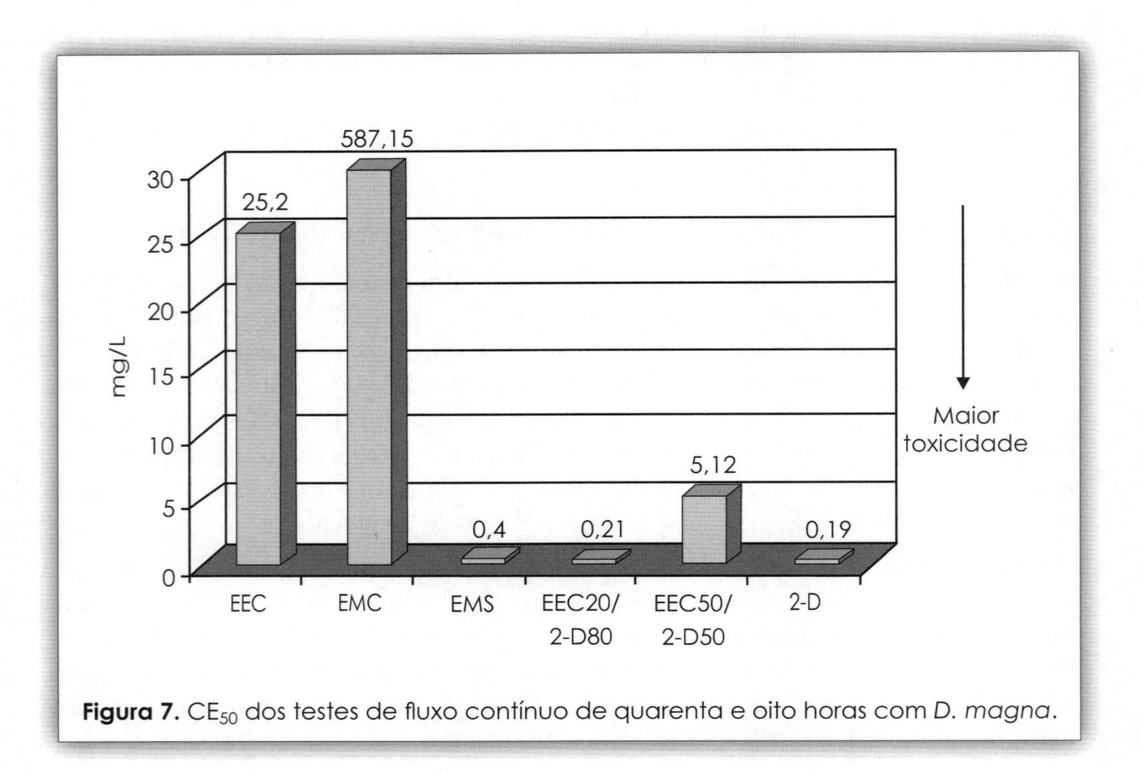

Figura 7. CE_{50} dos testes de fluxo contínuo de quarenta e oito horas com *D. magna*.

Conclusões da Toxicidade

Os testes de toxicidade demonstraram que o biodiesel é consideravelmente menos tóxico que o combustível diesel; no entanto, a ingestão de biodiesel ou o contato direto com a pele devem continuar a ser evitados. Embora alguns efeitos adversos tenham sido observados nos testes com ratos e coelhos, nenhum espécime morreu em decorrência do contato com o biodiesel ou com combustível diesel. Os animais tratados com diesel apresentaram um número maior de observações clínicas prejudiciais, mas apenas alguns poucos efeitos foram efetivamente observados para ambos os combustíveis.

A DL_{50} de cada substância teste foi superior a 5.000 mg/kg (dose limite) quando a administração foi feita oralmente em uma única vez, por meio da intubação gástrica de ratos albinos machos e fêmeas mantidos em jejum. A ocorrência de observações clínicas aumentou com o aumento do teor de combustível diesel nas misturas. A DL_{50} de EEC a 100% foi superior a 2.000 mg/kg (dose limite) quando a administração foi feita em uma única etapa por 24 h, por meio da injeção subcutânea em pele intacta de ratos albinos machos e fêmeas mantidos em jejum. Além disso, a dosagem de 2.000 mg/kg foi considerada como um NOEL para a toxicidade sistêmica dos três combustíveis avaliados sob as condições empregadas nesse estudo. O combustível EMC a 100% foi o menos severo nos estudos de toxicidade oral aguda, e o EEC a 100% foi o menos severo nos estudos de toxicidade cutânea aguda.

O biodiesel não é tão tóxico à *D. magna* como NaCl. Comparado à substância tóxica de referência (NaCl), o combustível diesel foi 2,6 vezes mais tóxico, o EMC foi 6,2 vezes menos tóxico, o EEC foi 26 vezes menos tóxico e os ésteres metílicos do óleo de soja foram 89 vezes menos tóxicos. Comparado ao combustível diesel de número dois, o EMC foi 16 vezes mais tóxico, o EEC foi 69 vezes menos tóxico e os ésteres metílicos do óleo de soja foram 237 vezes menos tóxicos. A DL_{50} não foi atingida no nível WAF ou abaixo quando o estudo foi repetido utilizando trutas arco-íris.

Nos testes da Universidade de Idaho, o EEC foi a substância menos tóxica dentre as avaliadas no teste de fluxo contínuo, seguido pelo EMC, pelas misturas 50/50 de EEC e pelo 2-D. A substância 2-D de referência apresentou o menor valor de CE_{50} nos testes de 24 e 48 h. Essa substância foi seguida em ambos os tempos de análise pela mistura 20/80 com EEC e pelos ésteres metílicos de óleo de soja.

Em ambos os testes, estático e de fluxo contínuo, os combustíveis à base de óleo de colza (EEC e EMC) apresentaram os valores mais altos de EC_{50}, significando que elas são menos tóxicas que as outras substâncias teste. Os valores de EC_{50} para os outros combustíveis à base de óleos vegetais (EMS) foram inferiores aos observados para combustíveis derivados de colza (embora a significância dos dados não tenha sido testada). É importante ressaltar que os resultados do teste estático para o EMS falharam no teste χ^2 para heterogeneidade, usando o modelo Probit.

Os resultados das misturas de EEC e 2-D corresponderam ao esperado, pois as misturas 20/80 apresentaram valores de EC_{50} superiores às misturas 50/50 em ambas as análises, estática e de fluxo contínuo. Esse resultado está em concordância com os resultados de outros testes, que indicaram maior toxicidade (menor EC_{50}) para misturas com um percentual maior de 2-D e menor toxicidade (maior EC_{50}) para misturas com percentuais crescentes de EEC.

Referências

1. Haws, R. Chemical Oxygen Demand, Biochemical Oxygen Demand, and Toxicity of Biodiesel, em *Proceedings of the Conference on Commercialization of Biodiesel: Environmental and Health Benefits*, University of Idaho, Moscow, ID, 1997.

2. Reece, D. e C. Peterson. Toxicity Studies with Biodiesel, em *Proceedings of the Conference on Commercialization of Biodiesel: Environmental and Health Benefits*, University of Idaho, Moscow, ID, 1997.

3. Zhang, X., C. Peterson, e D. Reece. Biodegradability of Biodiesel in the Aquatic Environment, em *Proceedings of the Conference on Commercialization of Biodiesel: Environmental and Health Benefits*, University of Idaho, Moscow, ID, 1997.

4. Zhang, X. *Biodegradability of Biodiesel in the Aquatic and Soil Environments*. Master's Thesis, Department of Biological and Agricultural Engineering, University of Idaho, Moscow, ID, 1996.

5. Zhang, X, C. Peterson, D. Reece, R. Haws, e G. Möller. Biodegradability of Biodiesel in the Aquatic Environment, *Trans. ASAE 41*:1423-1430 (1998).

6. Weber, C., ed., *Methods for Measuring the Acute Toxicity of Effluents to Freshwater and Marine Organisms*, (1991); EPA/600/4-90/027; see http://www.epa.gov/waterscience/wet/atx.pdf

6.7
Composição do Óleo de Soja para a Produção de Biodiesel

Neal A. Bringe

Composição do Óleo de Soja

A composição do óleo de soja pode ser modificada para melhorar a utilidade da soja na indústria alimentícia e no setor de combustíveis. Marcadores moleculares, métodos de cultivo tradicional e tecnologias transgênicas permitem às companhias produtoras de sementes a incorporação de modificações do óleo vegetal em germoplasmas de alto rendimento. A introdução no mercado de um óleo cuja composição foi alterada pode demorar muitos anos; assim, é prudente selecionar corretamente os objetivos logo nos primeiros estágios do desenvolvimento do projeto.

Os benefícios mais desejados pela indústria de biodiesel no momento da edição deste livro correspondem ao aumento da estabilidade oxidativa e das propriedades de fluxo a frio. Essas duas propriedades estão ligadas. Em algumas situações, o biodiesel puro tem que ser aquecido para garantir o seu fluxo. O aumento da temperatura também aumenta a velocidade de oxidação de ácidos graxos. Assim, melhorias no fluxo a frio podem reduzir a estabilidade requerida para atender as necessidades exigidas pelo comércio.

Os ácidos graxos que mais fortemente limitam a qualidade de fluxo a frio do biodiesel são os ácidos palmítico (16:0) e esteárico (18:0), como ilustrado pelo ponto de fusão de seus respectivos ésteres metílicos (FAME) (Tabela A-1 no Apêndice A). Ácidos graxos poli-insaturados (AGPI) melhoram as propriedades de fluxo a frio, mas são os mais sensíveis à oxidação. Assim, o nível ótimo de AGPI deve ser identificado. A demanda dos processadores de alimentos por AGPI também deve ser considerada. Se um amplo segmento da indústria de processamento de alimentos rejeita o óleo, o custo associado à segregação dos grãos será proibitivo para a utilização prática do óleo extraído no mercado de combustíveis. O ácido linoleico é fonte primária dos compostos que atribuem sabor aos alimentos fritos, como o 2,4-decadienal (1), e o ácido oleico é fonte de aromas que lembram frutas, ceras e plásticos, como o 2-decenal (2,3). A proporção desses ácidos graxos tem que ser previamente selecionada para equilibrar o sabor e o tempo de armazenamento do alimento. Sabores agradáveis de batatas fritas foram obtidos com óleos contendo 68% de ácido oleico e 20% de ácido linoleico (4). Os AGPI são essenciais para a dieta e apresentam uma função importante para a saúde cardiovascular, particularmente quando são utilizados em substituição às gorduras saturadas (5,6). Assim, cabe-nos sugerir que o óleo de soja

Tabela 1. Composição de um óleo de soja típico (controle), uma composição modificada e a composição ideal do óleo de soja			
Ácido graxo	**Controle (%)**	**Produto da USDA[a] (%)**	**Meta (%)**
C18:1	21,8	31,5	71,3
C18:2	53,1	52,7	21,4
C18:3	8,0	4,5	2,2
C16:0	11,8	5,2	2,1
C18:0	4,6	4,1	1,0
Outros	0,7	2,0	2,0

[a] Departamento de Agricultura dos Estados Unidos

deverá conter ~24% de AGPI para que a sua utilização como alimento e como combustível seja otimizada (Tabela 1).

Um biodiesel sintético de composição ideal foi preparado a partir da mistura de FAMEs puros (pureza superior a 99%; modificação da Tabela 1: 73,3% de 18:1 e 0% de "outras categorias"). As propriedades de fluxo a frio do óleo foram então comparadas com os controles (Tabela 2). Esses resultados sugeriram que as propriedades de fluxo a frio do biodiesel de composição ideal puderam ser consideradas comparáveis ou ainda superiores às do diesel de petróleo. Dados adicionais de outras composições de biodiesel foram adicionados aos resultados desse estudo, e uma correlação exponencial foi observada entre o ponto de névoa e o conteúdo de gorduras saturadas do biodiesel (Figura 1). O abaixamento do teor de gorduras saturadas do biodiesel de 15 para 10% causou um efeito relativamente pequeno sobre o ponto de névoa, se comparado com a mudança do teor de gorduras saturadas para 3,5%.

A qualidade de ignição da amostra de biodiesel sintético foi testada utilizando o Teste de Qualidade de Ignição (IQT) (veja o item 6.1). O número de cetano (NC) obtido foi de

Tabela 2. Propriedades de fluxo a frio de combustíveis[a]			
Amostra	**Ponto de névoa (°C)**	**Ponto de fluidez (°C)**	**Ponto de entupimento de filtro a frio (°C)**
Éster metílico de óleo de soja[b]	2	–1	–2
Biodiesel derivado do produto da USDA	–4	–6	–10
Diesel #2	–11	–18	–17
Biodiesel sintético	–18	–21	–21

[a] Utilizando os métodos ASTM (D2500, D97, IP3991, D6371); USDA, Departamento de Agricultura dos Estados Unidos

[b] *Fonte:* Referência 7

55,43 ± 0,4, idêntico ao do oleato de metila puro (10). O bom valor de NC do biodiesel sintético foi atribuído à presença de um alto teor de ácido oleico na sua composição em ácidos graxos (73%). No entanto, quando os grãos de soja (de acordo com o Departamento de Agricultura dos Estados Unidos) utilizados para a produção de biodiesel apresentaram um teor reduzido de gorduras saturadas sem a presença de altas concentrações de ácido oleico, o valor médio de NC do biodiesel resultante foi de 46,5, de acordo com o IQT. Os baixos teores de ácidos graxos saturados presentes na nova composição do combustível não puderam ser adequadamente compensados porque os AGPI apresentam um baixo valor de NC. O palmitato e o estearato de metila têm NC de ~75, enquanto o linolenato de metila tem um NC de 33 (10). Um NC de 46,5 pode ser problemático se empregado

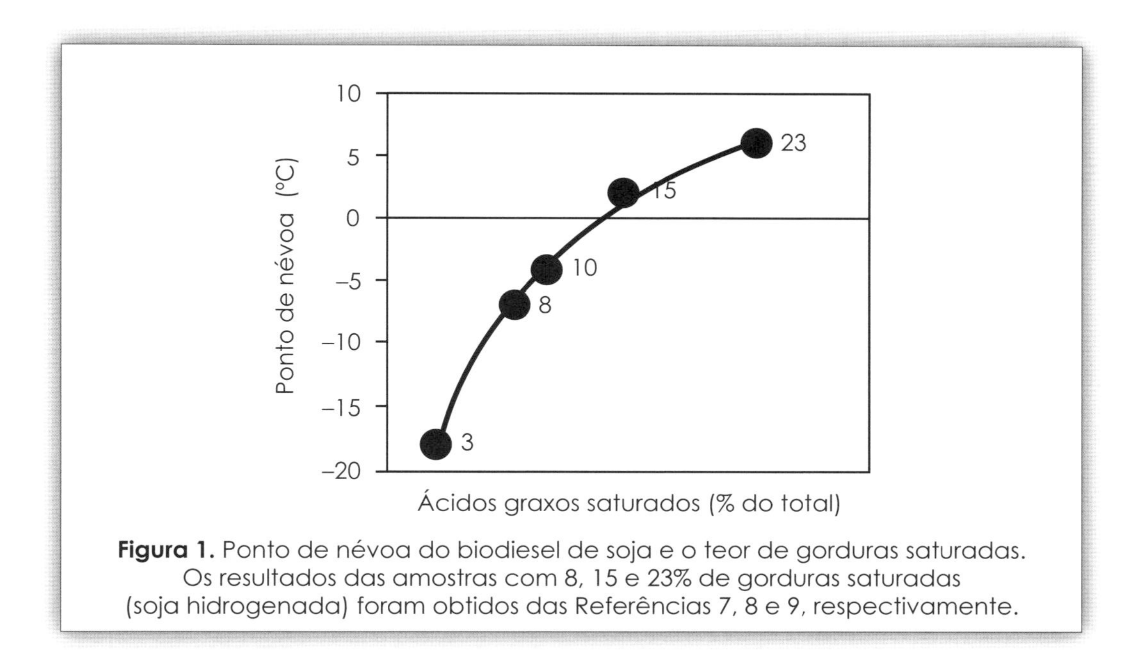

Figura 1. Ponto de névoa do biodiesel de soja e o teor de gorduras saturadas. Os resultados das amostras com 8, 15 e 23% de gorduras saturadas (soja hidrogenada) foram obtidos das Referências 7, 8 e 9, respectivamente.

em testes de motores, dado que a especificação D6751 estabelece um valor mínimo de 47 para o NC do biodiesel.

Amostras de biodiesel com baixos teores de gorduras poli-insaturadas, especialmente em termos de ácidos graxos $C_{18:3}$, deverão também apresentar menores níveis de emissões de óxidos de nitrogênio. Essa expectativa advém das correlações lineares que foram observadas entre o nível de insaturação do biodiesel (medido pelo número de iodo), a densidade do biodiesel e as emissões em óxidos de nitrogênio (11). Assim, teores reduzidos de ácidos graxos insaturados poderão diminuir a densidade do biodiesel e decrescer as emissões de óxidos de nitrogênio. As emissões em óxidos de nitrogênio de um motor DDC Série 60 de 1991 puderam ser preditas pela densidade do biodiesel a partir da seguinte relação: y = 46,959.(densidade) – 36,388, R^2 = 0,9126. A densidade do biodiesel sintético (0,8825 g/mL) gerou um cálculo de emissões de óxidos de nitrogênio de 5,05 g/(bhp.h), o que representa uma melhoria sobre o biodiesel de soja testado com o mesmo motor DDC Série 60 de 1991 [5,25 g/(bhp.h)] (10). No entanto, testes completos das emissões de exaustão ainda serão necessários para confirmar esses efeitos.

Conclusão

O óleo de composição ideal (Tabela 1) foi adequado para uso como matéria-prima para a produção de biodiesel porque o biodiesel derivado desse óleo apresentou melhor fluxo a frio, melhor qualidade de ignição (NC), melhor estabilidade à oxidação e, presumivelmente, menores emissões de óxidos de nitrogênio. O desafio está em criar um óleo de soja de composição próxima à ideal, sem que o rendimento de produção da soja seja sacrificado. A composição também deverá ser comercializada com sucesso e testada em alimentos, para que a soja seja vista como uma fonte qualificada de óleos vegetais. Essas realizações darão condições para que a soja seja cultivada em grande parte da área total disponível e, dessa forma, gerarão valor ao longo de toda a cadeia produtiva dos alimentos e dos combustíveis dela derivados.

Referências

1. J. Polorny, J. Flavor Chemistry of Deep Fat Frying in Oil, em *Flavor Chemistry of Lipid Foods*. Eds. D.B. Min, T.H. Smouse, AOCS Press, Champaign, IL, pp. 113-155, 1989.

2. Neff, W.E., Odor Significance of Undesirable Degradation Compounds in Heated Triolein and Trilinolein, *J. Am. Oil Chem. 77*:1303-1313 (2000).

3. Warner, K., W.E. Neff, C. Byrdwell, e H.W. Gardner, Effect of Oleic and Linoleic Acids on the Production of Deep-Fried Odor in Heated Triolein and Trilinolein, *J. Agric. Food Chem. 49*:899-905 (2001).

4. Warner, K., P. Orr, L. Parrott, e M. Glynn, Effects of Frying Oil Composition on Potato Chip Stability, *J. Am. Oil Chem. Soc. 71*:1117-1121 (1994).

5. Hu, F.B.; J.E. Manson, e W.C. Willet, W.C., Types of Dietary Fat and Risk of Coronary Heart Disease: A Critical Review, *J. Am. Coll. Nutr. 20*:5-19 (2001).

6. Kris-Ertherton, P.; K. Hecker, D.S. Taylor, G. Zhao, S. Coval, e A. Binkoski, Dietary Macronutrients and Cardiovascular Risk, em *Nutrition in the Prevention and Treatment of Disease*, editado por A.M. Coulston, C.L.Rock, e E.R. Monsen, Academic Press, San Diego, 2001, pp.279-302.

7. Lee, I., L.A. Johnson, e E.G. Hammond, Use of Branched-Chain Esters to Reduce the Crystallization Temperature of Biodiesel, *J. Am. Oil Chem. Soc. 72*:1155-1160 (1995).

8. Peterson, C.L., J.S. Taberski, J.C. Thompson, e C.L.Chase, The Effect of Biodiesel Feedstock on Regulated Emissions in Chassis Dynamometer Tests of a Pickup Truck, *Trans. ASAE 43*: 1371-1381 (2000).

9. Kinast, J.A., *Production of Bodiesels from Multiple Feedstocks and Properties of Biodiesels and Biodiesel/Diesel Blends*. Relatório 1 de uma série de 6. NREL/SR-510-31460, 2003.

10. Bagby, M.O., B. Freedman, e A.W. Schwab, Seed Oils for Diesel Fuels: Sources and Properties. *ASAE Paper n°.* 87-1583. Amer. Soc. Agric. Engrs., St. Joseph, MI, 1987.

11. McCormick, R.L., M.S. Graboski, T.L. Alleman, e A.M. Herring, Impact of Biodiesel Source Material and Chemical Structure on Emissions of Criteria Pollutants from a Heavy-Duty Engine, *Environ. Sci. Technol. 35*:1742-1747 (2001).

Emissões de Exaustão

7.1
Efeito do Biodiesel sobre a Emissão de Poluentes de Motores Diesel

Robert McCormick e Teresa L. Alleman

Introdução

Nos Estados Unidos, os motores diesel são controlados em relação à opacidade das fumaças, óxidos de nitrogênio totais (NO_x), total de matéria particulada < 10 μm (MP-10 ou MP), monóxido de carbono (CO) e hidrocarbonetos totais (THC), de acordo com os procedimentos definidos pela Agência de Proteção Ambiental (EPA) no Código Federal de Normas. Dado que a magnitude das emissões diesel depende diretamente da composição do combustível, o teste de certificação de emissões é conduzido com um "combustível diesel certificado", que representa a composição média nacional nos Estados Unidos. Outras emissões de motores diesel, como aldeídos e hidrocarbonetos poliaromáticos (PAH), poderão vir a ser controladas no futuro em uma tentativa de monitorar os níveis ambientais de substâncias tóxicas dispersas no ar.

Uma propriedade importante do biodiesel é a sua habilidade em reduzir as emissões de particulados totais do motor. Emissões de particulados são definidas pela EPA como materiais condensados ou materiais sólidos coletados em um filtro apropriado a temperaturas ≤ 52 °C. Portanto, materiais particulados incluem fumaça, combustível, derivados de óleos lubrificantes e aerossóis contendo ácido sulfúrico. Os materiais particulados são muitas vezes fracionados em termos de sulfato, fração orgânica solúvel (FOS), fração orgânica volátil (FOV) e carbono ou fumaça (1). O biodiesel pode afetar as FOS derivadas de fumaça e de combustíveis que contêm enxofre, mas não altera as oriundas de óleos lubrificantes.

Os motores diesel contribuem significativamente com o inventário de poluentes gasosos de importância ambiental por meio da geração de NO_x e de MP (2). A quantidade de CO e de THC derivada de motores diesel é geralmente pequena quando comparada com motores leves movidos à gasolina. Por essa razão, o efeito do biodiesel sobre MP e NO_x é de grande importância para esta revisão. O efeito do biodiesel sobre as emissões de motores de dois tempos foi revisado por outros autores (3).

Emissões em Motores de Carga Pesada

Motores de carga pesada são controlados por um teste dinamométrico de bancada (4), com resultados gerados em g/(bhp.h) [0.7457 g/(bhp.h) = 1 g/(kW.h)]. A EPA recentemente completou uma revisão dos dados já publicados sobre as emissões de biodiesel em motores de carga pesada (5). Os resultados para NO_x, MP, CO e THC, que foram publicados neste relatório, encontram-se resumidos na Figura 1 (5). É claro que, em média,

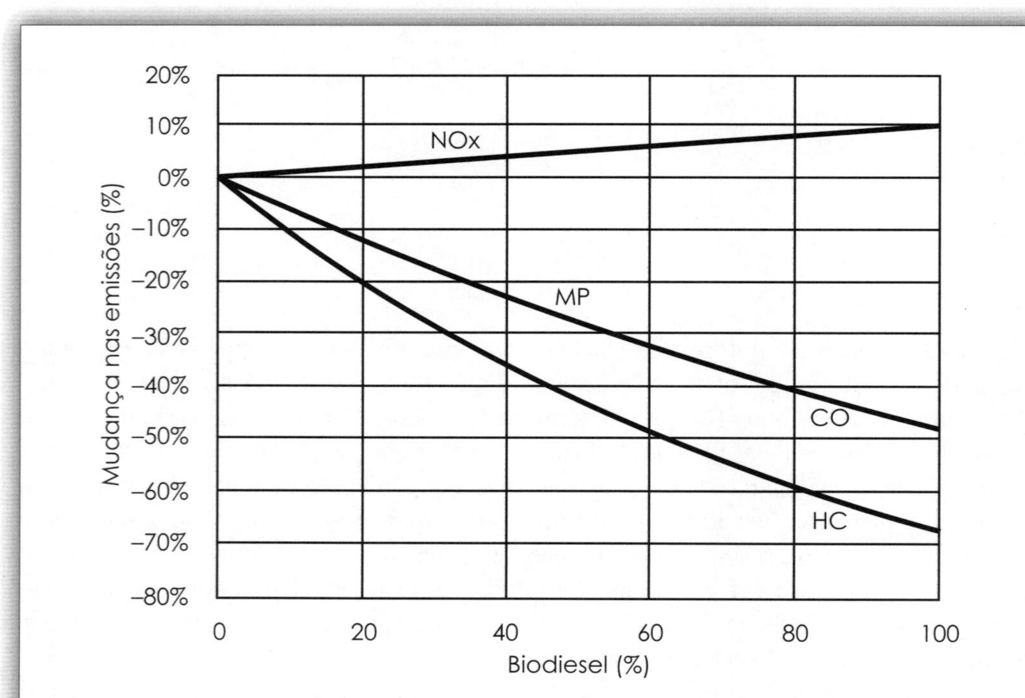

Figura 1. Resumo da avaliação realizada pela Agência de Proteção Ambiental dos Estados Unidos sobre os efeitos do biodiesel na emissão de poluentes em motores de carga pesada. NO_x, óxidos de nitrogênio; MP, matéria particulada; CO, monóxido de carbono; HC, hidrocarbonetos. *Fonte:* Referência 5.

reduções em MP, CO e THC foram obtidas a partir do uso de biodiesel. No entanto, os dados também demonstram que houve um aumento das emissões de NO_x. Nesse sentido, é importante ressaltar que poucos estudos têm sido publicados sobre as emissões de biodiesel em motores de tecnologia mais avançada (de 1998 em diante). Uma análise mais detalhada dos dados de emissões de biodiesel indica que a fração carbônica sólida dos MPs sofre uma redução, mas que a FOS pode até aumentar. O efeito sobre o MP total depende das condições de operação do motor. Sob as condições do teste de motores de carga pesada, o efeito sobre a fumaça (carbono sólido) predomina de forma que as emissões de MP diminuem. A Tabela 1 resume a média de alterações na emissão que foram observadas pela EPA para o B20 (mistura de 20% de biodiesel em diesel convencional de petróleo). Estudos também demonstraram que o biodiesel e suas misturas proporcionam a ocorrência de emissões significativamente mais baixas de compostos tóxicos específicos, incluindo aldeídos, PAH e hidrocarbonetos nitropoliaromáticos (6-8).

O aumento em NO_x pode limitar o mercado de biodiesel em áreas que tenham ultrapassado os limites de qualidade do ar em relação ao ozônio. Esforços consideráveis têm sido orientados à compreensão dos efeitos ambientais que um aumento de NO_x poderia acarretar. Recentemente, o efeito sobre a qualidade do ar foi examinado para misturas B20, a um nível de penetração no mercado de 100%, em frotas de veículos de carga pesada que operavam em várias áreas urbanas dos Estados Unidos (9). Esse estudo empregou modelos de inventário de poluentes e de qualidade do ar sancionados pela EPA e pelo Conselho de Recursos do Ar da Califórnia para modelar o efeito do aumento das emissões de NO_x sobre o nível basal da concentração de ozônio na atmosfera. A modelagem da qualidade do ar indicou alterações na concentração de ozônio de < 1 ppb para todas as áreas investigadas. Isso sugere que um aumento de 2% em NO_x não tem nenhuma implicação mais séria sobre a qualidade do ar.

Um número de fatores pode fazer com que as emissões de biodiesel sejam significativamente diferentes dos valores médios detectados pela EPA. Por exemplo, diferentes modelos do sistema de injeção e diferentes ajustes do motor (calibração) podem resultar na medição de diferentes perfis de emissão do biodiesel. A Figura 2 apresenta como as emissões de biodiesel se alteram em função do nível da mistura em motores de dois fabricantes diferentes, cujas datas de fabricação foram compreendidas entre 1987 e 1995. Os

Tabela 1. Efeito do biodiesel a 20% sobre a média das emissões de cargas pesadas, em comparação com o combustível diesel convencional[a]

Poluente do ar	Percentual de mudança para B20
NO_x	+2.0
PM	−10.1
CO	−11.0
Hidrocarbonetos	−21.1

[a] *Fonte:* Referência 5

resultados incluem quatro estudos independentes que empregaram diferentes motores da Série 60 da Detroit Diesel Corporation (DDC) e dados para motores Cummins do tipo L10, N14, e B5.9 (6,14,15).

Como indica a Figura 2, uma maior redução de MP pode ser obtida a partir dos motores DDC, mas com a desvantagem de ser produzido um aumento nas emissões de NO_x. Diferenças entre os motores dos dois fabricantes estão provavelmente relacionadas às diferentes estratégias empregadas para otimizar a relação NO_x/MP; em alguns casos, o tipo do sistema de injeção foi também diferente (isto é, injetor unitário vs. sistema *common rail*). Para os motores DDC a 2% (m/m) de oxigênio (B20), o aumento de NO_x foi de ~3%, enquanto a redução de MP foi de ~15%. Para os três motores Cummins, o aumento médio de NO_x foi de apenas 0,4% e o coeficiente angular da regressão linear foi menor que 0,02. Portanto, com base na regressão e sob a incerteza desses dados experimentais, as emissões de NO_x não aumentaram para o grupo de motores da Cummins. A redução nas emissões de MP foi de ~12% para os motores Cummins que operaram com B20. A inspeção dos dados utilizados para construir esses gráficos indicou que os motores L10 e N14 não geraram um aumento de NO_x. Por outro lado, o motor B5.9 de 1995 exibiu uma diminuição nas emissões de NO_x, quando operando com combustíveis formados por ésteres dos óleos de soja e de colza.

Outro fator que pode afetar as emissões de NO_x é a matéria-prima ou a formulação empregada para produzir o biodiesel. Testes foram realizados com combustíveis

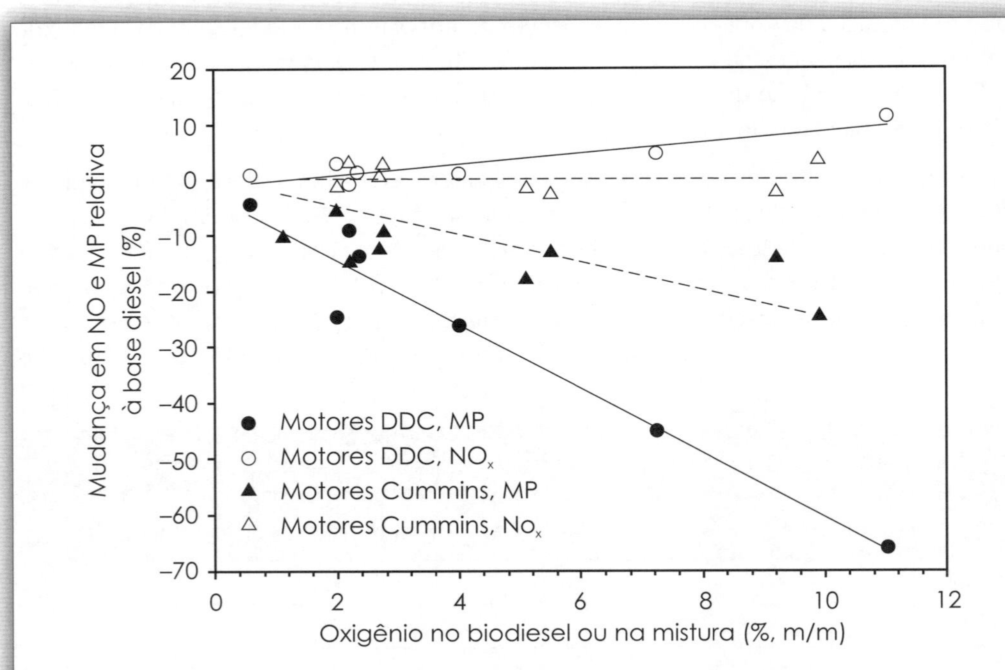

Figura 2. Mudanças nas emissões de material particulado (MP) e de óxidos de nitrogênio (NO_x) para os ésteres metílicos de soja, bem como para blendas dos ésteres metílicos e etílicos de colza, em motores de 4-tempos. *Fonte:* Referência 3.

biodiesel de várias origens e que apresentavam uma ampla variação de números de iodo (16). O número de iodo é uma medida do grau de saturação, ou do número de duplas ligações carbono-carbono que se encontram presentes nas cadeias dos ácidos graxos que compõem o biodiesel. Os resultados, resumidos na Figura 3, indicam que o biodiesel de maior grau de saturação exibiu menores emissões de NO_x, mas, essencialmente, os mesmos níveis de emissão de MP. Todas as formulações de biodiesel exibiram o mesmo consumo específico de combustível e a mesma eficiência térmica no motor. Assim, um combustível com número de iodo de ~40 apresentaria um NO_x equivalente ao do diesel certificado, mas seu ponto de névoa seria inevitavelmente muito maior.

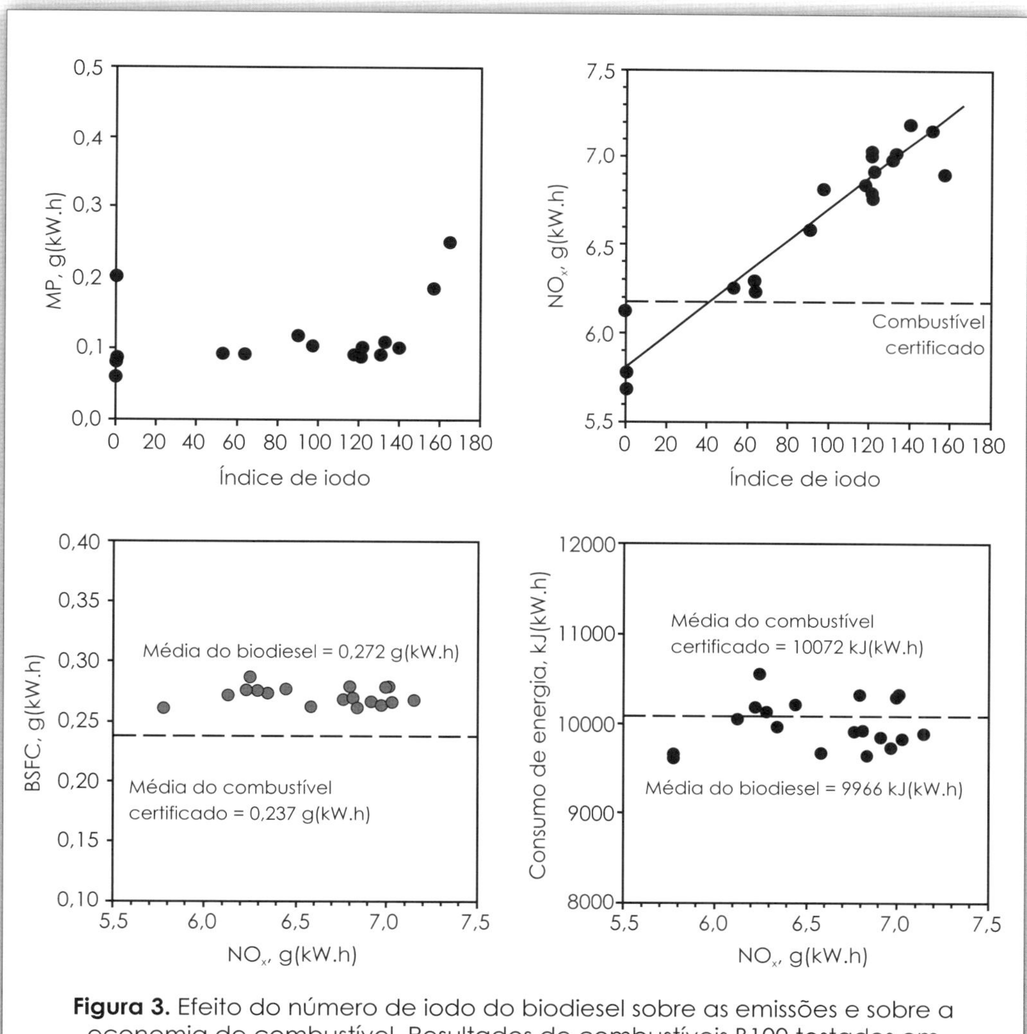

Figura 3. Efeito do número de iodo do biodiesel sobre as emissões e sobre a economia de combustível. Resultados de combustíveis B100 testados em motor Detroit Diesel Corporation (DDC) Série 60 de 1991, a partir do teste transiente de carga pesada. NO_x, óxidos de nitrogênio. *Fonte*: Referência 16.

Emissões em Veículos de Carga Pesada

Poucos testes de emissões em chassis de veículos pesados têm sido realizados utilizando biodiesel. Os resultados de avaliação do biodiesel em veículos pesados nem sempre se correlacionam diretamente com os resultados de veículos pesados testados em bancadas (ou chassis) dinamométricas. Vários caminhões da classe 8 foram testados com base no ciclo de 5 picos empregando combustível diesel convencional e misturas B35 (35% biodiesel). Os veículos foram equipados com motores Cummings, Detroit Diesel e Mack. As tendências variaram quanto às emissões de NO_x; as emissões aumentaram em alguns veículos e diminuíram em outros. As emissões de MP foram mais consistentes dentre os diferentes tipos de motores. Houve um decréscimo de ~20% nas emissões de MP em motores Cummings e Detroit Diesel, mas pouca ou nenhuma mudança foi observada em motores Mack. Um volume muito maior de informações sobre as emissões de veículos em uso contínuo, alimentados com biodiesel ou com suas misturas com petrodiesel, será ainda necessário para permitir uma visão mais abrangente do efeito ambiental que esses combustíveis podem apresentar, quando utilizados em frotas de veículos pesados.

Emissões em Veículos e Motores de Carga Leve

Ésteres metílicos e etílicos de óleo de colza foram testados em motores Cummings B5.9 de 1994 e 1995 em dois caminhões Dodge *pickup* adaptados a um chassis dinamométrico, utilizando o ciclo duplo arterial e uma versão adaptada ao chassis do teste transiente de carga pesada (19). O ciclo arterial forneceu os menores níveis de emissões em g/milhas quando comparado ao ciclo do chassi de carga pesada, mas o efeito relativo do biodiesel sobre as emissões foi essencialmente o mesmo. Para o éster etílico utilizado como B100, o NO_x decresceu em 13% para cada caminhão, e o MP aumentou em 16 e 43% para os caminhões de 1994 e 1995, respectivamente, em comparação com o diesel de referência. O NO_x para os ésteres metílicos foi 3,7% maior que o observado para os ésteres etílicos nos caminhões de 1994, enquanto o MP foi 6% maior. Testes realizados com biodiesel em caminhões de características similares também revelaram um aumento nas emissões de MP e um pequeno acréscimo nas emissões de NO_x (20,21).

Os dados europeus sobre o controle das emissões dos ésteres metílicos de óleo de colza foram recentemente revisados (22). A maior parte dos resultados é referente a automóveis de passeio de carga leve, utilizando vários testes de motores em estado de equilíbrio multimodal e o ciclo de dirigibilidade do Procedimento Federal de Referência (PFR) dos Estados Unidos para veículos leves. As emissões foram altamente dependentes do ciclo de dirigibilidade. Tipicamente, o NO_x aumentou em 10% para todos os ciclos e motores testados. Por outro lado, o MP decresceu e a redução em MP mostrou-se dependente do ciclo e do motor empregados, com o PFR fornecendo a menor redução (0-20%) contra um decréscimo de 10-50% no teste de 13 pontos no estado de equilíbrio. Os dados sobre as emissões tóxicas desses veículos também foram publicados (22), tendo sido observado que essas emissões são igualmente dependentes do ciclo de dirigibilidade. As emissões de PAH derivadas do uso de biodiesel em motores de injeção direta variaram em 80 a 110% das emissões PAH do diesel para testes PFR, e de praticamente zero a 80% daquelas do combustível convencional para vários dos testes de estado de equilíbrio.

Aparentemente, os resultados dos testes dinamométricos para motores de carga leve seguiram de perto as tendências dos motores de carga pesada, isto é, o NO_x aumentou e o MP diminuiu. Em um estudo mais recente (23), um motor Mercedes-Benz OM904LA foi testado com éster metílico de óleo de colza (B100) e diesel convencional. Um pequeno aumento de NO_x e um aumento de MP foram observados nesses testes de estado de equilíbrio. As reduções na emissão de MP foram atribuídas à menor emissão de fumaça, em comparação com os outros combustíveis testados no experimento.

O motor diesel OM611 de carga leve da Daimler Benz foi testado com diesel de teor ultrabaixo de enxofre, diesel convencional e uma mistura do tipo B20 (24). O éster metílico puro de óleo de soja foi misturado com o diesel de teor ultrabaixo de enxofre para produzir a referida mistura B20. Os resultados da mistura B20 foram neutros em relação ao NO_x quando comparados com os dois combustíveis diesel de referência. As reduções na emissão de MP foram maiores em relação ao diesel convencional que em relação ao combustível diesel de teor ultrabaixo de enxofre (32 e 14%, respectivamente), devido, principalmente, às diferenças que os combustíveis diesel apresentaram em suas propriedades combustíveis.

Dois tipos de ésteres metílicos de óleo de colza foram testados, além do combustível diesel convencional, em um motor diesel europeu de carga leve (25). Os resultados dos testes no estado de equilíbrio demonstraram que as emissões de NO_x aumentaram e que as emissões de MP diminuíram. Os autores atribuíram o aumento das emissões de NO_x a mudanças na operacionalidade do sistema de injeção de combustível. O biodiesel causou a abertura prematura do bico, promovendo um avanço efetivo no tempo de injeção. A análise das emissões de MP revelou que a fumaça do biodiesel apresentava um percentual maior de FOS que o MP derivado do diesel de referência; no entanto, o biodiesel causou uma queda nas emissões totais de fumaça. A análise de emissões não controladas (ou reguladas) revelou que o biodiesel proporcionou uma diminuição nas emissões de PAH, em comparação com o combustível diesel convencional. Para ambos, biodiesel e combustível diesel convencional, o total de emissões não controladas mostrou-se dependente da carga aplicada no motor, com maiores níveis de emissão estando associados à aplicação de menores cargas no motor.

Em virtude da pequena fatia de mercado que é efetivamente ocupada pelos veículos diesel de carga leve nos Estados Unidos, muito poucos estudos de emissões foram realizados até o momento em veículos leves. Os resultados disponíveis sugerem que, para caminhonetes *pickup* relativamente grandes e para veículos utilitários esportivos, o efeito do biodiesel sobre a emissão de poluentes pode ser diferente daquele observado para veículos de carga pesada. Sob ciclos de trabalho com carga parcial, como aquelas geralmente empregadas em veículos leves, caminhonetes *pickup* e veículos utilitários esportivos, o efeito do biodiesel sobre a emissão de fumaça pode ser menor que o observado em veículos de carga pesada. O aumento de FOS causado pelo biodiesel aparentemente predomina, causando um aumento real no total de MP presente nas emissões. O aumento de NO_x anteriormente observado para veículos de carga pesada também pode ser revertido em cargas parciais. Entretanto, a pouca disponibilidade de dados sobre motores de automóveis de passeio determina que os efeitos sobre NO_x e MP sejam considerados similares àqueles observados para motores de carga pesada.

Estratégias de Redução de NO_x

As causas para o aumento de NO_x associado ao biodiesel, ao menos para sistemas de injeção unitários, estão relacionadas a um pequeno deslocamento no intervalo de injeção do combustível que é causado por diferenças nas propriedades mecânicas do biodiesel em relação ao diesel convencional (26,27). Em virtude do maior módulo de compressibilidade (ou velocidade do som) do biodiesel, há uma transferência mais rápida da onda de pressão da bomba de injeção para a agulha do injetor, resultando na antecipação do levantamento da agulha e na produção de um pequeno avanço no intervalo de injeção. Recentemente, esse efeito foi examinado em maiores detalhes (28). Foi observado que amostras de B100 derivadas de soja produzem um avanço de 1° no intervalo de injeção, que foi acompanhado por um avanço de 4° no início da combustão. O intervalo de injeção do combustível foi também mais curto para o biodiesel.

Mesmo anteriormente ao trabalho descrito anteriormente (26,27), mudanças no intervalo de injeção foram investigadas em motores Cummins L10 (14) e Cummins N14 (15). O retardamento no intervalo de injeção pode reduzir a emissão de NO_x, paralelamente à perda de alguma eficiência na redução de MP e na economia de combustível. Por exemplo, no estudo realizado pela Ortech com o motor N14 utilizando misturas B20, o retardamento do intervalo realmente aumentou as emissões de MP a um nível 4,1% superior ao do combustível diesel de referência. Resultados similares foram observados nos estudos com o motor L10. Nos Estados Unidos e em vários outros países, mudanças no intervalo de injeção caracterizam adulteração ou uma mudança no sistema de controle das emissões do motor, e tal ocorrência pode exigir a recertificação do motor para os padrões de emissão estabelecidos na legislação.

O intervalo de injeção, a pressão de injeção e a recirculação dos gases de exaustão foram investigados em um motor Navistar 7.3 L HEUI para várias misturas de biodiesel de soja e para o diesel convencional, utilizando um teste de 13 pontos em estado de equilíbrio (29). Foi observado que o NO_x aumentou com o uso do biodiesel sob todas as condições de velocidade e carga empregadas nos ensaios. No entanto, a taxa e a forma de geração de MP variaram com as condições dos experimentos. Níveis relativamente inferiores de biodiesel na mistura, da ordem de 10 a 30% de ésteres metílicos de soja, foram mais suscetíveis às mudanças nos parâmetros do motor que as misturas superiores (50 e 100%), ao longo de todo o mapeamento. Para esses níveis inferiores de biodiesel na mistura, mudanças no ajuste e na pressão de operação do motor permitiram a redução do NO_x a um um nível fixo de MP, mas não a redução simultânea de NO_x e MP. Todas as mudanças realizadas para o biodiesel, tanto no ajuste quanto na pressão de operação do motor, também funcionaram igualmente bem para os testes com diesel convencional. Assim, as emissões de NO_x aumentaram e as emissões de MP, CO e THC caíram em relação ao diesel em todas as configurações estabelecidas nos testes.

Estratégias para a redução das emissões de NO_x do biodiesel a um nível equivalente ao do diesel convencional envolvem o aumento do número de cetano (NC) ou a diminuição do teor de aromáticos. O efeito dessas propriedades sobre as emissões do diesel já foi elucidado em vários estudos (30). Foi observado que misturas B20 respondem bem ao peróxido di-*t*-butílico (DTBP), um melhorador de cetano, quando testadas em motores DDC da Série 60 de 1991 (11). O NO_x do biodiesel foi reduzido em 6,2% sem que sua contribuição de 9,1% na redução das emissões de MP fosse comprometida. No entanto, a mistura B20 não produziu qualquer aumento perceptível no NO_x desse motor. O DTBP e o nitrato de 2-etil-hexila foram examinados em um motor similar (31) e os resultados encontram-se registrados na Figura 4. Esse estudo confirma que aditivos de cetano podem reduzir o NO_x, pelo menos em motores que não apresentam grandes retardamentos do intervalo de injeção. Todavia, a necessidade do uso de altos níveis de aditivação, ao nível de 5000 ppm, podem não ser considerados como economicamente viáveis.

Outra estratégia é a mistura do biodiesel com componentes aromáticos ou de alto NC, como alquilatos ou diesel oriundo de processamento Fischer-Tropsch (FT). Avaliações multimodais em estado de equilíbrio, realizadas com motores Cummins L10 (32), demonstraram um aumento de NO_x de 6,4 a 7,4 g/(bhp.h) quando o diesel convencional

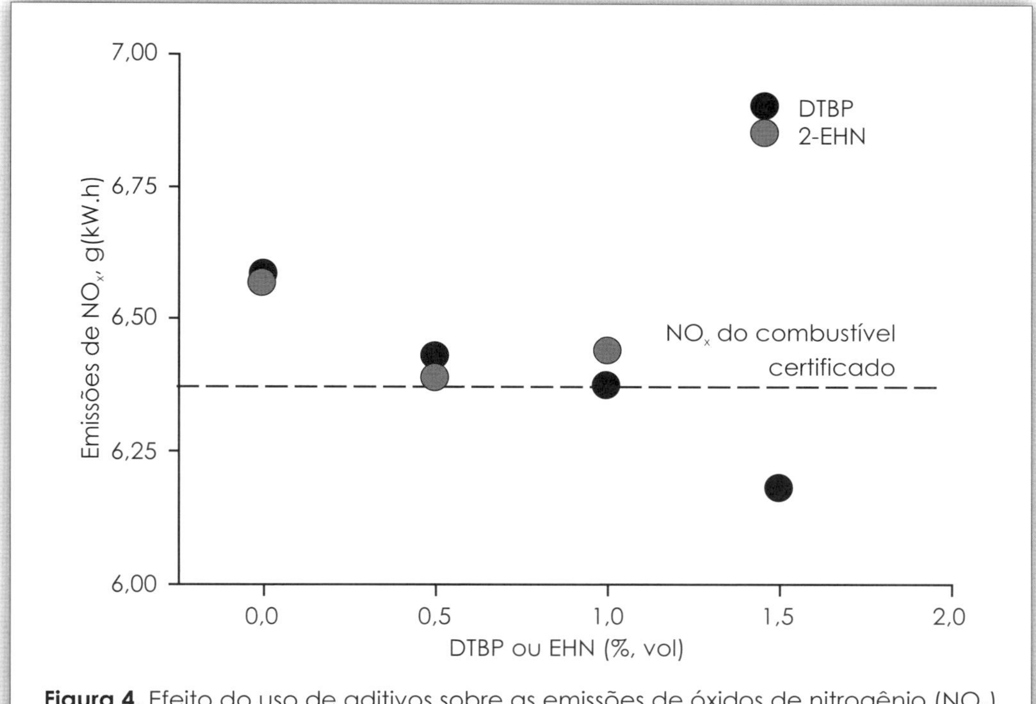

Figura 4. Efeito do uso de aditivos sobre as emissões de óxidos de nitrogênio (NO_x) para o B20 de soja, empregando testes com peróxido di-tert-butílico (DTBP) e nitrato de 2-etil-hexila (2-EHN) em motor Detroit Diesel Corporation (DDC) Série 60 de 1991, a partir do teste transiente de carga pesada dos Estados Unidos. *Fonte:* Referência 31.

foi comparado ao éster metílico de óleo de soja (100%). A adição de 20% de alquilatos pesados fez com que o NO_x do combustível se tornasse neutro em relação ao diesel de referência. O *n*-hexadecano também já foi empregado para reduzir as emissões de NO_x de combustíveis (dados não publicados), e efeitos similares foram igualmente demonstrados para o diesel FT (31). Esses estudos demonstraram como o diesel pode ser reformulado para receber o biodiesel, procurando manter baixo o teor de compostos aromáticos para controlar as emissões de NO_x e de MP simultaneamente.

Resumo

Nos estudos produzidos até o ano de 1997, há um amplo consenso de que o biodiesel e misturas contendo biodiesel produzem reduções significativas de MP e aumentos de NO_x em motores de carga pesada. Algumas estratégias para mitigar o aumento de NO_x já foram demonstradas; no entanto, o aumento das emissões de NO_x prevalece como um sério problema para uma expansão significativa do uso comercial do biodiesel. Para motores que atendem aos padrões de emissão de cargas pesadas de 1998 e 2004, não há dados disponíveis, ao menos aparentemente, sobre desempenho durante operações realizadas com biodiesel. Testes em chassis dinamométricos com veículos de carga leve e pesada, operando com biodiesel, também têm sido muito limitados. Portanto, a total compreensão sobre as emissões dos poluentes emanados por esse combustível renovável ainda requererá um conjunto muito maior de resultados, que deverão ser gerados para motores e veículos de todos os tamanhos.

Referências

1. Coordinating Research Council. *Chemical Methods for the Measurement of Unregulated Diesel Emissions - Carbonyls, Aldehydes, Particulate Characterization, Sulfates, PAH/ NO_2PAH,* CRC Report n°. 551, Atlanta, 1987.

2. United States Environmental Protection Agency. *National Air Quality and Emissions Trends Report, 2003 Special Studies Edition,* EPA 454/R-03-005 (2003).

3. Graboski, M.S., e R.L. McCormick, Combustion of Fat and Vegetable Oil Derived Fuels in Diesel Engines, *Prog. Energy Combust. Sci. 24*:125-164 (1997).

4. *United States Code of Federal Regulations*, Volume 40, Part 86, Subpart N.

5. United States Environmental Protection Agency, *A Comprehensive Analysis Of Biodiesel Impacts On Exhaust Emission*, Draft Technical Report, EPA420-P-02-001, 2002.

6. Sharp, C.A., *Emissions and Lubricity Evaluation of Rapeseed Derived Biodiesel Fuels,* Final Report from SWRI to Montana Department of Environmental Quality, novembro de 1996.

7. Sharp C.A., S.A. Howell, e J. Jobe, "The Effect Of Biodiesel Fuels On Transient Emissions From Modern Diesel Engines, Part I Regulated Emissions And Performance", *SAE Techn. Pap. Ser.* 2000-01-1967 (2000).

8. Sharp C.A., S.A. Howell, e J. Jobe, "The Effect Of Biodiesel Fuels On Transient Emissions From Modern Diesel Engines, Part II Unregulated Emissions And Chemical Characterization", *SAE Techn. Pap. Ser.* 2000-01-1968 (2000).

9. Morris R.E., A.K. Polack, G.E. Mansell C. Lindhjem, Y. Jia, e G. Wilson, *Impact Of Biodiesel Fuels On Air Quality And Human Health*. Relatório Resumido. National Renewable Energy Laboratory, NREL/SR-540-33793 (2003).

10. Graboski, M.S., J.D. Ross, e R.L. McCormick, "Transient Emissions From n°. 2 Diesel and Biodiesel Blends in a DDC Series 60 Engine", *SAE Techn. Pap. Ser.* 961166 (1996).

11. Sharp, C.A., *Transient Emissions Testing of Biodiesel and Other Additives in a DDC Series 60 Engine,* Relatório do Southwest Research Institute para o National Biodiesel Board, dezembro de 1994.

12. McCormick, R.L., J.D. Ross, e M.S. Graboski, Effect of Several Oxygenates on Regulated Emissions from Heavy-Duty Diesel Engines, *Environ. Sci. Technol. 31*:1144-1150 (1997).

13. Liotta, Jr, F., e D. Montalvo, The Effect of Oxygenated Fuels on Emission From a Modern Heavy-Duty Diesel Engine, *SAE Technical Paper Ser.* 932734 (1993).

14. Stotler, R., e D. Human, *Transient Emission Evaluation of Biodiesel Fuel Blend in a 1987 Cummins L-10 and DDC 6V-92-TA,* Relatório ETS n°. ETS-95-128 para o National Biodiesel Board, 30 de novembro, 1995.

15. Ortech Corporation. *Operation of Cummins N14 Diesel on Biodiesel: Performance, Emissions and Durability,* Relatório Final da Fase 1 para o National Biodiesel Board, Relatório n°. 95 E11-B004524, Mississauga, Canada, 10 de Janeiro, 1995.

16. McCormick R.L., T.L. Alleman, M.S. Graboski, A.M. Herring, e K.S. Tyson, Impact Of Biodiesel Source Material And Chemical Structure On Emissions Of Criteria Pollutants From A Heavy-Duty Engine, *Environ. Sci. Technol. 35*:1742-1747 (2001).

17. Clark, N.N., e D.W. Lyons, Class 8 Truck Emissions Testing: Effects Of Test Cycles And Data On Biodiesel Operation, *Trans. ASAE 42*:1211-1219 (1999).

18. Wang, W.G., D.W. Lyons, N.N. Clark, M. Gautam, e P.M. Norton, Emissions from Nine Heavy Trucks Fueled By Diesel and Biodiesel Blend Without Engine Modification, *Environ. Sci. Techn. 34*:933-939 (2000).

19. Peterson, C.L., e D.L. Reece, Emissions Testing With Blends of Esters of Rapeseed Oil Fuel With and Without a Catalytic Converter, *SAE Techn. Pap. Ser.* 961114 (1996).

20. Durbin, T.D., J.R. Collins, J.M. Norbeck, e M.R.Smith, Effects of Biodiesel, Biodiesel Blends, and Synthetic Diesel on Emissions from Light Heavy-Duty Diesel Vehicles, *Environ. Sci. Technol. 34*:349-355 (2000).

21. Durbin, T.D., e J.M. Norbeck, Effects of Biodiesel Blends and Arco EC-Diesel on Emissions from Light Heavy-Duty Diesel Vehicles, *Environ. Sci. Technol. 36*:1686-1991 (2002).

22. Krahl, J., A. Munack, M. Bahadir, L. Schumacher, e N. Elser, Review: Utilization of Rapeseed Oil, Rapeseed Oil Methyl Ester of Diesel Fuel: Exhaust Gas Emissions and Estimation of Environmental Effects, *SAE Techn. Pap. Ser.* 962096 (1996).

23. Krahl, J., A. Munack, O. Schröder, H. Stein, e J. Bünger, "Influence of Biodiesel and Different Designed Diesel Fuels on the Exhaust Gas Emissions and Health Effects" *SAE Techn. Pap. Ser.* 2003-01-3199 (2003).

24. Sirman, M.B., E.C. Owens, K.A.Whitney, "Emissions Comparison of Alternative Fuels in an Advanced Automotive Diesel Engine", *SAE Techn. Pap. Ser.* 200-01-2048 (2000).

25. Cardone, M., M.V. Prati, V. Rocco, M. Seggiani, A. Senatore, e S. Vitolo, *Brassica carinata* as an Alternative Oil Crop for the Production of Biodiesel in Italy: Engine Performance and Regulated and Unregulated Exhaust Emissions, *Environ. Sci. Techn. 36*: 4656-4662 (2002).

26. Tat, M.E. and J.H. van Gerpen, *Measurement Of Biodiesel Speed Of Sound And Its Impact On Injection Timing*, National Renewable Energy Laboratory, NREL/SR-510-31462 (2003).

27. Monyem, A., J.H. van Gerpen, e M. Canakci, The Effect Of Timing And Oxidation On Emissions From Biodiesel- Fueled Engines, *Trans. ASAE 44*:35-42 (2001).

28. Sybist, J.P., e A.L. Boehman, Behavior Of A Diesel Injection System With Biodiesel Fuel, *SAE Techn. Pap. Ser.* 2003-01-1039 (2003).

29. FEV Engine Technology, Inc., *Emissions and Performance Characteristics of the Navistar T444E DI Engine Fueled with Blends of Biodiesel and Low Sulfur Diesel,* Phase 1 Final Report to National Biodiesel Board, 6 de dezembro, 1994.

30. Lee, R., J. Pedley, C. Hobbs, Fuel Quality Impact on Heavy Duty Diesel Emissions: A Literature Review, *SAE Techn. Pap. Ser.* 982649 (1998).

31. McCormick, R.L., J.R. Alvarez, M.S. Graboski, K.S. Tyson, e K. Vertin, K., Fuel Additive And Blending Approaches To Reducing NO_x Emissions From Biodiesel, *SAE Techn. Pap. Ser.* 2002-01-1658 (2002).

32. Marshall, W., *Improved Control of NOX Emissions with Biodiesel Fuels,* Relatório Final, Contrato DE-AC22-94PC91008 da DOE, março de 1994.

7.2 Influência do Biodiesel e de Diferentes Combustíveis Diesel sobre as Emissões de Exaustão e seus Efeitos sobre a Saúde

Jürgen Krahl, Axel Munack, Olaf Schröder,
Hendrik Stein e Jürgen Bünger

Introdução

Para promover uma ampla avaliação das emissões do biodiesel [ésteres metílicos de óleo de colza (EMC)] vs. petrodiesel, quatro tipos diferentes de combustível foram avaliados. Além do diesel sueco de baixo teor de enxofre (CD) MK1, de acordo com a norma sueca SS 15 54 35, e o EMC de origem alemã, de acordo com a norma alemã DIN 51606 (essas normas foram sucedidas pela norma europeia EN 14214, veja a Tabela 3 do Apêndice B), os combustíveis examinados corresponderam a um combustível petrodiesel, de acordo com a norma europeia EN 590, e um CD de baixo teor de enxofre com alto teor de aromáticos e curva de destilação mais homogênea, de acordo com a norma EN 590 (designado como CD05). Os dados técnicos para os combustíveis, o motor (Daimler-Chrysler OM904LA) e o ciclo de testes de 13 pontos ECE-R 49 (as condições de realização do método correspondem ao ciclo de 13 pontos empregado nos Estados Unidos; no entanto, com diferenças entre os fatores de pesagem) foram relatados em outra publicação (1). Em virtude da tendência que partículas de motores diesel têm para induzir câncer de pulmão em humanos (2), o potencial mutagênico dos materiais particulados foi determinado para estimar os seus possíveis efeitos carcinogênicos sobre a saúde.

Resultados

O conjunto de medidas das taxas específicas de emissões para os módulos do teste de 13 estágios encontra-se resumido nas figuras a seguir. Resultados mais detalhados para cada um dos módulos podem ser encontrados no relatório do projeto (3).

Monóxido de carbono (CO; Figura 1). Para todos os combustíveis testados, as emissões foram claramente inferiores ao limite legal de 4,0 g/kWh (Euro II) estabelecido para os motores empregados no teste. O uso de EMC levou a um decréscimo considerável nas emissões de CO. Isso pode ser devido em parte ao teor de oxigênio das ligações éster, que permitem que maiores percentuais de CO sejam oxidados a CO_2.

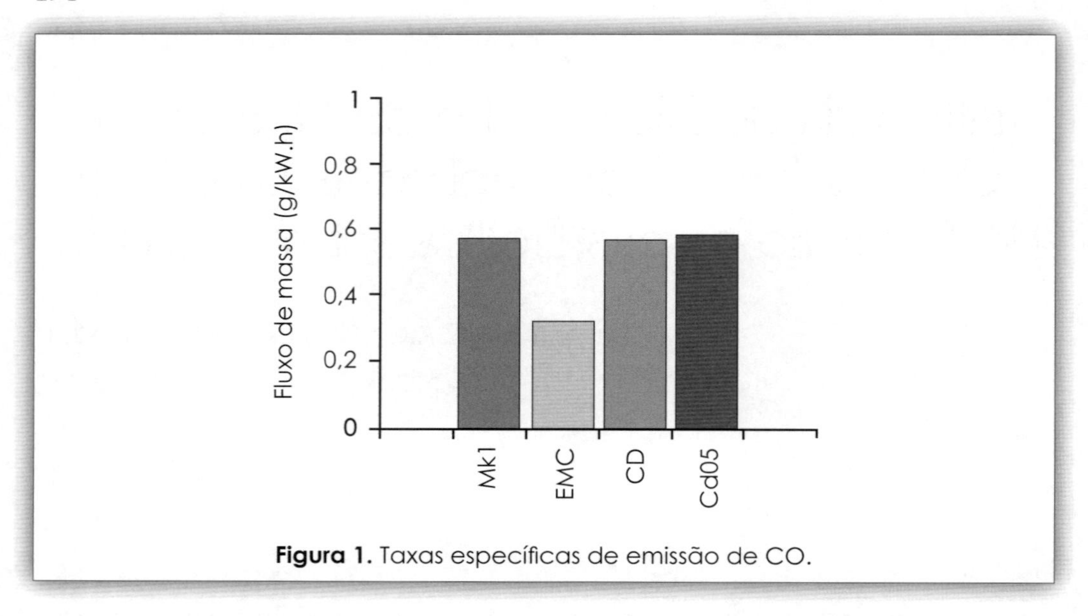

Figura 1. Taxas específicas de emissão de CO.

Hidrocarbonetos (HC; Figura 2). Para os HC, as taxas de emissões também foram muito inferiores ao limite legal de 1,1 g/kWh. O EMC causou um decréscimo significativo nessas emissões.

Óxidos de nitrogênio (NO_x; Figura 3). As taxas de emissões foram inferiores ao limite legal de 7 g/kWh; no entanto, as medidas se aproximaram desse limite. Isso demonstra que os óxidos de nitrogênio e, como demonstrado a seguir, o material particulado (MP), correspondem aos componentes críticos das emissões de motores diesel.

Como relatado anteriormente em várias publicações, o uso de EMC leva a um aumento nas emissões de NO_x, caso a administração do motor (intervalo e comporta-

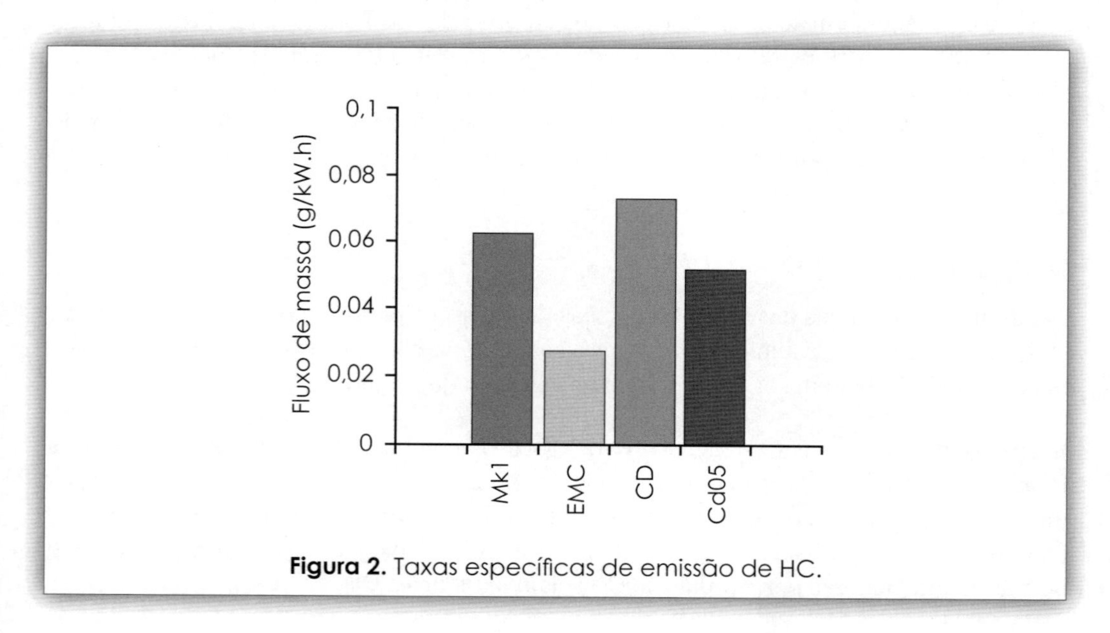

Figura 2. Taxas específicas de emissão de HC.

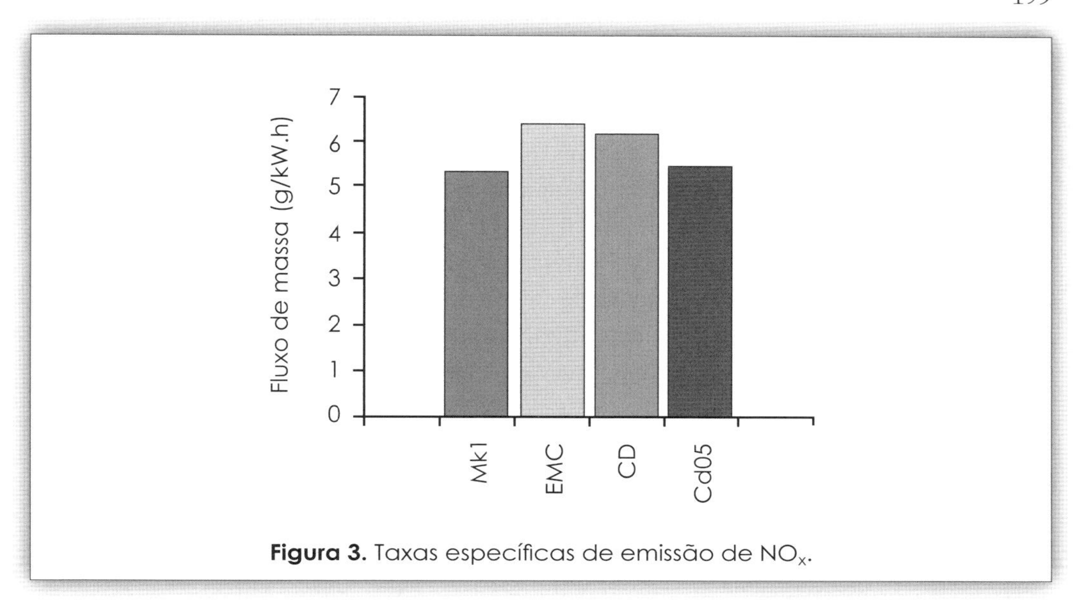

Figura 3. Taxas específicas de emissão de NO_x.

mento da injeção) permaneça inalterada. No entanto, motores diesel podem ser otimizados para o uso de EMC por meio de uma programação específica (4). A condição para o uso dessa estratégia em aplicações práticas é a instalação de um sistema de detecção contínua do combustível e de suas blendas. Assim, um sensor de biodiesel foi desenvolvido (5,6).

MP (Figura 4). O limite legal de 0,15 g/kWh foi atendido por todos os combustíveis. Os combustíveis não convencionais levaram a uma redução de 25 a cerca de 40% nas emissões de MP em comparação com o CD clássico.

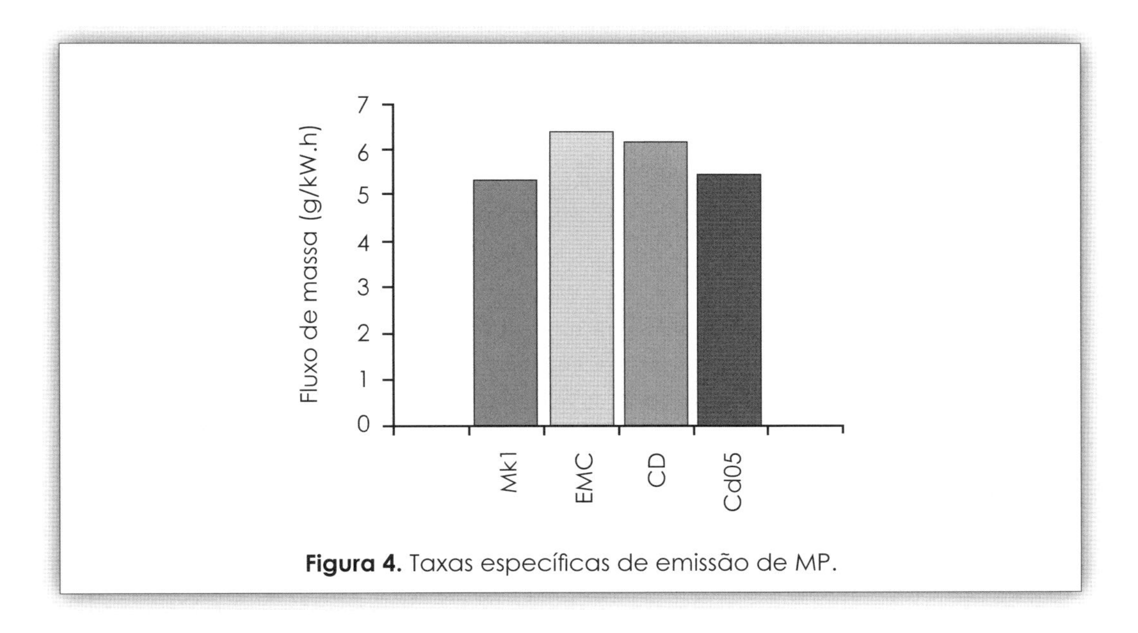

Figura 4. Taxas específicas de emissão de MP.

Distribuição do tamanho de partículas (Figura 5). Motores diesel representam a maior fonte de emissão de partículas finas (com diâmetro < 2,5 μm) e a principal fonte de partículas ultrafinas (com diâmetro < 0,1 μm). As partículas ultrafinas são vistas como muito mais relevantes toxicologicamente (7). As emissões decorrentes do uso de motores diesel, no que concerne ao número de partículas emitidas, ocorrem principalmente na faixa de 10 a 300 nm. Portanto, essa faixa foi medida de acordo com os procedimentos disponíveis na literatura (8). Os quatro combustíveis produziram perfis de emissões bastante diferentes. O EMC gerou uma quantidade maior de partículas na faixa de 10 a 40 nm, em comparação com o CD, e poucas partículas com diâmetros maiores. O MK1 causou uma redução nas emissões em todo o intervalo medido, enquanto o CD05 forneceu um aumento considerável no número de partículas emitidas. No entanto, essas observações deverão ser diferentes para partículas de diâmetros maiores que não foram avaliadas pelo analisador, porque as emissões de partículas totais decorrentes do biodiesel foram inferiores às observadas para o CD.

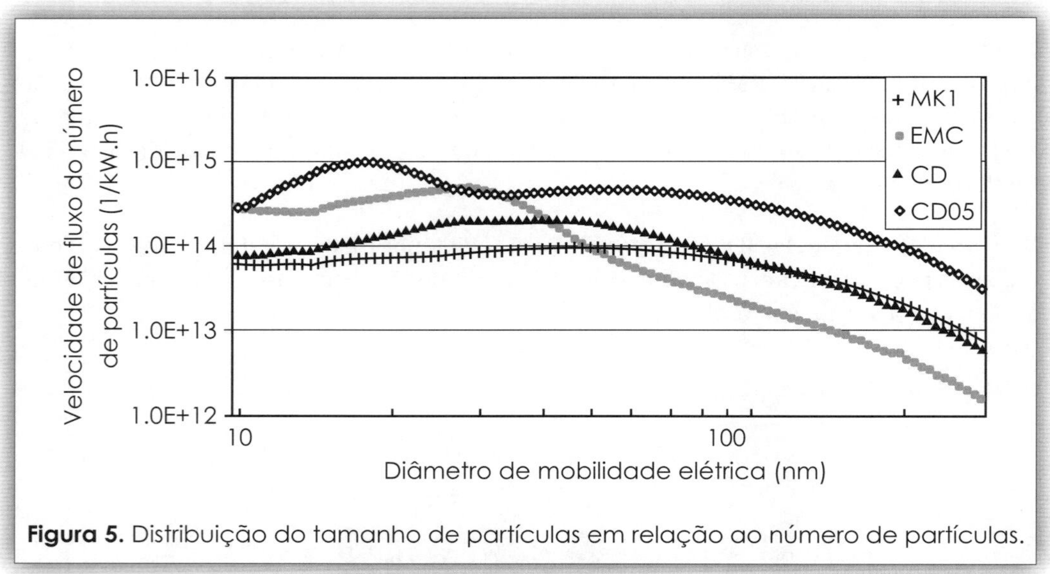

Figura 5. Distribuição do tamanho de partículas em relação ao número de partículas.

HC aromáticos (Figura 6). Compostos aromáticos, determinados de acordo com os procedimentos disponíveis na literatura (9), são observados principalmente em módulos de marcha lenta e de cargas leves. Nos outros módulos, a concentração de HC aromáticos nas emissões de exaustão é inferior a 1 ppb, de forma que sua detecção não pode ser facilmente distinguida do erro experimental do método. Os resultados demonstraram que o EMC levou a uma redução significativa dessas emissões. Como afirmado anteriormente, a justificativa para esses erros experimentais está relacionada com as variações bastante significativas que foram observadas nas condições de combustão.

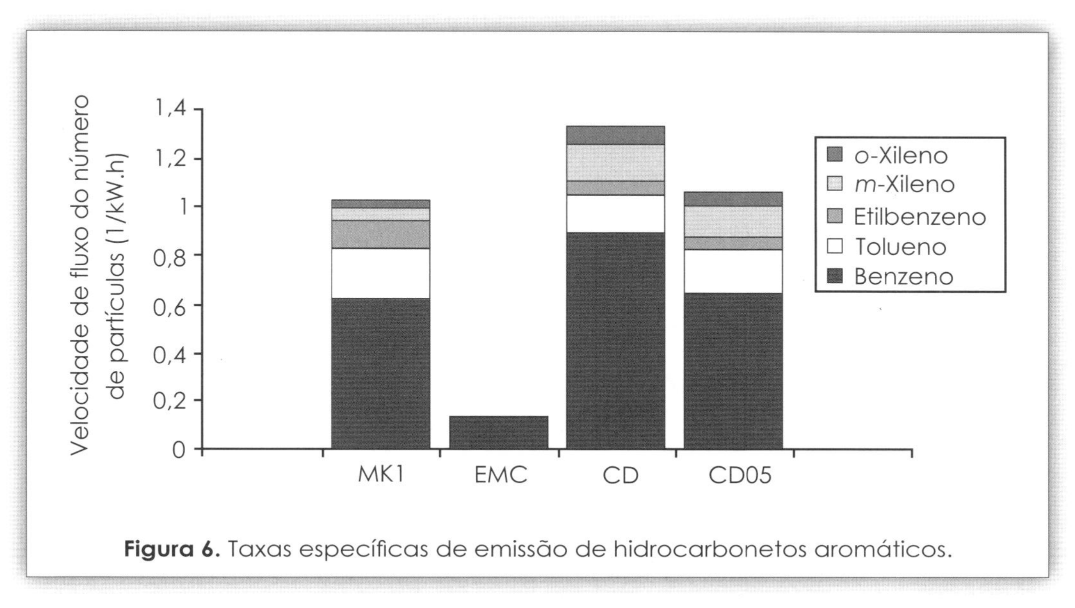

Figura 6. Taxas específicas de emissão de hidrocarbonetos aromáticos.

Alcenos (Figura 7). Essas espécies químicas foram também determinadas de acordo com os procedimentos disponíveis na literatura (9). Dentre os HC insaturados, eteno, etino e propeno foram os principais componentes das emissões de exaustão. Como os compostos aromáticos, a detecção desses componentes foi bastante difícil, exceto nos módulos de marcha lenta e de cargas leves. Os combustíveis "novos", MK1 e CD05, apresentaram taxas de emissões consideravelmente superiores; no entanto, os níveis detectados foram relativamente baixos.

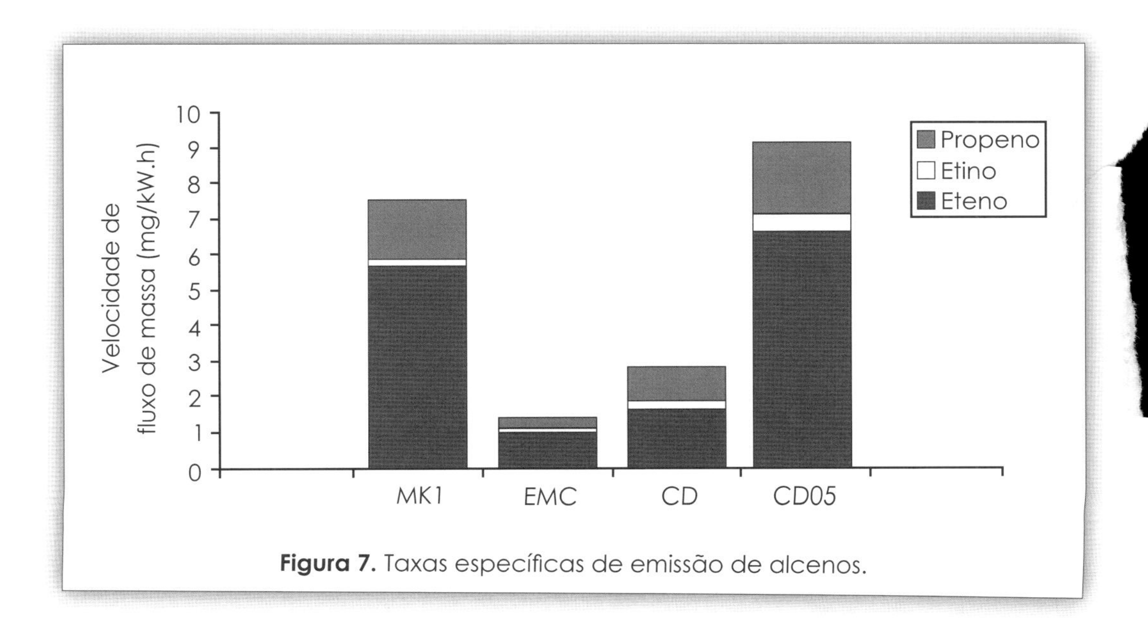

Figura 7. Taxas específicas de emissão de alcenos.

Aldeídos e cetonas (Figura 8). Como os alcenos, aldeídos e cetonas, que foram analisados de acordo com a literatura (10), contribuíram para a formação de fumaças durante o verão. Os aldeídos representaram uma fatia de 30 a 50% do total de HC emitidos. Os resultados demonstraram um pequeno aumento para o uso de MK1 e uma redução de 30% para o uso de EMC e de CD05, em comparação com o CD.

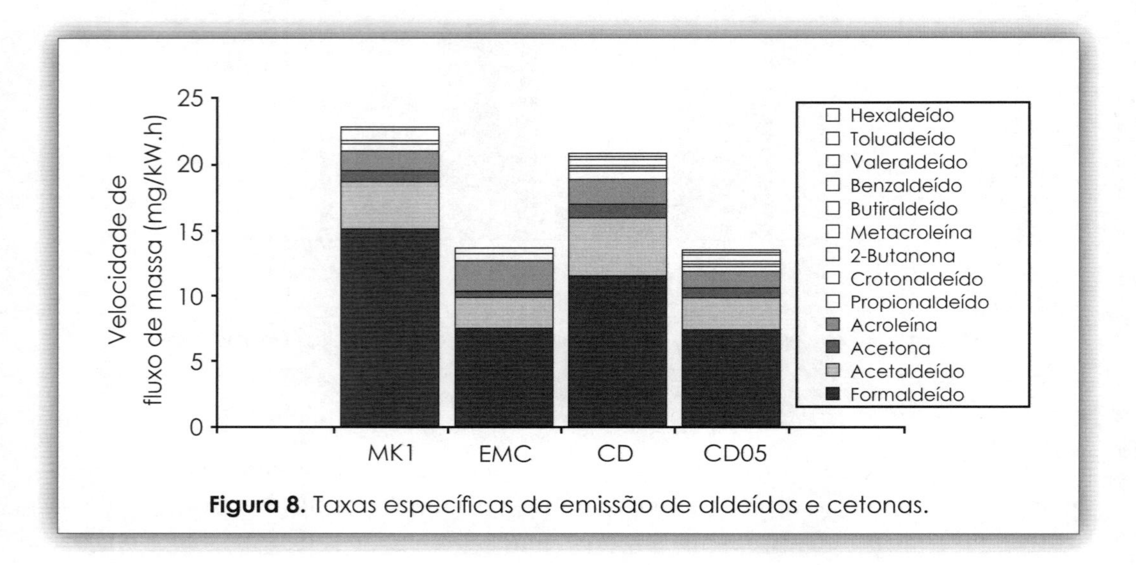

Figura 8. Taxas específicas de emissão de aldeídos e cetonas.

Os resultados da extração do MP produzido pelos combustíveis investigados estão comparados na Figura 9. EMC, MK1 e, a uma menor extensão, CD05 produziram uma quantidade de partículas consideravelmente menor em comparação com o CD. Isso foi provavelmente devido ao baixo teor de enxofre desses três combustíveis em relação ao CD, como já demonstrado em outros estudos (11,12). A menor quantidade de material sólido (principalmente fumaça e carbono) foi observada para o EMC, indicando uma proporção maior de combustível não queimado na fração orgânica solúvel desses extratos. Em alguns módulos de carga, o EMC não produziu praticamente nenhuma fumaça, como observado em estudos anteriores (13).

As propriedades mutagênicas foram investigadas a partir do ensaio de *Salmonella typhimurium*/células mamárias (14). Os efeitos mutagênicos variaram muito dentre os extratos das partículas derivadas dos combustíveis testados (Figura 10). O EMC produziu os menores efeitos mutagênicos. A mutagenicidade dos extratos de MK1 e a de CD foram, respectivamente, 2-3 vezes e 4-5 vezes superiores às observadas para EMC. Os resultados com (+S9) e sem (-S9) ativação metabólica das enzimas do fígado de rato apresentaram pequenas diferenças.

A ocorrência de um número muito pequeno de mutações associadas ao uso de EMC foi atribuída à presença de teores muito baixos de HC aromáticos policíclicos nas partículas emitidas por combustíveis biodiesel (12,15). A mutagenicidade induzida pelos extratos das partículas emitidas por MK1 e CD05 também foi geralmente inferior à

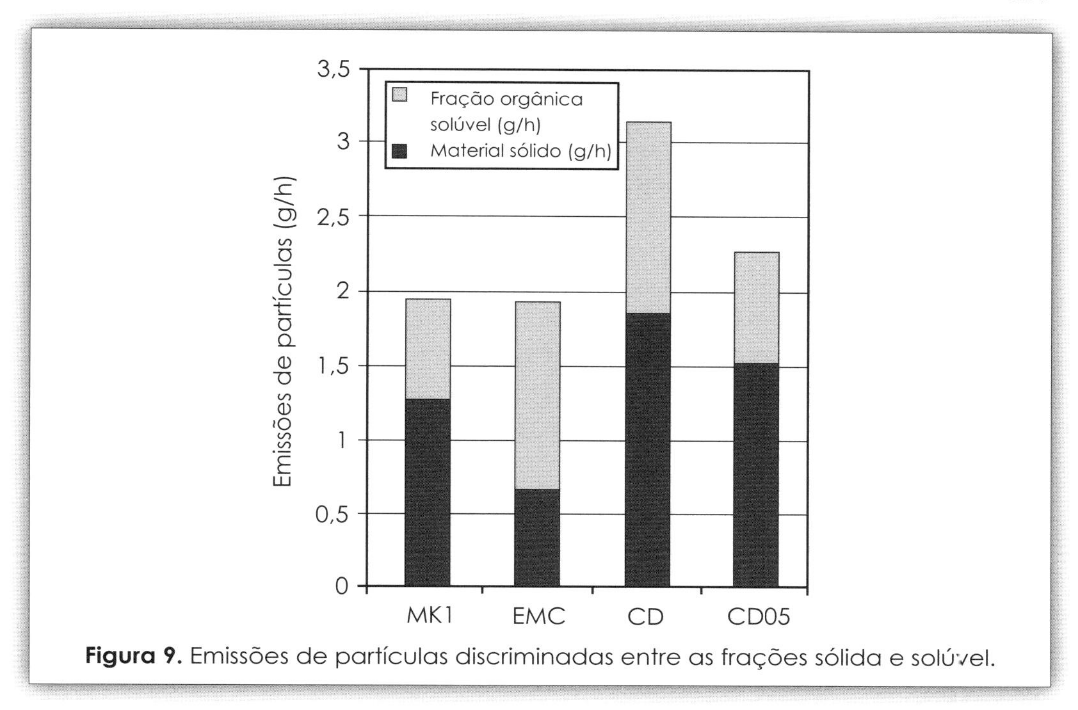

Figura 9. Emissões de partículas discriminadas entre as frações sólida e solúvel.

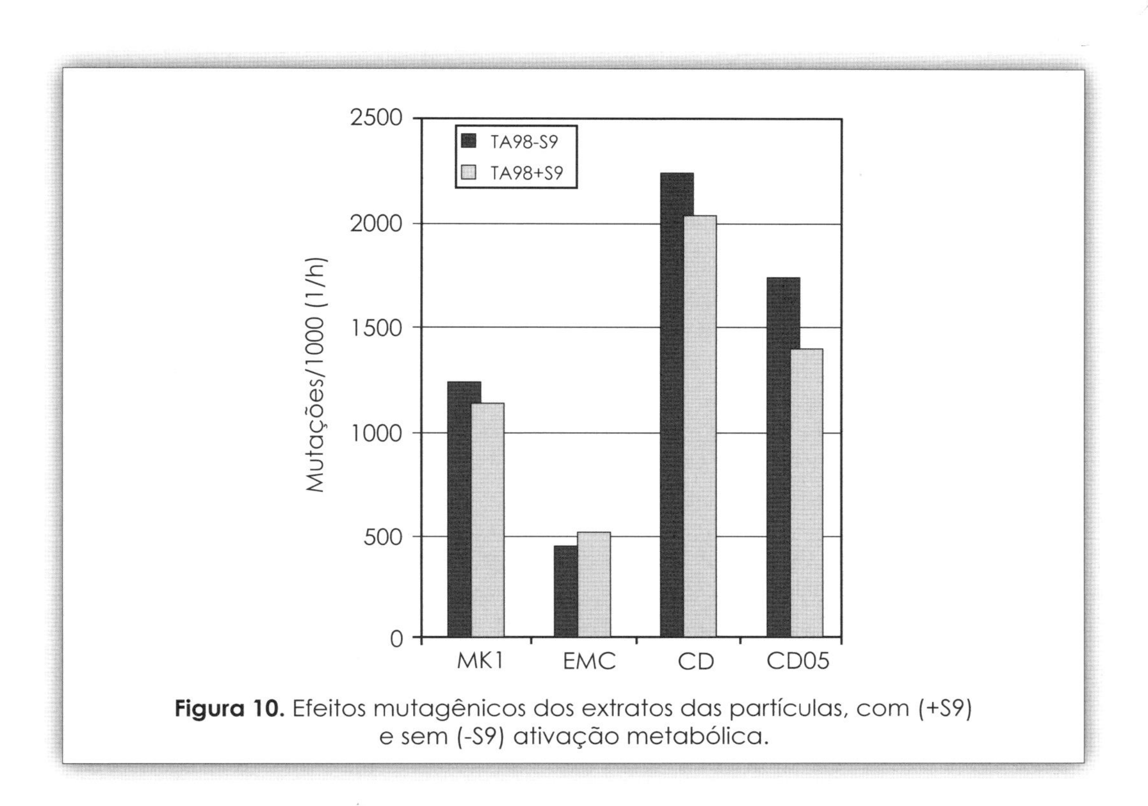

Figura 10. Efeitos mutagênicos dos extratos das partículas, com (+S9) e sem (-S9) ativação metabólica.

mutagenicidade dos extratos de CD. Esse efeito foi provavelmente devido ao baixo teor de enxofre destes combustíveis. Existe uma correlação entre o teor de enxofre do CD e os efeitos de mutagenicidade de suas emissões de exaustão (12,13). Dado que o EMC, o MK1 e o CD05 são praticamente livres de enxofre, pode-se esperar que os efeitos de mutagenicidade decorrentes do uso desses combustíveis sejam semelhantes aos oriundos do uso de CD de 41 ppm de enxofre. No entanto, a mutagenicidade dos extratos das partículas emitidas por MK1 e CD05 foi superior aos efeitos mutagênicos do EMC. Isso pode ser atribuído ao efeito dos componentes aromáticos do MK1 e do CD05 que não estão presentes no EMC. Foi demonstrado que os compostos aromáticos do CD aumentam os efeitos de mutagenicidade dos extratos associados à sua emissão de partículas (11,16).

Conclusão

As emissões de exaustão de motores diesel modernos foram avaliadas utilizando os seguintes modelos: (i) CD convencional de acordo com a norma DIN EN 590; (ii) CD sueco MK1 de baixo teor de enxofre; (iii) biodiesel (EMC); e (iv) um novo CD de perfil de evaporação reduzido, baixo teor de enxofre e um alto teor de compostos aromáticos. É importante ressaltar que os resultados para emissões não regulamentadas devem ser interpretados com muito cuidado, porque a análise de concentrações muito baixas de componentes gasosos pode apresentar erros experimentais relativamente altos. O biodiesel apresentou efeitos tanto positivos quanto negativos sobre as emissões de exaustão dos motores diesel. Por outro lado, a mutagenicidade das emissões de EMC foi muito inferior à derivada de combustíveis fósseis, indicando que o uso de biodiesel reduz os riscos de saúde associados ao câncer.

Referências

1. Krahl, J., A. Munack, O. Schröder, H. Stein, e J. Bünger; Influence of Biodiesel and Different Designed Diesel Fuels on the Exhaust Gas Emissions and Health Effects. *SAE Techn. Pap. Ser.* 2003-01-3199 in Oxygenated and Alternative Fuels, and Combustion and Flow Diagnostics, published by SAE, p. 243-251 (2003).

2. USEPA, U.S. Environmental Protection Agency, Office of Research and Development, National Center for Environmental Assessment. 2002. *Health Assessment Document for Diesel Engine Exhaust.* EPA/600/8-90/057F. Washington, DC, U.S.A. pp. 1-669.

3. Munack, A., O. Schröder, H. Stein, J. Krahl, e J. Bünger, *Systematische Untersuchungen der Emissionen aus der motorischen Verbrennung von RME, MK1 und DK.* Relatório Final (em Alemão), Institute for Technology and Biosystems Engineering, FAL, Braunschweig, Germany, 2003.

4. Tschöke, H. e G. Braungarten. 2002. Biodiesel und Partikelfilter. *Landbauforsch. Völkenrode 239*:69-86 (2002).

5. Munack, A., J. Krahl, e H. Speckmann. 2002a. A Fuel Sensor for Biodiesel, Fossil Diesel Fuel, and Their Blends. 2002 *ASAE Annual Meeting / CIGR XVth World Congress, paper no.* 02-6081,Chicago, 2002.

6. Munack, A., J. Krahl, e H. Speckmann, Biodieselsensorik. *Landbauforsch. Völkenrode 239*:87-92 (2002).

7. Wichmann, H. E. Dieselruß und andere Feinstäube – Umweltproblem Nr. 1? *Gefahrstoffe – Reinhaltung der Luft 62*:1-2 (2002).

8. Bischof, O.F., e H.-G. Horn,.Zwei Online-Messkonzepte zur physikalischen Charakterisierung ultrafeiner Partikel in Motorabgasen am Beispiel von Dieselemissionen. *MTZ Motortechnische Zeitschrift 60*:226-232 (1999).

9. Krahl, J., K. Baum, U. Hackbarth, H.-E. Jeberien, A. Munack, C. Schütt, O. Schröder, N. Walter, J. Bünger, M.M. Müller, e A. Weigel, Gaseous Compounds, Ozone Precursors, Particle Number and Particle Size Distributions, and Mutagenic Effects Due to Biodiesel. *Trans. ASAE 44*: 79-191 (2001).

10. Krahl, J., G. Vellguth, e M. Bahadir, Bestimmung der Schadstoffemissionen von landwirtschaftlichen Schleppern beim Betrieb mit Rapsölmethylester im Vergleich zu Dieselkraftstoff. *Landbauforsch. Völkenrode 42*: 247-254 (1992).

11. Sjögren, M., H. Li, C. Banner, J. Rafter, R. Westerholm, e U. Rannug, Influence of Physical and Chemical Characteristics of Diesel Fuels and Exhaust Emissions on Biological Effects of Particle Extracts: A Multivariate Statistical Analysis of Ten Diesel Fuels, *Chem. Res. Toxicol. 9*:197-207 (1996).

12. Bünger, J., M. Müller, J. Krahl, K. Baum, A. Weigel, E. Hallier, T.G. Schulz. 2000. Mutagenicity of diesel exhaust particles from two fossil and two plant oil fuels, *Mutagenesis* 15: 391-397.

13. Schröder, O., J. Krahl, A. Munack, e J. Bünger. 1999, Environmental and Health Effects Caused by the Use of Biodiesel, *SAE Techn. Pap. Ser.* 1999-01-3561 (1999).

14. Ames, B.N., J. McCann, e E. Yamasaki, Methods for Detecting Carcinogens and Mutagens with the Salmonella/mammalian-Microsome Mutagenicity Test, *Mutation Res. 31*:347-363 (1975).

15. Bagley, S.T., L.D. Gratz, J.H. Johnson, e J.F. McDonald. 1998. Effects of an Oxidation Catalytic Converter and a Biodiesel Fuel on the Chemical, Mutagenic, and Particle Size Characteristics of Emissions from a Diesel Engine, *Environ. Sci. Technol. 32*:183-1191 (1998).

16. Crebelli, R., L. Conti, B. Crochi, A. Carere, C. Bertoli, e N. del Giacomo, The effect of fuel composition on the mutagenicity of diesel engine exhaust, *Mutat. Res. 346*:167-172 (1995).

Capítulo

O Estado da Arte da Indústria do Biodiesel

8.1 O Estado da Arte do Biodiesel nos Estados Unidos

Steve Howell e Joe Jobe

Introdução

Apenas o fato de que este livro está sendo publicado já é um testemunho dos progressos significativos que a produção e uso de biodiesel tem alcançado nos Estados Unidos e em todo o mundo. Muitos de nossos colegas estarão abordando detalhes sobre a produção, as emissões, a qualidade e os coprodutos do biodiesel; portanto, esses aspectos não serão tratados em maiores detalhes neste capítulo. Alternativamente, nossa contribuição estará focada nos alicerces do desenvolvimento do biodiesel nos Estados Unidos, nas forças que motivam o seu uso, como essas forças têm se manifestado no mercado e na opinião pública e proverá alguma introspecção sobre o futuro do uso do biodiesel como combustível nos Estados Unidos.

Por que Biodiesel?

Ao longo de toda a extensão do século 20, os combustíveis derivados do petróleo permaneceram baratos e abundantes. Novos campos de petróleo foram descobertos em todo o mundo, e houve a sensação de que nós poderíamos depender para sempre do petróleo como uma fonte de energia barata e facilmente disponível. Ao longo do século 20, o transporte motorizado proliferou logo após a invenção do automóvel e foi fortemente alimentado pelo incessável desejo da sociedade pela mobilidade. No momento da edição deste livro, existe praticamente um automóvel para cada residência e, em muitos casos, dois ou mais. As tendências dos 10 anos anteriores à edição desta obra indicam um crescimento significativo em veículos utilitários esportivos.

Durante esse período, a indústria progrediu para atender às necessidades de uma população de crescimento incessante e o transporte movido a diesel, seja por caminhões, trens ou navios, prevaleceu como o meio mais eficiente para o transporte de bens industriais e serviços. Com o aumento da população e o crescimento da produção industrial nos Estados Unidos, a poluição (aérea, aquática e terrestre) passou a se constituir em uma preocupação cada vez maior. A concessão de autorizações para a construção de novas refinarias de petróleo tornou-se cada vez mais difícil, e o custo das refinarias, bastante variável. Por consequência, a capacidade de refino dos Estados Unidos se encontra no limite e isso tem resultado em um aumento progressivo na importação de combustíveis, como a gasolina e o petrodiesel. No momento da edição deste livro, cerca de 60% da demanda total de petróleo dos Estados Unidos depende de outros países.

A agricultura também sofreu mudanças significativas durante este período. Mudanças nas técnicas de cultivo e plantio, conservação do solo e manejo de pesticidas, e um aumento geral de produtividade, transformaram a agricultura em um negócio altamente competitivo. Durante os 30 anos anteriores à publicação deste livro, os agricultores dos Estados Unidos aumentaram dramaticamente o rendimento, reduziram os custos e diminuíram o impacto ambiental de suas atividades. Embora essa eficiência tenha resultado em uma redução do preço dos alimentos para os consumidores, ela não foi acompanhada por um aumento nas oportunidades de lucratividade dos produtores rurais. Muitos agricultores foram forçados a procurar um segundo emprego fora das atividades da fazenda, ou a investir para transformar as suas colheitas em produtos de maior valor agregado ou *commodities* que lhes propiciassem uma melhor lucratividade. A conversão de produtos agrícolas em materiais de maior valor agregado também oferece empregos mais valorizados, com melhores salários, que provavelmente serão ofertados na área rural ou em suas proximidades. A preocupação com a perda de empregos de manufaturamento para a mão de obra barata advinda de outros países também tem sido crescente nos Estados Unidos.

O aumento na dependência de óleos importados e na pressão para que a poluição ambiental seja reduzida, a demanda pelo aumento do valor agregado de produtos agrícolas e a necessidade da criação de empregos nos Estados Unidos – esse é o cenário de mercado em que o biodiesel está começando a atuar com importância cada vez maior no momento da edição deste livro. Cada uma dessas importantes motivações está se manifestando em mudanças na nossa sociedade e no estabelecimento de novas políticas públicas, e é a combinação dessas forças que está direcionando o sucesso do biodiesel.

O Estado da Indústria

No final dos anos 1970 e início dos anos 1980, após a crise estabelecida pela Organização dos Países Exportadores de Petróleo (OPEP), o Departamento de Agricultura dos Estados Unidos (USDA) e outros pesquisadores norte-americanos iniciaram a investigação sobre o uso combustível de óleos vegetais. De uma forma geral, a conclusão atingida naquela época foi a de que os óleos vegetais eram muito viscosos para serem utilizados por longos períodos de operação em motores diesel modernos. A transesterificação de óleos vegetais em ésteres metílicos forneceu um combustível (ou um componente para misturas) cujas propriedades, mais compatíveis com o petrodiesel, permitiam a substituição imediata do petrodiesel em motores de tecnologia do momento da edição deste livro. Esse combustível, derivado de óleos vegetais modificados, era ainda antieconômico em comparação com o diesel convencional e foi tão somente considerado como um combustível emergencial; assim, as iniciativas de pesquisa foram parcialmente descontinuadas. Uma pequena atividade de investigação técnica continuou durante a década de 1980, mas o assunto se viu novamente projetado em importância no início da década de 1990, quando o Congresso iniciou a investigação de alternativas à importação somente de combustíveis derivados de petróleo logo após a Guerra das Tempestades do Deserto (*Desert Storm War*). A subsequente aprovação do Ato Regulatório de Energia (*Energy Policy Act*) de 1992 e a formação do Conselho Nacional do Desenvolvimento do Diesel de Soja por 11 Conselhos Estaduais de Soja Qualificados, dirigidos por produtores rurais, representaram o início das atividades comerciais e industriais do biodiesel nos Estados Unidos. O Conselho Nacional do Desenvolvimento do Diesel de Soja foi ampliado para outras matérias-primas em 1995, alterando o seu nome para o Conselho Nacional de Biodiesel (*National Biodiesel Board* ou NBB) e passando a concentrar os seus esforços principalmente na discussão das exigências técnicas e regulatórias necessárias para a comercialização desse novo combustível nos Estados Unidos.

Os primeiros esforços incluíram o desenvolvimento de especificações ASTM para o biodiesel (ver o Apêndice B), uma quantidade significativa de testes de emissões em uma variedade de aplicações, a manutenção da legalidade do biodiesel por meio dos registros necessários e suficientes junto à Agência de Proteção Ambiental (EPA) e a conclusão dos testes Tier 1 e Tier 2 exigidos na Seção 211(b) dos adendos de 1990 do Ato Regulatório do Ar Limpo (*Clean Air Act*) para avaliar os efeitos associados à saúde humana. O biodiesel foi o único combustível alternativo a completar os testes Tier 1 e Tier 2 (1,2) e submeter os dados à EPA, a um custo de mais de $2,2 milhões. Desde o seu início, o NBB e o setor privado investiram mais de $50 milhões em pesquisas e no desenvolvimento e promoção do biodiesel, a maior parte oriunda de agricultores norte-americanos de soja por meio do programa de investimentos do setor. Durante esse período, demonstrações de campo em situações reais foram conduzidas com sucesso. O interesse do governo e da academia e os investimentos subsequentes começaram a aumentar, bem como o investimento por instituições não ligados à cadeia produtiva da soja. Com a disponibilidade desses dados e a agregação de esforços, e de outros fatores de motivação como os descritos a seguir, a indústria começou a experimentar um aumento significativo no volume de vendas ao longo dos últimos anos. As vendas de B100 nos Estados Unidos aumentaram de 500.000 galões (1665 t) em 1999 para 25 milhões de galões (cerca de 95 milhões de litros ou 83.000 t por ano) em 2003 (Figura 1).

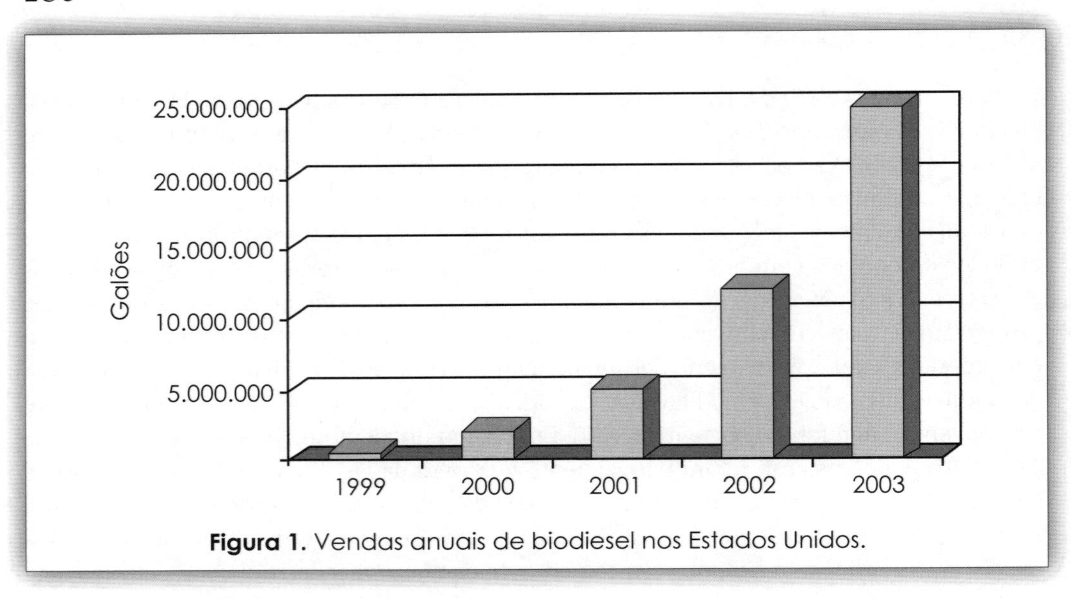

Figura 1. Vendas anuais de biodiesel nos Estados Unidos.

Apesar de não estar sendo monitorado pelos mecanismos de avaliação governamentais no momento da edição deste livro, como o núcleo de Administração das Informações sobre Energia, o NBB estima que o uso de biodiesel esteja sendo majoritariamente concentrado na forma de misturas com o petrodiesel. Em 2003, o NBB estimou que cerca de 79% do biodiesel produzido foi utilizado por frotas estaduais, federais e governamentais em uma proporção de 20% de biodiesel com 80% de petrodiesel (misturas B20). As estimativas do NBB para 2003 também indicam que 30% do biodiesel produzido foi utilizado em misturas contendo 2% de biodiesel em diesel de petróleo (B2); tal forma de utilização foi principalmente empregada pelos agricultores do Centro-Oeste. O restante do biodiesel foi utilizado sem mistura (ou puro) por indivíduos ou entidades ambientalmente conscientes da Cidade de Berkeley na Califórnia e proprietários de automóveis Volkswagen movidos a diesel.

O aumento no uso do combustível e o favorecimento de outras decisões políticas também têm motivado um aumento dramático no número de distribuidores e companhias produtoras de biodiesel. Em 1995, havia apenas uma companhia produtora e distribuidora de biodiesel nos Estados Unidos. Já em novembro de 2003, mais de 1100 distribuidores e 300 pontos de venda (Figura 2) passaram a existir nos Estados Unidos e esses números vêm apresentando crescimento a cada dia. Em 2004, 20 unidades de produção de biodiesel estavam em operação e outras 15 ou mais foram anunciadas ou propostas para entrar em funcionamento (veja a Figura 3).

A continuação do crescimento da indústria do biodiesel dependerá das forças que motivam a sociedade para o uso de biodiesel e do impacto ou intensidade com que estas atingirem o mercado. Esses fatores encontram-se discutidos em detalhe logo a seguir. Qualquer um deles poderá contribuir significativamente para o aumento do volume de produção e do uso de biodiesel no futuro.

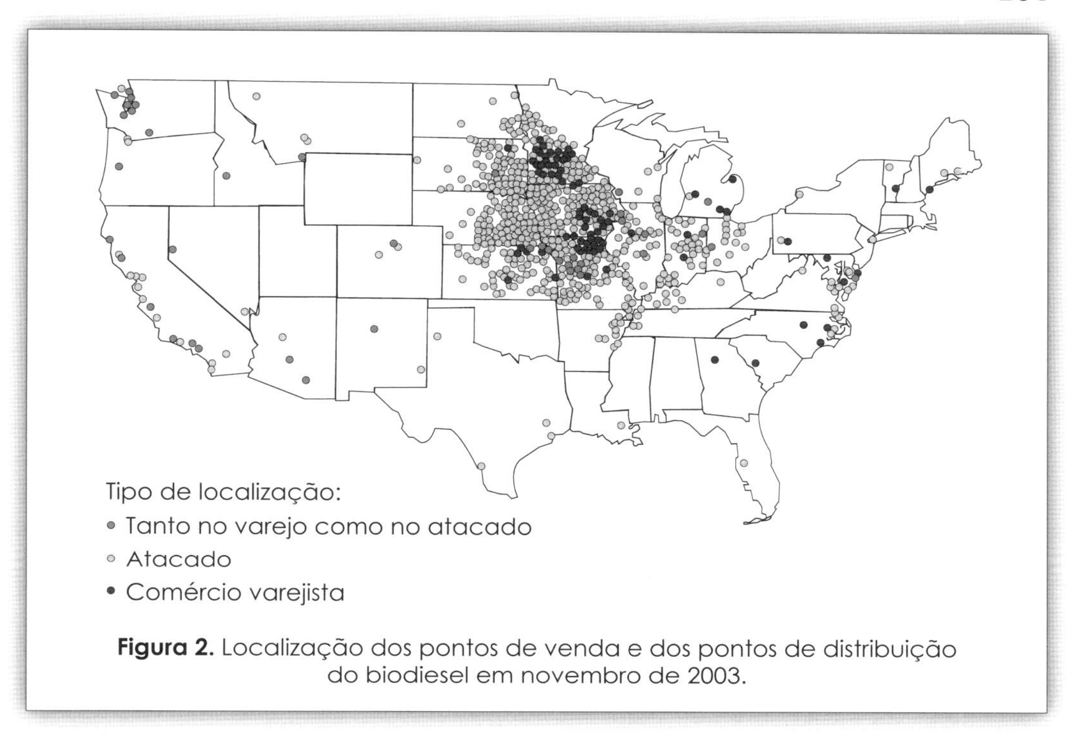

Figura 2. Localização dos pontos de venda e dos pontos de distribuição do biodiesel em novembro de 2003.

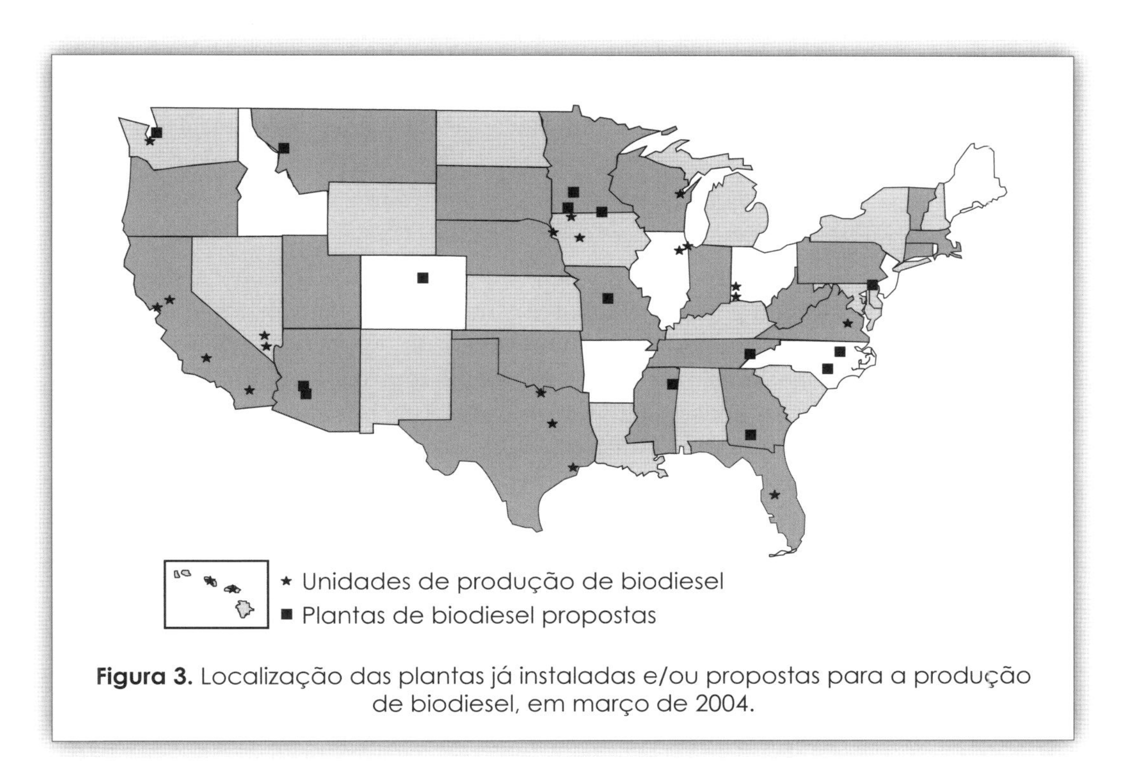

Figura 3. Localização das plantas já instaladas e/ou propostas para a produção de biodiesel, em março de 2004.

As Forças de Direcionamento do Mercado do Biodiesel em 2004

Para entender melhor as verdadeiras razões acerca do interesse sobre o biodiesel, o NBB comissionou uma investigação de mercado. Uma pesquisa nacional pela internet, envolvendo adultos residentes maiores de 18 anos, revelou que o biodiesel apresenta um potencial significativo no mercado dos Estados Unidos. Algumas das mais importantes descobertas dessa pesquisa (conduzida online nos dias 26 e 27 de junho de 2004 entre uma amostragem representativa de 1042 consumidores norte-americanos com ≥ 18 anos de idade; o erro potencial da amostragem foi de ± 3% a um nível de confidência de 95%) foram que 27% dos consumidores norte-americanos tinham conhecimento sobre biodiesel e que, após terem escutado sobre os benefícios e vantagens do biodiesel, 77% estariam propensos a utilizá-lo como combustível e 61% aceitariam pagar pelo menos $0,01-0,04 a mais por galão (3,785 L) para favorecer o seu uso, enquanto 37% se declararam contrários a pagar mais pelo biodiesel, 63% considerariam a opção pela compra de um automóvel movido a diesel, 89% dariam suporte a um incentivo fiscal do governo para fazer com que o preço de biodiesel atingisse um valor próximo ao do combustível diesel convencional, e que os benefícios mais importantes do biodiesel para os consumidores americanos seriam a redução da dependência sobre o óleo estrangeiro e os benefícios em potencial que ele oferece à saúde, nessa ordem.

A tragédia associada aos eventos terroristas de 11 de setembro de 2001, em Nova York e Washington, D.C., e a recente guerra no território iraquiano apresentaram uma clara influência sobre a opinião pública. Uma pesquisa análoga, realizada 2 anos antes da publicação desta obra, identificou os benefícios à saúde como o principal fator e as vantagens ambientais como fator de segunda grandeza, com a redução da dependência ao óleo estrangeiro ocupando um distante terceiro lugar. O restante deste capítulo se concentrará em como esses fatores de direcionamento de mercado têm atingido as políticas públicas e quais as preferências do consumidor que têm motivado um aumento nas vendas de biodiesel.

Redução na Dependência sobre Óleo Estrangeiro

Durante os anos em que foi observado um aumento do uso de biodiesel nos Estados Unidos, o desejo de reduzir a dependência a fontes estrangeiras (ou importadas) de energia manifestou-se por meio da proposição de uma variedade de políticas públicas. Após a Guerra da Tempestade do Deserto, de 1990, o Ato Regulatório da Energia (EPACT) foi implantado em 1992. O objetivo dessa legislação era substituir 10% da energia nacional por combustíveis alternativos até 2000 e 30% para 2010, a partir de uma realidade de < 1% em 1992. O Congresso transferiu muito da responsabilidade de implementar essa legislação para o Departamento de Energia dos Estados Unidos (DOE). Os esforços iniciais foram amplamente concentrados no uso de gás natural comprimido, gás natural liquefeito, metanol e etanol a 85% (E85). Combustíveis alternativos foram definidos como aqueles que não eram substancialmente derivados do petróleo e que proporcionassem significativos benefícios ambientais e de securidade energética.

A maioria dos combustíveis alternativos inicialmente considerados requeria um tipo de motor distinto daqueles disponíveis na época e movidos à gasolina ou a diesel de petróleo; portanto, para implementar a legislação, o DOE optou por exigir que a renovação das frotas estaduais, federal e de empresas de combustível alternativo (primariamente utilitários) incluísse uma proporção crescente de veículos de carga leve (veículos com peso bruto equivalente a < 8.500 lbs ou 3.860 kg), cujos motores tivessem sido adaptados para o consumo de combustíveis alternativos. No momento da edição deste livro, > 75% da renovação da maior parte das frotas estaduais e federais de veículos leves e 90% das frotas privadas de veículos utilitários leves devem estar baseadas na aquisição de veículos movidos a combustíveis alternativos. No entanto, não houve uma correspondente exigência de que a aquisição destes veículos fosse acompanhada pelo consumo de combustíveis alternativos, e muitos adquiriram veículos que pudessem utilizar combustíveis tanto alternativos como convencionais, isto é, os chamados veículos bicombustíveis ou "flex fuel". Na verdade, essa política atendeu às determinações da lei, mas, em última análise, não resultou em aumentos expressivos no uso de combustíveis alternativos, porque muitas frotas simplesmente continuaram a utilizar combustíveis convencionais, cuja disponibilidade era muito maior.

O biodiesel pode ser utilizado em veículos diesel de tecnologia atual, no momento da edição deste livro, requerendo pouca ou nenhuma modificação nos motores, mas, mesmo assim, as regras estabelecidas deram crédito apenas para a compra de veículos novos e não para o uso do combustível; além disso, existem muito poucos veículos de carga leve movidos a diesel nos Estados Unidos. O biodiesel foi essencialmente privado de um dos fatores mais benéficos da legislação de combustíveis alternativos. Em 1998, a Associação Americana da Soja e o NBB lideraram um esforço bem-sucedido para convencer o Congresso a modificar o EPACT, concedendo ao uso do combustível em veículos de carga pesada já existentes o mesmo crédito auferido pela exigência da renovação de frota com veículos leves movidos a combustível renovável. O Ato de Reautorização da Conservação de Energia de 1998 criou um mecanismo pelo qual 450 galões de B100, usados em misturas iguais ou superiores a B20 em qualquer veículo, concederiam ao operador de frota o crédito de aquisição de um veículo movido a combustível renovável. Nesse sentido, os frotistas puderam optar pelo uso do biodiesel para compensar até 50% da sua demanda total em créditos. O B20, embora ainda mais caro que o petrodiesel convencional, demonstrou ser a opção mais economicamente adequada em muitas frotas de veículos para atender ao EPACT. O B20, empregado para satisfazer o EPACT e para atender a Ordem Executiva 13149 (descrita a seguir), corresponde, no momento da edição deste livro, a ~70% do total de biodiesel comercializado nos Estados Unidos.

No último período de sua administração, o presidente Clinton assinou a Ordem Executiva (EO) 13149. A EO 13149 encaminhou instruções para que todas as agências federais reduzissem o consumo de energia fóssil em 20% no ano de 2005, em comparação com os níveis observados em 1999. Com a EO 13149 exigindo um deslocamento real de energia, e com as opções ECRA do biodiesel para o EPACT, o B20 tornou-se uma opção bastante desejada para atender a ambos os requerimentos exigidos para veículos controlados pelos órgãos federais. Essa medida também justificou o uso de B20 por outros veículos diesel controlados por órgãos federais que não foram legislados pelo EPACT, como as frotas das forças armadas. No momento da edição deste livro, o B20 está sendo usado por todas as divisões das forças armadas (Exército, Marinha, Forças Aéreas e Fuzileiros Navais) em várias localidades distribuídas por todo o território norte-americano. De fato, algumas bases militares, como a de Porto Hueneme, na Califórnia, estão até construindo pequenas unidades para a produção local de biodiesel a partir de óleos comestíveis usados (óleos de fritura).

Efeitos Reduzidos sobre a Saúde Humana

O uso de biodiesel nos motores diesel já existentes proporciona reduções substanciais em hidrocarbonetos não queimados (HC), monóxido de carbono (CO) e material particulado (MP), mas aumenta ligeiramente as emissões de óxidos nitrogenados (NO_x). Os efeitos do biodiesel sobre a tecnologia de motores existente no momento da edição deste livro já foram avaliados pela EPA (veja o item 7.1).

As emissões de biodiesel contêm níveis reduzidos de hidrocarbonetos aromáticos policíclicos (PAH) e de hidrocarbonetos aromáticos policíclicos nitrogenados (nPAH) que foram identificados como agentes cancerígenos em potencial. Nos testes Tier 1 do NBB sobre os efeitos à saúde humana, desenvolvidos pelo Instituto de Pesquisa do Sudoeste, compostos PAH foram reduzidos em 75-85%, com exceção do benzo(a)antraceno, que foi reduzido em ~50%. O uso do biodiesel também reduziu dramaticamente a emissão de compostos nPAH de interesse, como o 2-nitrofluoreno e o 1-nitropireno, que foram reduzidos em 90%, com o resto dos compostos nPAH reduzidos ao nível de traços. Acredita-se que o efeito das misturas de biodiesel sobre a emissão desses compostos varie linearmente com a concentração, mas a disponibilidade de dados experimentais sobre as misturas é bem menor, em virtude do custo extremamente alto que está associado a testes dessa natureza.

As baixas emissões decorrentes do uso do biodiesel, tanto as regulamentadas (HC, CO, MP) como as não regulamentadas (PAH, nPAH), estão entre os principais fatores que determinam o uso de biodiesel e de misturas contendo biodiesel, tanto em frotas quanto em uso particular. Muitos mecânicos e condutores estão altamente entusiasmados com a exaustão mais limpa de misturas B20, principalmente pelo fato de que o seu uso diminui a ardência nos olhos e melhora a respiração em comparação com o petrodiesel convencional. Interessantemente, as cuvas da EPA apresentam um fenômeno que está justificando o aumento na preferência pelo do uso de blendas em relação ao biodiesel puro ou B100. As blendas apresentam um decréscimo ligeiramente maior que o B100 nas emissões de CO, HC e PM por unidade de teste. Dessa forma, o uso de 100 galões (378,5 L) de biodiesel como B20 (500 galões ou cerca de 1892 L da mistura B20) acarreta uma redução maior das emissões de HC, CO e MP que o uso dos mesmos 100 galões de biodiesel, como B100, ou de 400 galões de petrodiesel puro (1514 L).

Apesar da importância de proporcionar um decréscimo nas emissões, e de os usuários citarem isso como a segunda principal razão para utilizar o biodiesel, é muito difícil determinar quantos consumidores realmente optariam pelo biodiesel somente por essa razão. Similarmente, se o biodiesel é usado por outras razões (por exemplo, para atender ao EPACT ou ao EO), é também difícil precisar qual o valor que deve ser atribuído à redução de emissões que o biodiesel proporciona. Dos estudos realizados a publicação deste livro, fica óbvio que o número de consumidores que usa biodiesel apenas para reduzir as emissões de exaustão é menor que a situação em que outros importantes incentivos são agregados à cadeia de forma cumulativa.

Nova Tecnologia de Motores

As normas da EPA que estabeleceram os critérios para uma redução gradativa dos níveis de emissões na exaustão de motores diesel representam uma área em que a preocupação relacionada à saúde humana e às emissões diesel tem se manifestado diretamente na legislação. A partir de 2007, os níveis máximos de emissão de NO_x e de MP na exaustão de motores diesel *on-road* de nova geração deverão corresponder a 90% dos níveis permitidos no momento da edição deste livro para motores de tecnologia atual. Isso fará com que os motores diesel de 2007 passem a ser menos poluentes que o melhor motor a gás natural comprimido disponível no momento da edição deste livro. Os ambientalistas têm apoiado fortemente a substituição do diesel de petróleo por gás natural comprimido como uma alternativa imediata para diminuir a poluição urbana e têm sido fundamentais na definição e uso de uma legislação, em nível tanto federal quanto estadual (principalmente no estado da Califórnia), que favoreça a introdução de tecnologias de combustão mais limpas. A presença de enxofre no combustível envenena os catalisadores e novas tecnologias de pós-tratamento serão necessárias para reduzir os níveis de NO_x e de MP em emissões diesel. Por essa razão, no momento da edição deste livro a EPA havia determinado que todos os combustíveis diesel consumidos em motores *on-road* deveriam conter $\leq$ 15 ppm de enxofre a partir de 2006, ou um ano antes da implantação dos novos padrões de emissão citados. As novas regras para os motores e para os combustíveis deverão também incidir sobre motores utilitários do tipo *off-road*, locomotivas e motores navais, sendo que algumas estão previstas para entrar em vigor em 2010 no momento da edição desta obra e outras serão implementadas com o tempo. Assim, eventualmente, todos os combustíveis diesel (dos tipos 1 e 2) consumidos nos Estados Unidos apresentarão níveis menores ou iguais a 15 ppm de enxofre.

O biodiesel produzido a partir da maioria das matérias-primas norte-americanas, como o óleo de soja, já atende a essa exigência por não conter virtualmente nenhum teor de enxofre em sua constituição. Por outro lado, a remoção do enxofre presente no diesel de petróleo também remove outros componentes considerados fundamentais para manter a sua lubricidade (veja o item 6.5), uma propriedade de máxima importância para o bom funcionamento da maioria dos sistemas de injeção diesel. Esse fato exige o uso de aditivos de lubrificação em praticamente todos os combustíveis diesel. Além de virtualmente livre de enxofre, o biodiesel representa uma excelente alternativa para restaurar a níveis satisfatórios a lubricidade de combustíveis diesel, mesmo quando empregado em concentrações inferiores a 2%. A redução das emissões de material particulado, a presença de oxigênio e o ponto de ebulição relativamente alto do biodiesel podem também proporcionar benefícios que transcendem a melhoria da lubricidade e a redução das emissões de enxofre, particularmente em novos sistemas de trapeamento e novos tipos de catalisadores para descontaminação das emissões de exaustão. Apesar de representarem vantagens técnicas apenas para os novos combustíveis diesel e catalisadores de pós-tratamento, esses atributos valorizam o uso de biodiesel no âmbito das emissões, pois é pelo uso destas novas tecnologias que a EPA pretende reduzir o impacto das emissões de exaustão de motores diesel sobre a saúde humana.

Efeitos Reduzidos sobre o Ambiente

Como as plantas oleaginosas consomem CO_2 para o seu desenvolvimento, o biodiesel reduz drasticamente o acúmulo de CO_2 na atmosfera por possuir um ciclo de carbono praticamente fechado. Adicionalmente, o biodiesel é produzido apenas a partir do óleo vegetal contido nas sementes; esse componente normalmente varia de pequenos percentuais (óleo de milho) a 20% (óleo de soja) ou 40% (óleo de canola). Gorduras animais e óleos triglicerídicos como o óleo de soja representam a maneira como a natureza procedeu para armazenar energia, de modo que óleos e gorduras apresentam um conteúdo intrinsecamente alto de energia. O biodiesel, portanto, se diferencia grandemente de outros combustíveis, cuja produção dependa do uso de toda a planta ou das sementes que ela produz. Começando do início e levando em consideração toda a demanda energética para o crescimento, colheita, processamento e transporte, um estudo do DOE/USDA demonstrou que o biodiesel produzido de óleo de soja fornece, ao longo de todo o seu ciclo de vida, um decréscimo de 78% nas emissões de CO_2 em comparação com o combustível diesel de petróleo, e um balanço energético positivo de 3,24:1 em relação a esse mesmo combustível de origem fóssil.

O biodiesel também é biodegradável e não tóxico (veja o item 6.6), de forma que quaisquer derramamentos serão muito menos problemáticos que aqueles associados ao petrodiesel ou ao óleo cru. O valor das reduções de CO_2 do biodiesel, que atingem níveis expressivos, como 78% de redução em relação ao petrodiesel, poderá vir a ser considerado ainda maior no futuro, na medida em que o reconhecimento e aceitação dos efeitos do aquecimento global se tornem uma realidade.

Essas vantagens ambientais são muito importantes para os consumidores; no entanto, como discutido para a redução das emissões, é muito difícil quantificar o valor real desses benefícios. Apenas uns poucos estão utilizando biodiesel tão somente pelas suas vantagens ambientais; e, naturalmente, isso está ocorrendo principalmente em áreas de grande sensibilidade ambiental, como regiões estuarinas, manguezais e parques ou reservas nacionais de biodiversidade.

Aumento no Desenvolvimento Econômico

Além de promover a construção de novas unidades de produção e da geração de novos empregos para o funcionamento dessas unidades, o aumento do uso de biodiesel representa uma nova alternativa para o uso de gorduras e óleos. Portanto, o uso do biodiesel traz benefícios para os agricultores, comunidades locais e para a nação como um todo. Além disso, o aumento dos gastos associados ao aumento de investimentos para a produção de biodiesel e para a produção agrícola irá estimular a demanda agregada, criando novos postos de trabalho e garantindo uma renda adicional para as famílias.

O aumento do uso do biodiesel renovável resulta em benefícios econômicos significativos para os setores rural e urbano, bem como para a balança comercial do país. Um estudo completado em 2001 pela USDA demonstrou que um aumento equivalente a 200 milhões de galões em média na demanda anual por biodiesel de óleo de soja elevaria a receita total da comercialização dos grãos em $5,2 bilhões até o ano de 2010 (cumulativamente), resultando em um aumento líquido na renda agrícola de $300 milhões por ano. Por outro lado, o preço por um *bushel* de grãos de soja iria aumentar anualmente em $0,17 em média durante o período (10 anos).

Vários estados têm conduzido estudos macroeconômicos independentes sobre o biodiesel, e esses estudos preveem um aumento na empregabilidade e na atividade econômica, bem como um aumento correspondente no recolhimento de impostos estaduais e federais e outros efeitos indiretos e/ou induzidos. Nas condições da economia rural no momento da edição deste livro, esses fatores têm incentivado os legisladores a aprovar medidas que incentivam o uso de biodiesel e a construção de novas unidades de produção em seus respectivos estados. Na esfera federal, a redução do consumo de óleo importado também contribui para um melhor equilíbrio na balança comercial do país, e esse também é um fator que incentiva a proposição de novas medidas legais de apoio.

Legislação

A combinação de todos esses benefícios, junto com o preço do petróleo bruto atingindo praticamente $50 o barril (1 barril; 42 galões; 159 L), tem levado a um recente ressurgimento de medidas legais em benefício do biodiesel. Medidas legais de apoio já foram introduzidas em mais de 30 estados durante os dois anos anteriores à edição deste livro, e esse número continua crescendo. Na verdade, a lista chega a ser longa demais para ser incluída neste capítulo, mas essas medidas vão desde o estabelecimento do uso obrigatório (Minnesota tornou obrigatória a adição de 2% de biodiesel no diesel de petróleo a partir do verão de 2006) até incentivos para a instalação de unidades de produção ou a isenção de impostos associados à comercialização. Por exemplo, Illinois dá isenção parcial de impostos para a comercialização de misturas contendo até 10% de biodiesel, e a isenção é total para misturas superiores a 11%. Informações atualizadas podem ser obtidas na página www.biodiesel.org.

O ponto mais crítico da legislação destinada ao biodiesel é o crédito tributário federal que está sendo avaliado no Congresso no momento da edição deste livro. Representando um verdadeiro marco histórico, essa legislação fornecerá um crédito de ~$0,01 para cada 1% de biodiesel utilizado na(s) mistura(s). Dependendo do preço de óleos e gorduras no mercado, bem como da cotação do diesel de petróleo, esse crédito poderá tornar as blendas de biodiesel bastante competitivas frente ao petrodiesel convencional. A indústria vê a aprovação desse crédito tributário como sua principal prioridade e está otimista no sentido de que o apoio que tem recebido ultimamente será suficiente para que a proposta seja rapidamente transformada em lei federal.

Áreas de Crescimento Futuro

Claramente, o biodiesel apresenta muitos benefícios à sociedade. O quanto ele ainda irá progredir – e em que mercados ele será mais bem-sucedido – ainda não é conhecido. Muito provavelmente, o uso de biodiesel experimentará um crescimento significativo como componente minoritário em misturas (B2 a B5), principalmente como uma medida para solucionar os problemas de lubricidade que caracterizam o combustível diesel de 15 ppm de enxofre. O biodiesel também crescerá por ser uma estratégia real para reduzir a dependência local aos óleos importados, por melhorar as condições ambientais, por ampliar a oferta de empregos no setor de manufaturamento e por ser uma saída para produtos agrícolas de alto valor agregado. No momento, a penetração do B20 em frotas estaduais, federais e governamentais pode ser facilmente antecipada, especialmente no setor militar e em frotas de ônibus escolares e caminhões de coleta de lixo. Isso poderá mudar o perfil do uso de misturas de ~70% de B20 e 30% de B2, para algo aproximado a 70% de B2 e 30% de B20, paralelamente a um crescimento significativo no volume total comercializado. Ainda existirá um número pequeno de usuários do biodiesel B100, mas espera-se que esse número seja muito baixo em relação ao uso das blendas.

Outras três aplicações combustíveis para o biodiesel, na geração de energia elétrica, em células a combustível e como óleo para aquecedores de ambientes residenciais e/ou caldeiras industriais, também poderão experimentar um crescimento significativo, dependendo do estabelecimento de políticas apropriadas e da pressão exercida por diferentes setores da sociedade. O biodiesel pode ser usado como blendas ou como combustível puro para a geração de eletricidade em grupos geradores diesel (em pequena ou grande escala), o que poderá potencializar o seu uso para atender à obrigatoriedade da geração de energia renovável em 12 estados. Alguns têm sugerido a colocação de grupos geradores diesel na base de moinhos de vento em complexos geradores de energia eólica para criar um sistema de geração de energia elétrica totalmente renovável. O biodiesel pode também ser utilizado em turbinas a gás para gerar eletricidade, em sistemas de aquecimento de ambientes (predominantemente no nordeste dos EUA) ou como combustível para caldeiras industriais, em lugares onde o óleo combustível de número 2 seja empregado. Nessas operações de chama viva, o biodiesel aparentemente reduz a emissão de NO_x (em virtude de seu teor de oxigênio). No entanto, além desta aparente redução de NO_x, algumas companhias ou municipalidades poderão optar pelo uso do biodiesel nessas aplicações, pelas mesmas razões sociais que motivam o uso de blendas no setor de transporte (óleo importado, saúde pública, meio ambiente e geração de empregos).

Finalmente, apesar de o debate sobre a extensão em que células a combustível e veículos elétricos revolucionarão o mercado deve continuar, sem dúvida, pelos próximos anos, o biodiesel puro representa uma excelente fonte de alta densidade, que poderá ser facilmente reformada em hidrogênio para aplicação em células a combustível. O alto ponto de fulgor do biodiesel, sua biodegradabilidade e baixa toxicidade podem lhe conferir competitividade frente ao metanol e ao gás natural como combustível para células. O balanço energético extremamente favorável na totalidade de seu ciclo de vida, a capacidade de reduzir as emissões de CO_2 e seu caráter renovável também poderão aumentar as probabilidades em favor do biodiesel.

Conclusões

Desde o primeiro uso de óleo de amendoim em 1990 até a rigidez dos padrões ASTM no momento da edição deste livro para vários ésteres metílicos de óleos vegetais, isto é, biodiesel, o uso de óleos vegetais e gorduras animais como alternativa para aplicações de combustíveis diesel percorreu um longo caminho. A indústria tem experimentado um crescimento exponencial e as políticas públicas em vigor no momento da edição deste livro provavelmente incentivarão um crescimento ainda maior nos próximos anos. São muitas as diretrizes que justificam o uso de biodiesel e estas poderão se tornar ainda mais importantes com o passar do tempo. Tecnologias futuras, como os motores diesel ultralimpos ou as células a combustível, poderão realmente representar novas oportunidades para o biodiesel – jamais ameaças. Em nossa opinião, já não há mais dúvidas de que o biodiesel será bem-sucedido; trata-se apenas de saber quanto esse mercado crescerá e quanto tempo levará para atingir esse crescimento.

Referências

1. Lovelace Respiratory Research Institute (LRRI), *Tier 2 Testing of Biodiesel Exhaust Emissions*, Relatório Final Submetido ao National Biodiesel Board, Relatório de Estudo n°. FY98-056, Maio 2000.

2. Finch, G.L., C.H. Hobbs, L.F. Blair, E.B. Barr, F.F.Hahn, R.J. Jaramillo, J.E. Kubatko, T.H. March, R.K. White, J.R.Krone, M.G. Ménache, K.J. Nikula, J.L. Mauderly, J. Van Gerpen, M.D. Merceica, B. Zielinska, L. Stankowski, K. Burling, and S. Howell, Effects of Subchronic Inhalation Exposure of Rats to Emissions from a Diesel Engine Burning Soybean Oil-Derived Biodiesel Fuel. *Inhalat. Toxicol. 14*:1017-1018 (2002).

8.2
O Estado da Arte do Biodiesel na União Europeia

Dieter Bockey

Introdução

O estado da arte da produção de biodiesel na União Europeia (UE), como apresentado neste capítulo, representa uma série de decisões políticas com o objetivo fundamental de difundir e promover o uso de recursos renováveis para a produção de energia de uma forma escalonada (veja a Tabela 1). A partir dessas decisões, a UE está construindo uma estratégia direcionada à utilização de energia renovável com os seguintes objetivos: (i) combater as mudanças climáticas do planeta; (ii) reduzir o impacto ambiental de atividades antrópicas; (iii) criar empregos e novas fontes de renda em uma UE que no momento da edição deste livro engloba 25 países; e (iv) contribuir para que se estabeleça um suprimento seguro de energia para a sociedade.

Para atingir estes objetivos, o seguinte cronograma foi incorporado na legislação da UE:

- 1997 – Livro Branco COM (97)599: Energia para o Futuro: Recursos Renováveis para a Geração de Energia.
- 2000 – Artigo Verde COM (2000)769: Em Direção a uma Estratégia Europeia para a Securidade no Suprimento de Energia.
- 2001 – Diretiva 2001/77/EC sobre a Promoção da Eletricidade Produzida a partir de Fontes Renováveis de Energia no Mercado Interno de Energia.
- 2002 – Diretiva 2002/91/EC sobre o Desempenho Energético de Construções Civis.
- 2003 – Diretiva 2003/30/EC sobre a Promoção do Uso de Biocombustíveis ou Outros Combustíveis Renováveis para o Transporte.
- 2004 – Diretiva 2003/96/EC sobre a Reestruturação do Planejamento Comunitário para a Tributação de Produtos Energéticos e Eletricidade.

Nesse livro branco, a UE e seus países membros definiram o objetivo de aumentar a produção e o uso de energia renovável a um mínimo de 12% do total de consumo doméstico de energia para o ano de 2010. As quantidades de energia verde e de biocombustíveis deveriam ser de 2,2 e 5,75%, respectivamente.

É importante observar que esses objetivos, bastante ambiciosos, não foram aprovados sem quaisquer ressalvas pelos representantes que defendiam interesses políticos e comerciais.

As diferentes tendências em convergir a uma legislação nacional refletem as diferentes prioridades dos países membros em relação à política climática e energética. Decisões nesse sentido são oriundas de intensas discussões políticas no âmbito dos países membros e ao nível da UE, onde as consequências geradas pelas diretivas da UE são apreciadas de diferentes maneiras, em decorrência das diversas responsabilidades assumidas por cada um em relação à proteção climática. As estratégias dos países membros para promover a energia renovável, portanto, diferem grandemente e podem ser exemplificadas pelas vantagens tributárias descritas a seguir para os biocombustíveis. Assim, um consenso bem equilibrado entre todas as facções políticas e econômicas é necessário para atingir os objetivos estratégicos sem qualquer conflito e competição distorcida. Já está muito claro que a velocidade com que as diretivas serão aplicadas varia grandemente, e é possível que as proporções das metas estabelecidas para os biocombustíveis, de acordo com as recomendações da UE, não sejam jamais atingidas. O exemplo alemão demonstrou que problemas técnicos associados à comercialização de biodiesel e de outros biocombustíveis (etanol e *sundiesel*) só podem ser resolvidos se as condições, tanto políticas quanto econômicas, forem favoráveis.

Tabela 1. Metas preestabelecidas pela UE

Tipos de energia	1995 Eurostat	2001 Eurostat	TCA* 1995-2001	Metas projetadas para 2010	TCA* necessário 2001-2010
1. Vento	2,5 GW	17,2 GW	37,9%	40 GW	9,8%
2. Hidro	87,1 GW	91,7 GW	0,9%	100 GW	1,0%
3. Fotovoltaica	0,04 GWp	0,26 GWp	36,6%	3 GWp	31,2%
4. Biomassa	44,8 Mtoe	56,5 Mtoe	3,6%	135 Mtoe	10,3%
5. Geotérmica	2,72 Mtoe	3,43 Mtoe	3,9%	5,2 Mtoe	4,7%
6. Térmica solar	6,5 Mio m²	11,4 Mio m²	9,8%	100 Mio m²	27,2%

* Taxa de Crescimento Anual (TCA)

Resoluções que Promovem Biocombustíveis

Em 28 de maio de 2003, a resolução europeia para a promoção de biocombustíveis entrou em vigor. O ponto central dessa resolução foi um plano de ação que prescrevia uma proporção mínima de biocombustíveis para cada um dos países membros, de acordo com sua parcela no mercado de biocombustíveis. Esse plano de ação estabeleceu que, a partir de 2005, o biodiesel deveria corresponder a uma parcela de 2% do total de combustíveis consumidos na UE. Estava também previsto que esta parcela deverá crescer gradativamente a 5,75% até o ano de 2010 (veja a Tabela 2).

Dependendo de como se desenvolverá o consumo total de combustível na região, no momento da edição deste livro estima-se que cerca de 14 a 16 MTM (milhões de toneladas métri-

Tabela 2. Plano de ação da Comissão da UE sobre biocombustíveis[a]			
Ano/Parcela mínima[b]	Consumo de gasolina	Consumo de diesel	Total
	(1000 toneladas métricas)		
2005 / 2,00 %	2341	2532	4873
2006 / 2,75 %	3219	3482	6701
2007 / 3,50 %	4096	4431	8527
2008 / 4,25 %	4974	5381	10355
2009 / 5,00 %	5852	6331	12183
2010 / 5,75 %	6730	7280	14010

[a] Referência 1. UE, União Europeia.
[b] Baseado no consumo de combustível de 1998.

cas) deverão ser produzidos na UE até o ano de 2010. O biodiesel provavelmente corresponderá a cerca de 7,5 MMT desse total. Em termos de quantidades absolutas de combustível, a satisfação desse objetivo é um grande desafio para cada um dos países membros. Portanto, não é de se surpreender que esses objetivos, originalmente propostos como obrigatórios pela Comissão da UE, tenham sido matéria de intenso debate entre o Parlamento da UE, o Conselho de Ministros e a Comissão da UE. O compromisso resultante foi de que os objetivos citados não deveriam ser obrigatórios; alternativamente, eles seriam objetivos apenas indicativos. No entanto, a Comissão reservou-se o direito de prescrever uma meta para um determinado país membro, caso este não coordene nenhum esforço para atingir os objetivos do programa.

Além disso, a proposição de uma resolução para promover o biodiesel tornou a Comissão responsável por essa ação frente ao Parlamento da UE e, por conseguinte, os países membros frente à Comissão. Os aspectos a serem relatados incluem a eficiência ambiental de cada biocombustível, suas respectivas contribuições à preservação dos recursos naturais e à proteção climática, bem como fatores relacionados à autossuficiência energética. Deve aqui ser enfatizado que a resolução para promover os biocombustíveis contém uma forte orientação para que os países membros instituam uma vantagem tarifária sobre o óleo mineral, baseada em estudos comparativos da análise do ciclo de vida (ACV), desenvolvidos particularmente para cada tipo de biocombustível. Portanto, uma intensa discussão sobre ACV teve início na Alemanha e na Europa como um todo.

A indústria de biocombustíveis, em uma UE em expansão, deve, portanto, ajustar-se à crescente transparência exigida pelo setor, desde a produção da matéria-prima até a obtenção do biocombustível. Portanto, a União para Promoção de Plantas Oleaginosas e Proteicas (UFOP) participou do financiamento e da realização de uma avaliação de ACV baseada em uma série de estudos disponíveis globalmente. Esse trabalho foi autorizado pela Associação Técnica para Motores à Combustão (Fachvereinigung Verbrennungskraftmaschinen, FVV), uma instituição fundada pela indústria automotiva alemã para promover pesquisas relacionadas aos problemas comuns às diferentes companhias do setor.

Em 2003, a UFOP outorgou ao Instituto de Pesquisa sobre Energia e Meio Ambiente a atualização da ACV dos ésteres metílicos do óleo de colza, abrindo à discussão política a contribuição da cadeia do biodiesel para a proteção climática e a preservação dos recursos naturais. Apesar de que a estrutura tarifária será amplamente determinada pela comparação de ACVs, é importante observar que ainda não foi estabelecida nenhuma estratégia coordenada, em nível da UE, entre a indústria de biodiesel ou de biocombustíveis e as suas respectivas associações de negócios. Por outro lado, esse assunto tem sido de grande interesse da indústria automotiva. O objetivo fundamental é acelerar o desenvolvimento estratégico de novos combustíveis e tecnologias de motores que permitam atender à crescente demanda por modelos de mobilidade neutros em CO_2, buscando satisfazer a obrigatoriedade imposta pela Associação Europeia da Indústria Automotiva em reduzir as emissões de CO_2 a 140 g/km até 2008.

Outro importante aspecto para o fortalecimento da indústria de biodiesel é a recomendação, presente na resolução diretiva da UE, de que a produção de biodiesel esteja de acordo com a norma EN 14214, que entrou em vigor a partir de novembro de 2003. De acordo com a resolução instituída para promover o biodiesel, os países membros são obrigados a monitorar a qualidade do biodiesel nas unidades de abastecimento, bem como a quantidade de biocombustível permitida na gasolina (petróleo) ou no combustível diesel. A nova norma europeia para o combustível diesel convencional, a EN 590, permite a adição de no máximo 5% de biodiesel que esteja de acordo com a norma europeia. A resolução para promover o biodiesel estabelece a exigência de uma rotulagem especial para combustíveis que apresentem níveis de mistura superiores a 5%. Os novos países membros também deverão atender a esses critérios de qualidade, desde o momento de suas respectivas integrações ao bloco.

Resolução sobre a Tributação Energética

Após cerca de 12 anos de intensa coordenação entre os países membros, a resolução sobre a tributação energética entrou em vigor em 31 de outubro de 2003. Essa resolução representa a base legal para a definição de legislação e de regulamentos nacionais sobre as vantagens tributárias dos biocombustíveis. O Artigo 16 dessa resolução faculta aos países membros o direito de aplicar isenções tributárias ou taxas tributárias reduzidas sobre a produção e o uso de biocombustíveis. No entanto, a resolução sobre a tributação energética limita a isenção fiscal especificamente à porção renovável (derivada da biomassa) do biocombustível. Essa limitação é significativa para o bioetanol empregado para a produção do etil *tert*-butil éter (ETBE) e, também, para o biodiesel, cuja produção envolve o uso de metanol de origem fóssil. A resolução sobre a tributação energética exige que a redução ou isenção de tributos seja avaliada em relação a uma compensação eventualmente exagerada, levando em consideração o desenvolvimento ou mesmo a mudança da matéria-prima correspondente. A isenção ou redução tributária é válida por um período de apenas 6 anos; todavia, esse período pode ser estendido. Além disso, os países membros devem relatar os níveis de isenção ou redução tributária à Comissão da UE a cada 12 meses, sendo que o primeiro relatório foi exigido para o dia 31 de dezembro de 2004.

Em resumo, o incentivo e as resoluções sobre tributação energética da UE facultaram uma significativa flexibilidade à criação de vantagens tributárias para os biocombustíveis como um pré-requisito para que os países membros pudessem atender às metas do plano de ação, mas também estabeleceram a exigência da apresentação de relatórios complexos, envolvendo monitoramento constante, desde o cultivo da matéria-prima até a produção e subsequente uso do biocombustível em seus respectivos mercados de atuação.

Incorporação à Legislação Nacional

As possibilidades de incorporação à legislação nacional descritas variam grandemente entre os diferentes membros da UE. Em alguns países, as vantagens tributárias que foram criadas estão baseadas diretamente na legislação. Em outros, as discussões plenárias já começaram, mas a legislação ainda está indefinida; em alguns desses países, no entanto, não há evidências de qualquer iniciativa, do governo ou do parlamento, em direção à criação de incentivos tributários para os biocombustíveis.

Na Alemanha, uma alteração na lei relacionada às vantagens tributárias dos biocombustíveis entrou em vigor em 1° de janeiro de 2004. Formalmente, nenhuma isenção tributária foi garantida. Alternativamente, um índice tributário de 0 (zero) foi introduzido sem qualquer limitação na quantidade de biocombustíveis que poderiam receber tal benefício. Esse índice tributário tem sido examinado anualmente desde 30 de abril de 2005, por um relatório do governo para o parlamento federal. Ao governo, isto é, ao ministro das finanças, pode se reservar o direito de promover um ajuste com base nesses relatórios. Nesse sentido, a questão da compensação exagerada deverá ser examinada de modo particular, bem como se a produção de biocombustíveis está contribuindo para a consolidação de metas quantitativas importantes, como a conquista de uma securidade energética baseada em matérias-primas produzidas na Alemanha e a avaliação da extensão com que a isenção tributária estaria influenciando a importação de biocombustíveis. Para satisfazer as exigências desses relatórios, a lei sobre estatísticas energéticas foi estendida à introdução de um relatório obrigatório sobre a produção de biocombustíveis a partir do ano de 2004. Dessa forma, os produtores de combustíveis mais recentes deverão fornecer informações retroativas à Agência Federal de Estatísticas da Alemanha (Statistisches Bundesamt) sobre a quantidade de combustível produzido, classificado de acordo com a matéria-prima e os nichos de mercado. Importações e exportações também deverão ser registradas nesses relatórios. A seguir, encontram-se listadas as mais importantes alterações que foram efetuadas no ato regulatório da tributação de óleos minerais e no decreto que implementou essas novas regras de tributação.

Termos Aditivos ao Ato Regulatório da Tributação de Óleos Minerais

Biocombustíveis = óleo mineral. Ésteres metílicos de ácidos graxos (biodiesel) passam a constar da lista dos óleos minerais como um item adicional entre os itens tributáveis. Em concordância com a resolução sobre tributação energética, um termo aditivo à lei, relacionado à definição de biocombustíveis, especifica que biocombustíveis devem ser tratados como óleo mineral, nos casos em que o produto correspondente (óleo de colza, biodiesel, bioetanol, biogás) for destinado ao uso como combustível, apesar de, em termos químicos, eles não corresponderem a hidrocarbonetos como os óleos minerais. Uma exceção a essa regra diz respeito ao uso de biomassa como combustível para sistemas de aquecimento, como óleos de colza ou biodiesel usado para operação de caldeiras a óleo ou estações termelétricas especializadas. Em outras palavras, o uso pretendido determina como o produto deverá ser classificado para fins de tributação.

No momento da edição deste livro, as mudanças relativas à desoneração tributária para biocombustíveis empregados nos setores de transporte e de aquecimento de ambientes haviam concedido um tratamento especial para essas aplicações até a data de 31 de dezembro de 2009. Esse período poderá ainda ser estendido junto com a resolução sobre tributação energética. No entanto, essa desoneração tributária é limitada à parte do combustível que possa ser comprovadamente relacionada à biomassa. A especificação estabelece que, desde que manufaturados pelo processo de esterificação, os ésteres metílicos de ácidos graxos (biodiesel) também são classificados como biocombustíveis, em reconhecimento ao fato de que o processo emprega metanol oriundo de matérias-primas de origem fóssil, mas, simultaneamente, produz uma quantidade equivalente de glicerol de origem renovável. Apesar de a isenção dos biocombustíveis de qualquer tributação associada aos óleos minerais não depender da aprovação da Comissão da UE, a legislação alemã deixa claro que a desoneração tributária não deve levar a uma compensação exagerada. Assim, o nível da vantagem tributária pode ser ajustado em função do desenvolvimento do mercado de óleo cru e da evolução dos preços da biomassa e dos combustíveis. A legislação retificada exige que a situação seja acompanhada por relatórios que deverão ser submetidos anualmente ao Parlamento Federal Alemão (Bundestag). Esses relatórios devem incluir considerações sobre o efeito relativo ao clima e à proteção ambiental, à conservação dos recursos renováveis, aos custos externos dos vários combustíveis e aos progressos em direção ao atendimento das metas estabelecidas pelas resoluções da UE, em termos da contribuição dos biocombustíveis ao suprimento energético. No momento da edição desta obra, a submissão do primeiro relatório ao Bundestag estava prevista para 31 de março de 2005.

Exigências de notificação. Para serem qualificados à desoneração tributária, produtores de biocombustíveis e/ou operadores de distribuidoras, envolvidos com o armazenamento de biocombustíveis para aplicações nos setores de aquecimento e de transporte, são orientados a registrar as suas atividades junto à agência aduaneira apropriada. Essa obrigação se aplica a todos os produtores de biocombustíveis, incluindo os proprietários de pequenas unidades de esmagamento de plantas oleaginosas (usuários de óleo de colza como combustível). A agência aduaneira é solicitada a confirmar o recebimento da notificação e informar os requerentes de que uma petição deverá ser submetida para estabelecer uma zona (ou seção) tributária em suas unidades de produção (na qual seja especificada a quantidade de produto que será destinada à venda para consumidores). Em casos particulares, esse procedimento poderá ser considerado suficiente para que se estabeleçam unidades certificadas de amostragem, porque o risco de evasão tributária é muito pequeno. Aparentemente, essas medidas foram estabelecidas para minimizar o eventual embargo das atividades de proprietários de pequenas unidades de produção.

Alterações da Resolução sobre a Tributação de Óleos Minerais

Comprovação da origem da matéria-prima (biomassa). A concessão de desoneração tributária também está associada à comprovação da origem da biomassa presente no biocombustível em questão. A regra especifica que a apresentação de uma simples declaração genérica não é suficiente para esse propósito. Usualmente, um acordo deve ser celebrado entre o requerente e a autoridade tributária para cada caso em particular. De acordo com informações do Ministério Federal das Finanças, no caso de óleos vegetais e ésteres metílicos de ácidos graxos, a origem da biomassa deve ser estabelecida pela análise do produto. Dessa forma, os registros mantidos pelo produtor da quantidade processada de matéria-prima de origem vegetal podem ser considerados suficientes para atender a essa exigência. Quando o biodiesel é misturado com o diesel de petróleo em uma unidade de armazenamento de óleo mineral, o proprietário deve fornecer evidências sobre a origem e a quantidade de biomassa presente no biocombustível adicionado à mistura como condição para obter a isenção tributária. De acordo com o Ministério das Finanças, a declaração do produtor de biodiesel deve ser considerada suficiente para comprovar a origem da biomassa.

Qualidade do Combustível

Apesar das perspectivas tributárias envolvidas na produção de misturas combustível/biocombustível, a qualidade e/ou certificação da qualidade do produto é um fator muito importante. As normas europeias EN 590 para o combustível diesel e EN 228 para a gasolina (petróleo) autorizam a adição máxima de 5% de biodiesel e bioetanol, respectivamente. Embora misturas que contenham maiores proporções de biocombustível estejam previstas na legislação tributária, elas não apresentam conformidade com os parâmetros previstos nas normas oficiais e, portanto, precisam ser classificadas separadamente de acordo com as resoluções diretivas da UE para a promoção do uso de biocombustíveis e com o decreto que estabelece a qualidade e a classificação do combustível nacional (o 10º Decreto Federal de Controle das Emissões). Esse aspecto é particularmente relevante quando o uso de misturas diesel/biodiesel é avaliado em relação ao consumidor final (responsabilidade da comercialização do produto), porque é praticamente impossível determinar a qualidade original dos combustíveis em questão após terem sido utilizados para a composição das misturas.

Por outro lado, a isenção ofertada pela ratificação do novo decreto determina que praticamente qualquer mistura poderá ser produzida nas dependências do consumidor final sem que quaisquer implicações tributárias incidam sobre ele, desde que a mistura combustível ali preparada seja destinada exclusivamente para o seu próprio uso. A Associação dos Agricultores Alemães pressionou pela aprovação dessa regra para promover o mercado de biodiesel e incentivar os empresários a se converterem a essa nova atividade. Na prática, a regra significa que um segundo tanque de estocagem poderia ser dispensável. No entanto, quando o uso for de misturas biodiesel/petrodiesel, medidas necessárias e suficientes para controlar a tancagem deverão ser promovidas, como a lavagem do tanque de armazenamento e a alternância entre sistemas de bombeamento de combustível para esgotar todo o combustível que contém biodiesel das linhas. De qualquer forma, é muito importante enfatizar que biocombustíveis são considerados óleos minerais (veja anteriormente) no contexto da legislação tributária, com a consequência de que a mistura de biocombustíveis com combustíveis fósseis (exceto para o caso do consumidor final), fora dos domínios estabelecidos pela licença de operação, implicará em consequências para a arrecadação de tributos e motivará uma avaliação retrospectiva de toda a quantidade de combustível produzida.

Situação nos Países Membros da UE

Na França, a vantagem tributária para o biodiesel é de 33/100 L, enquanto a tributação para o combustível diesel convencional é de 41,69/100 L. O governo estabelece anualmente a quantidade de biodiesel que recebe essa vantagem. As quantidades para os anos de 2003 e 2004 foram de 320.000 e 390.000 toneladas métricas, respectivamente. No entanto, a capacidade total de produção de biodiesel foi de 470.000 toneladas métricas. Essa capacidade excedente resulta na exportação de combustível e na pressão sobre o mercado de outros países. Com o objetivo de satisfazer a adição de quantidades mínimas de biocombustíveis na gasolina e no combustível diesel, de acordo com a resolução diretiva da UE para a promoção de biocombustíveis, o ministério francês recentemente decidiu pela tomada de medidas específicas para a promoção de biocombustíveis que foram incorporadas na estrutura de uma lei orientativa para o planejamento da energia. A especificação dos detalhes necessários para a execução dessa decisão estava prevista para o outono de 2004 no momento da edição desta obra, dentro da estrutura do "plano para o desenvolvimento de biocombustíveis". De modo particular, um aperfeiçoamento na proposta de concessão de incentivos tributários seria uma importante contribuição para esse plano.

O governo do Reino Unido definiu uma vantagem tributária de 0,20/100 L para o biodiesel, sem estabelecer quaisquer limites de quantidade. De acordo com a Associação Inglesa de Biocombustíveis, essa vantagem tributária pode não ser considerada suficiente para desenvolver o mercado. O aumento da capacidade de produção está concentrado amplamente no uso de gordura animal e óleos usados em frituras; no entanto, essa tendência deve ser considerada crítica em relação à satisfação dos critérios de qualidade estabelecidos pela norma EN 14214. O governo italiano também decidiu pela concessão de isenção tributária a uma quantidade anual predeterminada de biodiesel. Para 2003, essa quantidade foi correspondente a 120.000 toneladas métricas.

Como a Alemanha, a Suécia desonerou a tributação dos biocombustíveis desde o início de 2004, a partir de uma combinação entre as tributações de CO_2 e da energia. Nessa ocasião, a taxa de tributação de óleos minerais foi reduzida a 0 (zero). A vantagem tributária é financiada por aumentos de tributação sobre o combustível diesel convencional e sobre a energia para indústrias de manufaturamento, residências e para o setor de serviços. A isenção tributária é de 36/100 L. Na Áustria, o biodiesel também não é sujeito à tributação dos óleos minerais, e não há nenhum limite pré-estabelecido para essa isenção.

No momento da edição deste livro, parlamento holandês havia anunciado que faria o possível para garantir que o biodiesel passasse a estar disponível a partir de 1° de janeiro de 2006, e para implementar um esquema de subsídios que permita atingir a meta preestabelecida (2% do conteúdo energético para gasolina e combustível diesel). Para 2005, está previsto que o governo publique os resultados de um estudo que inclui os aspectos financeiros e preparativos necessários para esse fim. Essa política deverá ser reavaliada em 2007 para auxiliar o governo na verificação de como a meta de referência (5,75% em 2010), estabelecida pelas recomendações da UE, poderá ser suficientemente atingida.

Em junho de 2004, a Comissão da UE aprovou a concessão de subsídios da República Checa para a promoção de biocombustíveis. A medida está baseada em uma redução de impostos de 95/1000 L, caso a mistura biodiesel/petrodiesel contiver pelo menos 31% de biodiesel (éster metílico de óleo de colza). Desse modo, a tributação de impostos decresce de 306/1000 L para 211/1000 L. Até o final do ano de 2006, estima-se que o governo checo forneceça um apoio direto de 257/1000 L para produtores de ésteres metílicos de óleo de colza da República Checa. No entanto, esse apoio estará limitado a 100.000 toneladas métricas.

No momento da edição deste livro, nenhuma informação satisfatória está disponível sobre qualquer legislação tributária que incida sobre todos os países membros da UE. Para o final do ano de 2004, estima-se que todos os países membros informem a Comissão da UE sobre as políticas estabelecidas para a conversão de suas recomendações em legislação nacional. A compilação fragmentada e incompleta dessas informações revela a ainda insuficiente estrutura de associação que existe ao nível das instituições europeias. Produtores de biodiesel estão sendo desafiados a se associarem ao Conselho Europeu de Biodiesel (EBB) e fornecerem os dados necessários e suficientes para alimentar as estatísticas como um mecanismo para salvaguardar os seus próprios interesses. O fortalecimento das associações de classe é absolutamente imperativo para que a indústria de biodiesel possa participar das esferas de discussão política de uma forma unificada, tanto ao nível nacional quanto ao nível da UE.

Capacidade e Desenvolvimento da Produção

Com os alicerces da estrutura promocional e legislativa descrita, a capacidade de produção de biodiesel tem crescido de forma inesperada na UE, especialmente na Alemanha. Com mais de 2,2 milhões de toneladas métricas (MTM) entre 1996 e 2003, a capacidade de produção de biodiesel mais que quadruplicou na UE. A capacidade de produção de biodiesel na UE está representada na Tabela 3 para o ano de 2004. Na Alemanha, 24 companhias estão produzindo biodiesel com uma capacidade total de 1,1 MTM, sendo que uma capacidade adicional de 0,5 milhões de toneladas está sendo construída no momento da edição deste livro. Essa capacidade ainda deverá aumentar para perto de 1,6 milhão de toneladas métricas por ano até o final do ano de 2006. A Alemanha será o primeiro país membro a satisfazer plenamente as recomendações promocionais da UE para o mercado de diesel. A Tabela 4 apresenta o desenvolvimento das vendas de biodiesel na Alemanha desde 1991.

Na Alemanha, 90% da matéria-prima utilizada para a produção de biodiesel é o óleo de colza, enquanto o óleo de girassol também é utilizado no sul da Europa. Um parâmetro decisivo para a definição da matéria-prima é o padrão mínimo de qualidade estabelecido pela norma EN 14214. Dado que o biodiesel é principalmente comercializado na Alemanha

Tabela 3. Capacidade de produção de biodiesel na Europa em 2004[a,b]

País	Capacidade (1000 toneladas métricas/ano)
Alemanha	1097
França	520
Itália	370
Áustria	120
Espanha	70
Eslovênia	70
República Checa	63
Dinamarca	30
Suécia	8
Reino Unido	5
Irlanda	2
Bélgica	0

[a] *Fonte*: Referência 2.
[b] Capacidade total de 2.355.000 toneladas métricas/ano

Tabela 4. Desenvolvimento das vendas de biodiesel na Alemanha

Ano	Vendas (em toneladas métricas)
1991	200
1992	5.000
1993	10.000
1994	25.000
1995	45.000
1996	60.000
1997	100.000
1998	100.000
1999	130.000
2000	340.000
2001	450.000
2002	550.000
2003	700.000
2004	850.000

como combustível puro, a indústria automotiva exerce uma pressão significativa sobre a indústria de biodiesel, para que as exigências da norma sejam rigorosamente atendidas. Estima-se que essa pressão deverá aumentar ainda mais com as novas recomendações que entrarão em vigor a partir de abril de 2004, que exigirão a rotulagem do padrão de qualidade do combustível. O biodiesel está incluído nessa recomendação; portanto, como para a gasolina e combustíveis diesel convencionais, comumente denominados "combustíveis comerciais comuns", o biodiesel estará sujeito aos mesmos mecanismos de controle usualmente utilizados pelas agências reguladoras. Desconformidades sérias em relação à legislação poderão levar ao fechamento temporário da bomba de biodiesel. O proprietário do posto de serviços é considerado responsável pelo produto. Na Alemanha, o "Grupo de Trabalho para a Gestão da Qualidade do Biodiesel" (AGQM) irá ampliar as condições de contrato relacionadas à aditivação com antioxidantes para evitar as atribuições de responsabilidade que os postos de serviço poderiam impetrar contra os produtores e distribuidores de biodiesel. Por criar um "fator de envelhecimento" em função das diferentes taxas de renovação do combustível em tanques de armazenamento nos postos de serviço, ou mesmo em tanques de uso particular, essa medida é absolutamente necessária para assegurar uma boa gestão da qualidade. Isso foi demonstrado em uma avaliação extensiva, conduzida em cooperação com a Daimler Chrysler AG e a Volkswagen AG em 170 postos de serviço. A AGQM conduz regularmente um programa de análises de campo e de verificação de produtores. Dessa forma, a qualidade é constantemente monitorada e os resultados são alimentados em atualizações do conceito de gestão da qualidade e em boletins informativos da AGQM sobre o transporte e armazenamento de biodiesel.

Há também uma grande urgência para a intensificação da cooperação internacional e para a troca de experiências em áreas relacionadas à certificação de qualidade. Uma primeira etapa deverá ser orientada à expansão dos testes interlaboratoriais conduzidos pelos produtores de biodiesel; até essa data, essas medidas estão sendo tomadas apenas na Alemanha. Por outro lado, as reuniões técnicas programadas para o treinamento de pessoal de laboratório e de especialistas em certificação de qualidade têm sido bem-sucedidas.

Referências

1. Diretiva 2003/30/E6 do Conselho e do Parlamento Europeu, 8 de maio, 2003.
2. UFOP, Conselho Europeu de Biodiesel

8.2.1 Gestão da Qualidade do Biodiesel: a História da AGQM

Jürgen Fischer

Introdução

AGQM é a abreviatura para **A**rbeits**G**emeinschaft **Q**ualitäts **M**anagement Biodiesel, isto é, a Associação para a Gestão da Qualidade do Biodiesel. Pode parecer estranha a criação de uma associação especial para a gestão da qualidade do biodiesel. Obviamente, os combustíveis precisam atender a todos os critérios de qualidade para assegurar que o veículo possa ser utilizado sem quaisquer problemas relacionados ao combustível. Portanto, qual seria o propósito dessa associação?

O mercado alemão de biodiesel difere do de outros países. Na maioria dos casos (República Checa, França, Itália, Suécia e Estados Unidos), o biodiesel é vendido para ser misturado ao petrodiesel em proporções variáveis. A Alemanha é o único país em que o biodiesel é vendido como combustível puro, disponível em postos de abastecimento público e com uma fatia de mercado cada vez mais crescente. No início, apenas alguns produtores supriam o mercado, proporcionando um certo equilíbrio entre oferta e demanda. No entanto,

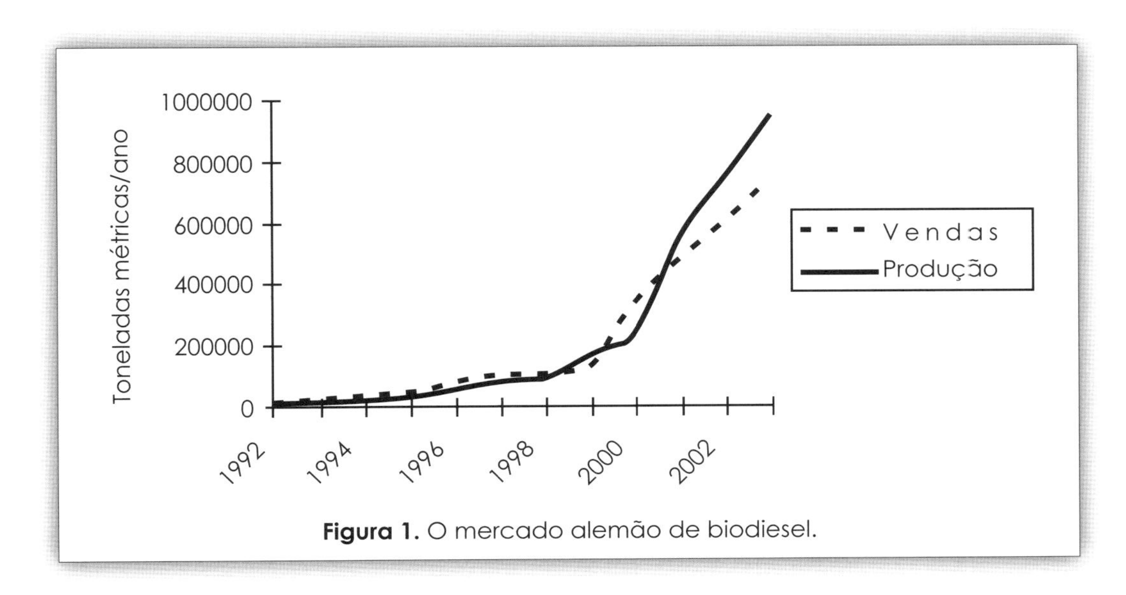

Figura 1. O mercado alemão de biodiesel.

a partir de 1999, essa situação mudou completamente, com o advento de uma demanda de biodiesel que excedia a capacidade de produção (Figura 1). O decréscimo nos preços dos óleos vegetais e o aumento nos preços do barril de petróleo aumentaram o interesse pela produção de biodiesel, e muitos novos produtores apareceram no mercado.

A capacidade de produção das plantas instaladas até o momento da edição deste livro varia entre 2.000 e 150.000 MT/ano (Figura 2). O investimento necessário para pequenas unidades de produção é razoavelmente pequeno, e subsídios oferecidos pelo governo tornam a produção de biodiesel um investimento economicamente interessante. Além das vantagens ambientais, a expansão do mercado vem causando uma retração nos preços do biodiesel, e o interesse público por esse biocombustível começou a crescer, o que foi também demonstrado pelo aumento dos postos de abastecimento até atingir os números observados no momento da edição deste livro (> 1.700).

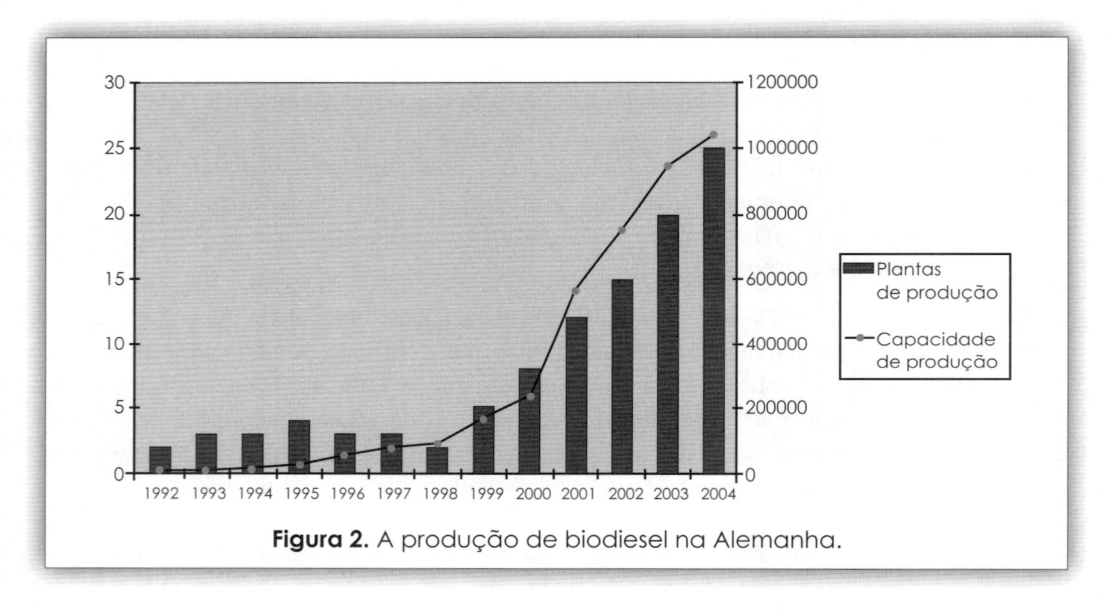

Figura 2. A produção de biodiesel na Alemanha.

Em 1999, a indústria automotiva alemã, que já tinha aprovado o uso de biodiesel, começou a reclamar sobre problemas de qualidade. Um crescente número de reclamações, incluindo ocorrências como o entupimento de filtros de combustível e a danificação de sistemas de injeção, estava diretamente relacionado à qualidade do biocombustível. A ameaça de perder a aprovação da indústria automotiva, caso não houvesse um aumento significativo na qualidade, tornou necessária a proposição de uma série de ações corretivas.

A estrutura da indústria de biodiesel alemã não é homogênea. As plantas de produção são propriedade da indústria de alimentos, de agricultores e de grupos de investimento que não detêm o domínio técnico necessário sobre a tecnologia. De um ângulo técnico e/ou químico, a produção de biodiesel transparece como um processo fácil de ser implementado, levando à impressão de que grandes investimentos não são necessários para garantir um bom controle sobre a qualidade. Contrariamente à indústria de petróleo, que tem uma experiência de mais de 100 anos com as exigências do mercado de combustíveis, muitos investidores ignoraram esse aspecto. De fato, muitas das novas unidades de produção não contam com laboratórios próprios porque o investimento para um laboratório suficientemente equipado para a análise de biodiesel, de acordo com as normas de especificação, gira em torno de 1,5 milhão de dólares. Comparado aos custos totais de instalação de uma unidade de produção, que correspondem a ~15-20 milhões de dólares para uma capacidade de 100.000 MT, este investimento é relativamente alto.

Em dezembro de 1999, a AGQM foi fundada como uma associação da indústria de biodiesel alemã, incluindo produtores e operadoras de mercado, junto com a UFOP (Union fur Förderung von Öl- und Proteinpflanzen; União para Promoção de Plantas Oleaginosas e Proteicas), como parte integrante da Associação dos Agricultores Alemães. A missão original da AGQM incluía garantir a qualidade do biodiesel, determinar um padrão de qualidade para esse biocombustível e oferecer ajuda aos seus membros na instalação de sistemas de controle de qualidade para a sua produção e distribuição. Dos 10 membros que fundaram a associação, no momento da edição deste livro a AGQM compreende a maior parte do negócio de biodiesel alemão, com 16 produtores, 29 operadoras de mercado, 11 instituições de apoio (P&D, construtores de plantas, indústrias de aditivos) e a UFOP. Em um curto prazo, a AGQM tornou-se amplamente conhecida na Alemanha. Muitas atividades inicialmente desenvolvidas por produtores isolados de biodiesel passaram a ser controladas pela AGQM, aumentando a eficiência dessas medidas. Esta seção descreve algumas das atividades mais importantes da AGQM.

Padronização

Uma das maiores preocupações da indústria automotiva sempre foi o fato de que o biodiesel não apresenta uma padronização definida. Em 1995, após muitas discussões, a norma preliminar alemã DIN V 51606 foi publicada. Essa norma foi desenvolvida por um grupo de produtores da indústria automobilística, pelo conselho de normatização alemão (DIN) e pela indústria de biodiesel, representada à época por um único produtor (Oelmuehle Leer Connemann). Essa norma preliminar foi sucedida pela norma E DIN 51606 em 1997. No início de 1998, a Comissão Europeia determinou ao CEN (Comité Européen de Normalisation, Comitê Europeu de Normatização) o desenvolvimento de uma norma europeia de biodiesel. A representação da indústria de biodiesel alemã foi assumida pela AGQM em 2000, tornando possível a concentração das atividades de todos os produtores alemães de biodiesel e a disponibilização da experiência acumulada por esse grupo de trabalho.

Os membros da AGQM compunham uma parte considerável do subgrupo do Conselho de Padronização Alemão, que era responsável pela conversão de padrões internacionais em normas alemãs. Nesse ínterim, a experiência dos membros da AGQM na análise de biodiesel tornou possível a investigação e a melhoria dos métodos de avaliação. No momento da edição deste livro, a AGQM coordena essas atividades e, junto com a DIN, organiza testes interlaboratoriais e seminários para verificar e resolver problemas analíticos relacionados ao biodiesel, particularmente aqueles relacionados à precisão dos métodos de análise. A contribuição dos membros da AGQM tem sido extremamente importante para essas atividades.

Gestão e Controle da Qualidade

O controle da qualidade é uma das principais preocupações dos membros da AGQM. Todos os produtos vendidos por membros da AGQM aos postos de abastecimento têm que atender as exigências da norma alemã de biodiesel, isto é, algumas exigências especiais definidas pela AGQM após discussões com a indústria automotiva. Para garantir a qualidade do biodiesel e estabelecer um procedimento padrão para todos os seus membros, a associação instalou um sistema de gestão da qualidade, composto por cinco etapas, que compreende todo o ciclo de vida do biodiesel, desde a matéria-prima até os postos de abastecimento:

1. Produção: Os produtores são responsáveis pela escolha da matéria-prima e pelo controle de qualidade do produto. Toda a documentação relacionada ao controle de produção, testes de laboratório e de qualidade do produto deve ser disponibilizada. A AGQM promove a audição dos produtores e a verificação da qualidade de produção por auditores independentes. Uma quantidade mínima de equipamentos de laboratório é recomendada e a análise do produto antes da entrega é obrigatória. Em cooperação com laboratórios independentes, a AGQM realiza testes interlaboratoriais para inspecionar e qualificar o desempenho desses laboratórios. A participação nesses testes é obrigatória para todos os membros da AGQM. Os produtores devem garantir condições apropriadas de transporte do produto. A ocorrência de muitos problemas no mercado está relacionada à contaminação durante o transporte. Caminhões e carros-tanques devem ser avaliados adequadamente antes do carregamento.

2. O armazenamento do biodiesel difere substancialmente do armazenamento de combustíveis petrodiesel. As distribuidoras devem garantir o uso de materiais adequados e a limpeza e manutenção apropriada dos tanques, entre outras medidas. Sistemas independentes de logística são necessários para evitar a mistura de biodiesel com petrodiesel ou gasolina. Tanques de armazenamento também devem ser controlados pela AGQM.

3. Em 2002, a AGQM instalou um sistema de licenciamento para postos de abastecimento de biodiesel. Postos detentores de contratos assinados com a AGQM estão autorizados a utilizar o logotipo da AGQM (Figura 3) para publicidade, e recebem suporte técnico completo em todas as questões relacionadas à qualidade. Para permitir o uso do símbolo, os postos devem comercializar um biodiesel que atenda aos padrões da AGQM. A qualidade desses postos de abastecimento é checada constantemente por laboratórios independentes.

4. A AGQM também oferece serviços para os consumidores de biodiesel. A associação publica brochuras, informações sobre a opinião de construtores da indústria automotiva, listagens dos postos de abastecimento credenciados, bem como relatórios disponíveis em sua página eletrônica. A sede da AGQM em Berlim também atua como um contato para consumidores que desejem relatar problemas ocorridos com algum de seus conveniados.

5. O exame de problemas, tanto reais quanto simulados, é uma parte importante do sistema de gestão da qualidade; isso é feito por grupos técnicos de trabalho, compostos por

Figura 3. O logotipo da AGQM.

especialistas oriundos das várias companhias associadas. Relacionadas a isso estão as discussões constantemente promovidas entre consumidores, garagens, construtores e produtores de equipamentos originais para a indústria automotiva.

Pesquisas de Qualidade

Pesquisas de campo sobre a qualidade do combustível representam mecanismos comumente empregados para obter uma visão geral sobre os padrões de qualidade. Na Alemanha, essas pesquisas são promovidas por vários grupos de interesse, como autoridades governamentais (porque a qualidade do combustível é controlada pela legislação) e representantes da indústria de petróleo, da indústria automotiva e de suas associações de classe.

Até o momento, autoridades governamentais não têm submetido o biodiesel a consultas dessa natureza, e a indústria de petróleo alemã não tem se interessado pela investigação da qualidade desse produto. Para a indústria de biodiesel, essas pesquisas são de grande interesse para obter informações sobre o comportamento, a armazenagem e as condições de transporte do biodiesel em postos de abastecimento e para definir medidas que evitem a ocorrência de reclamações dos consumidores. Em 1997, a UFOP iniciou a primeira pesquisa sobre a qualidade do biocombustível na Alemanha. Quando a AGQM adotou essa tarefa em 2000, o número de postos de abastecimento já havia mais que duplicado e achava-se distribuído por todo o país (Figura 4).

A pesquisa de qualidade da AGQM consiste em uma avaliação principal no início do período de inverno e até quatro pesquisas regionais de menor porte, distribuídas ao longo de todo o ano. Na Europa, o combustível destinado para consumo no inverno, seja biodiesel ou petrodiesel, deve estar disponível nos postos de abastecimento a partir de 15 de novembro. Em virtude da recorrência de reclamações sobre a operacionalidade durante o inverno, é muito importante que essa recomendação seja atendida. Produtores de biodiesel que sejam membros da AGQM devem iniciar o fornecimento de biodiesel adaptado para as condições de inverno no dia 15 de outubro, de modo a garantir que todos os postos de abastecimento ofereçam esse tipo de biodiesel antes do início do inverno.

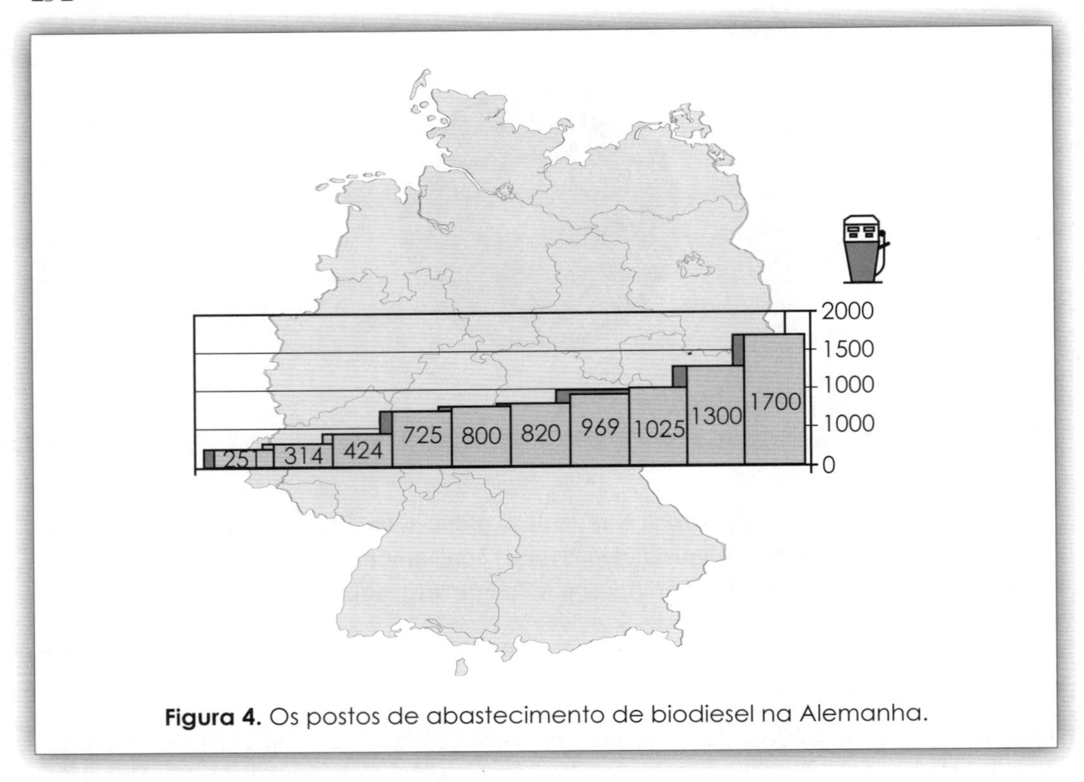

Figura 4. Os postos de abastecimento de biodiesel na Alemanha.

Até o momento de publicação desta obra, 100 postos de abastecimento distribuídos por toda a Alemanha estão sendo monitorados. Amostras são coletadas por laboratórios independentes e vários parâmetros de qualidade são avaliados, como o ponto de entupimento de filtro a frio (CFPP), o teor de água contaminante, a acidez total e os teores de glicerol e glicerídeos totais. Os resultados fornecem uma visão da qualidade do produto e auxiliam na evidenciação de problemas relacionados à armazenagem e ao transporte. Em 2002, após a implementação do sistema de licenciamento da AGQM para postos de abastecimento, as pesquisas foram limitadas apenas aos postos signatários do sistema.

Aditivos de Combustíveis

Um aspecto importante do uso de biodiesel é o desempenho de suas propriedades de fluxo a frio. O parâmetro definido pela norma é o CFPP, que é melhorado pelo emprego de aditivos melhoradores de propriedades de fluxo para destilados intermediários (ou aditivos MDFI).

Produtos adequados para combustíveis petrodiesel não funcionam com o biodiesel, de forma que fornecedores de aditivos foram forçados a desenvolver novos produtos para o mercado. As reclamações e falhas de desempenho demonstraram que alguns desses diferentes produtos são mutuamente incompatíveis. As investigações promovidas sob o controle da AGQM levaram à recomendação para o uso de aditivos de fluxo MDFI, com a expectativa de que melhorias significativas poderiam ser observadas durante o último período do inverno.

Desde novembro de 2003, a norma europeia de biodiesel inclui uma exigência para a estabilidade à oxidação. Embora a maior parte dos produtores de biodiesel que empreguem óleos vegetais *in natura* não tenha qualquer dificuldade em atender a essa exigência, na prática, a experiência tem demonstrado que a estabilidade oxidativa não pode ser garantida na bomba de abastecimento. O transporte e o armazenamento estressam o combustível. Assim, em cooperação com os fornecedores de agentes de estabilização, a AGQM iniciou um programa de testes para examinar a eficiência e o desempenho desses aditivos, que incluía testes de laboratório e testes de longa duração, bem como testes em frotas de táxis para provar que o produto escolhido poderia evitar quaisquer danos ao sistema de injeção.

Pesquisa e Desenvolvimento

O governo alemão jamais forneceu qualquer suporte significativo à pesquisa sobre biodiesel. A maior parte das atividades foi iniciada pela UFOP e conduzida por companhias individuais, sem qualquer coordenação ativa. A missão da AGQM não é realmente associada à pesquisa e desenvolvimento, mas problemas não identificados anteriormente foram observados em relação ao uso do biodiesel. Naturalmente, esses problemas tiveram que ser investigados. Por exemplo, proprietários de postos de abastecimento observaram o comprometimento de estruturas de concreto pelo contato com o biodiesel, a eficiência dos sistemas de separação de águas servidas precisava ser verificada e o entupimento de filtros de combustível precisava ser examinado.

Um grande esforço também foi concentrado em questões relacionadas às emissões de exaustão. Junto com construtores da indústria automotiva e a Agência do Governo Alemão para Recursos Renováveis, a AGQM iniciou o desenvolvimento de sensores de combustível que permitiam a detecção do combustível pelo sistema de gerenciamento do motor e a otimização dos controles de emissão. Outros projetos financiados pela AGQM incluíram estudos de emissões de misturas biodiesel/petrodiesel e uma comparação entre biodiesel e o combustível diesel suíço MK1.

Resumo

A AGQM tem demonstrado ser uma ferramenta importante para a indústria de biodiesel alemã, melhorando a cooperação interna bem como os contatos com autoridades e importantes parceiros industriais. A AGQM também tem sido capaz de coordenar as atividades das companhias envolvidas e de avaliar a sinergia entre elas. Portanto, a estrutura por ela desenvolvida poderá servir como modelo para o desenvolvimento da indústria de biodiesel em outros países.

8.3
O Estado da Arte do Biodiesel na Ásia, nas Américas, na Austrália e na África do Sul

Werner Körbitz

Introdução

Esta seção discutirá brevemente o *status* do biodiesel fora dos Estados Unidos e da Europa. Países com atividade em biodiesel que serão aqui discutidos incluem Argentina, Brasil, Canadá e Nicarágua nas Américas, e China, Índia, Japão, Malásia, Filipinas, Coreia do Sul e Tailândia na Ásia, além de Austrália e África do Sul.

As Américas

Argentina. A Argentina é o maior exportador mundial de farelo de oleaginosas e o terceiro maior exportador de grãos, bem como de óleos comestíveis, principalmente soja e girassol. Além disso, é ranqueada como o quarto maior produtor mundial de grãos. Consequentemente, existe um enorme potencial para a produção de biodiesel. Infelizmente, a crise social e econômica que assola o país no momento da edição deste livro está comprometendo a decisão dos investidores, o que tem sido a maior barreira para qualquer desenvolvimento significativo da indústria de biodiesel. Sete unidades de produção de biodiesel estão instaladas, com capacidade variando de 10 a 50 t/dia, e pelo menos 11 projetos estão sendo planejados, desde pequenas unidades de produção propostas por cooperativas agrícolas até unidades de larga escala com investimentos de até US$ 30 milhões. No momento da edição deste livro, no entanto, apenas uma unidade de pequena escala, com tecnologia tipicamente caseira, está efetivamente em funcionamento.

Brasil. Em maio de 2002, o PROBIODIESEL (Programa Brasileiro de Desenvolvimento Tecnológico do Biodiesel) foi anunciado, com o objetivo de estabelecer um arcabouço regulatório para o desenvolvimento e a produção nacional de biodiesel. O programa estava coordenado pela Secretaria de Políticas Tecnológicas e Comerciais do Ministério da Ciência e Tecnologia. Além da produção do éster metílico de óleo de soja (EMS), o desenvolvimento do éster etílico de soja (EES) passou a ser enfatizado, porque o Brasil mantém, tradicionalmente, uma grande produção nacional de bioetanol de cana-de-açúcar. Por muitos anos, o bioetanol tem sido utilizado como combustível líquido para o setor de transportes. Ambos EMS e EES deverão ser utilizados como misturas B5 com o diesel de petróleo. Até o momento da publicação desta obra, quatro companhias se encontram capacitadas a iniciar a produção de biodiesel, mas porque a comercialização ainda não foi autorizada, nenhuma unidade de produção de biodiesel está em operação. Existe uma companhia produzindo biodiesel como aditivo combustível para o seu produto, chamado AEP 102, que corresponde ao diesel fóssil misturado com bioetanol e 2% EMS. Um padrão provisório de biodiesel foi desenvolvido pela Agência Nacional do Petróleo (ANP); veja o Apêndice B. Também existe algum interesse em utilizar o óleo de mamona como matéria-prima para biodiesel, porque a mamona cresce no semiárido nordestino e pode representar uma fonte alternativa de renda. O biodiesel puro, derivado dessa matéria-prima, deverá apresentar uma alta viscosidade.

Canadá. Os cientistas canadenses da Universidade de Saskatoon (a casa da canola pelos últimos 30 anos, origem da variedade 00 da colza) foram os organizadores da Primeira Conferência Canadense de Biodiesel, em março de 1994. O biodiesel ainda não é um combustível comercial no Canadá, mas a recente fundação da "Associação de Biodiesel do Canadá" indicou que as atividades comerciais estão sendo planejadas ou deverão ser aceleradas oportunamente.

Presentemente, o biodiesel canadense é taxado integralmente nos mesmos níveis que o combustível diesel de origem fóssil, com exceção da província de Ontário, onde os impostos rodoviários não se aplicam sobre o biodiesel. Em virtude da baixa tributação que incide sobre o petrodiesel, uma isenção de CDN $0,04/L nas taxas de tributação federal para o biodiesel não aparenta ser um incentivo suficiente, mesmo quando combinado com os incentivos oferecidos nas províncias.

O biodiesel está registrado como combustível e como aditivo de combustível pela Agência de Proteção Ambiental do Canadá e atende às normas de diesel limpo conforme estabelecido pelos órgãos de legislação ambiental do Canadá ("Environment Canada"). O biodiesel puro (100% ou B100) também tem sido designado como um combustível alternativo pelos órgãos federais e provinciais competentes.

As seguintes instituições financiam o desenvolvimento da indústria de biodiesel: (i) Associação de Biodiesel do Canadá, que foi fundada em junho de 2003 pela COPA (Associação dos Processadores de Óleo do Canadá); (ii) a Associação dos Combustíveis Renováveis do Canadá, que foi fundada em 1994 para promover combustíveis renováveis (bioetanol, biodiesel) para o transporte automotivo (http://www.greenfuels.org); e (iii) Recursos Naturais do Canadá, Escritório de Eficiência Energética, Divisão do Uso de Energia para o Transporte (http://www.oee.nrcan.gc.ca).

O Canadá é conhecido pela sua grande produção de colza ("canola"), mas as sementes de girassol também crescem em seu território. No momento da edição deste livro, o Canadá é o quarto maior exportador de oleaginosas do mundo, e óleos vegetais, bem como óleos de fritura reciclados e gordura animal, são utilizados como fontes de matéria-prima.

Ao longo dos anos anteriores à edição deste livro, tem havido um grande esforço no Canadá para desenvolver uma especificação para o biodiesel que esteja associada ao Conselho Geral de Padronização do Canadá. Esse esforço ainda não resultou na publicação de uma especificação; a norma europeia EN 14214 (anteriormente, a norma alemã DIN 51606) e a norma ASTM D6751-02 dos Estados Unidos para ésteres metílicos de ácidos graxos ainda prevalecem como padrões de orientação para o gerenciamento da qualidade.

A introdução de um sistema de gestão da qualidade também parece ser indispensável para que o biodiesel venha a ser introduzido no mercado canadense.

Em abril de 2001, a primeira planta de demonstração em larga escala entrou em operação. A tecnologia foi fornecida pela Universidade de Toronto. Em uma estratégia bastante arrojada, um aumento da capacidade instalada foi planejado da seguinte maneira: 80 t/ano em 2001 a 880 t/ano em 2002, ampliando para 158.000 t/ano em 2003 e, finalmente, para 480.000 t/ano em 2004.

Por um ano, 155 ônibus urbanos deverão rodar com biodiesel no centro de Montreal para acumular experiência prática sobre o uso de biodiesel sob condições reais de operação, particularmente em clima frio, e para demonstrar a viabilidade da distribuição de biodiesel para uma companhia urbana de transporte de massas (a STM). O projeto deverá também permitir a avaliação dos efeitos econômicos e ambientais do uso desse combustível, que foi preparado de óleos vegetais reciclados de grau subalimentício e de gorduras animais (http://www.stcum.qc.ca). Outros testes rodoviários encontram-se em progresso em Saskatoon com dois ônibus do Serviço de Trânsito de Saskatoon, rodando com B5 (http://www.city.saskatoon.sk.ca/org/transit/biobus.asp). Em setembro de 2001, os serviços de frota dos Sistemas de Hidroeletricidade de Toronto iniciaram um projeto piloto em larga escala utilizando biodiesel em cerca de 80 veículos. No momento da edição desta obra, estima-se que, em julho de 2002, o projeto deverá ser estendido para toda a frota de 400 veículos (http://www.torontohydro.com/corporate/iniciatives/green_fleet/index.cfm#biod).

Com sua grande produção de colza, bem como de girassol, o Canadá possui uma grande disponibilidade de óleos virgens. O único ponto fraco que pode impedir o desenvolvimento do biodiesel no Canadá é a sua operacionalidade no inverno. Aditivos ou combustíveis diesel especiais para a composição de misturas poderão oferecer uma solução, mas certamente transferirão custos adicionais ao produto. Apesar disso, com os incentivos fiscais criados pelo governo de Ontário, é provável que pelo menos uma ou duas unidades de produção de biodiesel possam vir a se tornar economicamente viáveis.

Nicarágua. No início dos anos 1990, uma planta de biodiesel com capacidade de 3000 t/ano foi construída com o apoio de um programa de desenvolvimento austríaco. Essa iniciativa foi diferenciada porque a matéria-prima empregada no processo foi a semente de um arbusto de ocorrência local denominado pinhão-manso, ou *Jatropha curcas*, que produz um óleo altamente adequado para a produção de biodiesel de acordo com a norma europeia EN 14214 (anteriormente, a norma austríaca ON C 1191 para ésteres metílicos de ácidos graxos).

África do Sul

Um estudo foi conduzido com o objetivo de determinar as influências que o biodiesel poderia ter sobre a economia da África do Sul sem afetar a produção de alimentos. Foi concluído que o biodiesel poderia substituir 20% do diesel importado pelo país. Portanto, o governo decidiu oferecer uma redução de 30% sobre a tributação de combustíveis para o biodiesel. O Conselho Sul-africano de Padronização propôs uma norma para o biodiesel (veja o Apêndice B) com base na legislação europeia, promovendo apenas algumas mudanças, como o número de iodo e a permissão para o uso de outros ésteres. As matérias-primas de interesse incluíram o óleo de soja e o óleo de pinhão-manso (*J. curcas*).

Austrália

No momento da edição deste livro, a produção de biodiesel na Austrália ainda está em sua infância, mas a produção de combustíveis líquidos tem recebido uma crescente atenção. Os dois principais fatos que podem justificar essa tendência incluem a grande proporção das importações de petróleo, que correspondem a mais da metade do total de seu uso e constituem o maior componente individual do déficit da balança comercial, e a poluição causada pelo setor de transporte, que se converteu na contribuição mais significativa sobre a poluição atmosférica urbana da Austrália. Portanto, a redução das emissões de exaustão no transporte rodoviário passou a ser um elemento-chave nas estratégias de gestão da qualidade do ar estabelecidas pelos governos das comunidades, dos Estados e dos Territórios. O governo federal recentemente comissionou um estudo de identificação das barreiras associadas à implementação de biodiesel e bioetanol. Os resultados preliminares apareceram no final de novembro de 2002 e o estudo, junto com as suas recomendações, foi divulgado no final de 2003.

Conforme anunciado no dia 30 de maio de 2003, os novos arranjos para a tributação do biodiesel incluíram: a aplicação de um imposto do governo sobre o biodiesel após 18 de setembro de 2003, seja na forma pura ou em misturas, na mesma proporção que para os combustíveis diesel; a oferta de um subsídio de AUS $0.38143/L aos produtores domésticos de biodiesel a partir de 30 de junho de 2008, com uma taxa líquida efetiva de impostos igual a zero para o biodiesel durante esse período; o ajuste da taxa líquida efetiva de impostos do biodiesel em uma série de cinco etapas anuais equivalentes, iniciando em 1° de julho de 2008 e terminando em 1° de julho de 2012; a determinação de uma norma de qualidade para o biodiesel, após o que o biodiesel passará a ser listado como um combustível alternativo elegível para financiamentos do Esquema de Créditos de Financiamento para a Energia no setor rodoviário; e a definição de uma nova taxa líquida efetiva de impostos a partir de 1° de julho de 2012. Sob os arranjos da política de impostos e subsídios, uma taxa líquida efetiva de impostos igual a zero foi estendida até 30 de junho de 2008 para o bioetanol produzido domesticamente.

Em outros atos regulatórios, os Ministérios Federais do Meio Ambiente e da Agricultura anunciaram a realização de um estudo de dois anos, com um financiamento de AUS $5 milhões, para avaliar as barreiras de mercado associadas ao aumento do consumo de biocombustíveis (principalmente biodiesel e bioetanol) no setor de transportes. O estudo desenvolverá uma ampla estratégia para atingir uma produção de biocombustíveis de 350 milhões L/ano em 2010. Esse estudo também examinará opções para resolver dificuldades de acesso ao mercado, incluindo uma análise de mérito para o estabelecimento de um padrão de uso mínimo obrigatório de biodiesel em todo o setor de transportes nacional e para o estabelecimento de arranjos voluntários. Os produtores de biodiesel existentes relatam que, mesmo com a isenção de impostos, sérias dificuldades de penetração no mercado estão sendo enfrentadas. Adicionalmente, outras disputas regulatórias têm ocorrido: os núcleos de Regulação das Tendências de Mercado, em nível tanto estadual quanto federal, têm se negado a aprovar o uso de bombas de abastecimento de diesel para o biodiesel.

A produção no momento da edição deste livro se origina principalmente de óleos reciclados de fritura (que alternativamente seriam exportados à Ásia para a produção de sabão) e gorduras animais (p.ex., sebo bovino). Várias oleaginosas são cultivadas na Austrália, e uma mistura de óleos oriundos de várias matérias-primas como colza, girassol e soja também deverá ser utilizada para a produção de biodiesel.

Até o início de 2003, nenhuma norma de especificação de biodiesel se encontrava em vigor na Austrália. Cada nova batelada era testada em algumas variáveis e monitorada em relação à estabilidade ao armazenamento nas pequenas unidades de produção (como parte dos Testes de Verificação do Biodiesel financiados e gerenciados pelo governo do Estado). A etapa subsequente foi o desenvolvimento de um padrão nacional de qualidade para o biodiesel e, seguindo a aprovação ministerial, o "Padrão Nacional de Biodiesel – Relatório de Discussão 6", que integrou as últimas informações e resultados práticos das normas europeia EN 14214 e norte-americana ASTM 6751-02 e foi disponibilizado para consulta pública pelo Departamento do Meio Ambiente e Patrimônio. O período de consulta foi concluído em uma sexta-feira, dia 23 de maio de 2003, e as sugestões recebidas foram então integradas à proposta original que, em setembro de 2003, foi publicada como a norma australiana para a especificação do biodiesel (consulte o Apêndice B); vale ressaltar que alguns de seus parâmetros são menos desafiadores que os da norma europeia. Anteriormente, a Organização Australiana para o Efeito Estufa tinha encomendado ao CSIRO um estudo das emissões do ciclo de vida e dos benefícios ambientais dos biocombustíveis (publicado em março de 2000) para obter informações sobre a elegibilidade destes frente ao Esquema de Financiamento para Diesel e Combustíveis Alternativos. Esses estudos forneceram os fundamentos para o desenvolvimento do padrão de qualidade citado.

De acordo com a literatura, existem alguns "produtores de fundo de quintal" operando em pequena escala em três grandes unidades de produção, duas delas como plantas comerciais. A capacidade total desse complexo atinge 48.000 t/ano. Foram também identificados seis grandes produtores em potencial, que estão planejando estabelecer capacidades de produção superiores a 40.000 t/ano. Adicionalmente, existem outros 10 pequenos produtores em potencial para nichos de mercado de menor expressão. A Associação de Biodiesel da Austrália foi fundada no final de 2000 para elevar o biodiesel de uma indústria de fundo de quintal a uma iniciativa padronizada e de incorporação viável na matriz energética australiana. Um informativo dessa associação é publicado regularmente.

O biodiesel ainda não está disponível para distribuição generalizada em todo o território australiano. Poucos testes estão sendo executados no momento da edição deste livro, e existem apenas três postos de abastecimento comercializando biodiesel; além disso, o biodiesel tem um preço na bomba aproximadamente equivalente ao do diesel fóssil (AUS $0,90/L). Uma companhia está comercializando biodiesel B100 em sua sede principal, localizada em Pooraka, no sul da Austrália; essa empresa também comercializa misturas B20 após terem sido implementados os necessários ajustes tributários.

Projeções para a capacidade de produção de biodiesel em 2003 foram estimadas em aproximadamente 40.000 t. Futuros desenvolvimentos da indústria de biodiesel na Austrália encontram-se na dependência direta dos resultados da avaliação sobre as barreiras associadas à implementação de biocombustíveis no país. No momento da publicação deste livro, o governo federal estabeleceu uma meta de 350 milhões de L de biocombustíveis (biodiesel e bioetanol) para 2012, e se os seis maiores produtores em potencial durante a edição desta obra edificarem as suas unidades fabris, a produção total de 350 milhões de L deverá ser atingida já no ano de 2006. Tendo já definida a norma de especificação australiana para biodiesel, os fabricantes de motores já se posicionaram favoravelmente ao uso do biodiesel e estão começando a se envolver nos testes oficiais.

Ásia

China. O setor de transporte foi abandonado por muitos anos em sucessivos planos econômicos chineses, e a falta de infraestrutura resultante é o maior obstáculo para o setor energético do país e para a economia em geral. No entanto, a China é um dos maiores consumidores de combustíveis fósseis do mundo. Em torno de 60 a 70 milhões de toneladas de óleo diesel de origem fóssil são usados a cada ano, sendo que aproximadamente um terço desse montante é importado para equilibrar o mercado. O governo chinês enfatizou o seu apoio ao uso de biocombustíveis há algum tempo, mas, com a construção da maior unidade de produção de bioetanol do mundo (~600.000 t/ano) em Changchun, na província de Jilin, parece que o desenvolvimento desse biocombustível tem prioridade sobre o biodiesel, pelo menos por enquanto. Em 1998, o Instituto de Biocombustíveis da Áustria completou um estudo junto com o Centro para o Desenvolvimento de Energia Renovável (CRED) em Pequim e o Colégio Agrícola Escocês (SAC), dentro do programa INCO da União Europeia. Esse estudo avaliou a disponibilidade de matéria-prima para a produção de biodiesel a partir de uma variedade de recursos em potencial. Não existe nenhum regulamento ou desoneração tributária para o biodiesel na China continental e em Hong Kong, mas seguindo o exemplo estabelecido para o bioetanol, isso poderá mudar em um futuro bem próximo.

No momento da edição deste livro, os óleos de colza e de amendoim e os óleos reciclados de fritura estão sendo investigados e utilizados para testes de produção de biodiesel. Todos os produtores de biodiesel existentes estão produzindo de acordo com a norma europeia EN 14214 (anteriormente, a norma alemã DIN E 51606 para ésteres metílicos de ácidos graxos), de acordo com os relatórios obtidos. Uma planta de química de gorduras vegetais, que entrou em operação em junho de 2001 em Gushan, se estabeleceu como o primeiro produtor comercial de biodiesel, com uma capacidade de 10.000 t/ano que deverá ser expandida a 100.000 t/ano no final do ano de 2004, conforme estimativas do momento da edição desta obra. Uma companhia de petróleo em Pequim planeja o estabelecimento de uma capacidade de 50.000 t/ano usando a tecnologia de processo desenvolvida pela companhia de Gushan.

O governo de Hong Kong comissionou a Universidade de Hong Kong a conduzir um estudo de viabilidade do biodiesel como combustível automotivo. Um relatório foi recentemente submetido ao governo para avaliação, e é esperado que a competitividade econômica seja o fator mais decisivo para a decisão de promover esse combustível em Hong Kong e na China.

É esperada uma rápida expansão de vários mercados em potencial para o biodiesel: a taxa de aquisição de veículos automotivos é de ~8,5 veículos/1.000 pessoas (equivalente ao nível observado nos Estados Unidos em 1912), e o crescimento desse número está projetado para crescer pelo menos seis vezes até 2020 (52 veículos/1000 pessoas). Por analogia no momento da edição desta obra a demanda energética no setor de transportes chinês está projetada para crescer 6,4%/ano de 1999 a 2020, aumentando a sua participação no uso mundial de energia para o transporte de 4,1% em 1999 para 9,1% em 2020. Isso indica que a China deverá superar o Japão em 2005 e se tornará o segundo maior consumidor de combustíveis automotivos do mundo.

Índia. No momento, iniciativas relacionadas ao biodiesel estão concentradas principalmente na pesquisa, desenvolvimento e projetos de demonstração. Em 12 de setembro de 2002, a primeira conferência sobre biodiesel/bioetanol foi realizada em Nova Delhi, sob patrocínio do Ministério de Desenvolvimento Rural e da Associação de Pesquisa sobre a Conservação do Petróleo. Por ser um país tropical, a Índia possui uma grande variedade de plantas nativas que poduzem sementes oleaginosas em volume potencialmente suficiente para serem consideradas como matérias-primas para a produção de biodiesel, como sal (*Shorea robusta*), neem (*Azadirachta indica*) e, mais especificamente, o pinhão-manso (*J. curcas*). Foi divulgado que, em um futuro próximo, uma unidade de 100 t/dia deverá entrar em operação nas proximidades de Hyderabad, no estado de Andhra Pradesh.

Japão. A cidade de Quioto introduziu o biodiesel produzido a partir de óleos reciclados de fritura em 220 caminhões do sistema de coleta de lixo em 1997, e tem utilizado a mistura B20 em uma frota de 81 ônibus metropolitanos desde 2000. Se todos os descartes de óleos comestíveis fossem reciclados e reutilizados como biodiesel (BDF), um mercado de ~30 bilhões de itens seria provavelmente criado. No entanto, para criar tal mercado, seria necessário estabelecer um sistema integrado de reciclagem envolvendo cidadãos, companhias e administradores locais.

Malásia. Conforme relatado na Conferência Internacional de Biocombustíveis em 1998, que foi organizada pela PORIM (Instituto de Pesquisa sobre Óleo de Palma da Malásia), testes iniciais de produção na planta-piloto da PORIM e de uso como combustível em motores diesel apresentaram resultados muito promissores. Isso incluiu testes bastante detalhados em frotas de ônibus, que foram iniciados pela Daimler-Chrysler em 1987. A companhia de óleo mineral da Malásia, PETRONAS, está observando e estudando cuidadosamente os desenvolvimentos conquistados na Europa, mas ainda não decidiu por agir publicamente. Com a limitação de matéria-prima na Europa, a exportação de óleo de palma poderá ser uma fonte de renda adicional para a indústria de óleo de palma da Malásia.

Filipinas. Em 2001, a Autoridade Filipina do Coco anunciou a criação de um amplo programa nacional para desenvolver o uso do biodiesel de óleo de coco como combustível alternativo. O coco contém 45-53% de ácido láurico, que é um ácido graxo de cadeia curta (12:0) com teor de oxigênio relativamente alto de 14,9%. Se teores altos de oxigênio causam uma diminuição no conteúdo energético do produto e, portanto, um desempenho inferior no motor, por outro lado, essa propriedade resulta em uma combustão melhorada que se traduz em menores índices de emissões.

Coreia do Sul. O biodiesel está aprovado como um combustível alternativo na Coreia do Sul. No momento da edição deste livro, a concessão de uma isenção tributária é esperada para os próximos dois a três anos. Pesquisas demonstraram que duas unidades de pequena escala estão instaladas para a produção de biodiesel, com uma capacidade de 8.000 t/ano; uma companhia, que possui uma unidade de produção de larga escala (100.000 t/ano) em construção, tem a intenção de comercializar biodiesel de óleo de soja comum como misturas do tipo B20. Amostras de biodiesel foram fornecidas para operações de teste em frotas de veículos operados por várias administrações municipais. Esses testes foram concluídos em julho de 2004.

Tailândia. Várias misturas de óleos vegetais (coco e palma) não esterificados, misturados com óleo diesel ou querosene, foram introduzidas nos últimos anos sob o nome de "biodiesel"; no entanto, a maior parte dessas misturas não atendeu os padrões oficiais minimamente exigidos para uso comercial. Outros testes estão em progresso com amostras "verdadeiras" de biodiesel produzidas a partir de óleos de cozinha reciclados (denominadas "superbiodiesel"), mas os níveis de qualidade atingidos ainda não foram relatados na literatura.

Leituras Sugeridas

ABI (Austrian Biofuels Institute): Review on Commercial Biodiesel Production World-wide, Study for the IEA-Bioenergy, Vienna, Austria, 1997

ABI (Austrian Biofuels Institute): World-wide Trends in Production and Marketing of Biodiesel, ALTENER – Seminário New Markets for Biodiesel in Modern Common Rail Diesel Engines, University for Technology in Graz, Austria, 22 de maio de 2000

ADM (Archer Daniels Midland): Blending Agriculture into Energy-Economic Opportunity, apresentado no Saskatoon Inn, Saskatoon, Canada, janeiro de 2002

Energy Information Administration: International Energy Outlook 2002; Internet: http://www.eia.doe.gov/oiaf/ieo/

Hopkinson L., Skinner S.(Civic exchange, the Asia Foundation): Cleaner Vehicles and Fuels, The Way Forward; Hong Kong, agosto de 2001

Körbitz W.: New Trends in Developing Biodiesel, apresentado na Asia Bio-Fuels Conference, Singapore, abril de 2002

Levelton Engineering, $(S\&T)^2$ Engineering- Assessment of Biodiesel and Ethanol diesel blends, greenhouse gas emissions, exhaust emissions and policy issues, Ottawa, Canada, 2002

8.4
Implicações Ambientais do Biodiesel (Análise do Ciclo de Vida)

Sven O. Gärtner e Guido A. Reinhardt

Introdução

O biodiesel é geralmente considerado como uma alternativa ambientalmente correta. À primeira vista, ele é neutro em relação ao CO_2, biodegradável, preserva os combustíveis fósseis e sua combustão não gera emissões significativas de compostos sulfurados. Em algumas áreas, tal caracterização pode ser bastante válida, p.ex., no caso de sua combustão direta, que gera exatamente a mesma quantidade de CO_2 que foi removida da atmosfera quando a planta fornecedora de energia foi cultivada.

Quando todo o ciclo de vida do biodiesel é analisado, desde a produção da biomassa até a conversão e uso como fonte de energia, esses argumentos não necessariamente se mantêm como vantagens naturais. Por exemplo, na produção agrícola de sementes de colza e de girassol, duas importantes matérias-primas para a produção de biodiesel, fertilizantes e biocidas são utilizados, bem como combustíveis para tratores. A produção desses insumos, por sua vez, consome quantidades significativas de combustíveis fósseis, uma observação que também é válida, de uma forma mais restrita, para a produção de soja, outra importante matéria-prima para a produção de biodiesel. O uso de combustíveis fósseis tem uma conexão com as emissões que afetam o clima do planeta, de forma que, quando considerado o ciclo de vida completo, o balanço de CO_2 não é inicialmente neutro. O CO_2 é incluído por seu efeito sobre o clima. No entanto, por ser o CO_2 apenas um dos vários gases que afetam o clima, surge uma questão sobre se, pela presença de outros gases que afetam o clima, o balanço positivo do CO_2 é diminuído, neutralizado ou até mesmo sobrecompensado. Isso é especialmente o caso do óxido de nitrogênio (N_2O; óxido nitroso, gás do riso), que é gerado a partir da produção de fertilizantes e de ecossistemas agrícolas e que não é liberado em quantidades significativas na cadeia produtiva dos combustíveis fósseis.

Ademais, em conexão com a produção de matérias-primas agrícolas, impactos ambientais, como a contaminação do solo e das águas de superfície com biocidas (pesticidas e herbicidas) e seus produtos de degradação, bem como com nitratos e fosfatos, precisam ser ainda mais bem discutidos. Impactos ambientais como esses não ocorrem no caso dos combustíveis fósseis. O uso de áreas anteriormente reservadas para a natureza, mas agora utilizadas para a produção de biomassa, também precisa ser mencionado. A esse respeito, os óleos de palma e de coco representam uma questão especial quando motivam a derrubada de florestas tropicais. Assim, os combustíveis fósseis podem até apresentar alguns impactos ambientais positivos em comparação com o biodiesel.

Esses exemplos demonstram que as (des)vantagens ecológicas do biodiesel não podem ser avaliadas *ad hoc*, mas devem ser determinadas muito cuidadosamente e em consideração ao sistema completo, e não simplesmente a alguns segmentos. Como atingir esse objetivo e os resultados que podem ser dele derivados encontram-se discutidos a seguir.

Como São Avaliadas as Implicações Ambientais do Biodiesel?

Em geral, existem numerosas ferramentas para a avaliação do impacto ambiental, e estas deverão fornecer respostas aos diferentes questionamentos. Para descrever as (des) vantagens ecológicas do biodiesel em comparação com o combustível diesel convencional, análises de ciclo de vida (ACV), que foram desenvolvidas para comparar produtos e sistemas, são especialmente recomendadas. Essa ferramenta de avaliação agora existe na forma de uma norma padronizada [ISO 14040-43; (1)] e a primeira ACV do biodiesel empregando essa norma foi recentemente realizada. Basicamente, as ACV são conduzidas em quatro etapas (veja a Figura 1).

Para definição das metas e do escopo, os objetivos devem ser precisamente definidos: como é o conjunto da investigação, o tempo, os limites físicos e espaciais, os procedimentos selecionados e muitos outros fatores. Um dos mais importantes elementos é precisamente a definição dos limites do ciclo de vida. A Figura 2 apresenta os limites do sistema para o biodiesel produzido a partir de óleo de colza (éster metílico de óleo de colza EMC), em comparação com o combustível diesel convencional. Foram considerados todos os processos do ciclo de vida que têm algum significado para a produção de EMC (estratégia "do berço ao túmulo"). Essa análise começa com o fabricante dos fertilizantes e do combustível diesel necessários para o crescimento da colza e, *via* produção, vai até o uso do

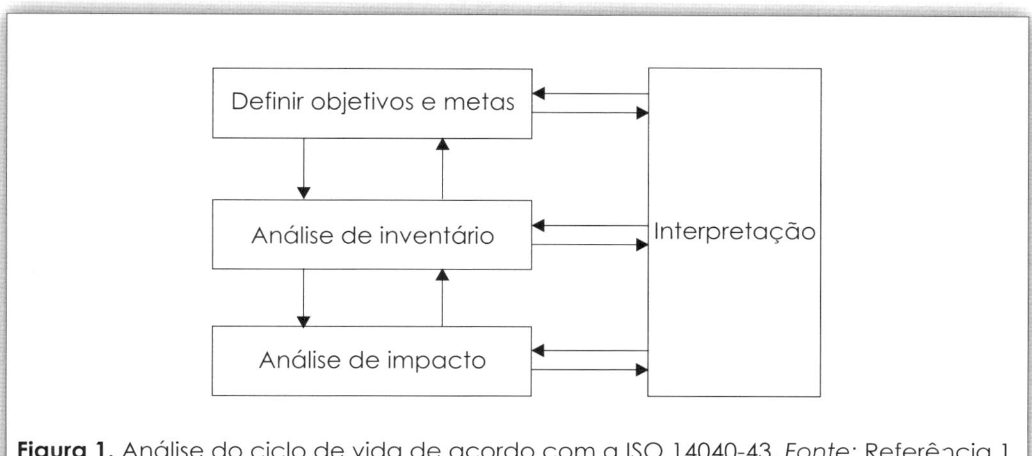

Figura 1. Análise do ciclo de vida de acordo com a ISO 14040-43. *Fonte:* Referência 1.

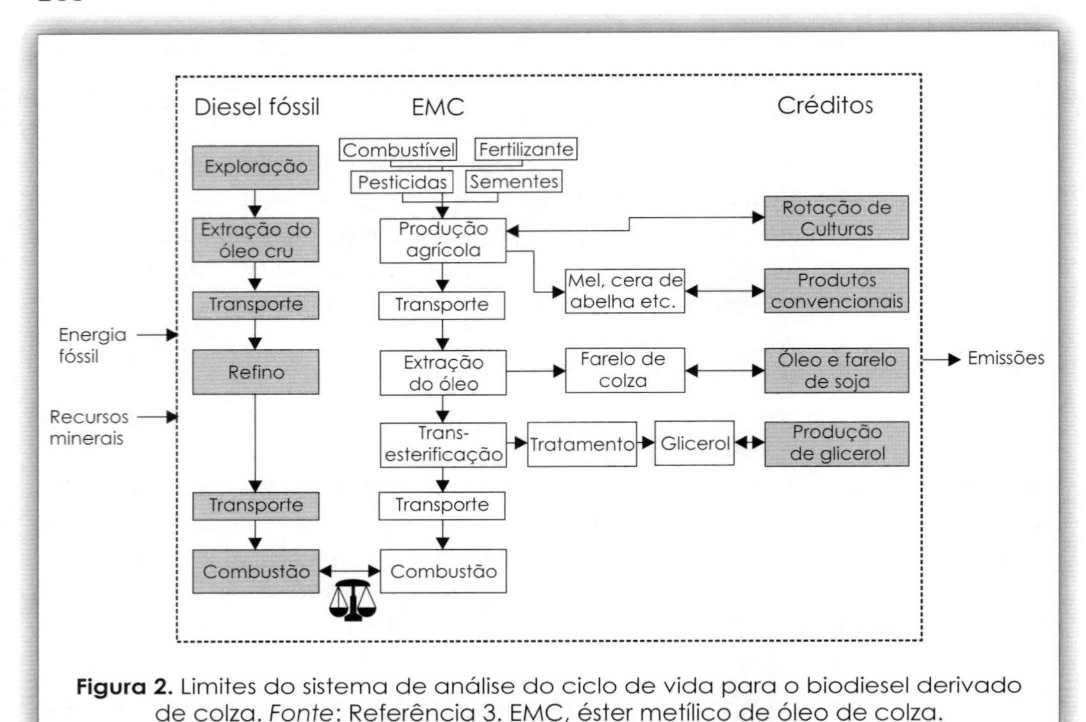

Figura 2. Limites do sistema de análise do ciclo de vida para o biodiesel derivado de colza. *Fonte*: Referência 3. EMC, éster metílico de óleo de colza.

biodiesel e os seus efeitos. A um bom nível de detalhamento, estes correspondem a centenas de processos individuais, cujas entradas e saídas ambientais precisam ser analisadas.

Assim, todos os coprodutos têm que ser levados em consideração. Em uma ACV, eles são considerados na forma dos chamados procedimentos de alocação ou por créditos. Nos procedimentos de alocação, as implicações ambientais entre o produto e seus coprodutos são separadas, enquanto no procedimento dos créditos, o produto desejado recebe um crédito. O crédito corresponde às implicações ambientais de um produto equivalente que poderia ser usado em vez do coproduto considerado, todos tendo a mesma utilidade.

Portanto, os procedimentos de crédito descrevem a realidade muito mais fidedignamente que os procedimentos de distribuição. Do ciclo de vida da colza (veja a Figura 3), resultam os seguintes créditos:

1. Sistema de referência agrária: Esse sistema responde à questão "O que poderia acontecer com o solo produtor de colza se não houvesse colza para ser cultivada?" Sob as condições europeias, a colza está integrada ao sistema de rotação de culturas como cobertura verde de terras agricultáveis. Assim, os gastos para a manutenção da terra e as emissões a ela associadas podem ser creditados para a colza.
2. Mel e outros produtos das abelhas: A colza, que é um cultivar florescente, é uma boa fonte de mel. Variando com as condições, o mel pode substituir diferentes produtos como o mel importado, conservantes e outros aditivos. Outros produtos das abelhas,

como as ceras e a geleia real, cujas produções podem ser creditadas para a colza, podem ser utilizados para substituir materiais produzidos em outras localidades.

3. Alimentação animal: O farelo de colza, derivado da extração do óleo das sementes, é geralmente utilizado como um alimento de alto valor proteico e pode substituir o farelo de soja. Os gastos e emissões da produção de soja são creditados para a colza quando estas são comparadas em termos da produção de biodiesel na Europa.

4. Glicerol: O glicerol é produzido durante a transesterificação do óleo de colza e de outras gorduras e óleos. Este pode ser utilizado para uma variedade de propósitos e substitui o glicerol produzido sinteticamente. Para maiores detalhes sobre o uso de glicerol, consulte o Capítulo 11.

Na segunda etapa da ACV, para cada processo individual, os gastos (uso de energia, equipamento e matéria-prima) e todos os efeitos ambientais (p.ex., emissões) são determinados e compilados para uma análise e comparação completa do ciclo de vida. Na terceira etapa do ACV, parâmetros individuais do inventário são inseridos em categorias de impacto para obter os impactos ambientais das entidades individuais. Por exemplo, todos os gases que afetam o clima são calculados em relação ao CO_2, baseados em seus respectivos impactos ambientais. A Tabela 1 lista os fatores de equivalência correspondente para algumas categorias de impacto que foram selecionadas.

Um inventário detalhado da ACV do biodiesel, utilizando o EMC como exemplo, está ilustrado na Tabela 2 para recursos energéticos finitos, equivalentes de CO_2, emissões de NO_x e equivalentes de SO_x. Todas as outras ACV são calculadas basicamente da mesma maneira. Primeiro, os resultados individuais para o EMC e o combustível diesel são calculados, e o efeito ecológico é então avaliado no equilíbrio. Valores negativos sinalizam resultados em favor do EMC; valores positivos indicam resultados em favor do combustível diesel convencional. O balanço energético indica um potencial para reduzir o consumo de recursos energéticos finitos quando EMC é utilizado para substituir o combustível diesel. Observe que a energia consumida é ajustada com respeito à economia de recursos finitos. Portanto, nesta análise, a energia associada à biomassa não está listada. O mesmo se aplica ao CO_2 fixado na planta, porque apenas o carbono que tinha sido armazenado durante o crescimento da planta é liberado. A comparação está baseada na mesma quantidade de energia útil em ambos os ciclos de vida. Resultados precisos se encontram listados na Tabela 3 para todos os parâmetros determinados na análise. Os valores estão disponibilizados para uma avaliação padronizada do "Biodiesel de Colza versus o Óleo Diesel Ordinário", usando veículos modernos movidos a diesel (padrão EURO 4) na Europa.

Em adição aos parâmetros quantitativos, no entanto, numerosos outros parâmetros podem ser determinados apenas qualitativamente. Em particular, deve sempre ser decidido se os riscos acidentais ou prejuízos ambientais por erro de manipulação dos dados devem ser incluídos na análise. Em alguns casos, não existe a possibilidade de uma distinção clara, mesmo se os critérios e os limites do sistema se encontram determinados com boa precisão. Por exemplo, a disposição de um biocida em águas de superfície acarreta um erro evidente na interpretação dos dados. O que acontece se, por exemplo, o clima mudar de forma imprevisível e chover torrencialmente após a aplicação do biocida? Portanto, é

Tabela 1. Fatores de equivalência selecionados para algumas categorias de impacto[a,b]				
Categoria de impacto	**Parâmetro**	**Substância**	**Fórmula**	**Fator**
Demanda do recurso	Demanda de energia finita e cumulativa	Óleo cru, gás natural, carvão, minério de urânio etc. Minérios, argilas, minerais etc.		
Efeito estufa	Equivalentes de CO_2	Dióxido de carbono Óxido nitroso Metano	CO_2 N_2O CH_4	1 296 23
Depleção da camada de ozônio	Equivalentes de CFC 11	CFC 11 CFC 12 CFC 22 Óxido nitroso	CCl_3F CCl_2F_2 $CClF_2H$ N_2O	1 0,9 0,05 NA
Acidificação	Equivalentes de SO_2	Dióxido de enxofre Óxidos de nitrogênio Amônia Ácido clorídrico	SO_2 NO_x NH_3 HCl	1 0,7 1,88 0,88
Eutrofização	Equivalentes de PO_4	Óxidos de nitrogênio Amônia	NO_x NH_3	0,13 0,346
Fumaça	Equivalentes de C_2H_4	Hidrocarbonetos não metânicos Metano	NMHC CH_4	0,5 0,007
Toxicidade humana e ecológica		Óxidos de nitrogênio Particulados do diesel Monóxido de carbono Dioxinas (TCDD) Poeira Benzeno Benzo-a-pirene Ácido clorídrico Amônia	NO_x CO C_6H_6 HCl NH_3	

[a] *Fontes:* Referências 3, 12 e 13.
[b] Abreviações: CFC, clorofluorocarbono; TCDD, 2,3,7,8-tetraclorodibenzo-*p*-dioxina.

justificável, até certo ponto, a inclusão de tais riscos na ACV. Uma lista de todos os impactos ambientais qualitativos e quantitativos associados à substituição do diesel pelo EMC, baseada no conhecimento específico sobre cada parâmetro, será fornecida no próximo segmento deste capítulo.

A interpretação é a quarta e última etapa da ACV (veja a Figura 1). Como podem os parâmetros ambientalmente relevantes serem avaliados enquanto são determinados? As vantagens e desvantagens ecológicas do biodiesel, em comparação com o combustível diesel (veja a Tabela 3), revelam as dificuldades em analisar esses dois tipos de combustível. O EMC tem uma eficiência energética significativamente melhor e emissões inferiores de

SO_x, enquanto o combustível diesel convencional apresenta um melhor balanço de NO_x e N_2O. Qual destas situações é preferível? Várias sugestões têm surgido para equacionar este problema; nesse ínterim, os comitês nacionais e internacionais para a padronização dos procedimentos de ACV preferem modelos que integram, em suas análises conclusivas, diversos parâmetros ecológicos quantificáveis e uma discussão verbal, não quantitativa, das vantagens e desvantagens identificadas no processo. Tal método de avaliação se encontra discutido a seguir.

Tabela 2. Custos energéticos (energia finita) e emissões selecionadas (equivalentes de CO_2, NO_x e equivalentes de SO_x) para o biodiesel de colza e combustíveis diesel[a,b]

Etapa do ciclo de vida	Demanda acumulada de energia finita MJ/kg*	Equivalentes de CO_2 g/kg*	NO_x g/kg*	Equivalentes de SO_2 g/kg*
Produção da planta				
Gradação	0,86	66	0,638	0,488
Arado	0,66	50	0,486	0,372
Plantio das sementes	0,33	25	0,263	0,200
Colheita	0,67	51	0,482	0,369
Sementes	0,01	2	0,004	0,017
Fertilizantes de N	7,19	1.124	2,303	4,216
Fertilizantes de P	0,95	64	0,235	0,598
Fertilizantes de K	0,31	20	0,034	0,032
Fertilizantes de Ca	0,04	6	0,010	0,009
Biocidas	0,33	15	0,019	0,059
Emissões de campo	0,00	619	0,000	11,079
Subtotal	11,36	2.042	4,474	17,441
Insumos				
Manutenção das abelhas	0,32	29	0,064	0,121
Armazenagem	1,36	98	0,066	0,186
Transporte	0,42	32	0,417	0,313
Extração de óleo	3,05	181	0,261	0,410
Hexano	0,16	2	0,003	0,007
Refino	0,54	31	0,043	0,064
Terras de Fuller	0,02	1	0,008	0,011
Ácido fosfórico	0,01	1	0,003	0,013
Esterificação	2,44	143	0,191	0,303
Metanol	4,81	352	0,136	0,347
Soda cáustica	0,12	8	0,009	0,027

(continua)

Tabela 2. Custos energéticos (energia finita) e emissões selecionadas (equivalentes de CO_2, NO_x e equivalentes de SO_x) para o biodiesel de colza e combustíveis diesel[a,b] (continuação)

Etapa do ciclo de vida	Demanda acumulada de energia finita MJ/kg*	Equivalentes de CO_2 g/kg*	NO_x g/kg*	Equivalentes de SO_2 g/kg*
Tratamento do glicerol	0,24	14	0,019	0,026
Subtotal	13,49	893	1,219	1,830
Uso energético				
Transporte	0,22	17	0,158	0,12
Uso	0,00	216	10,190	7,316
Subtotal	0,22	233	10,348	7,437
Créditos para o EMC				
Sistema de referência	-0,83	-67	-0,616	-0,485
Mel importado	-0,24	-17	-0,059	-0,090
Coprodutos do mel	-0,03	-2	-0,003	-0,006
Farelo de soja (agricultura)	-4,46	-318	-1,305	-1,485
Farelo de soja (transporte)	-2,03	-162	-1,263	-1,697
Energia do glicerol	-10,30	-758	-1,015	-4,421
Cloro	-4,01	-275	-0,293	-0,918
Soda cáustica	-2,68	-184	-0,197	-0,614
Propileno	-7,03	-188	-0,247	-0,751
Subtotal	-31,61	-1.971	-4,998	-10,467
Combustível diesel				
Insumos	4,82	374	0,649	1,825
Uso	42,96	3.392	10,190	8,101
Subtotal	47,78	3.766	10,839	9,925
EMC menos combustível diesel	-54,32	-2.569	0,204	6,316

[a] *Fonte:* Referência 3.

[b] Todos os valores se referem a 1 kg de diesel, isto é, o equivalente em EMC a 1 kg de diesel, em referência ao uso da mesma quantidade de energia útil. Valores negativos representam vantagens para o biodiesel.

Tabela 3. Resultados da análise do ciclo de vida do biodiesel de colza vs. combustível diesel para os parâmetros quantificáveis do inventário e para as categorias de impacto, empregando opções de uso padrão[a,b]

Parâmetro do inventário	Unidade/ (ha ·a)[c]	Colza	Categoria de impacto	Unidade/ (ha ·a)	Colza
Óleo cru	GJ	-53,9			
Gás natural	GJ	5,0	Demanda acumulada de energia[d]	GJ	-54,0
Carvão mineral	GJ	-1,2			
Lignito	GJ	-1,8	Potencial de aquecimento global (Equivalentes de CO_2)		
Minério de urânio	GJ	-2,2		t	-3,1
Calcário	Kg	114			
Minério de fosfato	kg	202	Acidificação (Equivalentes de SO_2)		
Enxofre	kg	14		kg	9,9
Minério de potássio	kg	213			
Sais de rocha	kg	-297	Eutrofização (Equivalentes de PO_4)		
Argilas minerais	kg	9		kg	2,3
CO_2 (fóssil)	t	-3,8			
CH_4	g	-255	Fumaça (Equivalentes de C_2H_4)		
N_2O	kg	2,1		g	-37
SO_2	kg	-2,6			
CO	g	-185			
NO_x	g	-154			
HCNM	g	-85			
Particulados do diesel	g	-25			
Poeira	g	275			
HCl	g	-14			
NH_3	kg	6,71			
Formaldeído	g	-1,62			
Benzeno	g	-1,82			
Benzo(a)pireno	µg	-241			
TCDD-eq.	ng	-29			

[a] *Fonte:* Referência 3.

[b] Abreviações: HCNM, hidrocarbonetos não metânicos; TCDD, 2,3,7,8-tetraclorodibenzo-*p*-dioxina.

[c] A unidade (ha ·a) indica a energia e as emissões poupadas ou a quantidade adicional utilizada ou emitida quando uma quantidade de biodiesel produzido anualmente por hectare substitui a quantidade correspondente de combustível no motor de um veículo. Valores positivos representam resultados favoráveis ao combustível fóssil e valores negativos indicam resultados favoráveis ao biodiesel.

[d] Petróleo cru, gás natural, minério de urânio, antracita (carvão de pedra) e lignita.

Resultados

A ACV dos biocombustíveis foi realizada simultaneamente com o desenvolvimento da metodologia de ACV. No final da década de 1990, a primeira ACV mais ou menos completa do biodiesel apareceu na Europa, para o EMC, e nos Estados Unidos, para os ésteres metílicos de soja (EMS). A estes seguiram-se rapidamente as ACVs dos óleos de girassol e de coco. Como exemplo, os resultados da ACV do EMC estão apresentados e discutidos a seguir, ao que se segue uma comparação direta de vários tipos de biodiesel.

A Tabela 4 lista todas as (des)vantagens do EMC vs. combustível diesel convencional. Portanto, existem várias vantagens e desvantagens, de modo que não é imediatamente evidente a conclusão de qual dos combustíveis é melhor quando considerados todos os aspectos ambientais. Além disso, vários dos aspectos listados puderam ser quantificados, mas outros puderam ser descritos apenas qualitativamente. Sempre que tratando dos aspectos quantificáveis, conforme descrito anteriormente, a análise final é feita de uma forma verbal, não quantitativa. O procedimento mais comumente usado é baseado na avaliação das chamadas "contribuições específicas" e da "relevância ecológica" das categorias

Tabela 4. Vantagens e desvantagens do biodiesel de colza em comparação com o combustível diesel convencional[a]

	Vantagens para o biodiesel de colza	Desvantagens para o biodiesel de colza
Demanda por insumos	Preservação de recursos energéticos finitos	Consumo de recursos minerais
Efeito estufa	Menores emissões de gases causadores do efeito estufa	
Depleção da camada de ozônio		Aumento nas emissões de N_2O
Acidificação		Maior acidificação
Eutrofização		Maiores emissões de NO_x risco: eutrofização de águas de superfície
Toxicidade humana e ecológica	Menores emissões de SO_2 Menores emissões de materiais particulados em áreas urbanas Menores índices de poluição dos oceanos em virtude da extração e transporte de óleo cru Risco: menos poluição por derramamentos de óleo após acidentes Risco: menor toxicidade / melhor biodegradabilidade	Risco: poluição de águas de superfície por pesticidas Risco: poluição do lençol freático por nitratos

[a] *Fonte:* Referência 3.

de impacto ambiental selecionadas. Esse procedimento foi originalmente proposto em 1995 pela Agência Federal Alemã do Meio Ambiente e vem sendo amplamente utilizado até o presente.

A determinação de contribuições específicas é um modo de medir a importância das vantagens e desvantagens ecológicas individuais em relação à situação como um todo, por exemplo, na Europa e nos Estados Unidos. Aqui, o método é aplicado diretamente sobre os valores dos parâmetros quantificados na Tabela 3 (veja a Figura 3). Para uma melhor apresentação gráfica, as contribuições específicas da Figura 3 se referem ao chamado valor equivalente per capita e à média de milhagens de cada um dos 1.000 carros de passeio. Nesse caso, os dados utilizados foram obtidos na Alemanha. No entanto, esse procedimento não mascara o fato de as contribuições específicas aqui listadas terem sido consideradas *"simples medidas normativas"*. As figuras estão circundadas para evitar a pretensão de uma exatidão extrema.

Os resultados podem ser resumidos como segue:

- O EMC possui balanços positivos em relação à energia e aos gases de importância climática, isto é, o EMC preserva recursos de energia fóssil e ajuda a evitar o acúmulo dos gases do efeito estufa.
- Por outro lado, o EMC gera maiores emissões nas categorias de impacto de acidificação e de eutrofização, quando comparado com o combustível diesel convencional.
- Nenhum esclarecimento foi obtido em relação à fumaça e à depleção de ozônio. Ainda não existe nenhum modelo de agregação global que possa descrever os efeitos associados à fumaça. Diferentes modelos geram diferentes resultados. No caso da depleção de ozônio, nenhum método é conhecido para o cálculo dos equivalentes de clorofluorocarbono (CFC) que possa refletir, sem ambiguidades, o significado da produção de N_2O para a depleção de ozônio (veja a Tabela 1).

Os resultados assim obtidos são ajustados à "relevância ecológica" e então discutidos. Em outras palavras, métodos científicos não podem levar a um resultado final, porque diversos valores influenciam o reconhecimento da relevância ecológica. Esses valores podem ser de natureza pessoal ou social. Por exemplo, a preservação das fontes de energia fóssil e o efeito estufa têm, no momento da edição deste livro, uma importância política muito grande na Europa, de forma que, nesse caso, esses valores justificam que a análise final favoreça o biodiesel. Tais valores não são cientificamente irrefutáveis, isto é, um diferente conjunto de valores poderia levar a um resultado diferente. Por isso, é importante que os prós e os contras desses valores sejam discutidos claramente, e que o processo da tomada de decisão seja totalmente transparente.

Passamos agora a comparar biodieseis derivados de diferentes óleos vegetais. A Figura 4 apresenta os resultados para os balanços de energia e de gases do efeito estufa para colza e canola, soja, girassol e coco. Os intervalos para os dois tipos de impacto ambiental se encontram representados conforme Quirin et al. (2); eles se originaram da comparação dos dois ACV correspondentes. Para a determinação dos intervalos para o EMC, 10 ACVs internacionais da Europa (3-5) e da Austrália (6) foram utilizados; para o EMS, ACVs da

América do Norte (7) e da Austrália (6); para o biodiesel de girassol, ACVs da Europa (4,8,9); para canola, ACVs dos Estados Unidos (10) e da Austrália (6); e para o biodiesel de óleo de coco, um ACV das Filipinas (11).

Os números na figura refletem os resultados da comparação dos ciclos de vida, isto é, biodiesel menos diesel. A área foi selecionada como referência porque se tornou óbvio que a área global para a plantação de biomassa representa um dos principais gargalos. Os intervalos refletem diferentes rendimentos em diferentes áreas, diferentes usos de coprodutos (por exemplo, o farelo de colza oriundo da produção do óleo de colza) ou diferentes incertezas em relação à base de dados.

A comparação de todos os tipos de biodiesel demonstrou o seguinte:

- Todos os combustíveis biodiesel possuem balanços energéticos e de gases de importância climática positivos, isto é, todos os combustíveis biodiesel preservam as fontes de recursos fósseis em comparação com o diesel convencional, independentemente da fonte de óleos vegetais, e auxiliam na prevenção de gases do efeito estufa.
- O impacto da economia é maior para a colza e para o girassol, seguido pela canola, enquanto o EMS encontra-se no limite inferior. No entanto, nem todas as oleaginosas podem ser plantadas em todos os países. Nas áreas em que as condições climáticas permitirem o plantio de várias oleaginosas, o modelo mais eficiente poderá ser selecionado.

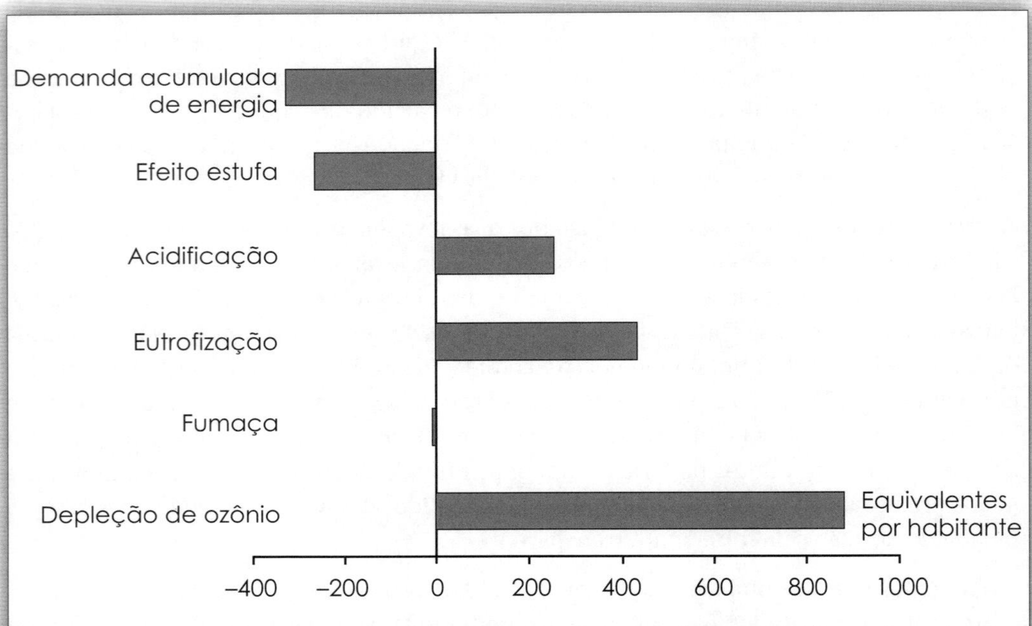

Figura 3. Impacto ambiental da análise do ciclo de vida do biodiesel de colza *versus* combustível diesel, empregando opções de uso padrão. Os valores negativos representam vantagens para o biodiesel. *Fonte:* Referência 3.

As conclusões obtidas aqui para os balanços de energia e de gases de importância climática podem, em nossa visão, ser genericamente aplicadas a outras categorias de impacto e, portanto, a toda a ACV, se a preservação dos recursos fósseis e o efeito estufa forem vistos como os fatores de maior significado ambiental. Se à acidificação ou à eutrofização for atribuída uma maior importância, os resultados podem perfeitamente ser opostos. Deve-se também observar que, em alguns casos individuais, em razão de certas condições locais ou regionais (especialmente a fertilidade do solo, o clima e a infraestrutura), o resultado de uma ACV pode ser muito diferente. Uma média dos resultados, que pode ser de alguma ajuda para tomadas de decisão política ou para o consumidor, se encontra imbuída nesta discussão.

Conclusões

O biodiesel tem vantagens e desvantagens em comparação com o diesel de petróleo. As vantagens que podem ser descritas quantitativamente são as da preservação de recursos fósseis não renováveis e da diminuição do efeito estufa; as desvantagens ecológicas são a eutrofização e a acidificação. Para a depleção de ozônio, fumaça e toxicidade humana,

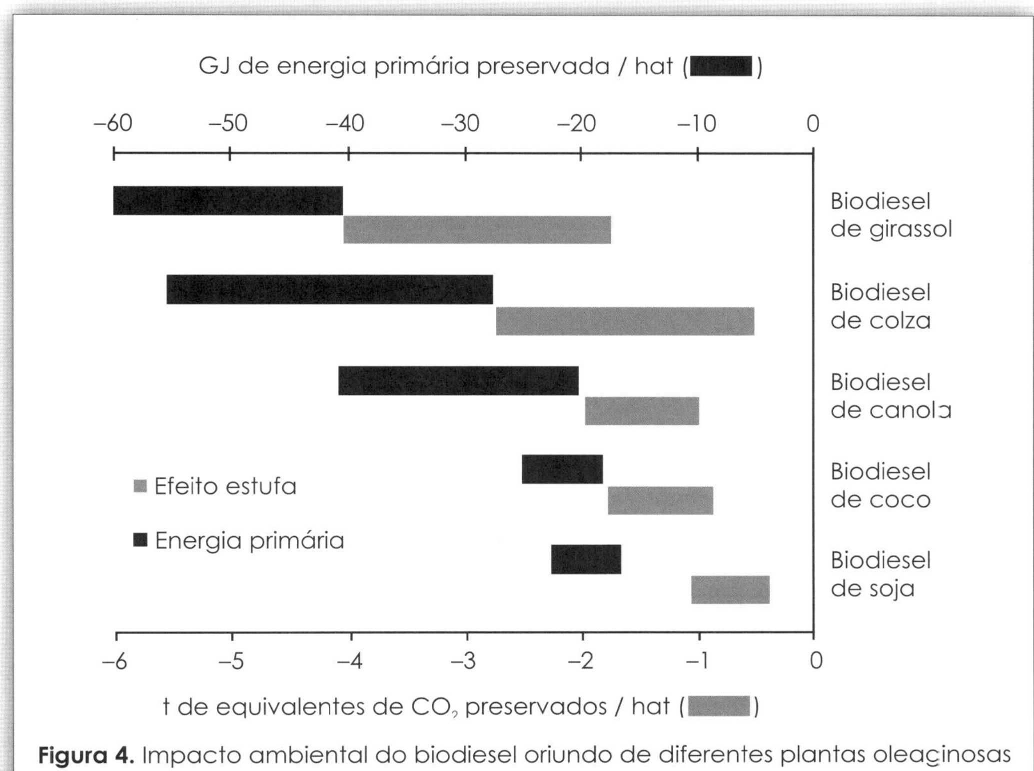

Figura 4. Impacto ambiental do biodiesel oriundo de diferentes plantas oleaginosas *versus* combustível diesel convencional. Os valores negativos representam vantagens para o biodiesel. *Fonte:* Referência 2.

nenhum resultado cientificamente claro pode ser obtido. Além desses aspectos, existem muitas outras desvantagens ecológicas de natureza qualitativa (veja a Tabela 4). Assim, não é possível definir uma decisão objetiva em favor ou contra um desses combustíveis; no entanto, a decisão pode ser tomada usando um conjunto de valores subjetivos.

Se a preservação de fontes finitas de energia e a redução de gases que afetam o clima têm prioridade política, então o biodiesel é superior ao combustível fóssil correspondente. Outros sistemas de valores podem levar a outros resultados, de forma que deve ser necessariamente possível documentar reprodutivamente o conjunto de valores e os argumentos verbais que norteiam uma decisão.

Os resultados da comparação dos combustíveis biodiesel obtidos de diferentes matérias-primas foram similares. Todos os combustíveis biodiesel, se derivados de colza, soja, girassol ou palmeiras tropicais, preservam fontes fósseis de energia, reduzem os gases do efeito estufa e são desvantajosos com respeito à acifidicação, embora em diferentes proporções. Para uma comparação direta, um conjunto de valores deve novamente ser utilizado. Se a preservação de fontes finitas de energia e a redução dos gases que afetam o clima figuram entre as principais prioridades políticas, então os ésteres metílicos de colza e de girassol têm um potencial claramente superior ao da soja, por exemplo. Deve ser ressaltado que nem todas as oleaginosas podem ser produzidas em todos os países ou regiões, em virtude de variações nas condições climáticas. Portanto, um conjunto de valores políticos, bem como as condições climáticas predominantes e a infraestrutura local, deverão determinar qual a melhor matéria-prima para o biodiesel.

Em resumo, a ACV é uma ferramenta importante para descrever as (des)vantagens ambientais e, portanto, serve como elemento para a tomada de decisões. Usualmente, ela terá que ser complementada por uma avaliação socioeconômica para garantir uma produção completa, duradoura e sustentável do biodiesel.

Referências

1. International Standardization Organization, ISO 14040-43. *Environmental management – Life cycle assessment – Principles and framework*. Versões Alemã e Inglesa pelo Deutsches Institut für Normung (DIN, ed.), Beuth Verlag, Berlin, 1997-2000.

2. Quirin, M., S.O. Gärtner, U. Höpfner, M. Pehnt, e G.A. Reinhardt, *CO_2-neutrale Wege zukünftiger Mobilität durch Biokraftstoffe: eine Bestandsaufnahme* (Alternativas Neutras em CO_2 para a Mobilidade Futura Através de Biocombustíveis: Um Inventário). Estudo comissionado pela FVV, Frankfurt, Germany, 2004.

3. Gärtner, S.O., e G.A.Reinhardt, *Erweiterung der Ökobilanz von RME* (Análise do Ciclo de Vida do Biodiesel: Atualização e Novos Aspectos). Projeto comissionado pela UFOP (União para Promoção de Plantas Oleaginosas e Proteicas), 2003.

4. Relatório Final para a Comunidade Europeia: IFEU Heidelberg (ed.), *Bioenergy for Europe: Which Ones Fit Best? A Comparative Analysis for the Community*. Sob o apoio da DG XII, em colaboração com BLT, CLM, CRES, CTI, FAT, INRA e TUD, Heidelberg, 2000.

5. Ceuterick, D., e C. Spirinckx, *Comparative LCA of Biodiesel and Fossil Diesel Fuel, VITO (Vlaamse Instelling voor Technologisch Onderzoek)*, Mol, Belgium, 1999.

6. Beer, T., G. Morgan, J. Lepszewicz, P. Anyon, J. Edwards, P. Nelson, H. Watson, e D. Williams, *Comparison of Transport Fuels. Life-Cycle Emission Analysis of Alternative Fuels for Heavy Vehicles*. CSIRO (Commonwealth Scientific and Industrial Research Organization), Australia, 2001.

7. Sheehan, J., V. Camobreco, J. Duffield, M. Graboski, e H. Shapouri, *Life Cycle Inventory of Biodiesel and Petroleum Diesel for Use in an Urban Bus*. NREL/SR-580-24089, National Renewable Energy Laboratory, Golden, CO, 1998.

8. EUCAR, CONCAWE & JRC (2003): *Well-to-Wheels Analysis of Future Auto-motive Fuels and Powertrains in the European Context, 2003*. http://ies.jrc.cec.eu.int/Download/eh/31.

9. Direction of Agriculture and Bioenergies of the French Environmental and Energy Management Agenca (ADEME) & French Direction of the Energy and Mineral Resources (DIREM), *Bilans énergétiques et gaz à effet de serre des filières de production de biocarburants en France* (Energy Balance and Greenhouse Gases of the Life Cycle of Biofuel Production in France), 2002.

10. Levelton Engineering Ltd. & $(S\&T)^2$ Consulting Inc., *Assessment of Biodiesel and Ethanol Diesel blends, Greenhouse Gas Emissions, Exhaust Emissions, and Policy Issues*, 2002.

11. Tan, R.R., Culaba, A.B. & Purvis, M.R.I. (2002): Carbon Balance Implications of Coconut Biodiesel Utilization In The Philippine Automotive Transport Sector, *Biomass Bioenergy 26*:579-585 (2002).

12. Heijungs, R., J.B. Guinée, G. Huppes, R.M. Lamkreijer, H.A. Udo de Haes, A. Wegener Sleeswijk, A.M.M. Ansems, P.G. eggels, R. van Duin, e H.P. de Goede, *Environmental Life Cycle Assessment of Products*. Guide (Part 1) and Backgrounds (Part 2), prepared by CML, TNO and B&G, Leiden, The Netherlands.

13. International Panel on Climate Change (ed.): *Climate Change 2001 – Third Assessment Report*. Cambridge, UK, 2001.

8.5
Potencial de Produção de Biodiesel

Charles L. Peterson

Introdução

No momento da edição deste livro, os Estados Unidos são quase que totalmente dependentes do petróleo para a energia líquida. Um relatório afirmou que 71,5% da energia dos Estados Unidos provém do óleo e do gás natural, enquanto apenas 2% têm origem na biomassa. Os Estados Unidos utilizam ~19,76 milhões de bbl (1 bbl = 42 gal; 42 gal = 159 L) de petróleo/dia (0,83 bilhão gal/dia), ou 25,5% da totalidade do consumo mundial. Em 2002, 58% do petróleo consumido foi importado. Portanto, para que combustíveis renováveis como o biodiesel, produzidos pela agricultura, proporcionem alguma contribuição significativa frente a esse consumo gigantesco de energia, será necessário contar com toda e qualquer fonte de energia agrícola que possa ser produzida. Este capítulo revisa o estado da arte e a contribuição de apenas um desses combustíveis, isto é, o biodiesel derivado de óleos vegetais e de gordura animal. Outros, como o etanol, também são componentes importantes do complexo da biomassa.

Biodiesel

O biodiesel pode ser pensado como um coletor de energia solar que opera sob CO_2 e água pelo processo da fotossíntese. O processo de fotossíntese captura a energia da luz solar para produzir um hidrocarboneto, isto é, o óleo vegetal. O CO_2 é usado pela planta na produção de material orgânico, e, então, liberado no processo de combustão quando o combustível é usado por um motor diesel. A fotossíntese é conduzida por vários organismos diferentes, variando desde plantas até bactérias. A energia para o processo é fornecida pela luz, que é absorvida por pigmentos, como a clorofila e os carotenoides. Assim, pelo processo da fotossíntese, a energia da luz solar é convertida em um combustível líquido que, com algum processamento adicional, pode ser utilizado para alimentar um motor diesel. O processo de fotossíntese requer um elemento principal – a terra. A cultura deve ser plantada sobre uma área ampla; portanto, para ser economicamente viável, deve competir vantajosamente com outras culturas que o proprietário da terra possa decidir cultivar.

Os óleos vegetais têm o potencial de servir como um substituto do combustível diesel de petróleo. Das > 350 plantas oleaginosas conhecidas, aquelas que apresentam o maior potencial de produção são os óleos de girassol, açafrão, soja, sementes de algodão, sementes de colza, canola, milho e amendoim. A modificação desses óleos para a produção de ésteres metílicos ou etílicos já foi demonstrada como essencial para a operação bem-sucedida do motor por longos períodos de uso. O desenvolvimento de óleos vegetais como um combustível alternativo poderá tornar possível o fornecimento de energia para a agricultura a partir de recursos renováveis localizados em áreas próximas ao local onde ela poderá ser utilizada.

De acordo com o Censo Agrícola de 2002 (1), a área agricultável produtiva nos Estados Unidos correspondeu a 363,3 milhões de acres (incluindo as áreas agricultáveis usadas como pastagens; ~147,1 milhões de hectares), que deve ser somada a áreas adicionais não utilizadas, não cultivadas durante o verão ou vítimas de atividades agrícolas malsucedidas (Tabela 1). Se uma cultura como a colza for considerada sobre cada acre de terra agricultável disponível a uma taxa de produção de 1 ton/acre, o equivalente a 100 gal/acre de óleo e ~1.200 lb/acre (1.354 kg/ha; 1 lb/acre = 1,211 kg/ha) de farelo, 36,3 bilhões de gal (137,4 bilhões de L) de óleo seriam produzidos, e outros 3,7 bilhões de gal (14 bilhões de L) poderiam ser produzidos em terras não ocupadas no momento da edição deste livro. Em 2002, 72,4 milhões de acres (29,3 milhões de ha) das terras agrícolas produtivas dos Estados Unidos, ou 16,7% de toda a terra agricultável, foi plantada com soja. O rendimento médio dos grãos de soja é de 38 bushels por acre para um teor de óleo de 1,4 gal/bushel ou 53,2 gal (201,4 L) por acre (0,405 ha). Assim, se toda a área fosse plantada com soja, os Estados Unidos poderiam produzir 23 bilhões de gal (87 bilhões de L; ~68,9 milhões de t) de óleo de soja. Esses cálculos não levam em consideração o álcool metílico ou etílico requerido no processo de transesterificação (~10% do óleo vegetal produzido, em base volumétrica). Essa estimativa da produção máxima de óleos vegetais é equivalente a 1,21 vez o consumo atual do petrodiesel que é utilizado para o transporte rodoviário de sementes de colza e 0,70 vez aquele usado para o transporte de soja.

Compilar a área que poderia ser realisticamente utilizada para a produção de óleos vegetais é uma tarefa complicada. Certamente, a terra deve ser disponibilizada para a produção doméstica de alimentos, e é lógico assumir que alguma produção de alimentos para a exportação permanecerá sendo necessária. Também é razoável admitir que a rotação de culturas restringirá a disponibilidade de terra que poderá ser destinada à produção de óleos vegetais em qualquer período de um ano. A área agricultável não aproveitada, relatada em 2002, poderá produzir 3,7 bilhões de gal de óleos vegetais por ano ou 11% do diesel utilizado para o transporte. Em um relatório anterior (2), o autor fez uma estimativa da existência de terras agricultáveis adicionais, potencialmente disponíveis para a produção de óleos vegetais, a partir da comparação da produção de grãos de várias das maiores culturas de uso doméstico. Qualquer produção acima do uso doméstico foi considerada um excedente e, usando a média nacional de produção para aquela cultura, uma área estimada de 62 milhões de acres foi calculada como disponível para a produção de grãos excedentes. Essa área poderá produzir um adicional de 6,2 bilhões de gal de óleos vegetais ou fornecer um adicional de 18,7% de combustível diesel rodoviário para consumo, em troca das exportações das "commodities" que são produzidas naquela área no momento da edição deste livro.

Uma discussão sobre o potencial de produção de biodiesel deverá considerar quatro questões: quanto petrodiesel é utilizado, a quantidade de gorduras e óleos que é produzida, como esses óleos e gorduras estão sendo utilizados e quanto óleo usado está disponível para a produção de biodiesel.

Tabela 1. Principais cultivares e acres produzidos em 2002 nos Estados Unidos[a]

Cultivar	Acres	Ha	Cultivar	Acres	Ha
Cevada	4.015.654	1.625.340	Tabaco	428.631	173.596
Milho	74.914.518	30.340.380	Campos e sementes de gramíneas	1.422.133	575.964
Aveia	1.996.916	808.751	Forrageiras	64.041.337	25.936.741
Pipoca	309.879	125.501	Feijões secos comestíveis	1.691.775	685.169
Milheto	282.664	114.479	Ervilhas secas comestíveis	281.871	88.642
Arroz	3.197.641	1.295.045	Lentilha	198.997	80.594
Centeio	285.366	115.573	Batata	1.266.087	512.765
Sorgo	7.161.357	2.900.350	Batata-doce	92.310	37.386
Trigo	45.519.976	18.435.590	Lúpulo	29.309	11.870
Canola	1.208.251	489.342	Menta	108.798	44.063
Flax	641.288	259.721	Abacaxi	10.211	4.135
Amendoim	1.223.093	495.352	Frutos silvestres	206.034	83.444
Açafrão	182.292	73.828	Legumes	3.433.269	1.390.474
Soja	72.399.844	29.321.937	Orquídeas	5.330.439	2.158.828
Girassol para óleo	1.500.828	607.835	Pastagem	60.557.805	24.525.911
Girassol para outros	332.607	134.705	Cultivares malsucedidos	17.069.564	6.913.173
Algodão	12.456.162	5.044.746	Área não cultivada no verão	16.559.229	6.706.487
Beterraba	1.365.769	553.136	Terra não utilizada	37.281.096	15.098.843
Cana-de-açúcar	978.393	396.249			

[a] *Fonte:* Referência 1. O total de área agricultável colhida compreende 363,3 milhões de acres (147,1 milhões de ha).

Uso de petrodiesel. Como mostrado na Tabela 2 para o ano 2000, o uso total de óleo e querosene nos Estados Unidos chegou a 57,1 bilhões de gal (216,1 bilhões de L).

Tabela 2. Vendas anuais de combustível diesel no ano 2000 apenas nos Estados Unidos		
Uso	**(gal x 10^9)**	**(L x 10^9)**
Diesel rodoviário	33,13	125,4
Diesel não rodoviário	2,8	10.6
Fazendas	3,1	11.7
Energia elétrica	1,13	4,3
Militar	0,23	0,87
Ferrovias	3,0	11.4
Aquecimento (residencial, comercial, industrial)	11,5	43,5
Total de óleo combustível e querosene	57,1	216,1

Produção de gorduras e óleos comestíveis nos Estados Unidos. Em 1997, os Estados Unidos produziram 29.885 milhões de libras (~3,945 bilhões de gal = 14,93 bilhões de L; ~13,4 milhões de t) de gorduras e óleos comestíveis. Desses, 70% foram derivados de soja, 10% de milho, 10% de banha e sebo, 3% de sementes de algodão, 1% de amendoim, 2% de canola, 0,3% de açafrão e 2% de girassol. Os Estados Unidos importaram 3.630 milhões de libras (0,48 bilhão de gal = 1,82 bilhão de L) e exportaram 6.040 milhões de libras (0,79 bilhão de gal = 2,99 bilhões de L) de gorduras e óleos comestíveis. A produção de óleos vegetais no momento da edição deste livro é equivalente a 1,26 vez o uso de petrodiesel nas fazendas, ~12% do uso de diesel nas rodovias, ou ~7% do total de óleo combustível e querosene. A Tabela 3 contém uma estimativa da produção anual de óleos e gorduras.

Tabela 3. Produção anual de óleos e gorduras nos Estados Unidos[a]					
	Óleos vegetais			**Óleos vegetais**	
	(gal x 10^9)	**(L x 10^9)**		**(gal x 10^9)**	**(L x 10^9)**
Soja	2,44	9,24	Sebo não comestível	0,51	1,93
Amendoim	0,29	1,10	Banha e gordura	0,17	0,64
Girassol	0,13	0,49	Gordura amarela	0,35	1,32
Algodão	0,13	0,49	Gordura de frango	0,30	1,14
Milho	0,32	1,21	Sebo comestível	0,21	0,79
Outros	0,09	0,34			
Total de óleos vegetais	3,15	11,92	Total de gordura animal	1,55	5,87

[a] *Fonte:* Referência 1.

Uso de gorduras e óleos comestíveis. Para o relatório anual de 1999-2000, 6.450 milhões de libras (2.925 milhões de kg) foram utilizados para panificação ou como gordura para fritura, 1.727 milhões de libras (783 milhões de kg) para margarina, 8.939 milhões de libras (4.055 milhões de kg) para óleo de salada ou de cozinha e 436 milhões de libras (198 milhões de kg) para outros usos comestíveis, totalizando 17.551 milhões de libras (7.960 milhões de kg; 2,3 bilhões de gal) para produtos alimentícios comestíveis. No ano 2000, os Estados Unidos também usaram 1.896 milhões de libras (860 milhões de kg) para a produção industrial de ácidos graxos, 3.253 milhões de libras (1.475 milhões de kg) para alimentação animal, 366 milhões de libras (166 milhões de kg) para a produção de sabão, 100 milhões de libras para tintas e vernizes (45 milhões de kg), 138 milhões de libras (63 milhões de kg) para resinas e plásticos, 120 milhões de libras (54 milhões de kg) para lubrificantes e óleos similares e 471 milhões de libras (214 milhões de kg) para outros usos industriais, que totalizaram 6.344 milhões de libras (2.877 milhões de kg; 0,834 bilhão de gal). O uso comestível e industrial total é de 3.134 bilhões de libras ou 79% da produção total. As exportações respondem por outros 8%, deixando 0,5 bilhão de gal não contabilizado.

Um recente artigo da USDA sugere que o excedente de óleo de soja seja de ~1 bilhão de libras (454 milhões de kg; 0,133 bilhão de gal). Esta pode ser considerada como uma aproximação da quantidade de matéria-prima imediatamente disponível para uso como biodiesel.

O potencial de óleos usados para a produção de biodiesel. Estimativas do potencial de produção usualmente ignoram "duplicidades na contagem". Deve ser reconhecido que todo o óleo usado tem origem no óleo novo, de forma que as figuras de projeção devem ser subtraídas pela quantidade de óleo usado que foi consumido. Por exemplo, a gordura amarela foi originalmente produzida de óleos vegetais e gordura animal, não sendo possível incluir ambos nas estimativas oficiais. Foi estimado (3) que 0,35 bilhão de gal de gordura amarela e 1,2 bilhão de gal/ano de outras gorduras animais são coletados nos Estados Unidos a cada ano. A gordura amarela representa o óleo usado oriundo de restaurantes de serviço rápido ("fast-food"), mercearias e fontes similares.

Estimativas do Laboratório Nacional de Energias Renováveis (NREL) (4) corresponderam a uma produção anual de ~9 libras/pessoa/ano (1,16 galão/pessoa/ano = 4,4 L/pessoa/ano) de óleo usado e 13 libras/pessoa/ano (1,69 galão/pessoa/ano = 6,4 L/pessoa/ano) de gorduras de retenção e óleos similares. A população dos Estados Unidos em 8 de abril de 2004, estimada pelo Departamento de Censos, era de 293.444.408 habitantes. Usando a estimativa do NREL de 1,16 galão/pessoa/ano, chegou-se a 0,34 bilhão de gal (1,26 bilhão de L) de óleo usado e 0,5 bilhão de gal (1,89 bilhão de L) de gorduras de retenção por ano. O Boletim Jacobsen de Gorduras e Óleos lista 40 companhias envolvidas com o processamento de gordura amarela. A coleta e a reciclagem de óleos usados é, portanto, uma atividade comercial altamente competitiva. A análise de uma dessas companhias demonstrou que a parte mais competitiva de seus negócios era a obtenção do produto. A gordura amarela é usada na fabricação de produtos como sabão, têxteis, cremes de limpeza, tintas, colas, solventes, roupas, solventes para tintas, borrachas, lubrificantes e detergentes. Seu principal uso se dá como aditivo para rações animais, tornando a ração menos esfarelada, conferindo-lhe maior lubricidade e, portanto, diminuindo o desgaste das máquinas de moagem. Trata-se de uma fonte densa de energia que é importante para animais, como bovinos e equinos, que têm dificuldade de aumentar a absorção de alimentos em relação ao que naturalmente absorvem sob condições normais.

É provável que muitas das aplicações dos óleos usados permanecerão prioritárias para a maior parte desses materiais. No entanto, a doença da vaca louca reduziu o uso de alguns produtos oleaginosos para a produção de rações, abrindo uma oportunidade para um aumento de seu uso na produção de biodiesel. Se 25-30% do óleo usado tornar-se disponível para o biodiesel, isso corresponderia a ~100 milhões de gal (~380 milhões de L) por ano. O uso de gorduras de retenção pode ainda contribuir para um aumento deste total, mas requererá maiores desenvolvimentos antes da generalização de seu uso, em virtude do grande potencial de contaminação com produtos químicos, pesticidas, componentes do esgoto e água, bem como do alto teor de ácidos graxos livres que apresentam.

Aumentando o Potencial de Produção

Áreas adicionais de plantio, variedades melhoradas e o uso de terras ainda não aproveitadas poderão aumentar a produção total de óleos vegetais. Cada um desses métodos para o aumento da produção apresenta desafios específicos a serem vencidos. Para dispor de áreas adicionais para a produção de óleos e gorduras, o preço deverá ser competitivo em relação ao cultivar deslocado da área de plantio. O melhoramento de variedades requer tempo e investimento em pesquisa. O uso de áreas ainda não aproveitadas poderá se tornar disponível para a produção de grãos. No entanto, essas áreas têm capacidade de produção geralmente baixa e são suscetíveis à erosão, isto é, são terras cujo potencial de rendimento é reconhecidamente baixo.

Cientistas da Universidade de Idaho têm desenvolvido variedades de mostarda amarela que apresentam potencial para reduzir significativamente o custo do óleo utilizado para a produção de biodiesel. Essa redução no custo do óleo foi possível pela produção de cultivares cujo farelo retém propriedades específicas após a extração do óleo. Um dos usos em potencial do farelo se dá como fumigante do solo, em substituição aos produtos químicos utilizados no momento da edição deste livro para esse fim, como o brometo de metila, que logo será banido do mercado por sua alta toxicidade.

O biodiesel tem potencial para se tornar uma grande "commodity" de produção agrícola. No entanto, o biodiesel jamais poderá deslocar uma porção significativa do petrodiesel, em virtude de limitações na capacidade de produção de óleos vegetais e porque existem usos alimentícios mais importantes para a maior parte de nossos óleos e gorduras comestíveis.

Produção mundial de óleos vegetais. A produção de óleos vegetais no mundo inteiro é estimada em 26,9 bilhões de gal (80,64 milhões de t; Tabela 4). Essa produção mundial de óleos vegetais é equivalente a 81% do petrodiesel rodoviário e 47% do total de óleo combustível e querosene consumidos nos Estados Unidos durante um ano. Portanto, seria necessária a totalidade da produção mundial desses óleos vegetais para substituir apenas o uso de petrodiesel rodoviário nos Estados Unidos.

Tabela 4. Produção mundial de óleos vegetais: 2002/2003			
	(gal x 10^9)	(L x 10^9)	(t x 10^6)
Soja	8,8	33,31	6,38
Palma	7,4	28,01	25,21
Girassol	2,4	9,08	8,17
Colza	3,3	12,49	11,24
Coração de algodão	1,0	3,79	3,41
Amendoim	1,3	4,92	4,43
Coco	0,95	3,60	3,24
Azeitonas	0,69	2,61	2,35
Amêndoa de palma	0,93	3,52	3,17
Total	26,9	101,82	80,64

Produção potencial de biodiesel. Já seria uma meta muito ambiciosa a substituição da quantidade de petrodiesel utilizada em fazendas, que requereria todo o óleo vegetal produzido no momento da edição deste livro nos Estados Unidos e ~15% do total da área agricultável em produção. Seria, portanto, ambicioso chegar a uma indústria de biodiesel capaz de produzir 0,5 bilhão de gal (1,9 bilhão de L) por ano. Isso corresponderia apenas a 1,5% do consumo de petrodiesel rodoviário nos Estados Unidos ou < 1% do uso total de óleo combustível e querosene. Uma indústria de 0,5 bilhão de gal/ano requereria todo o excedente de óleos vegetais (0,13 bilhão de gal), metade do óleo usado disponível (0,17 bilhão de gal) e todo o óleo que puder ser produzido nos 37 milhões de acres (13,77 milhões de ha) de terras não aproveitadas (~0,3 bilhão de gal) ou área equivalente gerada pelo deslocamento das culturas exploradas no momento da edição desta obra. Está aparentemente previsto que o grande desafio para a produção anual de biodiesel ocorrerá a partir de ~0,2-0,3 bilhão de gal (0,76-1,14 bilhão de L), quando a aquisição de matérias-primas adicionais se tornará muito difícil.

O outro lado dessa argumentação dá conta de que uma indústria de biodiesel de 0,2-0,5 bilhão de gal (0,76-1,9 bilhão de L) traria um benefício bastante significativo para as comunidades agrícolas e rurais. Trata-se de uma indústria que terá que aumentar em 10-25 vezes o seu tamanho no momento da edição deste livro. Essa indústria forneceria uma alternativa para o aproveitamento de culturas oleaginosas excedentes, e a terra utilizada para produzir culturas excedentes poderia ser deslocada à produção de óleos vegetais, proporcionando matérias-primas adicionais para o biodiesel.

O desafio para esse crescimento sustentável é a viabilidade econômica. A maioria da produção de biodiesel de 2003 foi subsidiada pela Corporação de Créditos de Mercadorias, que beneficiou as 11 companhias responsáveis pela produção de um total de 18,5 milhões de gal (1,9 bilhão de L) a uma cotação de ~$1.03/gal. O subsídio a uma indústria de 0,5 bilhão de gal, nesse mesmo patamar, requereria $500 milhões, ou 3,5 vezes o limite permitido pela legislação no momento da edição deste livro, e que ainda deveria ser dividido com o setor de produção de etanol.

Conclusões

Os óleos vegetais têm potencial como fontes alternativas de energia. No entanto, os óleos vegetais sozinhos não irão resolver a dependência sobre o óleo importado. O uso destes e de outras fontes alternativas de energia poderá contribuir para um suprimento de energia mais estável. Porém, grandes centros de produção ainda não foram desenvolvidos, apesar de o número de plantas industriais estar em expansão e muitas unidades adicionais estarem sendo planejadas.

Economicamente, esses combustíveis se comparam apenas marginalmente com as fontes de petróleo tradicionais; portanto, políticas públicas deverão ser revisadas para encorajar o desenvolvimento. Os governos estaduais e federal têm feito ações nessa direção, mas muito mais ainda será necessário para que os óleos vegetais venham a atingir o seu potencial. Aumentos na produção de óleos vegetais também requererão um comprometimento significativo de recursos. Terras para aumentar a produção terão de ser contratadas, novas plantas de esmagamento e esterificação serão necessárias, unidades de distribuição e armazenamento deverão ser construídas e o monitoramento de usuários para a detecção de problemas associados ao uso em larga escala será necessário para encorajar o desenvolvimento dessa indústria.

Além da produção do óleo, plantas oleaginosas como a colza de inverno também produzem uma quantidade apreciável de biomassa. Foi estimado que uma plantação de 2000 lb/acre (2242 kg/ha) produz 100 gal/acre (153 L/ha) de óleo, 1250 lb/acre de farelo e 5000 lb/acre de biomassa normalmente abandonada no campo após a colheita. Foi estimado que a energia equivalente a esses subprodutos corresponde a 350 gal/acre de combustível petrodiesel, equivalente a 8,33 bbl/acre (1 bbl = 42 gal). O farelo pode também ser utilizado como ração de alta proteína para animais. No entanto, se houver um grande deslocamento de terras agricultáveis para a produção de culturas oleaginosas de potencial energético, esses subprodutos deverão ser utilizados para combustão direta ou para a produção de etanol. O aproveitamento integral de uma cultura leva ao conceito de cultura totalmente energética. Assim, tomadores de decisão do setor agrícola deverão considerar seriamente a criação de novos mecanismos para encorajar o desenvolvimento dessas culturas.

A magnitude de nossas necessidades energéticas proporciona um mercado inexaurível, capaz de absorver a capacidade total de nossa produção agrícola, mesmo que operando em seus maiores níveis de eficiência. Temos a oportunidade de dar condições para que as fazendas possam suprir as nossas necessidades alimentares e, ao mesmo tempo, produzir as culturas e rebanhos necessários para fins energéticos. Dessa forma, a energia passaria a ser a única cultura que jamais crescerá em excedentes.

Referências

1. U.S. Department of Agriculture, National Agricultural Statistics Service, *2002 Census of Agriculture*; http://www.nass.usda.gov/census/census02/volume1/USVolume104.pdf

2. Peterson, C.L., M.E. Casada, L.M. Safley Jr., e J.D. Broder, Potential Production of Agriculturally Produced Fuels, *App. Eng. Agric.* 11:767-772.

3. Pearl, G. G., "*Animal Fat Potential for Bioenergy Use*," Proc. Bioenergy 2002, The Tenth Biennial Bioenergy Conference, Boise, ID, 22-26 de setembro, 2002.

4. Wiltsee, G., *Urban Waste Grease Resource Assessment*. NREL/SR-570-26141, National Renewable Energy Laboratory, Golden, CO, 1998.

Outros Usos do Biodiesel

Gerhard Knothe

Embora este livro trate do uso do biodiesel em transporte de superfície, os ésteres de óleos vegetais possuem outras aplicações que serão rapidamente destacadas aqui.

Melhoradores de cetano baseados em compostos graxos já foram relatados. O uso de nitratos de ácidos graxos no combustível diesel foi relatado numa patente (1). Aditivos multifuncionais compostos por ésteres graxos nitrados foram desenvolvidos para melhorar a combustão e a lubrificação dos motores (2,3). Nitratos de glicol de ácidos de cadeias longas, do tipo C6, C8, C14, C16 e C18 (ácido oleico), também foram preparados e testados como melhoradores do cetano (4), com os nitratos de glicol de C6 a C14 mostrando um melhor desempenho de cetano em virtude de um melhor balanço entre o número de carbono e de grupos nitrato. Essas composições (2-4) são mais estáveis e menos voláteis que o nitrato de etil-hexila (EHN), o melhorador de cetano comercialmente mais comum, e suas respectivas capacidades de melhorar a cetanagem chegam a 60% em relação à do EHN.

O biodiesel pode ser usado como óleo de aquecimento (5). Na Itália, os ésteres de óleos vegetais servem como óleo de aquecimento, em vez de como combustível diesel (6). Um padrão europeu EN 14213 foi estabelecido para esse propósito. As especificações do EN 14213 são dadas na Tabela B-2 do Apêndice B. Nesse sentido, um projeto interessante fez uso do biodiesel como o óleo de aquecimento para o prédio Reichstag em Berlim, na Alemanha (7).

Outra sugestão de uso combustível para o biodiesel se deu na aviação (8, 9). Um sério problema associado a esse uso se refere às propriedades a baixas temperaturas do biodiesel, o que restringe o seu uso apenas a aeronaves de voo baixo (8).

Além de servirem como combustíveis, os ésteres de óleos vegetais e de gordura animal podem ser utilizados para outros inúmeros propósitos. Os ésteres de metila podem servir como intermediários na produção de álcoois graxos oriundos de óleos vegetais (10). Os álcoois graxos são usados em surfactantes e produtos de limpeza. Ésteres ramificados de ácidos graxos são usados como lubrificantes, porque suas altas taxas de biodegradabilidade os tornam bastante atraentes por questões ambientais (11). Os ésteres de óleos vegetais também possuem boas propriedades de solvência. Isso é demonstrado pelo seu uso como meio para a limpeza de praias contaminadas por óleo bruto (petróleo) (12-14). O alto ponto de fulgor, o baixo teor de componentes orgânicos voláteis e as propriedades ambientalmente inofensivas dos componentes do soiato de metila o tornam atraente como agente de limpeza (15). A força de solvência do soiato de metila também é demonstrada pelo seu alto valor Kauri-Butanol (relativo à força de solvência dos hidrocarbonetos), o que o torna similar ou superior a muitos solventes orgânicos convencionais. Os ésteres metílicos de óleo de semente de colza foram sugeridos como plastificantes para a produção de plásticos (16) e como absorventes de alta ebulição para a limpeza das emissões de gases industriais (17). Os ésteres alquílicos de gorduras hidrogenadas, misturados a combustíveis à base de parafina (vela) ou de ácidos carboxílicos, oferecem uma melhora na performance de combustão (18).

Referências

1. Poirier, M.-A. D. E. Steere, e J.A. Krogh, *Cetane Improver Compositions Comprising Nitrated Fatty Acid Derivatives*, Patente dos EUA n°. 5,454,842, 3 de outubro, 1995.

2. Suppes, G.J., M. Goff, M.L. Burkhart, K. Bockwinkel, M.H. Mason, J.B. Botts, e J.A. Heppert, Multifunctional Diesel Fuel Additives from Triglycerides, *Energy Fuels 15*:151-157 (2001).

3. Suppes, G.J., e M.A. Dasari, Synthesis and Evaluation of Alkyl Nitrates from Triglycerides as Cetane Improvers, *Ind. Eng. Chem. 42*:5042-5053 (2003).

4. Suppes, G.J., Chen, Z., Rui, Y., Mason, M., e Heppert, J.A., Synthesis and Cetane Improver Performance of Fatty Acid Glycol Nitrates, *Fuel 78*:73-81 (1999).

5. Mushrush, G., E.J. Beal, G. Spencer, J.H. Wynne, C.L. Lloyd, J.M. Hughes, C.L. Walls, e D.R. Hardy, An Environmentally Benign Soybean Derived Fuel as a Blending Stock or Replacement for Home Heating Oil, *J. Environ. Sci. Health A36*:613-622 (2001).

6. Staat, F., e E. Vallet, Vegetable Oil Methyl Ester as a Diesel Substitute, *Chem. Ind. (London)*, pp. 863-865 (1994).

7. Anon., Vegetable Oil to Heat New Reichstag Building, *INFORM 10*:886 (1999).

8. Dunn, R.O., Alternative Jet Fuels from Vegetable Oils, *Trans. ASAE 44*:1751-1757 (2001).

9. Wardle, D.A., Global Sale of Green Air Travel Supported Using Biodiesel, *Renewable and Sustainable Energy Reviews 7*:1-64 (2003).

10. Peters, R.A., Fatty Alcohol Production and Use, *INFORM 7*:502-504 (1996).

11. Willing, A., Oleochemical Esters - Environmentally Compatible Raw Materials for Oils and Lubricants from Renewable Resources, *Fett / Lipid 101*:192-198 (1999).

12. Miller, N.J., e Mudge, S.M., The Effect of Biodiesel on the Rate of Removal and Weathering Characteristics of Crude Oil Within Artificial Sand Columns, *Spill Sci. Technol. Bull. 4*:17-33 (1997).

13. Mudge, S.M., e G. Pereira, Stimulating the Biodegradation of Crude Oil with Biodiesel. Preliminary Results, *Spill Sci. Technol. Bull. 5*:353-355 (1999).

14. Glória Pereira, M., e S.M. Mudge, Cleaning Oiled Shores: Laboratory Experiments Testing the Potential Use of Vegetable Oil Biodiesels, *Chemosphere 54*:297-304 (2004).

15. Wildes, S., Methyl Soyate: A New Green Alternative Solvent, *Chemical Health & Safety 9*:24-26 (2002).

16. Wehlmann, J., Use of Esterified Rapeseed Oil as Plasticizer in Plastics Processing, *Fett/Lipid 101*:249-256 (1999).

17. Bay, K., H. Wanko, e J. Ulrich, Biodiesel - High-Boiling Absorbent for Gas Purification (Biodiesel Hoch siedendes Absorbens für die Gasreinigung), *Chemie Ingenieur Technik 76*:328-333 (2004).

18. Schroeder, J., I. Shapiro, e J. Nelson, Candle Mixtures Comprising Naturally Derived Alkyl Esters, PCT Int. Appl. WO 2004 46,286; Chem. Abstr. 141: 8856j.

Outros Combustíveis Diesel Alternativos Derivados de Óleos Vegetais

Robert O. Dunn

Introdução

No passado, estudos de desempenho e de durabilidade do motor demonstraram que a combustão de óleo vegetal puro (100%) e de misturas de óleo vegetal no petrodiesel n°. 2 (CD2) levava a uma combustão incompleta, entupimento dos bicos injetores, depósitos no motor, aderência do anel e contaminação de lubrificantes do bloco do motor (1-5). A contaminação e a polimerização do óleo lubrificante pelo triacilglicerol insaturado (TAG) levam a um aumento na viscosidade do lubrificante. Muitos problemas de durabilidade foram relacionados à fraca atomização do combustível, agravada pela viscosidade cinética relativamente alta (ν) (6,7). Como mostrado nas tabelas no Apêndice A, dados de ν para a maioria dos TAG apresentam, tipicamente, mais de uma ordem de magnitude em relação aos do CD2. Os sistemas de injeção nos motores diesel modernos são muito sensíveis à ν. Embora os problemas de durabilidade sejam menos severos para motores de injeção indireta (1, 8, 9), a maioria dos motores desenvolvidos na América do Norte é do tipo injeção direta, nos quais o aquecimento e a mistura com o ar ocorrem principalmente na câmara de combustão e o design requer combustíveis com maior controle de propriedades, tais como ν e número de cetano (NC). Além disso, estudos recentes com óleo de palma preaquecido (10,11) sugeriram que o desempenho não foi afetado e que as emissões não melhoraram, apesar do preaquecimento a 100 °C ter abrandado os problemas associados a um alto ν e ao entupimento dos filtros de combustível.

Uma solução prática para a maioria dos problemas de desempenho relacionados com o TAG é a redução da ν por modificação física ou química. As 4 abordagens seguintes foram examinadas para reduzir a ν (6,12): (i) diluição em petrodiesel; (ii) conversão para biodiesel; (iii) pirólise; e (iv) formulação de microemulsões ou misturas de cossolventes. O biodiesel tem feito muito progresso em relação à comercialização e é revisto extensivamente em várias partes neste manual. Este capítulo examina as 3 abordagens remanescentes, com ênfase nas microemulsões e misturas de cossolventes.

Definições

A especificação-padrão de combustível petrodiesel da Sociedade Americana para Testes e Materiais (ASTM), D975 (13,14), pode ser usada para avaliar a conveniência do uso de combustíveis alternativos em motores de ignição por compressão. Os métodos de teste para avaliar propriedades selecionadas de combustíveis diesel estão listados na Tabela 1. Também listados na Tabela 1 estão os limites que devem ser alcançados para manter o motor e o sistema de injeção do combustível dentro da garantia do fabricante. As propriedades mais importantes do combustível incluem a ν a 40 °C, a temperatura da destilação, o ponto de névoa (PN), o ponto de fluidez (PF), o ponto de fulgor (FP), o teor de água e os sedimentos, o resíduo de carbono, as cinzas, o teor de enxofre, o resíduo da corrosão da fita de cobre e o NC.

A menos que estejam anotados de outra forma, os termos básicos foram definidos como seguem: (i) *álcool* é um álcool simples com um ou dois átomos de carbono (C1-C2); (ii) *puro* é TAG ou petrodiesel a 100% (sem mistura); (iii) *óleo* é TAG, petrodiesel ou combinações destes; (iv) X/Y/Z é uma mistura de componentes *X*, *Y* e *Z* na qual cada componente pode compreender um ou mais compostos; e (v) [*A/B*] é uma mistura de componentes dentro de um único componente. Um *composto anfifílico* é aquele cuja estrutura molecular contém um grupo hidrofílico anexado à cadeia de um grupo hidrocarboneto lipofílico. Alguns compostos anfifílicos são descritos como agentes de superfície ativa (surfactantes) ou detergentes. Para esta revisão, o termo anfifílicos é empregado genericamente em referência a qualquer agente adicionado para promover a formação de misturas translúcidas (isotrópicas) estáveis e monofásicas.

Diluição com Petrodiesel

Os resultados desta abordagem foram variados, com o aparecimento de problemas de motor similares aos encontrados para a combustão de óleos vegetais puros. Muitos estudos concluíram que as composições de óleo vegetal/petrodiesel não são adequadas para o abastecimento de longa duração de motores diesel de injeção direta. Um modelo experimental

Tabela 1. Métodos de teste ASTM e limites para propriedades de combustível selecionadas[a]

Propriedade	Unidades	Método ASTM	Limites
Viscosidade cinemática, 40 °C	mm^2/s	D 445	1,9-4,1
Temperatura de destilação, 90% recuperados	°C	D 86	282-338
Ponto de névoa (PN)	°C	D 2500	-[b]
Ponto de fluidez (PF)	°C	D 97	-[c]
Ponto de fulgor (FP)	°C	D 93	≥ 52
Água e sedimentos	% volume	D 2709	≤ 0,05
Resíduo de carbono nos 10% residuais	% massa	D 524	≤ 0,35
Cinzas	% massa	D 482	≤ 0,01
Enxofre	% massa	D 2622	≤ 0,05
Corrosão da lâmina de cobre	-	D 130	nº. 3 máx
Número de cetano	-	D 613	≥ 40

[a] *Fonte:* Referências 13 e 14 para informação sobre baixo de enxofre (500 ppm) nº. 2, combustível diesel (CD2), ASTM, Sociedade Americana para Testes e Materiais.
[b] PN não especificado pela ASTM D975. Em geral, PN pode ser usado para estimar a temperatura mais baixa de operação para combustíveis não tratados com aditivos de resfriamento. Quando os aditivos estão presentes, métodos alternativos D4539 ou D6731 devem ser empregados.
[c] PF não especificado pela ASTM D975. O PF geralmente ocorre a 4-6 °C abaixo do PN, de acordo com Liljedahl et al. (105).

mostrou que as composições deveriam conter um máximo de 34% de TAG em CD2 para alcançar uma atomização de combustível adequada (15). Um estudo posterior (16) relatou uma proporção de mistura ótima de 30% (v/v) para misturas de óleo de colza em petrodiesel, a fim de garantir uma eficiência térmica adequada em combinação com a sedimentação preventiva durante a estocagem.

Relatou-se que uma mistura 25/75 (v/v) de óleo de açafrão altamente oleico/CD2 tinha o ν = 4,92 mm^2/s a 40 °C, ou seja, superior ao limite máximo especificado pela D975 (4.1 mm^2/s) (3,4). A mistura passou pelo teste de durabilidade de motor de 200 h da Associação dos Fabricantes de Motores (EMA) sem aumentos significativos nos depósitos ou contaminação do óleo lubrificante. Uma mistura 25/75 (v/v) de óleo de girassol com CD2, de ν = 4,88 mm^2/s (40 °C), também passou por testes de durabilidade de curta duração em motores. Entretanto, a desmontagem do motor deu a impressão de que haveria um entupimento do sistema de injeção e um aumento bastante significativo no acúmulo de carbono e verniz na câmara de combustão, caso o teste tivesse continuado além das 200 h, levando, portanto, à ocorrência de possíveis falhas no motor. Assim, essa composição não foi recomendada para uso continuado em motores diesel de injeção direta (3,4,17,18). Os resultados contrastantes entre tipos similares de misturas foram atribuídos ao nível de insaturação do TAG (2) correspondente. O óleo mais insaturado (girassol) é altamente reativo e tende a oxidar e polimerizar quando o combustível não queimado se acumula no bloco e nas partes quentes do motor. Como esse acúmulo poderia levar ao engrossamento do óleo lubrificante, o teste do EMA estabeleceu que a troca de óleo do motor fosse feita após 100 h. A partir daí, a viscosidade dos óleos lubrificantes não variou muito em nenhum dos testes (3,4,17,18).

Uma mistura 20/80 (v/v) de óleo de amendoim com CD2 falhou no teste de 200 h da EMA, principalmente pelo entupimento do sistema de injeção (19). Uma composição 70/30 de petrodiesel n°. 1 com óleo de semente de colza de inverno (rico em ácido docosanoico) passou nos testes (outros que não o da EMA) de durabilidade de 200 h e de 800 h de resistência, não mostrando nenhum efeito adverso na viscosidade ou no desgaste do óleo lubrificante (20,21). O uso de uma mistura 1/2 (v/v) de óleo de soja (SOB)/CD2 durante 600 h não resultou em nenhuma contaminação significativa do óleo lubrificante do motor, embora o aumento de SOB para 50% (v/v) aumentou significativamente a viscosidade do óleo lubrificante (22). Uma mistura 50/50 (v/v) de SOB/solvente de Stoddard (48% de parafina, 52% de naftaleno) passou por pouco pelo teste de 200 h da EMA (23).

Uma mistura 20/80 de óleo de girassol/petrodiesel rodou por um longo período de tempo antes que a fumaça de exaustão aumentasse, em virtude do aumento de carbono, ou que resultasse em perda de potência (24). Outro motor, por causa de uma atomização inadequada, apresentou mais problemas associados à combustão do TAG puro. Uma mistura 25/75 de óleo de girassol/petrodiesel mostrou um desempenho satisfatório comparado com petrodiesel puro (25). As emissões de fumaça e de hidrocarbonetos no escapamento diminuíram, enquanto o monóxido de carbono (CO) e os óxidos de nitrogênio (NO_x) permaneceram essencialmente inalterados. Resultados similares foram relatados para composições de até 15% de óleo de colza no CD2 (26). Uma mistura de 50/50 (v/v) de óleo de girassol/CD2 reduziu o NO_x em 20%, os hidrocarbonetos em 5% e a fumaça em 10%, em comparação ao CD2 puro (27). Também foram notados aumentos discretos (2%) nas emissões de CO. Uma composição 20/80 de óleo de açafrão/CD2 mostrou desempenho satisfatório sob emissões reduzidas de CO e de hidrocarbonetos (28). Os estudos sobre composições de óleos de SOB, girassol e óleos de semente de colza com CD2 também demonstraram uma diminuição nas emissões de hidrocarbonetos aromáticos policíclicos (PAH) (29,30). O óleo de semente de colza semirrefinado (acidificado em água quente combinado com filtragem a 5 μm) foi estudado em misturas com petrodiesel (31). O nível máximo de inclusão foi de 25% (v/v), baseado na viscosidade final do combustível. Uma composição de 15% não teve efeito mensurável sobre o óleo lubrificante em relação às análises de viscosidade e desgaste metálico, embora se tenha percebido algum entupimento do injetor. Para cada 1% de aumento na adição em média, a potência diminuiu em 0,06% e o consumo de combustível aumentou em 0,14%. A opacidade da fumaça e as emissões de CO também aumentaram para as composições. Uma mistura 10/90 (v/v) de óleo vegetal de descarte/petrodiesel foi submetida a testes de 500 h de desempenho e de durabilidade em um motor diesel de injeção direta (32). Os resultados revelaram uma perda de 12% de potência, um leve aumento do consumo de combustível, uma leve diminuição na eficiência de combustão e nenhum aumento mensurável na viscosidade do óleo lubrificante. Os níveis de fumaça e de depósito de carbono foram normais em comparação ao petrodiesel. As misturas do óleo de *Jatropha curcas* com petrodiesel aumentaram o consumo de combustível e diminuíram e eficiência térmica e a temperatura de escapamento, relativamente ao petrodiesel puro (33). Embora as composições de 40-50% de óleo de *J. curcas* fossem aceitáveis sem nenhuma modificação de motor e pre-aquecimento do combustível, uma proporção máxima de 20-30% de óleo de *J. curcas* foi recomendada com base na viscosidade do óleo. Uma mistura 30/70 (v/v) de óleo de coco/petrodiesel aumentou o consumo do combustível, a potência de frenagem e a taxa líquida de liberação de calor, e diminuiu as emissões de NO_x, CO, hidrocarboneto, fumaça e PAH quando usada em motores diesel de injeção indireta (34). Misturas com > 30% de óleo de coco desenvolveram potência de frenagem e taxa líquida de liberação de calor inferiores em virtude dos valores caloríficos mais baixos, embora emissões reduzidas ainda fossem notadas. Foram observados aumentos nas emissões de dióxido de carbono (CO_2) para índices de misturas de 10-50%.

Misturas de CD2, OSB desparafinado e desengomado e etanol (EtOH) passaram por testes de desempenho em motor de curta duração (25 h), embora uma mistura de [30/40]/30 (v/v) [CD2/OSB]/EtOH separou fases em temperaturas próximas a 20 °C (35). Resultados em carga total apresentaram somente 1,5% de perda em potência com um aumento na eficiência térmica. Nenhum aumento de depósitos de carbono foi observado nas paredes do cilindro ou nas extremidades do injetor, embora alguns resíduos tenham sido observados entre os tubos de escape e o amortecedor. Apesar dos dados de pressão terem indicado um leve atraso na ignição à velocidade máxima, nenhum barulho foi observado durante a operação do motor.

Foram relatadas as propriedades de fluxo a frio de várias misturas 50/50 de óleos vegetais/CD2. Composições de óleos de açafrão tanto altamente oleicos quanto altamente linoleicos, mostraram PN = -13 °C e PF = -15 °C. Misturas similares com óleo de semente de colza de inverno tiveram PN = -11 °C e PF = -18 °C. Baranescu e Lusco (18) obtiveram PN = -15, -13 e -10 °C para misturas 25/75, 50/50 e 75/25 (v/v) de óleo de girassol/CD2, respectivamente.

Pirólise

A pirólise ou craqueamento envolve a clivagem de ligações químicas para formar moléculas menores (37). O OSB foi destilado sob purga de nitrogênio e 77% do material inicial foi coletado como uma mistura de produtos destilados e craqueados (38,39). Resultados similares foram obtidos a partir da destilação de óleo altamente oleico de açafrão. O OSB pirolisado teve uma proporção de massa C/H = 79/12, indicando a presença de componentes oxigenados. Em uma comparação com OSB, a pirólise não afetou significativamente o calor de combustão bruto (ΔHg), aumentou o NC para 43, diminuiu o ν para 10,2 mm²/s a 37,8 °C, mas aumentou o PF para 7 °C (ver Tabela A-3 no Apêndice A para propriedades de OSB). A pirólise aumentou o conteúdo de cinza e aumentou levemente o resíduo de carbono. As análises do destilado pirolisado mostraram 31,3% (m/m) de alcanos, 28,3% de alcenos, 9,4% de diolefinas, 2,4% de aromáticos, 12,2% de ácidos carboxílicos de cadeia média e longa, 5,5% de insaturados não decompostos, mais 10,9% de componentes não identificados. O aparecimento de aromáticos foi explicado pela adição de Diels-Alder do etileno a dienos conjugados, após a formação desses componentes por craqueamento.

A conversão catalítica do TAG usando-se uma refinaria de hidrotratamento de severidade média resultou em um produto no nível de ebulição do diesel com um NC = 75-100 (40). O principal produto líquido foi um alcano de cadeia linear. Outros produtos incluíram propano, água e CO_2. A decomposição a 450 °C do óleo de semente de algodão usado em processos de fritura, catalisada com Na_2CO_3, produziu um composto pirolisado formado principalmente por alcanos C_8-C_{20} mais alcenos e aromáticos (41). O produto oleoso teve menor ν, FP, PF e NC e um ΔHg quase equivalente ao petrodiesel.

O OSB e o óleo de babaçu foram processados por hidrocraqueamento com um catalisador sulfetado Ni-Mo/γ-Al_2O_3 *in situ* na presença de enxofre elementar e sob pressão de hidrogênio (42). Foram observados vários alcanos, alquil-cicloalcanos e alquibenzenos como produtos da reação. A descarboxilação foi indicada pela presença de CO_2 e água e a formação de componentes C_1-C_4 indicou a decomposição de acroleína. Foram observadas diferenças entre os óleos com crescentes níveis de insaturação. O Ni-Mo/γ-Al_2O_3 sulfetado e os catalisadores Ni/SiO_2 foram estudados para hidrocraqueamento de óleos vegetais a 10-200 bar (9,9-197 atm) e 623-673K (43). Os produtos foram principalmente alcanos e outros hidrocarbonos comumente encontrados no petrodiesel. A hidrogenólise do óleo de palma sobre Ni/SiO_2 ou cobalto a 300 °C e 50 bar (49,3 atm) resultou em um óleo quase sem cor, principalmente formado por alcanos C_{15}-C_{17} (44). O mesmo processo aplicado ao óleo de semente de colza gerou sólidos amolecidos com 80,4% de alcanos C_{17}. O hidrocraqueamento do OSB sobre um catalisador Rh-Al_2O_3 a 693K e 40 bar (39,5 atm) resultou em produtos que foram destilados em frações de gasolina e gasóleo (45). A descarboxilação e a descarbonilação também foram observadas nos produtos. Em outro estudo, o OSB, cru e parcialmente hidrogenado, foi decomposto pela passagem por catalisadores sólidos ácidos (do tipo Al_2O_3) e básicos (do tipo MgO) (46). O tipo de catalisador e o nível de insaturação aparentemente influenciaram a composição dos produtos.

Microemulsões e Mistura de Cossolventes

Formular combustíveis de diesel híbrido pela mistura de álcoois de baixo peso molecular é outra abordagem para reduzir o ν de óleos vegetais. Alcoóis como o metanol (MeOH) ou EtOH apresentam solubilidade limitada em óleos vegetais não polares; entretanto, componentes anfifílicos podem ser adicionados para aumentar a solubilidade, diluir o óleo e reduzir a ν (2). A solubilização é definida como a dispersão de uma substância normalmente insolúvel em um solvente, formando uma solução isotrópica termodinamicamente estável quando um componente anfifílico é adicionado (47). A formulação de combustíveis diesel híbridos pela solubilização de misturas de óleo/álcool vegetal pela adição de componentes anfifílicos foi inicialmente referenciada como microemulsificação (2). A *microemulsão* é uma dispersão equilibrada de microestruturas fluidas oticamente isotrópicas com um diâmetro médio menor que ¼ do comprimento de onda da luz visível, que se forma espontaneamente sob a adição de componentes anfifílicos à mistura de líquidos que, de outra forma, seriam quase imiscíveis (48). Diferentemente das (macro) emulsões, as microemulsões são termodinamicamente estáveis e não requerem agitação para permanecer em fase simples ou solução translúcida sob temperatura e pressão constantes (49).

Os combustíveis híbridos também podem ser formulados pela solubilização de moléculas de álcool dentro de micelas formadas em solução (50,51). As micelas são agregados de moléculas anfifílicas formadas quando a concentração anfifílica excede sua concentração micelar crítica. Em soluções oleosas, os agregados se formam com grupos líderes hidrofílicos orientados para o interior da micela e os grupos pendentes de hidrocarbonetos estendendo-se para a parte volumosa da fase oleosa. Essas micelas são frequentemente chamadas de micelas reversas ou inversas, porque foram inicialmente descobertas em misturas do tipo água por fora/óleo por dentro. A solubilização ocorre quando as moléculas do soluto são absorvidas pela estrutura micelar. Embora os mecanismos possam ser similares, existe alguma controvérsia sobre se as microemulsões e as micelas deveriam ser tratadas como fenômenos separados ou relacionados.

Finalmente, os combustíveis híbridos de diesel podem ser formulados empregando-se um cossolvente para solubilizar as misturas de TAG/álcool. A cossolvência geralmente ocorre quando uma mistura de solventes indiferentemente efetivos tem propriedades de dissolução muito além daquelas de cada um dos solventes, isoladamente (51). A cossolvência pode resultar de mecanismos similares aos originados da formação de micelas ou microemulsões (47,50-52), embora geralmente esteja associada a grandes concentrações de cossolventes, enquanto a solubilização em micelas ou microemulsões ocorre em concentrações relativamente diluídas do componente anfifílico. Trabalhos anteriores demonstraram (53-55) que a solubilização de misturas OSB/MeOH pela adição de *n*-álcoois de cadeia média (C4-C12)/álcoois graxos insaturados de cadeia longa ocorre preferencialmente por cossolvência sob a maior parte das condições experimentais.

Muitas variações dessa abordagem foram aplicadas na formulação híbrida de combustíveis diesel. Em uma delas, microemulsões ou composições de cossolventes são misturadas ao petrodiesel. Em uma outra, éteres como o metil ou etil *terc*-butil éter, tetrahidrofurano, tetrahidropirano, ou 1,4-dioxano são empregados para solubilizar as misturas de OSB ou óleo de colza em EtOH, bem como eventualmente melhorar as emissões de exaustão (56,57). Finalmente, alguns relatos dizem que a emulsificação de 10% vol. de água em OSB ou óleo de semente de colza reduz o NO_x, o CO e as emissões de fumaça (58,59).

Seleção dos Componentes

Como definido anteriormente, as microemulsões e as formulações de misturas cossolventes de combustíveis têm 3 tipos de componentes, ou seja, TAG, álcool simples e composto(s) anfifílico(s). A seleção do TAG é baseada principalmente nas propriedades do combustível, como as listadas na Tabela 1 (ver Tabela A-3 para NC, ΔHg, v, PN, PF e FP para vários óleos e gorduras comuns). O uso de MeOH ou EtOH também é geralmente desejável, pois custam relativamente pouco, estão prontamente disponíveis e podem ser obtidos de recursos renováveis. O EtOH aquoso [ex., "E95" = 95/5 (v/v) EtOH/água] também tem sido empregado em muitas formulações de combustível híbrido. Entretanto, embora mais caras, as microemulsões de água em petrodiesel feitas com n-butanol foram consideradas substancialmente mais estáveis e mais baixas em viscosidade que as feitas com MeOH ou EtOH (60).

Embora os compostos anfifílicos sejam selecionados principalmente por sua capacidade de solubilizar as misturas TAG/álcool, os efeitos de suas estruturas moleculares nas propriedades dos combustíveis da formulação final também têm seu papel. Aumentar o comprimento da cadeia de hidrocarboneto do grupo pendente pode aumentar o NC ou o ΔHg (61-63). Diferente do CD2 (NC = 47, ΔHg = 45,3 MJ/kg), o OSB tem NC = 37,9 e ΔHg = 39.6 MJ/kg (64). Adicionar um composto anfifílico como o *n*-dodecanol (NC = 63,6, ΔHg = 46,2 MJ/kg) a um OSB irá reforçar ambos os parâmetros, enquanto formulações com *n*-pentanol (NC = 18,2, ΔHg = 37,8 MJ/kg) (61) podem requerer aditivos de combustível para compensação. Aumentar o comprimento da cadeia do grupo anfifílico pendente também aumenta o ν das formulações. Isso foi relatado para misturas SOB/MeOH estabilizadas por *n*-álcoois (65) e compostos anfifílicos mistos compostos por um *n*-álcool e o álcool oleico (53), com relação ao aumento do comprimento da cadeia de *n*-álcool. Resultados similares foram relatados para misturas de óleo de palma com MeOH e EtOH estabilizadas por *n*-álcoois (66). Outros fatores estruturais que influenciam as propriedades do combustível incluem os graus de divisão e insaturação no grupo anfifílico pendente, fatores que podem influenciar o NC e o ν de cadeias longas de hidrocarbonetos (53,55,67). Outras propriedades físicas que deveriam ser consideradas incluem os efeitos sobre a densidade, a tolerância à água e a "temperatura de solubilidade crítica" (CST), definida como a temperatura de separação da fase em 2 ou mais camadas líquidas.

Dois ou mais compostos anfifílicos podem ser empregados, e cada um deles afetará a qualidade e outros aspectos do combustível. Por exemplo, álcoois de cadeia longa (gorduras), como os obtidos da hidrólise de ésteres de ácidos graxos de óleos vegetais, podem aumentar o NC e ΔHg (68,69). Álcoois de cadeia mais curta, como 2-octanol, melhoram mais eficientemente a tolerância à água (65). Outros fatores incluem custo e disponibilidade. Os efeitos da mistura de compostos anfifílicos são discutidos a seguir.

Formulando Microemulsões ou Composições Cossolventes de TAG, compostos anfifílicos e Álcool

A miscibilidade das formulações híbridas de combustível diesel contendo 3 componentes depende da natureza e concentração dos componentes. Um passo importante no processo de formulação é o de se construir um diagrama da fase ternária para identificar as regiões de equilíbrio de comportamento isotrópico. A Figura 1 é uma diagrama ternário para OSB/[9/1 (mol) *n*-octanol/Unadol 40 (álcool derivado de ácidos SOB-graxos)]/MeOH a 25 °C (53). Os três lados do triângulo representam misturas binárias OSB/MeOH (embaixo), composto anfifílico/OSB (lado esquerdo) e MeOH/composto anfifílico (lado direito). A curva separa as regiões de comportamento isotrópico e anisotrópico com composições imiscíveis localizadas na região cinza. Esses resultados mostram a quantidade necessária de compostos anfifílicos para solubilizar misturas com uma proporção conhecida de OSB/MeOH.

Foi demonstrado que n-álcoois de cadeia média (C_4-C_{14}) eram eficientes para solubilizar MeOH em uma solução com trioleína e SOB (65). A adição de uma pequena quantidade ($< 2\%$, v/v) de água resultou na formação de uma microemulsão não detergente. Concentrações mais altas de água produziram soluções turvas semelhantes a uma macroemulsão (tamanho das partículas > 150 nm). Resultados similares foram observados em misturas de EtOH aquoso em hexadecano, trioleína, trilinoleína e óleo de girassol estabilizados por n-butanol, nas quais microemulsões foram promovidas pela solubilização de água (48,70). Foram estudados efeitos similares de n-álcoois de média cadeia (C_4-C_{12}) na solubilização de MeOH e EtOH com os óleos de palma bruto e refinado e a oleína de palma (36). Os resultados mostraram que ambos, MeOH e EtOH, solubilizaram em oleína insaturada de palma muito mais que em óleo saturado de palma, quer refinados ou não. Os resultados também mostraram que o aumento do comprimento da cadeia reduz a quantidade de n-álcool necessária para atingir a miscibilidade.

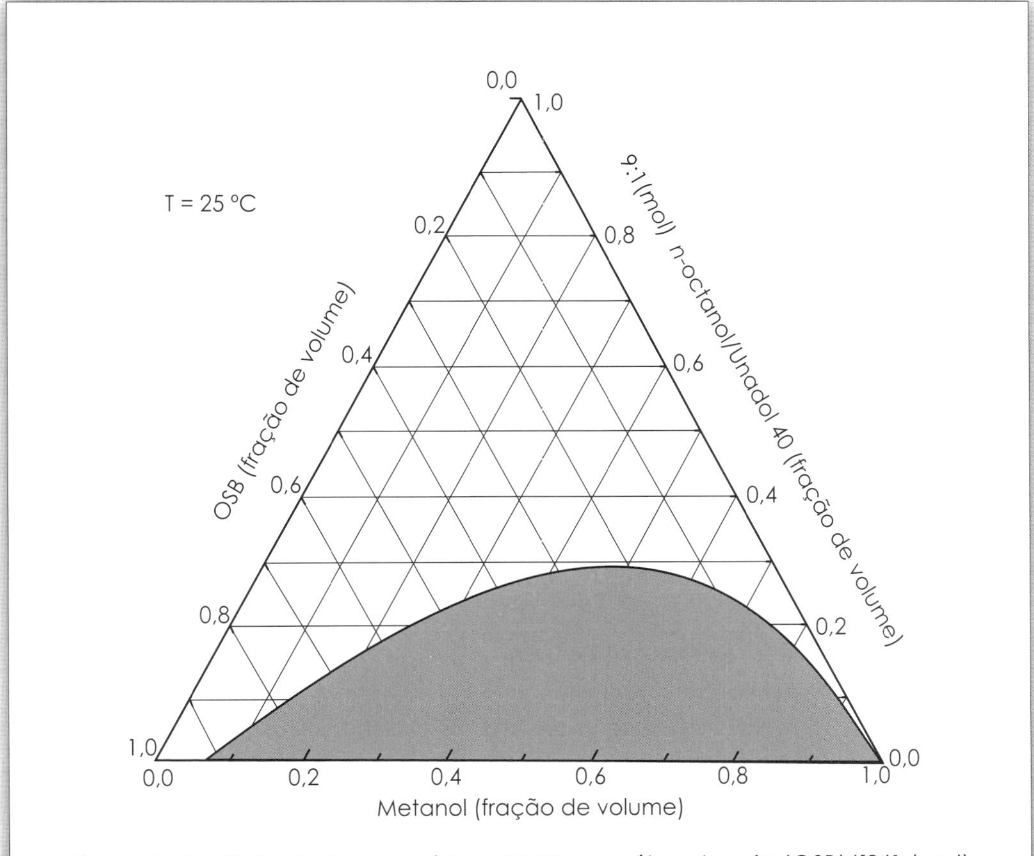

Figura 1. Equilíbrio de fase ternária a 25 °C para óleo de soja (OSB)/[9/1 (mol) *n*-octanol/Unadol 40]/metanol (MeOH). O Unadol 40 é um álcool graxo insaturado de cadeia longa (principalmente C_{18}) derivado da redução de ácidos graxos OSB. Todas as composições de mistura localizadas na região cinza são imiscíveis (anisotrópicas).

Outro estudo (71) relatou que soluções micelares e pré-micelares poderiam ser formadas de misturas de trioleína e MeOH estabilizado por 2-octanol em combinação com sulfosuccinato sódico de bis(2-etilhexila), linoleato de trietilamônio ou linoleato de tetradecildimetilamônio. Um trabalho anterior (72) mostrou que álcoois graxos C18 insaturados formam micelas grandes e polidispersas em MeOH. A concentração micelar crítica foi afetada pelo grau de insaturação e pela configuração *cis/trans* das duplas ligações. Os resultados de viscosidade de misturas solubilizadas com OSB foram consistentes com a formação de microemulsões não aquosas e não detergentes. Um estudo recente demonstrou que as microemulsões são formadas quando a água é solubilizada em misturas de petrodiesel com os óleos de OSB, palma e rícino estabilizados com uma combinação de sabão de óleo de soja e um álcool de cadeia média (C_2-C_5) (73).

Uma vez escolhidos os componentes e identificadas as regiões de comportamento de solução isotrópica, as proporções apropriadas de composto anfifílico/óleo (A/Óleo) são selecionadas. Essas proporções podem depender dos fatores mencionados, que determinam a seleção dos componentes do TAG e do composto anfifílico, e incluir propriedades de combustível, custo, renovabilidade e disponibilidade.

Após a seleção da devida proporção A/Óleo, os efeitos da diluição com álcool sobre a ν e outras propriedades físicas relevantes são determinados. A composição final depende primeiramente da quantidade de álcool necessária para reduzir a ν de uma solução com uma proporção conhecida de A/Óleo para atender o limite máximo especificado em padrões de combustível como a ASTM D975 (4,1 mm^2/s a 40 °C).

A Figura 2 apresenta um gráfico que mostra o efeito do aumento da fração de volume de MeOH sobre a ν de misturas de OSB com 2-octanol, álcool oleico e 4/1 (mol) de 2-octanol/álcool oleico a uma vazão A/Óleo = 1/1 (v/v). Os resultados mostram que é preciso mais MeOH (fração de volume de 0,426) que 2-octanol (0,260) para reduzir suficientemente a ν do álcool oleico. Assim, aumentar o comprimento da cadeia do grupo anfifílico pendente aumenta a fração de volume de álcool necessária para reduzir a ν. Entretanto, diminuir o comprimento da cadeia também aumenta a temperatura da separação de fase (T_Φ), resultando em um comportamento de fase anisotrópico em temperaturas mais elevadas (53,65). Resultados similares foram relatados para efeitos de *n*-álcoois sobre o ν de misturas de oleína de palma com MeOH ou EtOH (66).

A formulação mista de compostos anfifílicos mostrada na Figura 2 requereu somente uma fração de volume de 0,325 de MeOH para reduzir a ν a 4,1 mm^2/s. Assim, a substituição com 2-octanol permitiu uma redução na quantidade de MeOH necessária para atender a especificação da ν. Estudos anteriores (53,55) relataram resultados análogos para compostos anfifílicos mistos de *n*-álcoois (C_4-C_{12}) e álcool oleico. Esses estudos também mostraram que a diminuição do comprimento da cadeia do grupo pendente do *n*-álcool reduz a fração mínima de volume de MeOH necessária para reduzir suficientemente a ν. Uma comparação dos diagramas de fase ternária nesses 2 estudos mostrou que a adição de *n*-álcoois de C_8-C_{12} ao componente anfifílico reduziu a região anisotrópica e o total de composto anfifílico necessário para formular soluções isotrópicas. Manter uma porção pequena de álcool oleico no componente anfifílico ajudou a manter o comportamento isotrópico quando se adicionou mais MeOH para reduzir a ν. Como comentado anteriormente,

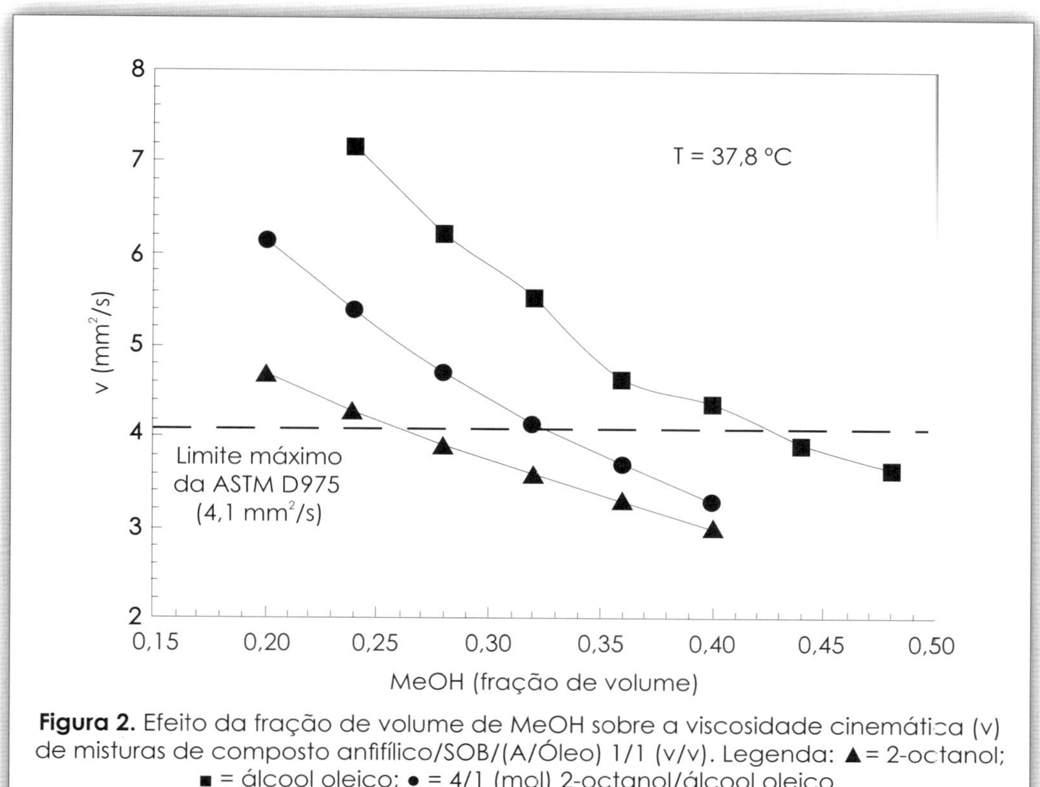

Figura 2. Efeito da fração de volume de MeOH sobre a viscosidade cinemática (ν) de misturas de composto anfifílico/SOB/(A/Óleo) 1/1 (v/v). Legenda: ▲= 2-octanol; ■ = álcool oleico; ● = 4/1 (mol) 2-octanol/álcool oleico. Ver Figura 1 para abreviações.

os componentes anfifílicos de álcoois graxos podem influenciar positivamente o NC da formulação (68).

Do ponto de vista da redução da ν de formulações híbridas de combustível, os mecanismos que promovem a solubilização têm um importante papel. Foi notado anteriormente que microemulsões não detergentes foram observadas quando misturas de TAG/*n*-álcool/MeOH eram misturadas a pequenas quantidades de água e em formulações contendo EtOH aquoso (48, 65,70). Os resultados também indicaram que o aumento da quantidade de água ou do volume de EtOH aquoso aumenta a viscosidade das microemulsões relativamente a misturas não aquosas. Outros estudos (53-55) relataram comportamento similar em formulações não aquosas de trioleína/- e OSB/[*n*-álcool/álcool graxo insaturado de cadeia longa (C_{18})]/MeOH sob certas condições experimentais. As microemulsões ou soluções micelares aumentam a viscosidade relativa com aumento do volume das fases dos componentes dispersos ou solubilizados (74-76). Por outro lado, o aumento da concentração de componentes solubilizados numa composição cossolvente diminui a viscosidade relativa (51). Dado o objetivo de diminuir a solubilização das misturas TAG/álcool pela adição de composto(s) anfifílico(s), esses efeitos sugerem que as misturas cossolventes à base de óleo vegetal têm preferência sobre as microemulsões para a formulação de combustíveis diesel híbridos. A maioria das evidências experimentais disponíveis até a edição desta obra sugere que formulações não aquosas TAG/composto anfifílico/álcool não formam microemulsões imediatas na maior parte das vezes (53,54).

As temperaturas ambientes podem influenciar a fase de estabilidade das formulações de TAG/composto anfifílico/álcool. A Figura 3 apresenta um gráfico que mostra os efeitos da proporção A/Óleo sobre a solubilidade do MeOH em formulações estabilizadas por 4/1 (mol) 2-octanol/Unadol 40 (77,78). As curvas de dados a 0 e 30 °C fornecem a solubilidade do MeOH onde a separação de fase ocorre em frações de volume de MeOH acima das curvas. Esses resultados mostram que, a uma temperatura constante, o aumento da proporção A/Óleo aumenta a solubilidade. Diminuir a temperatura requer um aumento na proporção A/Óleo para solubilizar o MeOH a uma solução isotrópica. Resultados similares também foram relatados para solubilidade de MeOH em OSB estabilizado por 8/1 (mol) de *n*-butanol/álcool oleico, 6/1 (mol) de 2-octanol/linoleato de trietilamônio e E95 em 2/1 (v/v) de CD2/OSB estabilizado com *n*-butanol.

Os resultados das Figuras 2 e 3 demonstram que existe um balanço acerca da decisão de quanto álcool deveria ser adicionado à mistura TAG/composto anfifílico. Dependendo da natureza dos compostos anfifílicos e a proporção A/Óleo selecionada, aumentar o conteúdo de álcool diminui a ν e aumenta a T_{Φ}. Portanto, deve-se cuidar para evitar que

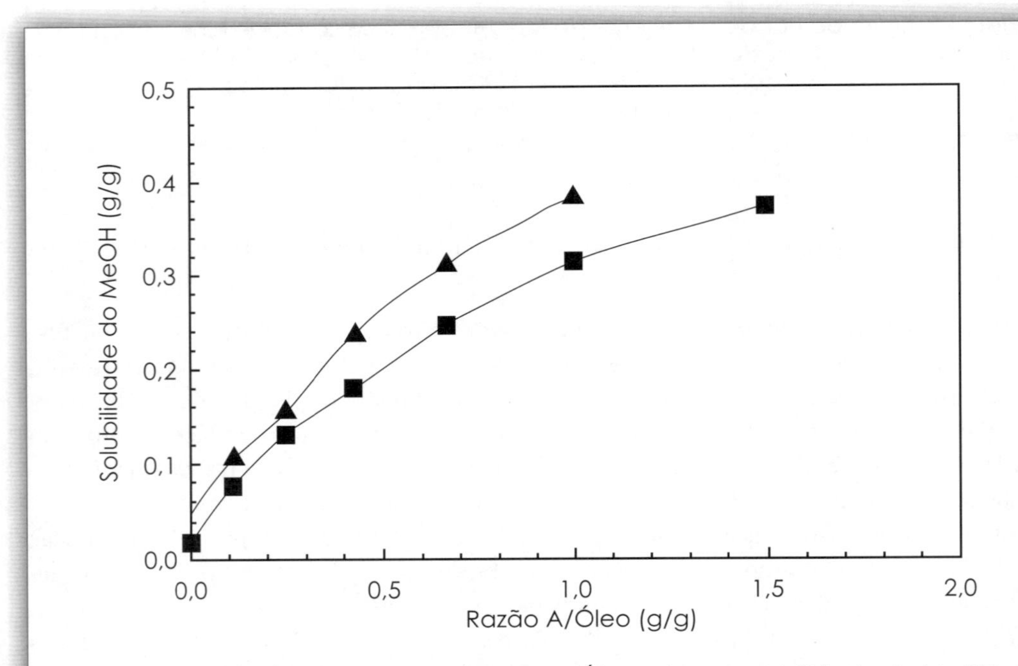

Figura 3. Efeito da proporção de massa A/Óleo sobre a solubilidade de MeOH (solução g/g) em misturas de OSB e 4/1 (mol) 2-octanol/Unadol 40. O Unadol 40 é um álcool graxo insaturado de longa cadeia derivado da redução de ácidos graxos do OSB. Ver Figuras 1 e 2 para abreviações. Misturas imiscíveis (anisotrópicas) foram observadas em composições superiores às respectivas curvas.

ocorra uma separação de fase antes de se reduzir a ν abaixo do limite máximo especificado pela ASTM D975. Resultados similares foram relatados para estudos sobre os efeitos dos *n*-álcoois em misturas de oleína de palma e MeOH ou EtOH (66). Os efeitos do álcool em outras propriedades combustíveis, como NC e ΔH_g, deveriam ter sido considerados.

Dois tipos de comportamento de fase anisotrópica em microemulsões ou composições cossolventes são possíveis a baixas temperaturas. O primeiro é a separação de fase do tipo PN, na qual componentes de alto ponto de fusão causam a formação de uma suspensão nebulosa similar ao petrodiesel, biodiesel e outros produtos do petróleo. O segundo é a separação do tipo CST em 2 ou mais camadas líquidas translúcidas. Estudos anteriores (77, 79) determinaram que proporções A/Óleo mais altas favorecem as separações do tipo PN, enquanto proporções mais baixas favorecem o comportamento do tipo CST. Diluir composições de cossolventes em CD2 favorece as separações do tipo PN e reduz significativamente o PN (77).

A Figura 4 apresenta o efeito da proporção A/Óleo sobre o T_Φ de 3 formulações similares àquelas discutidas (77). Essas curvas mostram que o aumento da proporção A/Óleo

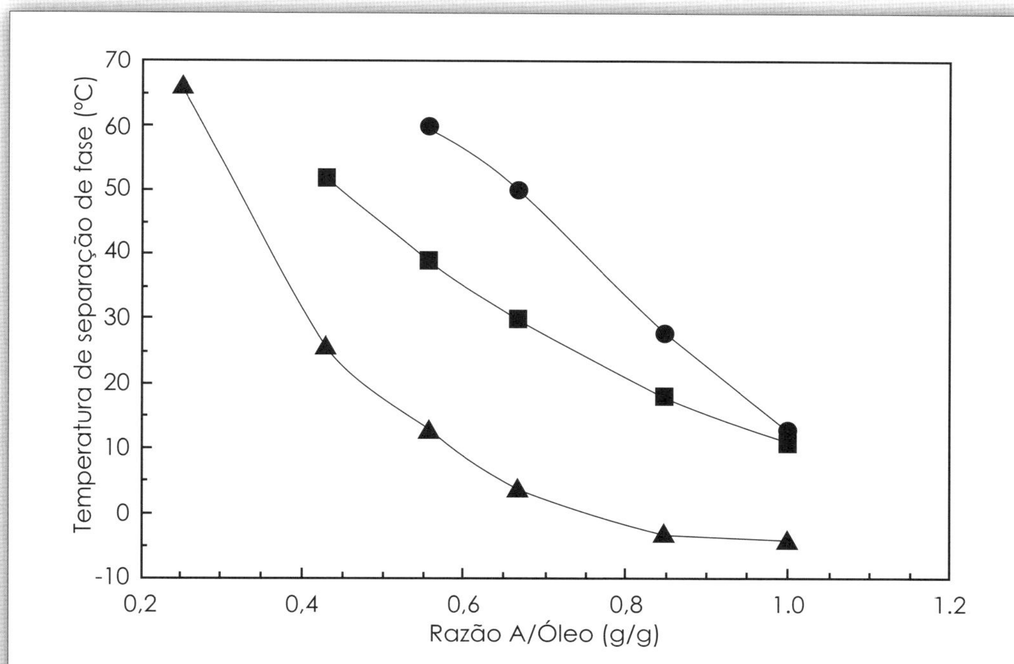

Figura 4. Efeito da proporção A/óleo sobre a temperatura de separação de fase (T_Φ) de misturas OSB/MeOH estabilizadas por compostos anfifílicos mistos. Legenda: ▲= 4/1 (mol) de 2-octanol/Unadol 40, OSB/MeOH = 3/1 (massa); ● = 6/1 (mol) de 2-octanol/linoleato de trietilamônio, OSB/MeOH = 7/3; ■ = 8/1 (mol) n-butanol/álcool oleico, OSB/MeOH = 3/1. O Unadol 40 é um álcool graxo insaturado de cadeia longa derivado da redução de ácidos graxos OSB. Ver Figuras 1 e 2 para abreviações. Misturas miscíveis (isotrópicas) foram observadas em temperaturas superiores às respectivas curvas.

diminui o T_{Φ} em relação a uma concentração constante de MeOH. As misturas com T_{Φ} abaixo de -5 °C sofreram transições do tipo PN, enquanto as com concentrações MeOH maiores sofreram transições do tipo CST. Além disso, o T_{Φ} foi quase independente da proporção A/Óleo em proporções maiores (ex. 2-octanol/Unadol 40 a A/Óleo > 0,80 g/g).

Muitos compostos anfifílicos possuem a capacidade de aumentar a tolerância à água (solubilidade) em formações híbridas de combustível diesel. Como discutido, a água promove a formação de microemulsões (e macroemulsões). A água também pode influenciar a estabilidade à estocagem em virtude dos efeitos da hidrólise ou da contaminação microbiana. Um estudo (65) relatou os efeitos dos álcoois de cadeia média sobre a tolerância à água de soluções 6/3/1 (v/v) trioleína/alcool/MeOH. A tolerância aumentou para álcoois C_4-C_8 e diminuiu para os *n*-álcoois de C_{10+}. Uma comparação de quatro octanóis ramificados mostrou que os isômeros 1 e 4 eram superiores aos isômeros 2 e 3. Esse trabalho demonstrou a seguinte sequência para tolerâncias à água em soluções trioleína/MeOH estabilizadas por 2-octanol mais: linoleato de tetradecildimetilamônio > sulfosuccinato sódico de bis(2-etilhexila) > linoleato de trietilamônio. Estudos sobre as propriedades físicas de microemulsões apoiam a noção de que os sistemas estabilizados por compostos anfifílicos de cadeia longa demonstram níveis mais altos de tolerância à água que aquelas estabilizadas por *n*-butanol (80).

Combustíveis híbridos formulados com TAG são suscetíveis à degradação oxidativa. Um enorme volume de pesquisas tem sido dedicado ao estudo e à melhoria da estabilidade oxidativa do TAG e seus derivados. A estabilidade oxidativa de gorduras e óleos é geralmente determinada em termos de um *período de indução* necessário para que ocorram mudanças significativas em uma ou mais propriedades físicas, como a acidez, o índice de peróxido ou a viscosidade. Os períodos de indução da oxidação de óleo de girassol foram relatados como quase 3 vezes maiores que os dos derivados mono-alquil ésteres de seus ácidos graxos (biodiesel) (81). Um trabalho anterior (82) relatou que a estabilidade de estocagem diminui com o aumento dos níveis de refinamento e que a adição de CD2 a óleos vegetais puros ou refinados não melhora a estabilidade das misturas 1/1 (v/v).

Embora o TAG tenha um ponto de fulgor (PF) geralmente muito alto, misturar com MeOH ou EtOH e alguns compostos anfifílicos como *n*-butanol ou 2-octanol pode resultar em formulações híbridas inflamáveis. Uma mistura 53,3/33,4/13,3 (v/v) de OSB/2-octanol/MeOH apresentou um PF = 12 °C (23), um valor bem abaixo do limite mínimo da especificação ASTM D975 (ver Tabela 1). Portanto, combustíveis diesel híbridos formulados com álcoois de cadeia curta ou média irão requerer manuseio especial e considerações de estocagem aplicáveis aos fluidos inflamáveis.

Química de Pré-Combustão e Combustão

Uma visão conceitual de microemulsões TAG ou composições de combustíveis híbridos é a de considerá-los como misturas de 2 partes funcionais. A primeira parte é o "combustível", consistindo de TAG mais compostos anfifílicos, CD2 e outros aditivos que melhoram o desempenho. A segunda parte é o "veículo" que garante a entrega adequada do combustível à câmara de combustão. Essa parte consiste de MeOH ou EtOH (anidro ou aquoso) mais outros componentes que possam ter propriedades combustíveis pobres. A compatibilidade entre as duas partes depende do equilíbrio de fases e da ν. Esse conceito permite a suposição de que melhorar a combustão das partes combinadas depende de melhorar a combustão do combustível, enquanto se mantém compatibilidade com o veículo. Essa abordagem permite a interpretação de mecanismos associados à combustão baseada em estudos da química do TAG e de seus derivados.

Uma revisão bibliográfica (78,83-85) forneceu descrições detalhadas sobre a combustão de petrodiesel e TAG bruto em motores de ignição-compressão. A combustão de combustíveis diesel inclui 2 fases gerais. Na primeira fase, a *pré-combustão*, o fluido é submetido a intensas condições termodinâmicas. Os produtos de reações químicas durante essa fase podem levar à combustão incompleta e a influenciar emissões de exaustão da segunda fase, que é a *queima por difusão* (86,87). Foi demonstrado como a ν do combustível afeta as características físicas da atomização, na medida em que o combustível é injetado na câmara de combustão (6, 86, 88). Essas características influenciam como os componentes nas bordas da região de nebulização degradam e afetam a atomização e a pré-combustão do combustível. Finalmente, as aparentes discrepâncias entre o NC e a qualidade de ignição observada do TAG foram atribuídas a reações químicas ocorridas durante a fase de pré-combustão.

As temperaturas de reação durante a fase de pré-combustão também influenciaram a composição dos produtos de degradação presentes na câmara de combustão, durante o início da queima por difusão. Para o TAG insaturado puro a uma pressão de 4,2 MPa, temperaturas de reação de até 400 °C geraram produtos de degradação que continham, predominantemente, os ácidos graxos correspondentes e hidrocarbonetos alifáticos, mais concentrações menores de aldeídos, álcoois, glicerol, ácido succínico e ácido benzoico (87,89). Por outro lado, a pré-combustão a 450 °C resultou em uma maior degradação nas mais diversas classes de compostos orgânicos, incluindo grandes quantidades de componentes voláteis e semivoláteis caracterizados como hidrocarbonetos alifáticos, aromáticos com cadeias laterais, PAH e aldeídos insaturados. Nenhuma quantidade detectável de ácidos graxos, glicerol ou acroleína foi encontrada. Outro estudo examinou (86) os produtos de degradação de vários óleos vegetais injetados por 400 μs em um ambiente de nitrogênio (para evitar a autoignição) a 480 °C e 4,1 MPa. As composições do produto foram compatíveis com as observadas para o TAG bruto em temperaturas mais elevadas. Acima de tudo, esses estudos mostraram que a temperatura de reação na fase de pré-combustão pode determinar a composição dos componentes presentes no início da queima por difusão, influenciando as reações subsequentes e afetando as emissões finais de exaustão.

Desempenho do Motor, Durabilidade e Emissões de Exaustão

A Tabela 2 é um sumário das formulações híbridas de TAG que foram testadas para o desempenho do motor, a durabilidade e as emissões de exaustão. Proporções volumétricas dos componentes e propriedades físicas estão anotadas para cada formulação. As propriedades físicas de OSB bruto e CD2 estão listadas para comparação. O CD2 foi usado como combustível de referência para cada estudo.

Tabela 2. Propriedades do combustível para microemulsão de óleo híbrido de soja e composições cossolventes de combustíveis híbridos diesel[a]

Combustível híbrido	N (37,8 °C) (mm^2/s)	NC	ΔHg (MJ/kg)	PN °C	PF °C	FP[b] °C	Resíduo de Carbono (% m)	Referência
Híbrido A								
53,3% (v/v) OSB	6,8	25,1	37,0	0[c]	-65	27,8	0,18	90,97
33,4% *n*-Butanol								
13,3% E95								
Híbrido B (microemulsão)								
52,3% (v/v) OSB	8,8	29,8	36,7	0[c]	-	22,2	0,21	90
20,5% *n*-Butanol								
6,5% Ácido Linoleico								
3,3% Trietilamina								
17,4% E95								
Híbrido C (mistura cossolvente)								
52,8% (v/v) SOB	8,3	33,1	37,8	-11	-23	12,2	0,42	23,98
33,0% 2-Octanol								
13,2% MeOH								
1,0% melhorador de cetano								
Híbrido D (CD2 + mistura cossolvente)								
50% (v/v) CD2	4,0	34,7	41,3	-15	-	28,3	0,14	23,80
25% OSB								
20% *n*-Butanol								
5% E95								
OSB	32,6	37,9	39,6	-4	-12	254	0,27	64
CD2	2,7	47	45,4	-15	-33	52	< 0,35	64

[a] Abreviações: NC, número de cetano; E95, 95/5 (v/v) EtOH/água; ΔHg, calor de combustão bruto; OSB, óleo de soja. Ver Tabela 1 para outras abreviações.
[b] Copo fechado (Penske-Martins)
[c] Temperatura crítica da solução (CST); separação em 2 camadas de líquidos distintas.

Testes de curta duração em motores (3,5 h) foram realizados com os Híbridos A e B, e relatou-se que as formulações híbridas de agrodiesel produziram quase tanta potência quanto o combustível de referência, apesar de terem um ΔHg (90) 18% menor. O consumo de combustível aumentou em 16% na potência máxima. A presença de componentes oxigenados permitiu uma combustão melhor e gerou um ganho de 6% em eficiência térmica na potência máxima. Para ambas as microemulsões, o baixo valor de NC não teve efeitos adversos sobre o desempenho nos testes de curta duração, em termos do aumento de barulhos audíveis após aquecimento do motor. Uma quantidade relativamente grande (10% em massa) de nitratos de alquila primários foi necessária para aumentar o NC do Hibrido A a fim de atingir o limite mínimo de D975 para o petrodiesel.

Ambos os híbridos C e D passaram pelo teste de durabilidade de 200 h da EMA (23,80). O baixo NC da formulação do Híbrido C requereu um éter auxiliar para a partida a frio (≤ 12 °C). Em comparação com o combustível de referência, a combustão do Híbrido C aumentou os depósitos de carbono nas válvulas de exaustão e ao redor dos orifícios dos bicos injetores. Densos depósitos de carbono e de verniz também foram notados dentro dos sistemas de injeção e nas válvulas de entrada, pistões e válvulas de exaustão. A desmontagem do motor revelou depósitos de carbono, laca e vernizes similares, porém, menos severos que os notados no Híbrido C, um resultado atribuído à mistura com o CD2. Embora os desgastes do motor e do mancal da biela tenham melhorado para o Híbrido D, o desgaste do anel superior foi quase equivalente ao desgaste causado pelo combustível de referência.

Um combustível híbrido consistindo de [33/33]/33/1 (v/v) [OSB/CD2]/*n*-butanol/ melhorador de cetano também passou pelo teste de 200 h da EMA (23). Esse combustível tinha propriedades ν = 4,9 mm²/s (37,8 °C), NC = 38,8, ΔHg = 40,2 MJ/kg e FP = 38,9 °C. Embora a média bruta do consumo do lubrificante da caixa tenha diminuído, notou-se uma pequena mudança na viscosidade do óleo lubrificante durante o teste. A desmontagem do motor revelou um aumento de depósitos similar aos notados para os Híbridos C e D. De modo similar ao Híbrido D, os desgastes do motor e do mancal da biela diminuíram, embora o desgaste do anel superior tenha aumentado em relação ao combustível de referência. As comparações desse combustível híbrido com os Híbridos C e D sugeriram que a extensão dos problemas de durabilidade associados aos depósitos e ao desgaste do anel superior aumentam com o aumento do conteúdo de OSB na formulação. Os resultados também sugeriram que os problemas de durabilidade atribuídos à combustão incompleta podem ser reduzidos, mas não eliminados, pela diluição do TAG com álcool simples ou compostos anfifílicos.

Emulsões contendo OSB, petrodiesel e EtOH também foram testadas (91). O combustível híbrido queimou mais rápido e com maiores níveis de pré-combustão que o combustível de referência em virtude do maior retardamento da ignição e dos menores índices de queima por difusão. Isso resultou em maiores eficiências térmicas na frenagem, pressões nos cilindros e taxas de aumento da pressão. Embora a fumaça e as emissões de hidrocarbonetos não queimados tenham diminuído, as emissões de NO_x e de CO aumentaram para os combustíveis híbridos.

Um combustível híbrido, composto de 53,3/33,4/13,3 (v/v) de óleo "winterizado" de girassol/*n*-butanol/E95, também foi submetido ao teste de 200 h da EMA (70). Esse combustível tinha como propriedades ν = 6,3 mm²/s (40 °C), NC = 25,0, ΔHg = 36,4 MJ/kg, PN = 15 °C (CST) e FP = 27 °C. O consumo de combustível aumentou em 10%, a potência diminuiu em 8% e o consumo de energia específica aumentou em 4%. O desempenho não foi afetado pelas 250+ h do teste total, embora se tenha observado uma combustão incompleta na operação do motor em cargas leves. A quantidade de fumaça e a temperatura de exaustão diminuíram. Embora os bicos injetores não tenham mostrado redução mensurável no desempenho, o aumento na ocorrência de carbono e de verniz causou entupimento das agulhas de injeção e depósitos na cabeça dos cilindros, pistões e anéis de vedação. Resíduos mais densos foram registrados na superfície do pistão, nos encaixes dos anéis do pistão e nos dispositivos de alimentação do combustível. A contaminação do óleo lubrificante do cárter foi caracterizada por aumento de 50% na sua viscosidade após um período de 60 h. Essa formulação de combustível híbrido não foi recomendada para uso prolongado em motores de injeção direta.

As propriedades de um combustível híbrido com 66,7/[12,5/4,1]/16,7 (v/v) de CD2/[ácidos graxos de SOB/N,N-dimetiletanolamina]/EtOH foram investigadas (92). Os ácidos graxos reagiram com a dimetiletanolamina para formar um agente anfifílico que promoveu a formação de microemulsões com EtOH como fase interior e CD2 como fase exterior. As propriedades do combustível foram de ν = 3,7 mm²/s (37,8 °C), NC = 32,9, ΔHg = 40,8 MJ/kg, PN $\leq$ -18 °C e FP = 15,6 °C. Após lavagem com heptano, as gomas existentes diminuíram para 4,6 mg/100 mL. Esse combustível teve um desempenho aceitável e aumentou a eficiência térmica do sistema em 4-5%. As temperaturas de exaustão diminuíram e as emissões apresentaram diminuições na geração de fumaça e CO e um aumento na ocorrência de hidrocarbonetos não queimados.

Emulsões compostas por óleo de palma e petrodiesel contendo 5-10% de água foram testadas por 20 h em motores diesel de injeção indireta, sob condições de estado de equilíbrio estacionário (93,94). O desempenho do motor e o consumo de combustível foram comparáveis aos do combustível de referência. O acúmulo de partículas metálicas de desgaste no lubrificante do bloco do motor diminuiu em relação ao petrodiesel bruto.

Foram examinadas (95) as propriedades de misturas de CD2 com bio-óleos produzidos da fração leve da pirólise instantânea de madeiras duras ("hardwoods"), estabilizadas por 1,5% (m/m) de um composto anfifílico. As propriedades do combustível foram de ν = 6,5 mm²/s (40 °C), NC = 33,5, ΔHg = 36,6 MJ/kg, e FP = 62 °C. Essa formulação foi muito estável em temperaturas frias com um CST abaixo de 0 °C e PF = -41 °C. Não foram relatados testes de motor com este produto.

Patentes

Muitas formulações de combustíveis híbridos contendo TAG na ausência de petrodiesel foram patenteadas. Patenteou-se (96) uma microemulsão de óleo vegetal, um álcool de baixa massa molar (C_1-C_3), água e um composto anfifílico compreendendo a reação do produto de uma trialquilamina com um ácido graxo de cadeia longa. A adição de *n*-butanol ao componente anfifílico foi dada como opcional. Outra patente (97) foi obtida para uma microemulsão de óleo vegetal, um álcool C_1-C_3, água e n-butanol. Essas formulações tinham ν aceitável e foram favoravelmente comparadas ao CD2 bruto em termos do desempenho do motor. Um combustível híbrido de óleo vegetal, MeOH ou EtOH (anidro ou aquoso) e um isômero de cadeia linear do octanol teve características de alta tolerância à água, ν aceitável e características de desempenho comparáveis ao CD2 bruto (98). Também foi patenteada (99) a microemulsão entre óleo de semente de colza degomado, água e um sabão alcalino ou sal de potássio de ácido graxo.

Também estão relatadas na literatura de patentes algumas invenções que aproveitaram a tecnologia das misturas de microemulsões ou cossolventes onde os ingredientes graxos estão presentes como parte do componente anfifílico. Essas formulações são tipicamente microemulsões de petrodiesel, água, álcool (anidro ou aquoso) e um ou mais compostos anfifílicos. Muitas microemulsões com compostos anfifílicos mistos, incluindo *N,N*-dimetiletanolamina mais uma substância graxa de cadeia longa (C9-C22), foram patenteadas (100). Essas microemulsões continham componentes graxos em pequenas quantidades e mostraram boa estabilidade em baixas temperaturas e uma alta tolerância à água, permitindo a mistura com o petrodiesel com concentrações relativamente altas de um álcool aquoso. As microemulsões estabilizadas por um álcool C_1-C_3, em combinação com um sal de alquilamônio etoxilato com ácidos alquilcarboxílicos de C_{12}-C_{18} ou alquilarilsulfônicos de C_9-C_{24}, melhoraram o NC e as propriedades de combustão, bem como reduziram a fumaça e as emissões de CO e NO_x (101). Relatou-se que microemulsões similares incluindo CD2 e água estabilizadas por uma combinação de MeOH e ácido graxo, parcialmente neutralizadas por amônia, (mono)etanolamina, dimetiletanolamina ou isopropanolamina, tinham boa estabilidade de fase em grandes variações de temperatura e reduziam as emissões de combustão (102). Combustíveis formados por microemulsões melhoradas, incluindo álcool-ésteres de ácidos graxos (isto é, biodiesel), álcool e $< 1\%$ de sabão de metal alcalino, também foram patenteados (103).

Panorama

Exceto para o biodiesel, o desenvolvimento de combustíveis alternativos contendo TAG tem sido objeto de muito pouca atividade durante os 20 anos anteriores à publicação deste livro. Muitas formulações passaram pelo teste de durabilidade de 200 h da EMA, apesar de os problemas de durabilidade associados à combustão do TAG bruto terem sido apenas diminuídos, em vez de eliminados. Em virtude dos problemas de durabilidade, muitos dos estudos revistos não recomendaram o uso de combustíveis diesel híbridos de origem vegetal por períodos prolongados.

Por outro lado, as formulações de combustível híbrido, como microemulsões ou composições de cossolventes, são geralmente mais baratas de se preparar que o biodiesel, uma vez que usam a simples tecnologia de misturar os componentes na temperatura ambiente. Assim, o combustível híbrido composto de OSB, 2-octanol, MeOH e um melhorador de cetano foi o combustível diesel alternativo derivado de TAG mais barato que já passou pelo teste de 200 h da EMA (2,104). Outras vantagens associadas ao preparo de formulações híbridas incluem a facilidade de se adaptar a equipamentos de processamento contínuo em larga escala, nenhum catalisador para ser regenerado ou recuperado, nenhum excesso de álcool(is) para ser recuperado, nenhuma exigência de temperaturas elevadas para misturar os componentes e nenhuma necessidade de equipamento especial para separação dos coprodutos. Os componentes incluindo os compostos anfifílicos usados nas formulações híbridas podem ser 100% renováveis e derivados da agricultura. Para o exemplo citado, o 2-octanol é um coproduto da oxidação do óleo de mamona com ácido 10-undecenoico a altas temperaturas. Os álcoois graxos usados em formulações podem ser derivados tanto da hidrólise de ésteres monoalquílicos do TAG quanto da redução de ácidos graxos oriundos do refino alcalino de óleos vegetais.

Apesar dos aspectos favoráveis, da facilidade de conversão e das vantagens econômicas, o desenvolvimento das microemulsões ou de formulações de combustível de tipo híbrido via composição de cossolventes exigirá pesquisas para melhorar as propriedades do combustível e resolver os problemas de desempenho e durabilidade do motor, bem como das emissões de exaustão relativas à inclusão do TAG em tais formulações.

Referências

1. Goering, C. E., M. D. Schrock, K. R. Kaufman, M. A. Hanna, F. D. Harris, e S. J. Marley, Evaluation of Vegetable Oil Fuels in Engines, *Proceedings of the International Winter Meeting of the ASAE*, 1987, Paper n°. 87-1586.

2. Schwab, A. W., M. O. Bagby, e B. Freedman, Preparation and Properties of Diesel Fuels from Vegetable Oils, *Fuel 66*:1372-1378 (1987).

3. Ziejewski, M., H. Goettler, e G. L. Pratt, Comparative Analysis of the Long-Term Performance of a Diesel Engine on Vegetable Oil Based Alternate Fuels, in *SAE Technical Paper* n°. 860301, 1986.

4. Ziejewski, M., H. Goettler, e G. L. Pratt, Influence of Vegetable Oil Based Alternate Fuels on Residue Deposits and Components Wear in a Diesel Engine, *SAE Technical Paper Series* Paper n°. 860302, 1986.

5. Engler, C. R., e L. A. Johnson, Effects of Processing and Chemical Characteristics of Plant Oils on Performance of an Indirect-Injection Diesel Engine, *J. Am. Oil Chem. Soc. 60*:1592-1596 (1983).

6. Ryan, III, T. W., L. G. Dodge, e T. J. Callahan, The Effects of Vegetable Oil Properties on Injection and Combustion in Two Different Diesel Engines, *J. Am. Oil Chem. Soc. 61*:1610-1619 (1984).

7. Pryde, E. H., e A. W. Schwab, Cooperative Work on Engine Evaluation of Hybrid Fuels, in *Vegetable Oil as Diesel Fuel Seminar III* (ARM-NC-28), U. S. Department of Agriculture, Peoria, IL, 1983, pp. 90-95.

8. Lilly, L. R. C., ed., in *Diesel Engine Reference Book*, Butterworths, London, 1984, pp. 22/9-22/12.

9. Borgelt, S. C., e F. D. Harris, Endurance Tests Using Soybean Oil-Diesel Fuel Mixture to Fuel Small Pre-Combustion Chamber Engines, in *Proceedings of the International Conference on Plant and Vegetable Oils as Fuels*, ASAE Special Publication n°. SP 4-82, 1982, pp. 364-373.

10. Bari, S., T. H. Lim, e C. W. Yu, Effects of Preheating of Crude Palm Oil (CPO) on Injection System, Performance and Emission of a Diesel Engine, *Renewable Energy 27*:339-351 (2002).

11. de Almeida, S. C. A., C. R. Belchior, M. V. G. Nascimento, L. dos S. R. Vieira, e G. Fleury, Performance of a Diesel Generator Fuelled with Palm Oil, *Fuel 81*:2097-2102 (2002).

12. Sinha, S., e N. C. Misra, Diesel Fuel Alternative from Vegetable Oils, *Chem. Eng. World 32*:77-80 (1997).

13. Anônimo, in *Annual Book of ASTM Standards*, Vol. 05.01, ASTM International, West Conshohocken, 2003, D 975.

14. Westbrook, S. R., in *Significance of Tests for Petroleum Products*, 7ª edição, editado por S. J. Rand, ASTM International, West Conshohocken, 2003, pp. 63-81.

15. Msipa, C.K.M., C. E. Goering, e T. D. Karcher, Vegetable Oil Atomization in a DI Diesel Engine, *Trans. ASAE 26*:1669-1672 (1983).

16. He, Y., e Y. D. Bao, Study on Rapeseed Oil as Alternative Fuel for a Single-Cylinder Diesel Engine, *Renewable Energy 28*:1447-1453 (2003).

17. Ziejewski, M., e K. R. Kaufman, Laboratory Endurance Test of a Sunflower Oil Blend in a Diesel Engine, *J. Am. Oil Chem. Soc. 60*:1567-1573 (1983).

18. Baranescu, R. A., e J. J. Lusco, Performance, Durability and Low Temperature Evaluation of Sunflower Oil as a Diesel Fuel Extender, em *Proceedings of the International Conference on Plant and Vegetable Oils as Fuels*, ASAE Special Publication n°. SP 4-82, 1982, pp. 312-328.

19. Goodrum, J. W., Peanut Oil as an Emergency Farm Diesel Fuel, in *Vegetable Oil as Diesel Fuel Seminar III* (ARM-NC-28), U. S. Department of Agriculture, Peoria, IL, 1983, pp. 112-118.

20. Peterson, C. L., D. L. Auld, e R. A. Korus, Winter Rape Oil Fuel for Diesel Engines: Recovery and Utilization, *J. Am. Oil Chem. Soc. 60*:1579-1587 (1983).

21. Bettis, B.L., C. L. Peterson, D. L. Auld, D. J. Driscoll, e E. D. Peterson, Fuel Characteristics of Vegetable Oil from Oilseed Crops in the Pacific Northwest, *Agron. J. 74*:334-339 (1982).

22. Adams, C., J. F. Peters, M. C. Rand, B. J. Schroeder, e M. C. Ziemke, Investigation of Soybean Oil as a Diesel Fuel Extender: Endurance Tests, *J. Am. Oil Chem. Soc. 60*:1574-1579 (1983).

23. Goering, C. E., in *Final Report. Effect of Nonpetroleum Fuels on Durability of Direct-Injection Diesel Engines* (Contract 59-2171-1-6-057-0), U. S. Department of Agriculture, Agricultural Research Service, Peoria, IL, 1984.

24. Bruwer, J. J., B. van D. Boshoff, F. J. C. Hugo, J. Fuls, C. Hawkins, A. N. van der Walt, A. Engelbrecht, e L. M. du Plessis, The Utilisation of Sunflower Seed Oil as a Renewable Fuel for Diesel Engines, em *Proceedings of the National Energy Symposium of the ASAE*, 1980.

25. Zubik, J., S. C. Sorenson, e C. E. Goering, Diesel Engine Combustion of Sunflower Oil Fuels, *Trans. ASAE 27*:1251-1256 (1984).

26. Schmidt, A., W. Staetter, A. Marhold, W. Zeiner, e G. Joos, Rape Seed Oil as a Source of Energy (2): Rape Seed Oil as a Diesel Oil Extender - Results of Laboratory and Test Stand Experiments, *Erdoel, Erdgas, Kohle 108*:415-418 (1992).

27. Ziejewski, M., e H. J. Goettler, Comparative Analysis of the Exhaust Emissions for Vegetable Oil Based Alternative Fuels, em *Alternative Fuels for CI and SI Engines*, SAE Special Publication SP-900 (Artigo n°. 920195), 1992, pp. 65-73.

28. Isióigür, A., F. Karaomanoólu, H. A. Aksoy, F. Hamdallahpur, e Ö. L. Gülder, Safflower Seed Oil of Turkish Origin as a Diesel Fuel Alternative, *Appl. Biochem. Biotechnol. 39-40*:89-105 (1993).

29. Ziejewski, M., H. J. Goettler, L. W. Cook, e J. Flicker, Polycyclic Aromatic Hydrocarbons Emissions from Plant Oil Based Alternative Fuels, SAE Technical Paper Series Paper n°. 911765, 1991.

30. Mills, G. A., e A. G. Howard, A Preliminary Investigation of Polynuclear Aromatic Hydrocarbon Emissions from a Diesel Engine Operating on Vegetable Oil-Based Alternative Fuels, *J. Instit. Energy 56*:131-137 (1983).

31. McDonnell, K. P., S. M. Ward, P. B. McNulty, e R. Howard-Hildge, Results of Engine and Vehicle Testing of Semirefined Rapeseed Oil, *Trans. ASAE 43*:1309-1316 (2000).

32. Dorado, M. P., J. M. Arnal, J. Gómez, A. Gil, e F. J. López, The Effect of a Waste Vegetable Oil Blend with Diesel Fuel on Engine Performance, *Trans. ASAE 45*:519-523 (2002).

33. Pramanik, K., Properties and Use of Jatropha Curcas Oil and Diesel Fuel Blends in Compression Ignition Engine, *Renewable Energy 28*:239-248 (2003).

34. Kalam, M. A., M. Husnawan, e H. H. Masjuki, Exhaust Emission and Combustion Evaluation of Coconut Oil-Powered Indirect Injection Diesel Engine, *Renewable Energy 28*:2405-2415 (2003).

35. Braun, D. E., e K. Q. Stephenson, Alternative Fuel Blends and Diesel Engine Tests, in *Proceedings of the International Conference on Plant and Vegetable Oils as Fuels*, ASAE Special Publication n°. SP 4-82, 1982, pp. 294-302.

36. Peterson, C.L., R. A. Korus, P. G. Mora, e J. P. Madsen, Fumigation with Propane and Transesterification Effects on Injector Coking with Vegetable Oils, *Trans. ASAE 30*:28-35 (1987).

37. Weisz, P. B., W. O. Haag., e P. G. Rodewald, Catalytic Production of High-Grade Fuel (Gasoline) from Biomass Compounds by Shape-Selective Catalysis, *Science 206*:57-58 (1979).

38. Schwab, A. W., G. J. Dykstra, E. Selke, S. C. Sorenson, e E. H. Pryde, Diesel Fuel from Thermal Decomposition of Soybean Oil, *J. Am. Oil Chem. Soc. 65*:1781-1786 (1988).

39. Dykstra, G. J., M. S. Thesis, Diesel Fuel from Thermal Decomposition of Vegetable Oils, University of Illinois, Urbana-Champaign, IL, 1985.

40. Stumborg, M., D. Soveran, W. Craig, W. Robinson, e K. Ha, Catalytic Conversion of Vegetable Oil to Diesel Additives, *Energy Biomass Wastes 16*:721-738 (1993).

41. Zaher, F. A., e A. R. Taman, Thermally Decomposed Cottonseed Oil as a Diesel Engine Fuel, *Energy Sources 15*:499-504 (1993).

42. Da Rocha Filho, G. N., D. Brodzki, e G. Djéga-Mariadassou, Formation of Alkanes, Alkylcycloalkanes and Alkylbenzenes During the Catalytic Hydrocracking of Vegetable Oils, *Fuel 72*:543-549 (1993).

43. Gusmão, J., D. Brodzki, G. Djéga-Mariadassou, e R. Frety, Utilization of Vegetable Oils as an Alternative Source for Diesel-Type Fuel: Hydrocracking on Reduced Ni/SiO_2 and Sulphided $Ni\text{-}Mo/\gamma\text{-}Al_2O_3$, *Catal. Today 5*:533-544 (1989).

44. Cecchi, G., e A. Bonfand, Conversion of Vegetable Oils into Potential Motor Fuel. Preliminary Studies, *Rev. Fr. Corps Gras 34*:397-401 (1987).

45. Nunes, P. P., D. Brodzki, G. Bugli, e G. Djéga-Mariadassou, Hydrocracking of Soybean Oil Under Pressure: Research Procedure and General Aspects of the Reaction, *Rev. Inst. Fr. Pet. 41*:421-431 (1986).

46. Dos Anjos, J. R. S., W. D. A. Gonzalez, Y. L. Lam, e R. Frety, Catalytic Decomposition of Vegetable Oil, *Appl. Catal. 5*:299-308 (1983).

47. Mackay, R. A., in *Nonionic Surfactants: Physical Chemistry*, Surfactant Science Series Vol. 23, editado por M. J. Schick, Marcel Dekker, 1987, pp. 297-368.

48. Schwab, A. W., H. C. Nielson, D. D. Brooks, e E. H. Pryde, Triglyceride/Aqueous Ethanol/1-Butanol Microemulsions, *J. Dispersion Sci. Technol.* *4*:1-17 (1983).

49. Rosen, M. J., em *Surfactants and Interfacial Phenomena*, 2ª edição, Wiley and Sons, New York, 1989, pp. 322-324.

50. Mukerjee, P., in *Solution Chemistry of Surfactants*, Vol. 1, editado por K. L. Mittal, Plenum, New York, 1979, p. 153.

51. McBain, M. E. L., e E. Hutchinson, in *Solubilization and Related Phenomena*, Academic, New York, 1955, pp. 179-194.

52. Friberg, S. E., Microemulsions, Hydrotropic Solutions and Emulsions, a Question of Phase Equilibria, *J. Am. Oil Chem. Soc.* *48*:578-581 (1971).

53. Dunn, R. O., e M. O. Bagby, Solubilization of Methanol and Triglycerides: Unsaturated Long-Chain Fatty Alcohol/Medium-Chain Alkanol Mixed Amphiphile Systems, *J. Am. Oil Chem. Soc.* *71*:101-108 (1994).

54. Dunn, R. O., A. W. Schwab, e M. O. Bagby, Solubilization and Related Phenomena in Nonaqueous Triolein/Unsaturated Long Chain Fatty Alcohol/Methanol Solutions, *J. Dispersion Sci. Technol.* *14*:1-16 (1993).

55. Dunn, R. O., A. W. Schwab, e M. O. Bagby, Physical Property and Phase Studies of Nonaqueous Triglyceride/Unsaturated Long Chain Fatty Alcohol/Methanol Systems, *J. Dispersion Sci. Technol.* *13*:77-93 (1992).

56. Yaginuma, R., S. Moriya, Y. Sato, T. Sako, D. Kodama, D. Tanaka, e M. Kato, Homogenizing Effect of Addition of Ethers to Immiscible Binary Fuels of Ethanol and Oil, *Sekiyu Gakkaishi* *42*:173-177 (1999).

57. Kato, M., H. Tanaka, H. Ueda, S. Moriya, F. Yaginuma, e N. Isshiki, Effect of Methyl tert-Butyl Ether to Homogenize Immiscible Binary-Component Fuels of Three Types: Ethanol Mixed with Diesel Fuel, Soybean Oil, or Rape Oil, *Sekiyu Gakkaishi* *35*:115-118 (1992).

58. Crookes, R. J., F. Kiannejad, G. Sivalingam, e M. A, A. Nazha, Effects of Using Vegetable Oil Fuels and Their Emulsions on the Performance and Emissions of Single- and Multi-Cylinder Diesel Engines, *Archivum Combustionis* *13*:57-74 (1993).

59. Crookes, R. J., M. A. A. Nazha, e F. Kiannejad, Single and Multi Cylinder Diesel-Engine Tests with Vegetable Oil Emissions, SAE Technical Paper Series Paper n°. 922230, 1992.

60. Googin, J. M., A. L. Compere, e W. L. Griffith, Technical Considerations in Choosing Alcohol Fuels for Less-Developed Countries, *Energy Res.* *3*:173-186 (1983).

61. Freedman, B., e M. O. Bagby, Predicting Cetane Numbers of n-Alcohols and Methyl Esters from Their Physical Properties, *J. Am. Oil Chem. Soc.* *67*:565-571 (1990).

62. Klopfenstein, W. E., Effects of Molecular Weights of Fatty Acid Esters on Cetane Numbers as Diesel Fuels, *J. Am. Oil Chem. Soc.* *62*:1029-1031 (1985).

63. Klopfenstein, W. E., Estimation of Cetane Index for Esters and Fatty Acids, *J. Am. Oil Chem. Soc.* *59*:531-533 (1982).

64. Goering, C. E., A. W. Schwab, M. J. Daugherty, E. H. Pryde, e A. J. Heakin, Fuel Properties of Eleven Vegetable Oils, *Trans. ASAE* *25*:1472-1477 e 1483 (1982).

65. Schwab, A. W., e E. H. Pryde, Triglyceride-Methanol Microemulsions, *J. Dispersion Sci. Technol.* *6*:563-574 (1985).

66. Dzulkefly, K., W. H. Lim, S. Hamdan, e K. Norsilah, Solubilization of Methanol and Ethanol in Palm Oil Stabilized by Medium- and Long-Chain Alkanols, *J. Chem. Technol. Biotechnol.* *77*:627-632 (2002).

67. Harrington, K. J., Chemical and Physical Properties of Vegetable Oil Esters and their Effect on Diesel Fuel Performance, *Biomass 9*:1-17 (1986).

68. Freedman, B., M. O. Bagby, T. J. Callahan, e T. W. Ryan III, Cetane Numbers of Fatty Esters, Fatty Alcohols and Triglycerides Determined by a Constant-Volume Combustion Bomb, in *SAE Technical Paper Series* n°. 900343, 1990.

69. Freedman, B., M. O. Bagby, e H. Khoury, Correlation of Heats of Combustion with Empirical Formulas for Fatty Alcohols, *J. Am. Oil Chem. Soc. 66*:595-596 (1989).

70. Ziejewski, M., K. R. Kaufman, A. W. Schwab, e E. H. Pryde, Diesel Engine Evaluation of a Nonionic Sunflower Oil-Aqueous Ethanol Microemulsion, *J. Am. Oil Chem. Soc. 61*:1620-1626 (1984).

71. Schwab, A. W., e E. H. Pryde, Micellar Solubilization of Methanol and Triglycerides, in *Phenomena in Mixed Surfactant Systems*, ACS Symposium Series n°. 311, editado por J. F. Scamehorn, American Chemical Society, Washington, 1986, pp. 283-296.

72. Dunn, R. O., e M. O. Bagby, Aggregation of Unsaturated Long-Chain Fatty Alcohols in Nonaqueous Systems, *J. Am. Oil Chem. Soc. 72*:123-130 (1995).

73. de Castro Dantas, T. N., A. C. da Silva, e A. A. D. Neto, New Microemulsion Systems Using Diesel and Vegetable Oils, *Fuel 80*:75-81 (2001).

74. Schwab, A. W., R. S. Fattore, e E. H. Pryde, Diesel Fuel-Aqueous Ethanol Microemulsions, *J. Dispersion Sci. Technol. 3*:45-60 (1982).

75. Ito, K., e Y. Yamashita, Viscosity and Solubilization Studies on Weak Anionic Polysoaps in Nonaqueous Solvents, *J. Colloid Sci. 19*:152-164 (1964).

76. Roscoe, R., The Viscosity of Suspensions of Rigid Spheres, *Brit. J. Appl. Phys. 3*:267-269 (1952).

77. Dunn, R. O., e M. O. Bagby, Low-Temperature Phase Behavior of Vegetable Oil/Co-solvent Blends as Alternative Diesel Fuel, *J. Am. Oil Chem. Soc. 77*:1315-1323 (2000).

78. Dunn, R. O., G. Knothe, e M. O. Bagby, Recent Advances in the Development of Alternative Fuels from Vegetable Oils and Animal Fats, *Recent Res. Devel. Oil Chem. 1*:31-56 (1997).

79. Dunn, R. O., Low-Temperature Flow Properties of Vegetable Oil/Cosolvent Blend Diesel Fuels, *J. Am. Oil Chem. Soc. 79*:709-715 (2002).

80. Goering, C. E., e B. Fry, Engine Durability Screening Test of a Diesel/Soy Oil/Alcohol Microemulsion Fuel, *J. Am. Oil Chem. Soc. 61*:1627-1632 (1984).

81. Du Plessis, L. M., J. B. M. De Villiers, and W. H. Van der Walt, Stability Studies on Methyl and Ethyl Fatty Acid Esters of Sunflowerseed Oil, *J. Am. Oil Chem. Soc. 62*:748-752 (1985).

82. Du Plessis, L. M., Plant Oils as Diesel Fuel Extenders: Stability Tests and Specifications of Different Grades of Sunflower Seed and Soyabean Oils, *CHEMSA 8*:150-154 (1982).

83. Knothe, G., e R. O. Dunn, Biofuels Derived from Vegetable Oils and Fats, in *Oleochemical Manufacture and Applications*, editado por F. D. Gunstone e R. J. Hamilton, Sheffield Academic, Sheffield, 2001, pp. 106-163.

84. Knothe, G., R. O. Dunn, e M. O. Bagby, Biodiesel: The Use of Vegetable Oils and Their Derivatives as Alternative Diesel Fuels, in *Fuels and Chemicals from Biomass*, ACS Symposium Series n°. 666, editado por B. C. Saha and J. Woodward, American Chemical Society, Washington, 1997, pp. 172-208.

85. Graboski, M. S., e R. L. McCormick, Combustion of Fat and Vegetable Oil Derived Fuels in Diesel Engines, *Prog. Energy Combust. Sci. 24*:125-164 (1998).

86. Ryan III, T. W., e M. O. Bagby, Identification of Chemical Changes Occurring the Transient Injection of Selected Vegetable Oils, em *New Developments in Alternative Fuels and Gasolines for SI and CI Engines*, SAE Special Publication SP-958 (Artigo n°. 930933), 1993, pp. 201-210.

87. Knothe, G., M. O. Bagby, T. W. Ryan III, T. J. Callahan, e H. G. Wheeler, Vegetable Oils as Alternative Diesel Fuels: Degradation of Pure Triglycerides During the Precombustion Phase in a Reactor Simulating a Diesel Engine, em *Alternative Fuels for CI and SI Engines*, SAE Special Publication SP-900, (Artigo n°. 920194), 1992, pp. 37-63.

88. Ryan III, T. W., T. J. Callahan, L. G. Dodge, e C. A. Moses, in *Final Report. Development of a Preliminary Specification for Vegetable Oil Fuels for Diesel Engines (USDA Grant n°. 59-2489-1-6-060-0)*, Southwest Research Institute, San Antonio, 1983.

89. Knothe, G., M. O. Bagby, T. W. Ryan III, e T. J. Callahan, Degradation of Unsaturated Triglycerides Injected into a Pressurized Reactor, *J. Am. Oil Chem. Soc. 68*:259-267 (1991).

90. Goering, C. E., A. W. Schwab, R. M. Campion, e E. H. Pryde, Soyoil-Ethanol Microemulsions as Diesel Fuel, *Trans. ASAE 26*:1602-1604 e 1607 (1983).

91. Faletti, J. J., S. C. Sorenson, e C. E. Goering, Energy Release Rates from Hybrid Fuels, *Trans. ASAE 27*:322-325 (1984).

92. Boruff, P. A., A. W. Schwab, C. E. Goering, e E. H. Pryde, Evaluation of Diesel Fuel - Ethanol Microemulsions, *Trans. ASAE 25*:25, 47-53 (1982).

93. Masjuki, H., M. Z. Abdulmuin, H. S. Sii, L. H. Chua, e K. S. Seow, Palm Oil Diesel Emulsion as a Fuel for Diesel Engine: Performance and Wear Characteristics, *J. Energy, Heat Mass Transfer 16*:295-304 (1994).

94. Sii, H.S., H. Masjuki, e A, M. Zaki, Dynamometer Evaluation and Engine Wear Characteristics of Palm Oil Diesel Emulsions, *J. Am. Oil Chem. Soc. 72*:905-909 (1995).

95. Ikura, M., M. Stanciulescu, e E. Hogan, Emulsification of Pyrolysis Derived Bio-Oil in Diesel Fuel, *Biomass Bioenergy 24*:221-232 (2003).

96. Schwab, A.W., e E. H. Pryde, Patente dos EUA n°. 4,451,267 (1984).

97. Schwab, A.W., e E. H. Pryde, Patente dos EUA n°. 4,526,586 (1985).

98. Schwab, A.W., e E. H. Pryde, Patente dos EUA n°. 4,557,734 (1985).

99. Martin, J., e J.-L. Vanhemelryck, Eur. Patent Appl. EP 587,551 (1994).

100. Schwab, A. W., Patente dos EUA n°. 4,451,265 (1984).

101. Sexton, M. D., A. K. Smith, J. Bock, M. L. Robbins, S. J. Pace, e P. G. Grimes, Eur. Patent Appl. EP 475,620 (1992).

102. Schon, S. G., e E. A. Hazbun, Patente dos EUA n°. 5,004,479 (1991).

103. Hunter, H. F., Patente dos EUA n°. 5,380,343 (1995).

104. Goering, C, E., A. W. Schwab, R. M. Campion, e E. H. Pryde, Evaluation of Soybean Oil-Aqueous Ethanol Microemulsions for Diesel Engines, in *Proceedings of the International Conference on Plant and Vegetable Oils as Fuels*, ASAE Special Publication n°. SP 4-82, 1982, pp. 279-286.

105. Liljedahl, J. B., W. M. Carleton, P. K. Turnquist, e D. W. Smith, in *Tractors and Their Power Units*, 3rd Ed., John Wiley & Sons, New York, 1979, p. 75.

Glicerol

Donald B. Appleby

Introdução

O glicerol [Resumo de Registros Químicos # 56-81; também propano-1-2-3-triol, glicerina (USP); ver Figura 1 no Capítulo 1], um álcool trihidroxilado, é um líquido claro, da cor da água, viscoso, de gosto doce e higroscópico a temperaturas ordinárias acima de seu ponto de fusão. O glicerol foi primeiramente descoberto em 1779 por Scheele, que aqueceu uma mistura de letargo e azeite de oliva e o extraiu com água. O glicerol ocorre naturalmente em formas combinadas, como os glicerídeos, em todos os óleos graxos animais e vegetais, e é recuperado como um coproduto quando esses óleos são saponificados no processo de manufatura de sabões, quando óleos ou gorduras são empregados na produção de ácidos graxos ou quando óleos ou gorduras são esterificados com metanol (ou outro álcool) para a produção de metil (alquil) ésteres. Desde 1949, o glicerol também tem sido produzido comercialmente pela síntese do propileno [115-07-1], que representa ~25% da capacidade de produção dos EUA e ~12,5% da capacidade de produção mundial.

Há milhares de usos para o glicerol, e grande parte vai para a fabricação de remédios, cosméticos, pasta de dentes, espuma de uretano, resinas sintéticas e borrachas de ésteres. A fabricação de tabaco e de alimentos também consome grandes quantidades, tanto de glicerol quanto de glicerídeos.

O glicerol ocorre em forma combinada em todas as gorduras e óleos vegetais e animais. É raramente encontrado em estado livre nessas gorduras, onde está frequentemente presente como triglicerídeos, em combinação com ácidos graxos de ocorrência natural; estes geralmente correspondem a misturas de glicerídeos que apresentam várias combinações de ácidos graxos. Óleos de coco e de semente de palma, contendo uma alta porcentagem de ácidos graxos C_6-C_{14} (70-80%), possuem maiores quantidades de glicerol que gorduras e óleos que contêm principalmente os ácidos graxos do tipo C_{16} e C_{18} (ver Tabela A-2 no Apêndice A para perfis de ácidos graxos). O glicerol também ocorre naturalmente em todas as células animais e vegetais na forma de lipídios, como a lecitina e as cefalinas. Essas gorduras complexas diferem de gorduras simples, pois invariavelmente contêm um resíduo de ácido fosfórico no lugar de um resíduo de ácido graxo.

O termo "glicerol" aplica-se somente ao componente químico puro 1,2,3-propanotriol. O termo "glicerina" aplica-se aos produtos comerciais purificados normalmente contendo > 95% de glicerol. Vários níveis de glicerina estão disponíveis comercialmente. Eles diferem um pouco em seu conteúdo de glicerol e em outras características, como cor, odor e traço de impurezas.

Propriedades

As propriedades físicas do glicerol estão listadas na Tabela 1. O glicerol é completamente solúvel em água e álcool, levemente solúvel em dietil éter, acetato de etila e dioxano e insolúvel em hidrocarbonetos (1). O glicerol é raramente visto no estado cristalizado por sua tendência de superesfriamento e sua pronunciada depressão do ponto de congelamento, quando misturado com a água. Uma mistura de 66,7% de glicerol e de 33,3% de água forma uma mistura eutética com um ponto de congelamento de -46,5 °C.

O glicerol, o álcool trihídrico mais simples, forma ésteres, éteres, haletos, aminas, aldeídos e componentes insaturados, como a acroleína. Como um álcool, o glicerol também tem a habilidade de formar sais como o gliceróxido de sódio.

Fabricação

Até 1949, todo glicerol era obtido de óleos e gorduras. No momento da edição deste livro, ~80% da produção americana e 90% da produção global vêm de glicerídeos naturais. Existe uma variedade de processos para sintetizar o glicerol a partir do propileno [115-07-1], mas somente um ainda é utilizado para produção comercial em qualquer nível. O primeiro processo sintético para obtenção do glicerol, desenvolvido em 1948, seguiu da descoberta de que o propileno poderia ser clorado em altos rendimentos para fornecer o cloreto de alila [107-05-1]. Assim, a síntese do glicerol a partir do propileno [115-07-1] tornou-se possível, porque o cloreto de alila poderia ser convertido em glicerol por vários caminhos (2). A produção de glicerol sintético teve seu pico nos anos 1960 e 1970, quando representava 50-60% do mercado, mas como a disponibilidade de glicerina natural aumentou, muitos produtores de glicerina sintética fecharam suas fábricas, restando apenas um único produtor com uma capacidade global significativa de 134.000 toneladas métricas. A glicerina sintética representa < 10% da produção global no momento da edição deste livro.

O glicerol de glicerídeos (glicerol natural) é obtido de 3 fontes: fabricação de sabão, produção de ácidos graxos e produção de ésteres graxos. Na fabricação do sabão, a gordura

Tabela 1. Propriedades físicas do glicerol	
Propriedade	**Valor**
Ponto de fusão (°C)	18,17
Ponto de ebulição (°C) 0,53 kPa 1,33 kPa 13,33 kPa 101,3 kPa	 14,9 166,1 222,4 290
Densidade específica, 25/25 °C	1,2620
Pressão de vapor (Pa) 50 °C 100 °C 150 °C 200 °C	 0,33 526 573 6100
Tensão superficial (2 °C, mN/m)	63,4
Viscosidade (20 °C, mPa·s)	1499
Calor de vaporização (J/mol) 55 °C 95 °C	 88,12 76,02
Calor de solubilização para uma diluição infinita (kJ/mol)	5,778
Calor de formação (kJ/mol)	667,8
Condutividade térmica [W/(m·K)]	0,28
Ponto de fulgor (°C) Copo aberto de Cleveland Copo fechado de Pensky-Martens	 177 199
Ponto de inflamação (°C)	204

é fervida com uma solução de soda cáustica (hidróxido de sódio) e sal. As gorduras reagem com a cáustica para formar sabão e glicerol. A presença de sal causa a separação em duas fases: a fase superior é sabão e a fase inferior, que é normalmente chamada de lixívia exaurida (geralmente, "lixívia" é um termo para designar uma solução de hidróxido de sódio ou de potássio), contém glicerol, água, sal e excesso cáustico. Os processos contínuos de saponificação para produção de sabão são muito comuns e produzem uma lixívia exaurida similar aos processos de forno ou caldeira.

Na produção de ácidos graxos, o processo mais comum é contínuo, baseado na hidrólise sob alta pressão em reator onde uma corrente ascendente e contínua de gorduras flui em contracorrente a uma coluna de água mantida a 250-260 °C e 5 MPa (720 psi). A gordura é separada pela água em ácidos graxos e glicerol. Os ácidos graxos são retirados do topo da coluna e o glicerol contido na fase aquosa (chamada água doce) decanta e é retirado do fundo. A concentração de água doce por evaporação resulta em um produto chamado hidrolisado bruto. Os ácidos graxos da separação são usados para fazer sabão, reduzidos ao álcool graxo correspondente ou comercializados como ácidos graxos.

Uma terceira fonte natural de glicerol é a transesterificação de óleos ou gorduras com álcool para produzir ésteres graxos (ver Figura 1 no Capítulo 1). O glicerol é separado dos ésteres resultantes, normalmente ésteres metílicos, pela lavagem com água. A acidificação com ácido clorídrico e a remoção de metanol residual produz um glicerol bruto com baixo teor de sal. Os ésteres metílicos têm sido historicamente reduzidos principalmente aos álcoois graxos correspondentes, mas com o advento do biodiesel, a indústria do combustível tem se tornado um consumidor tão forte quanto a indústria de detergentes. A Tabela 2 fornece uma análise da produção global de glicerol por fonte. Em 2001, a produção de biodiesel, em quase toda a Europa, representou 11% da produção ou aproximadamente 90.000 toneladas métricas. Antes de 1995, essa fonte de glicerol era irrelevante.

Recuperação. A lixívia gasta e/ou exaurida, resultante dos processos comuns de fabricação de sabão, geralmente contém 8-15% de glicerol; águas doces oriundas da hidrólise de gorduras contêm até 20% de glicerol; o glicerol bruto da esterificação contém 80% ou mais de glicerol. A qualidade da gordura usada afeta diretamente o tratamento exigido para produzir um glicerol com qualidade comercialmente aceitável. Os produtos químicos mais comumente usados para remover as impurezas da lixívia exaurida e da água doce são o ácido clorídrico e a soda cáustica.

O tratamento da lixívia gasta consiste de uma série de operações projetadas para remover quase todas as impurezas orgânicas (4,5). A lixívia gasta é normalmente tratada com ácidos minerais ou graxos para reduzir o conteúdo de material cáustico livre e de cinzas de soda e para reduzir o pH a 4,6-4,8 (6). Sulfatos devem ser evitados, porque estão associados à formação de espumas e incrustações no trocador de calor, durante o refinamento subsequente. Após o resfriamento, a espuma do sabão solidificado é retirada e um ácido é adicionado juntamente a um coagulante, seguido de filtração. A adição de soda cáustica remove o balanço do coagulante na solução e ajusta o pH a um ponto em que a substância é menos corrosiva para o processo de tratamento subsequente. A lixívia gasta

Tabela 2. Fontes globais da produção de glicerol[a]

Processo	Percentual sobre a produção global
Ácidos graxos	41%
Produção de sabão	21%
Ésteres metílicos para álcoois detergentes	14%
Ésteres metílicos como biodiesel	11%
Síntese química	9%
Outros	4%

[a] *Fonte:* Referência 3.

oriunda de modernas extrações líquido-líquido em contracorrente, usadas em sistemas contínuos de saponificação, requer pouco tratamento além da redução do álcali livre pela neutralização com ácido clorídrico. O glicerol diluído está agora pronto para concentração até níveis de 80% em glicerol bruto derivado de sabão de lixívia.

A água doce oriunda dos processos contínuos de autoclave para separação de gorduras contém pouco ou nenhum ácido e sais minerais e exige muito pouco do procedimento de purificação exigido pela lixívia gasta oriunda da fabricação do sabão de caldeira (7). A água doce deve ser processada prontamente após a separação para evitar a degradação e perda do glicerol por fermentação. A espuma de qualquer ácido graxo que subir para o topo da água doce deve ser retirada. Uma pequena quantidade de álcali é adicionada para precipitar os ácidos graxos dissolvidos e neutralizar a substância. A substância alcalina é então filtrada e evaporada até 88% de glicerol bruto. A água doce produzida por sistemas modernos de hidrólise contínua não catalisada pode ser evaporada para ~88% sem qualquer tratamento químico.

O éster bruto de glicerol é normalmente de alta qualidade quando são usados óleos refinados de boa qualidade como matérias-primas; entretanto, as recentes tendências do emprego de óleos de baixa qualidade e/ou de alto teor de ácidos graxos livres para a produção do biodiesel, como gordura amarela, sebo ou óleos de frituras reciclados, resultam em uma glicerina bruta de qualidade inferior que contém várias impurezas, sais, odor e cor que são difíceis de remover durante o processo de refino. Em ambos os casos, o resíduo inorgânico associado ao catalisador de esterificação está tipicamente presente em uma concentração $\geq$ 1%. O glicerol bruto originado da esterificação ou da separação de óleos 100% vegetais é segregado de outros gliceróis por um processo de produção de glicerina kosher (judaica), o que normalmente lhe confere um maior valor de mercado.

Concentração. A qualidade do glicerol bruto afeta diretamente a operação de refinamento e o rendimento da glicerina. As especificações para glicerol bruto normalmente limitam o conteúdo de cinza, ou seja, uma medida dos resíduos de sal e minerais; substâncias orgânicas outras que não o glicerol, as quais incluem ácidos graxos e ésteres; trimetileno glicol, ou seja, propano-1,3-diol; água e açúcares (5).

As substâncias diluídas no glicerol, após a purificação, são concentradas no glicerol bruto por evaporação. Esse processo é realizado usando-se evaporação convencional sob vácuo aquecido por vapor de baixa pressão. No caso do glicerol derivado de sabão de lixívia, mecanismos estão disponíveis para a recuperação do sal que se forma conforme a lixívia gasta é concentrada. Evaporadores múltiplos são tipicamente usados para conservar a energia, enquanto concentram as substâncias de interesse até um conteúdo de glicerol de 85-90%.

Refino. O refino do glicerol natural é geralmente realizado por destilação, seguida por tratamento com carbono ativo. Em alguns casos, o refino é realizado por processos de troca iônica.

Destilação. No caso da lixívia exaurida bruta, a composição é ~80% de glicerol, 7% de água, 2% de resíduo orgânico e < 10% de cinzas. O hidrolisado bruto é geralmente de melhor qualidade que o sabão detergente bruto, e apresenta uma composição de ~88% de glicerol, < 1% de cinzas (pouco ou nenhum sal) e < 1,5% de resíduo orgânico.

O equipamento de destilação para resíduos brutos de sabão de lixívia e de esterificação requer metalurgia resistente à presença de sais. O sal sólido que resulta da evaporação do glicerol é removido por filtração ou como sedimentos de um evaporador de filme seco. Evaporadores de parede irregular são capazes de vaporizar o glicerol muito rapidamente e quase completamente, tanto que um resíduo seco pulverizado é descarregado da base da unidade (5). A destilação do glicerol sob pressão atmosférica não é praticável porque promove a sua polimerização e decompõe o glicerol até o ponto normal de ebulição de 204 °C. Uma combinação de vácuo e destilação a vapor tem sido usada, na qual os vapores passam do destilador por uma série de condensadores ou por uma coluna empacotada de fracionamento na seção superior do destilador. O glicerol relativamente puro é condensado. Condições de alto vácuo em destiladores modernos minimizam as perdas de glicerol devidas à polimerização e à decomposição.

Branqueamento e deodorização. O uso extensivo do glicerol e dos derivados de glicerol na indústria alimentícia enfatiza a importância de se remover tanto a cor quanto o odor (propriedades também exigidas pelo padrão USP e por graus de qualidade extra). Suportes de carbono ativado (1-2%) e de filtro de diatomito são adicionados ao glicerol em um tanque de branqueamento a 74-79 °C, agitados por 1-2 h e então filtrados na mesma temperatura, alta o bastante para garantir uma filtragem fácil, mas não tão alta a ponto de levar ao escurecimento do glicerol.

Trocadores de íons. Muitos gliceróis naturais são refinados pelos métodos descritos. Entretanto, muitos refinadores empregam ou empregaram sistemas de troca iônica. Quando se tem muitos sólidos ionizados, como no sabão detergente bruto, o tratamento de exclusão iônica pode ser usado para separar o material ionizado do não ionizado (especialmente glicerol). Uma resina granular como a Dowex 50WX8 pode ser usada para a exclusão iônica. Para a troca de íons, o glicerol bruto ou destilado pode ser tratado com uma resina apropriada para o teor de glicerol e de impurezas nele presentes. Resinas macrorreticulares, como a Amberlite 200, 200C, IRA-93 e IRA-90, podem ser usadas com glicerol não diluído. Entretanto, a desodorização a vapor é geralmente necessária para remover odores impregnados pela resina. A troca iônica e a exclusão iônica não são alternativas amplamente usadas para a destilação (5).

Graus de pureza. Dois graus de glicerol bruto são comercializados: (i) glicerol bruto de sabão de lixívia (às vezes, também conhecido como sal bruto), obtido pela concentração do detergente de caldeira ou de processos contínuos de fabricação de sabão e que contém ~80% de glicerol; e (ii) glicerol bruto de hidrólise, resultante da hidrólise de gorduras e que contém ~88-91% de glicerol e uma pequena quantidade de sais orgânicos. Como o glicerol da produção de ésteres metílicos contém sal, normalmente é comercializado como sal bruto. O valor que se pode obter no mercado pelo glicerol bruto será diretamente proporcional à sua qualidade, conforme a facilidade com que poderá ser refinado subsequentemente.

Vários graus de glicerol refinado são comercializados, como de alta densidade e USP: as especificações variam dependendo do consumidor e do uso pretendido. Entretanto, muitos usos industriais requerem especificações iguais ou até mais estritas que as da USP; assim, a grande maioria das glicerinas comercializadas atende pelo menos às especificações da USP.

O glicerol de classe USP é incolor como a água e atende às exigências da USP. É classificado como GRAS (geralmente reconhecido como seguro) pela FDA (Food and Drug Administration), serve para uso culinário, farmacêutico e cosmético e é apropriado para quando se exige maior qualidade ou o produto for designado para consumo humano. Tem uma densidade específica mínima (25 °C/25 °C) de 1,249, correspondendo a > 95% de glicerol; entretanto, uma pureza mínima de 99,5% de glicerol é a qualidade mais comumente encontrada no mercado. No entanto, atender simplesmente às especificações do compêndio da USP não basta para ser considerado um glicerol USP. Práticas de Fabricação Adequadas para a indústria farmacêutica devem ser estritamente adotadas, inclusive o rastreamento dos lotes. Além disso, um produtor, importador ou revendedor deve obedecer a todos os outros regulamentos aplicáveis, sejam federais ou locais, inclusive a Lei Federal de Bioterrorismo de 2003.

A classificação da Farmacopeia Europeia (PH.EUR) é similar à da USP, mas a classificação PH.EUR tem um conteúdo mínimo de glicerol de 99,5%. A classificação quimicamente pura (CP) designa uma classificação de glicerol que é quase a mesma da USP, mas com especificações variando levemente de acordo com o comprador e o vendedor. A classificação de alta densidade corresponde a um glicerol amarelo pálido para uso industrial, com uma densidade específica mínima de 1,2595 (25 °C/25 °C). O grau de dinamite, que tem a mesma densidade específica que a variedade de alta densidade, porém coloração mais amarela, tinha boa qualidade, mas desapareceu do mercado. Todos esses graus satisfazem as especificações federais para o glicerol (0-G491B-2). Virtualmente, todos os graus de glicerina podem ser produzidos na forma kosher (judaica), contanto que as matérias-primas sejam 100% à base de vegetais e a certificação e a aprovação do rabino sejam obtidas.

Aspectos Econômicos

Até recentemente, a produção comercial e o consumo de glicerol eram geralmente considerados uma medida precisa da atividade industrial, pelo fato deste participar de um grande número de processos industriais. No passado, eles tendiam a subir em períodos de prosperidade e cair em épocas de recessão. Entretanto, o advento da indústria do biodiesel mudou a dinâmica do mercado, porque o consumo de combustíveis à base de ésteres metílicos é comandado por fatores diferentes, como a política agrícola, a taxa de créditos, a legislação de segurança ambiental e de energia e os marcos regulatórios, bem como os preços do petróleo; desse modo, houve um aumento no elo entre a geração de glicerol e a atividade econômica geral.

Em toda a discussão sobre os aspectos comerciais do mercado do glicerol, é imperativo ter em mente que, ao contrário da maioria dos processos químicos industriais, o suprimento de glicerina não é determinado por sua demanda, mas pela demanda global de sabão, detergentes, amaciantes e, mais recentemente, biodiesel, bem como de todos os outros produtos em que ácidos graxos, álcoois graxos e seus derivados são usados.

A produção de glicerol nos Estados Unidos (Tabela 3) subiu de 19.800 toneladas métricas em 1920 para um pico de 166.100 toneladas em 1967 (8). Durante os 20 anos subsequentes, a produção norte-americana permaneceu razoavelmente estável em 130.000-140.000 toneladas métricas por ano. Durante os anos 1990, entretanto, a produção se expandiu novamente para desafiar o recorde de 1967. Ao mesmo tempo, a produção de glicerol no mundo continuou a se expandir de 650.000 toneladas métricas por ano em 1995 para ~800.000 em 2001. Muito do aumento dessa produção pode ser atribuído ao desenvolvimento de uma indústria europeia do biodiesel durante esse período.

A natureza do subproduto do glicerol leva a uma volatilização dos preços no mercado, pois os produtores têm que estimular ou restringir a demanda para atender o suprimento disponível, o qual, conforme comentado previamente, é determinado por fatores alheios ao mercado do glicerol. Desde 1920, o preço do glicerol refinado nos Estados Unidos tem variado de $0,22/kg nos anos 1930 até $2,30/kg em 1995. Transcorridos 4 anos desse pico, preços de apenas $0,64/kg foram registrados no mercado americano, assim que as grandes importações da Ásia e Europa chegaram aos Estados Unidos.

Usos

O glicerol é usado em quase toda a indústria. O maior uso é na indústria de medicamentos e produtos de higiene bucal, incluindo creme dental e enxaguantes bucais (Tabela 4). Seu uso no processamento do tabaco e de espumas de uretano permanece em um nível de consumo relativamente equilibrado. O uso em alimentos, medicamentos e cosméticos tem crescido, embora o uso de resinas alquídicas tenha diminuído consideravelmente.

Tabela 3. Produção de glicerina nos Estados Unidos (100% baseada em glicerol), em toneladas métricas

Ano	Produção Bruta
1920	19.800
1940	71.600
1950	102.300
1960	136.900
1970	153.900
1980	136.860
1990	133.450
2000	156.950

Alimentos. Como alimento, o glicerol não é tóxico e é facilmente digerido; seu metabolismo o classifica junto aos carboidratos, embora esteja presente na forma combinada em todas as gorduras vegetais e animais. Na coloração e aromatização de produtos, o glicerol age como solvente e sua viscosidade dá corpo e consistência ao produto. Passas saturadas no glicerol permanecem macias quando misturadas a cereais. É usado como solvente, agente umectante e ingrediente de xaropes na forma de veículo. Em balas e coberturas, o glicerol retarda a cristalização do açúcar. O glicerol é usado como meio para transferir calor por contato direto, durante o rápido congelamento de alimentos, e como lubrificante de máquinas usadas para fabricar e embalar alimentos. Os emulsificantes, na forma de ésteres de glicerol, são empregados em grande volume na indústria de alimentos, sendo que misturas de mono e diglicerídeos são as mais comumente usadas, embora monoglicerídeos destilados também tenham importância no mercado (ver Derivados/Ésteres a seguir). Os poligliceróis e os ésteres poliglicerídicos têm sido cada vez mais usados em alimentos, particularmente em gorduras e margarinas.

Medicamentos e cosméticos. Em drogas e remédios, o glicerol é um ingrediente de muitas tinturas e elixires, e o glicerol do amido é usado em gelatinas e pomadas. É empregado em medicamentos contra tosse e anestésicos, como soluções de glicerol-fenol, para tratamento de ouvido e no meio de culturas bacteriológicas. Seus derivados são usados em tranquilizantes (p.ex., o guaiacolato de glicerila [93-14-1]) e a nitroglicerina [55-65-0] é um vasodilatador para os espasmos coronários. Em cosméticos, o glicerol é usado em muitos cremes e loções para manter a pele macia e recuperar a maciez da pele. É amplamente usado em cremes dentais para manter a cremosidade e viscosidade desejadas e dar brilho à pasta.

Tabela 4. Uso de glicerol nos Estados Unidos, em toneladas métricas [a]

Uso	1978	1998
Resinas alquídicas	21.510	9.400
Celofane & moldes	6.380	5.365
Tabaco & triacetina	20.300	24.235
Explosivos	2.890	2.220
Material odontológico & farmacêutico	19.760	44.215
Cosméticos	4.340	21.645
Alimentos, incluindo emulsificantes	14.830	42.180
Uretanas	13.810	17.780
Outros & vendas em distribuidoras	26.730	18.130
Total	130.550	185.150

[a] *Fonte:* Referência 9.

Tabaco. No processamento do tabaco, o glicerol é uma parte importante da solução de cobertura, pulverizada sobre o tabaco antes que as folhas sejam cortadas e embaladas. Junto com outros agentes aromatizantes, é aplicado em uma média de ~20% (m/m) do tabaco para evitar que as folhas fiquem friáveis e se esmigalhem durante o processamento; permanecendo no tabaco, o glicerol ajuda a reter a umidade, evitando assim que ele seque e influenciando o seu desempenho na queima. Também é usado na fabricação de tabaco de mascar, para adicionar suavidade e evitar a desidratação, e como plastificante em cigarros de papel.

Materiais de embalagem e empacotamento. Embalagens de carne e tipos especiais de papel, como papel laminado e papel impermeável, precisam de plastificantes para ter flexibilidade e resistência; assim, o glicerol é completamente compatível com os materiais usados, pois é absorvido por eles e não cristaliza ou volatiliza rapidamente.

Lubrificantes. O glicerol pode ser usado como um lubrificante em lugares onde um óleo não funcionaria. É recomendado para compressores de oxigênio, porque é mais resistente à oxidação que óleos minerais. Também é usado para lubrificar bombas e suportes expostos a fluidos como gasolina e benzeno, os quais dissolveriam lubrificantes do tipo oleoso. Na indústria de alimentos, farmacêutica e de cosméticos, onde há contato com um lubrificante, o glicerol pode ser usado para substituir óleos.

O glicerol é muito valioso como agente lubrificante em virtude de sua alta viscosidade e habilidade em permanecer fluido a baixas temperaturas, sem exigir qualquer modificação química. Para aumentar seu poder lubrificante, grafites finamente divididos podem ser nele dispersos. Sua viscosidade pode ser diminuída com adição de água, álcool ou glicóis ou aumentada pela polimerização ou mistura com amido; pastas com esse tipo de composição podem ser usadas para embalar encaixes de canos, em linhas de gases ou em aplicações similares. Para uso em aparelhos de alta pressão e válvulas, adicionam-se sabões ao glicerol para aumentar a sua viscosidade e melhorar sua habilidade lubrificante. Uma mistura de glicerina e glicose é empregada como lubrificante antissecante na prensagem de estampas em metais. Na indústria têxtil, o glicerol é frequentemente usado em conexão com os chamados óleos têxteis, nas operações de fiação, tricotagem e tecelagem.

Polímeros uretânicos. Um uso importante do glicerol se dá como bloco construtivo fundamental de poliésteres para a produção de polímeros uretânicos. Nesse uso, o glicerol é o iniciador sobre o qual o óxido de propileno, sozinho ou com óxido de etileno, é adicionado para produzir polímeros trifuncionais, os quais, sob reação com diisocianatos, produzem espumas uretânicas flexíveis. Os poliésteres à base de glicerol também têm seu uso, em espumas rígidas de uretano.

Outros usos. No final dos anos 1990, quando os preços do glicerol atingiram baixos níveis em virtude do grande aumento na produção europeia de biodiesel, pelo menos uma companhia de produtos para o consumidor formulou glicerina em detergentes líquidos para lavanderia como uma substituição parcial do propileno glicol. O glicerol também é usado em componentes do cimento, de calefação, fluidos conservantes, componentes de proteção, componentes de solda, asfalto, cerâmicas, produtos fotográficos e adesivos.

Derivados

Os derivados do glicerol incluem acetais, aminas, ésteres e éteres. Destes, os ésteres são os mais amplamente empregados. As resinas alquídicas são ésteres de glicerol e anidrido ftálico. O trinitrato de glicerol [55-63-0] (nitroglicerina) é usado em explosivos e como estimulante cardíaco. Incluídos entre os ésteres também estão as gomas (resinas ácidas do tipo éster de glicerol) e os mono- e diglicerídeos (glicerol esterificado com ácidos graxos ou glicerol transesterificado com óleos), usados como emulsificantes e em gorduras. Os sais do ácido glicerofosfórico são usados medicinalmente.

Misturas de glicerol com outras substâncias são frequentemente nomeadas como se derivassem do glicerol, p.ex., boroglicerídeos (também chamados boratos de glicerila) são misturas de ácido bórico e glicerol. Derivados como acetais, cetais, cloroidrinas e éteres podem ser preparados, mas não são feitos comercialmente, com exceção dos poligliceróis.

Os poligliceróis, éteres preparados com o próprio glicerol, têm muitas das propriedades do glicerol. O diglicerol [627-82-7] é um líquido viscoso [287 mm^2/s (= cSt) a 65,6 °C], ~25 vezes mais viscoso que o glicerol. Os poligliceróis oferecem maior flexibilidade e funcionalidade que o glicerol. Os poligliceróis, inclusive o triacontaglicerol (glicerol condensado de 30 moléculas), têm sido preparados comercialmente; as maiores formas são sólidas; eles são solúveis em água, álcool e outros solventes polares; e agem como umectantes, como o glicerol, mas têm peso molecular e ponto de ebulição progressivamente mais altos. Produtos baseados em poligliceróis são úteis em agentes de superfície ativa, emulsificantes, plastificantes, adesivos, lubrificantes, agentes antimicrobianos, especialidades médicas e alimentos dietéticos.

Ésteres. Os mono- e diésteres do glicerol e ácidos graxos ocorrem naturalmente em gorduras que foram parcialmente hidrolisadas. Os triacilgliceróis são componentes primários das gorduras e óleos graxos. Os mono e diacilgliceróis são feitos da reação de ácidos graxos ou óleos puros ou hidrogenados, como os de semente de algodão e de coco, com um excesso de glicerol ou poligliceróis. Os glicerídeos comerciais são misturas de mono e diésteres, com uma pequena porcentagem de triéster. Eles também contêm pequenas quantidades de ácidos sem glicerol e sem gorduras. Os monoacilgliceróis de alta pureza são preparados por destilação molecular das misturas de glicerídeos.

Os mono- e diésteres de ácidos graxos de alta massa molar são solúveis em óleo e insolúveis em água. Todos são comestíveis, salvo o ricinoleato e o erucato, e têm seu principal uso como emulsificantes em alimentos e no preparo de assados (10). Fabrica-se uma mistura de mono-, di- e triglicerídeos em grandes quantidades para uso em manteigas superglicerinadas. Mono e diglicerídeos são importantes agentes modificadores na fabricação de resinas alquídicas, detergentes e outros agentes de superfície ativa. Os monoglicerídeos também são usados no preparo de cosméticos, pigmentos, ceras para o chão, borrachas sintéticas, pinturas e produtos têxteis (11), por exemplo.

Os triglicerídeos preparados sob encomenda com propriedades nutricionais únicas cresceram em importância nos últimos anos. Esses componentes são produzidos da esterificação do glicerol com ácidos graxos específicos de alta pureza. Um triglicerídeo consistindo inicialmente de cadeias de ácidos graxos C_8, C_{10} e C_{22}, designado *caprenina*, foi comercializado como um substituto de menor valor calórico para a manteiga de cacau (12). Começando por monoglicerídeos behênicos feitos do glicerol e do ácido behênico, os ácidos leves cáprico e caprílico podem ser anexados ao monoglicerídeo behênico para fornecer um triglicerídeo de uma única cadeia longa de ácido graxo (13,14).

Acetinas. As acetinas são mono-, di- e triacetatos de glicerol que se formam quando o glicerol é aquecido com ácido acético. A monoacetina (glicerol monoacetato [26446-35-5]) é um líquido higroscópico denso e é vendido para uso na fabricação de explosivos, curtume e como solvente para tinturas. A diacetina (glicerol diacetato [25395-31-7]) é um líquido higroscópico e é vendido em grau técnico para uso como plastificante, agente amaciante e solvente. A triacetina, ponto de fusão = -78 °C, tem um odor bem suave e um gosto amargo. O glicerol triacetato [102-76-1] ocorre naturalmente em pequenas quantidades na semente do *Euonymus europaeus*. A maioria das triacetinas comerciais é de classificação USP. Seu uso primário se dá como plastificante de celulose na fabricação de filtros de cigarros; seu segundo maior uso é como componente ligante para combustíveis sólidos de foguetes. Menores quantidades são usadas como fixador de perfumes, como plastificante para nitrato de celulose, na fabricação de cosméticos e como veículo em composições de fungicidas.

Identificação e Análise

Os métodos da Sociedade Americana dos Químicos de Óleos (AOCS) são os principais procedimentos analíticos adotados nos Estados Unidos e no Canadá e, portanto, são considerados oficiais em transações comerciais; na Europa, entretanto, os métodos adotados são aqueles publicados pelo Grupo Europeu de Oleoquímica e de Produtos Associados do CEFIC (conhecido como APAG). Quando o material é para consumo humano ou para medicamentos, deve obedecer às especificações da USP (15), Farmacopeia Europeia ou Japonesa. Graus destilados comerciais de glicerol não exigem purificação antes de análises pelos métodos usuais. A determinação do conteúdo de glicerol pelo método do periodato (16), o qual substituiu os métodos de acetina e dicromato previamente usados, é mais apurado, específico, simples e rápido.

O glicerol é mais facilmente identificado pelo aquecimento de uma gota da amostra com ~1g de bissulfito potássico em pó, notando-se o odor penetrante e irritante da acroleína que é formada. Em virtude da toxicidade da acroleína, o método preferido é o da Associação de Cosméticos, Artigos de Toucador e Fragrâncias (CFTA) GI-1, um método espectrométrico realizado por absorção no infravermelho. O glicerol pode ser identificado pela preparação de derivados cristalinos como o tribenzoato de glicerila, PF 71-72 °C; glicerol tris(3,5-dinitrobenzoato), PF 190-192 °C; ou glicerol tris(*p*-nitrobenzoato), PF 188-189 °C (17).

A concentração de glicerol destilado é facilmente determinada por sua densidade específica (18) pelo método picnométrico (19), com precisão de +/- 0,02%. A determinação do índice de refração também é empregada (mas não tão amplamente) para medir a concentração de glicerol a +/- 0,1% (20). O método preferido para se determinar a presença de água no glicerol é o método volumétrico Karl Fischer (21). A água também pode ser determinada por uma destilação quantitativa especial, na qual a água destilada é absorvida pelo perclorato de magnésio anidro (22). Outros testes como cinzas, alcalinidade ou acidez, cloreto de sódio e resíduo total orgânico estão incluídos nos métodos AOCS (15,18,20).

Manuseio e Estocagem

A maior parte do glicerol bruto é embarcada para refinadores em contêineres padrão ou vagões-tanque. Os brutos importados chegam em quantidade, em navios equipados com tanques para tal carregamento ou em tambores. O glicerol refinado de classificação CP ou USP é embarcado principalmente em tanques ou vagões-tanque. São normalmente de aço inoxidável, alumínio ou envernizados. Entretanto, o glicerol puro tem pouca tendência corrosiva e pode ser embarcado em tanques de aço padrão, contanto que estejam limpos e livres da ferrugem. Alguns produtores oferecem glicerol refinado em tambores não retornáveis de 250 a 259 kg (208 L ou 55 gal) (ICC-17E). Estes normalmente têm uma cobertura de resina fenólica como proteção.

Estocagem. Para o recebimento do glicerol em carros-tanque de 30,3 m^3 (8.000 gal; 36,3 t), o tanque de armazenagem deve ter uma capacidade de 38-45 m^3 [(10-12) x 10^3 gal)]. Preferencialmente, o tanque deve ser de aço inoxidável (304 ou 316), de aço niquelado inoxidável ou de alumínio. Algumas resinas, como a Lithcote, também têm sido usadas. Na temperatura ambiente, o glicerol não corrói seriamente os tanques de aço, mas, gradualmente, o líquido absorvido pode causar algum efeito. Por isso, os tanques devem ser selados com um respiro para trocas gasosas.

Temperaturas de manuseio. A temperatura ideal para se bombear é de 37-48 °C. Os tubos devem ser de aço inoxidável, alumínio ou ferro galvanizado. As válvulas e bombas devem ser de bronze, ferro fundido com bronze ou aço inoxidável. Uma bomba de capacidade de 3,15 L/s (50 gal/min) descarrega um tanque com glicerol aquecido em ~4 h.

Fatores de Saúde e Segurança

O glicerol tem grau GRAS desde 1959, é um aditivo alimentar para fins gerais ou variados segundo o CFR (Código de Regulamentos Federais) (23) e é permitido em alguns materiais de embalagem alimentar.

Os níveis das doses letais orais para 50% da população foram de 470 mg/kg para ratos (24) e de 7750 mg/kg para cobaias (25). Muitos outros estudos (26-28) mostraram que grandes quantidades de glicerol sintético e natural podem ser administradas oralmente em animais experimentais e humanos sem o aparecimento de efeitos adversos. A administração intravenosa de soluções contendo 5% de glicerol em animais ou humanos não causou efeitos tóxicos ou indesejáveis (29). A toxicidade aquática (TLm96) para o glicerol é de > 1.000 mg/L (30), o que é definido pelo Instituto Nacional de Saúde e Segurança Ocupacional como um risco insignificante.

Referências

1. *Physical Properties of Glycerin and Its Solutions*, Glycerin Producers' Association, New York, 1975.

2. *Ullman's Encyclopedia of Industrial Chemistry*, 5th Ed., Vol A1, p. 425

3. HBI Report

4. Patrick, T.M., Jr., E. T. McBee, e H. B. Baas, *J. Am. Chem. Soc*. 68, 1009 (1946).

5. Sanger, W.E., *Chem. Met. Eng*. 26, 1211 (1922).

6. Woollatt, E., *The Manufacture of Soaps, Other Detergents and Glycerin*, John Wiley & Sons, Inc., New York, 1985, pp. 296-357.

7. J. L. Trauth, *Oil Soap* 23, 137 (1946).

8. *SDA Glycerin and Oleochemicals Statistics Report*, The Soap and Detergent Association, New York, 1992.

9. *SDA Glycerine End Use Survey*, The Soap and Detergent Association, Washington, DC, 2002

10. Nash, N.H, e V. K. Babayan, *Food Process*. 24(11), 2 (1963); *Baker's Dig*. 38(9), 46 (1963).

11. Parolla, A.E. e C. Z. Draves, *Am. Dyestuff Rep*. 46, 761 (Oct. 21,1957); 47, 643 (22 de setembro, 1958).

12. *Caprenin*, U.S. FDA GRAS Petition 1GO373, U.S. Food and Drug Administration, Washington, D.C., 1990.

13. U.S. Pat. 5,142,071 (Aug. 25,1992), B. W. Kluesener, G. K. Stipp, e D. K. Yang (to Procter & Gamble).

14. U.S. Pat. 5,142,072 (Aug. 25, 1992), G. K. Stipp e B. W. Kluesener (to Procter & Gamble).

15. *The United States Pharmacopoeia* XX rasp XX-NF XV), The United States Pharmacopoeial Convention, Inc., Rockville, Md., 1980.

16. Official and Tentative Methods, 3rd ed., American Oil Chemists' Society, Chicago, IL, 1978, Ea6-51.

17. Miner, C.S., e N. N. Dalton, *Glycerol*, ACS Monograph 117, Reinhold Publishing Corp., New York, 1953, pp. 171-175.

18. Bosart, L.W., e A. O. Snoddy, *Ind. Eng. Chem*. 19, 506 (1927).

19. Ref. 13, Ea7-50.

20. Hoyt, L.T., *Ind. Eng. Chem*. 26, 329 (1934).

21. Ref. 13, Ea8-58.

22. Spaeth, C.P., e G. F. Hutchinson, *Ind. Eng. Chem. Anal. Ed*. 8, 28 (1936).

23. *Code of Federal Regulations*, Title 21, Sect. 182.1320, Washington, D.C., 1993.

24. Smyth, H.F., J. Seaton, e L. Fischer, *J. Ind. Hyg. Toxicol*. 23, 259 (1941).

25. Anderson, R.C., P. N. Harris, e K. K. Chen, *J. Am. Pharm. Assoc. Sci. Ed*. 39, 583 (1950).

26. Johnson, V., A. J. Carlson, e A. Johnson, *Am. J. Physiol*. 103, 517 (1933).

27. Hine, C.H., H. H. Anderson, H. D. Moon, M. K. Dunlap, e M. S. Morse, *Arch. Ind. Hyg. Occup. Med*. 7, 282 (1953).

28. Deichman, W., *Ind. Med. Ind. Hyg. Sec.* 9(4),60 (1940).

29. Sloviter, H.A., *J. Clin. Inv.* 37, 619 (1958).

30. Hann W., e P. A. Jensen, *Water Quality Characteristics of Hazardous Materials*, Texas A&M University, College Station, 1974, p. 4.

Tabelas Técnicas

Este apêndice contém quatro tabelas que foram mencionadas nos capítulos anteriores:

1. Propriedades de ácidos e ésteres graxos que são relevantes para o biodiesel.
2. Principais ácidos graxos (%, m/m) presentes em alguns óleos e gorduras que já foram utilizados e/ou testados como combustível diesel alternativo.
3. Propriedades combustíveis de várias gorduras e óleos.
4. Propriedades físicas de ésteres de óleos e gorduras que estão relacionadas à sua aplicação como combustível.

Os dados dessas tabelas foram retirados das 27 referências que se encontram listadas no final deste apêndice. A numeração da lista de referências corresponde aos números listados nas tabelas. Portanto, esses números não estão relacionados com as listas de referências apresentadas nos demais capítulos deste livro.

Tabela A-1. Propriedades de ácidos e ésteres graxos de maior relevância para o biodiesel

Nome trivial (sistemático); Acrônimo	Massa molar	PF[a] (°C)	PE[a,b] (°C)	Número de cetano	Viscosidade cinemática[c] (40 °C; mm²/s = cSt)	HG[d] (kg-cal/mol)
Ácido caprílico (Octanoico); 8:0	144,213	16,5	239,3			
Metil éster	158,240		193	33,6 (98,6)[e]	1,16[j]; 0,99[k];	1313
Etil éster	172,268	–43,1	208,5		1,37 (25°C)[k]	1465
Butil éster	200,322			39,6 (98,7)[e]		
Ácido cáprico (Decanoico); 10:0	172,268	31,5	270	47,6 (98,0)[e]		1453,07 (25 °C)
Metil éster	186,295		224	47,2 (98,1)[e]; 47,9[f]	1,69[j]; 1,40[k]	1625
Etil éster	200,322	–20	243-5	51,2 (99,4)[e]	1,99 (25 °C)[j]	1780
Propil éster	214,349			52,9 (98)[e]		
Iso-propil éster	214,349			46,6 (97,7)[e]		
Butil éster	228,376			54,6 (98,6)[e]		
Ácido láurico (Dodecanoico); 12:0	200,322	44	131^{1}			1763,25 (25 °C)
Metil éster	214,349	5	266^{766}	61,4 (99,1)[e];	2,38[j]; 1,95[k];	1940
Etil éster	228,376	–1,8fr	163^{25}	60,8[f]	2,88[k]	2098
Ácido mirístico (Tetradecanoico); 14:0	228,376	58	$250,5^{100}$			2073,91 (25 °C)
Metil éster	242,403	18,5	295^{751}	66,2 (96,5)[e]; 73,5[f]	3,23[j]; 2,69[k]	2254
Etil éster	256,430	12,3	295	66,9 (99,3)[e]		2406
Butil miristato	284,484			69,4 (99,0)[e]		

Ácido palmítico (Hexadecanoico); 16:0	256,430	63	350			2384,76
Metil éster	270,457	30,5	$415\text{-}8^{747}$	74,5 (93,6)[e];	4,32[j]; 3,60[k];	(25 °C)
Etil éster	284,484	19,3/24	191^{10}	85,9[g]; 74,3[f]		2550
Propil éster	298,511	20,4	190^{12}	93,1[g]		2717
Iso-propil éster	298,511	13-4	160^{2}	85,0[g]		
Butil éster	312,538	16,9		82,6[g]		
2-butil éster	312,538			91,9[g]		
Iso-butil éster	312,538	22,5,	199^{5}	84,8[g]		
Triacilglicerol	807,339	28,9	310-20	83,6[g]		
		66,4		89[h]		7554
Ácido palmitoleico (9(*Z*)-	254,412					
Hexadecenoico); 16:1	268,439			51,0[g]		2521
Metil éster						
Ácido esteárico (Octadecanoico); 18:0	284,484	71	360d	61,7[i]		2696,12
Metil éster	298,511	39	$442\text{-}3^{747}$	86,9 (92,1)[e];	5,61[j] 4,74[k]	(25 °C)
Etil éster	312,538	31-33,4	199^{10}	101[i]; 75,6[f]		2859
Propil éster	312,538			76,8[i]; 97,7[g]		3012
Iso-propil éster	312,538			69,9[i]; 90,9[g]		
Butil éster	326,565	27,5	343	96,5[g]		
2-butil éster	326,565			80,1[i]; 92,5[g]		
Iso-butil éster	326,565			97,5[g]		
Triacilglicerol	891,501	73		99,3[g]		
				85[h]		8558
Ácido oleico (9(*Z*)-Octadecenoico); 18:1	282,468	16	286^{100}	46,1[i]		2657,4 (25 °C)
Metil éster	296,495	–20	$218{,}5^{20}$	55[i]; 59,3[g]	4,45[j]; 3,73[k]	2828
Etil éster	310,522		$216\text{-}7^{151}$	53,9[i]; 67,8[g]	5,50 (25 °C)[k]	
Propil éster	324,547			55,7[i]; 58,8[g]		
Iso-propil éster	324,547			86,6[g]		
Butil éster	338,574			59,8[i]; 61,6[g]		
2-butil éster	338,574			71,9[g]		
Iso-butil éster	338,574			59,6[g]		
Triacilglicerol	885,453	–5,5	$235\text{-}40^{18}$	45[h]		8389

continua

Tabela A-1. Propriedades de ácidos e ésteres graxos de maior relevância para o biodiesel (continuação)

Nome trivial (sistemático); Acrônimo	Massa molar	PF[a] (°C)	PE[a,b] (°C)	Número de cetano	Viscosidade Cinemática[c] (40°C; mm^2/s = cSt)	HG[d] (kg-cal/mol)
Ácido linoleico (9Z,12Z-	280,452	–5	$229\text{-}30^{16}$	31,4[i]	3,64[j]; 3,05[k];	2794
Octadecadienoico); 18:2	294,479	–35	215^{20}	42,2[i]; 38,2[g]		
Metil éster	308,506		$270\text{-}5^{180}$	37,1[i]; 39,6[g]		
Etil éster	322,533			40,6[i]; 44,0[g]		
Propil éster	336,560			41,6[i]; 53,5[g]		
Butil éster	879,405			32[h]		
Triacilglicerol						
Ácido linolênico (9Z,12Z,15Z-	278,436	–11	$230\text{-}2^{17}$	20,4[i]	3,27[i]; 2,65[k]	2750
Octadecatrienoico); 18:3	292,463	–57/-52	$109^{0,018}$	22,7[i]		
Metil éster	306,490		$174^{2,5}$	26,7[i]		
Etil éster	320,517			26,8[i]		
Propil éster	324,544			28,6[i]		
Butil éster	873,357			23[i]		
Triacilglicerol						
Ácido erúcico (13Z-Docosenoico); 22:1	338,574	33-4	265^{15}		7,21[j]; 5,91[k]	3454
Metil éster	352,601		$221\text{-}2^{5}$			
Etil éster	366,628		$229\text{-}30^{5}$			

a) Os dados de ponto de fusão e de ebulição foram obtidos das Refs. **1** e **2**. b) Os índices denotam a pressão (mm Hg) em que o ponto de ebulição foi determinado. c) Todos os valores de viscosidade foram determinados a 40°C, com exceção de alguns valores que foram identificados na tabela. As viscosidades cinemáticas foram obtidas da Ref. **8**. Alguns valores de viscosidade dinâmica também foram fornecidos (veja a nota j). d) Os calores de combustão foram derivados das Refs. **2** e **3**. e) Ref. **4**. O número em parêntesis indica a pureza (%) do material utilizado para a determinação de NC, conforme os dados da Ref. **4**. f) Ref. **5**. g) Ref. **6**. h) Estimativa dos números de cetano de acordo com a Ref. **7**. i) Ref. **8**. j) Ref. **9**. k) Viscosidade dinâmica (mPa s = cP), Ref. **10**.

Tabela A-2. Principais ácidos graxos (%, m/m) de óleos e gorduras utilizados e/ou testados como combustível diesel alternativo[a] Valores adaptados das Refs. 1 e 11.

Óleo ou gordura	Índice de iodo	Índice de saponificação	Composição em ácidos graxos (%, m/m)									
			8:0	10:0	12:0	14:0	16:0	18:0	18:1	18:2	18:3	22:1
Babaçu	10-18	245-256	2,6-7,3	1,2-7,6	40-45	11-27	5,2-11	1,8-7,4	9-20	1,4-6,6		
Canola	110-126	188-193					1,5-6	1-2,5	52-66,9	16,1-31	6,4-14,1	1-2
Coco	6-12	248-265	4,6-9,5	4,5-9,7	44-51	13-20,6	7,5-10,5	1-3,5	5-8,2	1,0-2,6	0-0,2	
Milho	103-140	187-198				0-0,3	7-16,5	1-3,3	20-43	39-62,5	0,5-1,5	
Algodão	90-119	189-198				0,6-1,5	21,4-26,4	2,1-5	14,7-21,7	46,7-58,2		
Linhaça	168-204	188-196					6-7	3,2-5	13-37	5-23	26-60	
Azeitona	75-94	184-196				0-1,3	7-20	0,5-5,0	55-84,5	3,5-21		
Palma	35-61	186-209			0-0,4	0,5-2,4	32-47,5	3,5-6,3	36-53	6-12		
Amendoim	80-106	187-196				0-0,5	6-14	1,9-6	36,4-67,1	13-43		0-0,3
Colza	94-120	168-187				0-1,5	1-6	0,5-3,5	8-60	9,5-23	1-13	5-64
Açafrão	126-152	175-198					5,3-8,0	1,9-2,9	8,4-23,1	67,8-83,2		
Açafrão, rica em ácido oleico	90-100	175-195					4-8	2,3-8	73,6-79	11-19		
Gergelim	104-120	187-195					7,2-9,2	5,8-7,7	35-46	35-48		
Soja	117-143	189-195					2,3-13,3	2,4-6	17,7-30,8	49-57,1	2-10,5	0-0,3
Girassol	110-143	186-194					3,5-7,6	1,3-6,5	14-43	44-74		
Sebo (bovino)	35-48	218-235				2,1 6,9	25 37	9,5 34,2	14-50	26-50		

a) Esses óleos ou gorduras podem conter pequenas quantidades de outros ácidos graxos que não se encontram listados nesta tabela. Por exemplo, o óleo de amendoim contém 1,2% de C20:0, 2,5% de C22:0, e 1,3% de C24:0 (Gunstone et al. 1994).

Tabela A-3. Propriedades combustíveis de várias gorduras e óleos[a]

Óleo ou gordura	Número de cetano	HG (kJ/kg)	Viscosidade cinemática (37.8 °C; mm^2/s)	Ponto de névoa (°C)	Ponto de fluidez (°C)	Ponto de fulgor (°C)
Babaçu	38					
Mamona		39500	297	–	–31,7	260
Coco						
Milho	37,6	39500	34,9	–1,1	–40,0	277
Algodão	41,8	39468	33,5	1,7	–15,0	234
Crambe	44,6	40482	53,6	10,0	–12,2	274
Linhaça	34,6	39307	27,2	1,7	–15,0	241
Azeitona						
Palma	42					
Amendoim	41,8	39782	39,6	12,8	–6,7	271
Colza	37,6	39709	37,0	–3,9	–31,7	246
Açafrão	41,3	39519	31,3	18,3	–6,7	260
Açafrão rico em ácido oleico	49,1	39516	41,2	–12,2	–20,6	293
Gergelim	40,2	39349	35,5	–3,9	–9,4	260
Soja	37,9	39623	32,6; 28,05[a]	–3,9; -9[b]	–12,2; -16[b]	254
Girassol	37,1	39575	37,1	7,2	–15,0	274
Sebo[b]	–	40054	51,15	–	–	201
Diesel nº. 2	47	45343	2,7	–15,0	–33,0	52

a) Todas as propriedades foram obtidas da Ref. **12**, exceto aquelas identificadas na tabela como de outra origem b) Ref. **13**.
NC = número de cetano, PN = ponto de névoa, FP = ponto de fulgor, HG = calor de combustão, PF = ponto de fluidez.

Tabela A-4. Propriedades físicas de ésteres de óleos e gorduras que estão relacionadas à sua aplicação como combustível

Óleo ou gordura; Éster	Número de cetano	HG (kJ/kg)	Viscosidade cinemática (40°C; mm^2/s)	Ponto de névoa (°C)	Ponto de fluidez (°C)	Ponto de fulgor[a] (°C)	Referência
Coco Metil Etil	67,4	38158	3,08	5	-3	190	14
Milho Metil	65	38480[b]	4,52	-3,4	-3	111	15
Algodão Metil	51,2	-	6,8[c] (21°C)	-	-4	110	16
Azeitona Metil	61	37287[b]	4,70	-2	-3	> 110	15
Mostarda amarela (33% C22:1) Etil	54,9	40679	5,66	1	-15	183	14
Palma Etil	56,2	39070	4,50 (37,8°C)	8	6	19?	17
Canola Metil							
Canola Metil Metil Metil Etil	56 53,7 47,9 67,4	37300[b] 38850 39870 40663	4,53 4,96 4,76 (37,8°C) 6,02	CFPP: -6 CFPP: -6 -3 1	 -9 -12	169 166 170	18 19 17 14
Açafrão Metil Etil	49,8 62,2	40060 39872	 4,31	 -6	-6 -6	180 / 149 178	20 14

continua

Tabela A-4. Propriedades físicas de ésteres de óleos e gorduras que estão relacionadas à sua aplicação como combustível (continuação)

Óleo ou gordura; Éster	Número de cetano	HG (kJ/kg)	Viscosidade cinemática (40°C; mm^2/s)	Ponto de névoa (°C)	Ponto de fluidez (°C)	Ponto de fulgor[a] (°C)	Referência
Soja							
Metil	49,6	39823 /	4,18 (40°C)	-1,1	-3,9	190,6	21
Metil		37372[b]	4,06[c]	3	-7	127	13
Metil	55,9	40080	3,99	1	0	185	14
Metil	51,5	39753	4,27				22
Metil		39871 /	4,30	0	-2		23
Metil		37388[b]		-2	-3		24
Metil	48,7		4,40 (37,8°C)	0	-3	120	17
Etil			4,40	-2	-6		24
Etil		39720		1	-4		25
Iso-propil				-9	-12		24
2-Butil				-12	-15		24
Girassol							
Metil	58	38472[b]	4,39	1,5	3	110	15
Metil	54	38100	4,79 (37,8°C)	0	-3	85?	17

Sebo							
Metil	61,8	39961 / 37531[b]	4,99 (40°C)	15,6	12,8	187,8	21
Metil			4,11[c]	12	9	96	13
Etil		39949	5,20	15	3		23
Propil			7,30	12	9		25
Iso-propil			6,40	9	3		23
Iso-propil			7,10	8	0		25
Butil			6,90	9	6		25
Iso-butil			7,40	8	3		25
2-butil			6,80	9	0		25
Soja hidrogenada Etil	65,1	40093	5,54	7	6	174	14
Graxa amarela Metil	62,6	39817 / 37144[b]	5,16				22
Graxa Etil			6,20	5	-1		23
Óleo usado em frituras Metil	59	37337[b]	4,50	1	-3	> 110	15
Óleo de oliva usado Metil éster	58,7 (Cl)		5,29	-2	-6		26
Borra ácida de soja	51,3		4,30	6			27

a) Alguns pontos de fulgor estão muito baixos. Essa observação pode estar relacionada a erros tipográficos das referências citadas ou à presença de álcool residual nas amostras analisadas. b) Poder calorífico líquido. Em alguns casos, foram fornecidos os poderes caloríficos bruto e líquido. c) Viscosidade dinâmica.

Referências.

1. Gunstone, F.D., Harwood, J.L., Padley, F.B. (1994) *The Lipid Handbook*, 2nd edn, Chapman & Hall, London.

2. *Handbook of Chemistry and Physics*

3. B. Freedman, M.O. Bagby; Heats of Combustion of Fatty Esters and Triglycerides. *J. Am. Oil Chem. Soc.* 66, 1601-1605 (1989).

4. W.E. Klopfenstein; Effect of Molecular Weights of Fatty Acid Esters on Cetane Numbers as Diesel Fuels. *J. Am. Oil Chem. Soc.* 62, 1029-1031 (1985).

5. B. Freedman, M.O. Bagby; Predicting Cetane Numbers of n-Alcohols and Metil Ésters from their Physical Properties. *J. Am. Oil Chem. Soc.* 67, 565-571 (1990).

6. G. Knothe, A.C. Matheaus, T.W. Ryan, III; Cetane Numbers of Branched and Straight-Chain Fatty Esters Determined in an Ignition Quality Tester. *Fuel* 82, 971-975 (2003).

7. B. Freedman, M.O. Bagby, T.J. Callahan, T.W. Ryan,III; Cetane Numbers of Fatty Esters, Fatty Alcohols and Triglycerides Determined in a Constant Volume Combustion Bomb. *SAE Techn. Paper Series* n°. 900343.

8. G. Knothe, M.O. Bagby, T.W. Ryan, III; Cetane Numbers of Fatty Compounds: Influence of Compound Structure and of Various Potential Cetane Improvers. *SAE Techn. Paper Series* n°. 971681; published in SP-1274.

9. T.H. Gouw, J.C.Vlugter, C.J.A. Roelands; Physical Properties of Fatty Acid Metil Esters. VI. Viscosity. *J. Am. Oil Chem. Soc.* 43, 433-434 (1966).

10. C.A.W. Allen, K.C. Watts, R.G. Ackman, M.J. Pegg; Predicting the Viscosity of Biodiesel Fuels from Their Fatty Acid Ester Composition. *Fuel* 78, 1319-1326 (1999).

11. Applewhite, T.H. (1980) Fats and Fatty Oils. In *Kirk-Othmer, Encyclopedia of Chemical Technology* (eds M. Grayson and D. Eckroth), 3rd edn, Vol. 9, John Wiley & Sons, New York, pp. 795-831.

12. C.E. Goering, A.W. Schwab, M.J. Daugherty, E.H. Pryde, A.J. Heakin; Fuel Properties of Eleven Vegetable Oils. *Trans. ASAE* 25, 1472-1477 (1982).

13. Y. Ali, M.A. Hanna, S.L. Cuppett; Fuel Properties of Tallow and Soybean Oil Ésters. *J. Am. Oil Chem. Soc.* 72, 1557-1564 (1995).

14. C.L. Peterson, J.S. Taberski, J.C. Thompson, C.L. Chase; The Effect of Biodiesel Feedstock on Regulated Emissions in Chassis Dynamometer Tests of a Pickup Truck. *Trans. ASAE* 43, 1371-1381 (2000).

15. A. Serdari, K. Fragioudakis, S. Kalligeros, S. Stournas, E. Lois; Impact of Using Biodiesels of Different Origin and Additives on the Performance of a Stationary Diesel Engine. *J. Eng. Gas Turbines Power* (*Trans. ASME*) 122, 624-631 (2000).

16. S.M. Geyer, M.J. Jacobus, S.S. Lestz; Comparison of Diesel Engine Performance and Emissions from Neat and Transésterified Vegetable Oils. *Trans. ASAE* 27, 375-381 (1984).

17. F. Avella, A. Galtieri, A. Fiumara; Characteristics and Utilization of Vegetable Derivatives as Diesel Fuels. *Riv. Combust.* 46, 181-188 (1992).

18. T. Bouché, M. Hinz, R.Pittermann, M. Herrmann; Optimising Tractor CI Engines for Biodiesel Operation. *SAE Techn. Pap. Ser.* 2000-01-1969 (2000).

19. J. Krahl, K. Baum, U. Hackbarth, H.-E. Jeberien, A. Munack, C. Schütt, O. Schröder, N. Walter, J. Bünger, M.M. Müller, A. Weigel; Gaseous Compounds, Ozone Precursors, Particle

Number and Particle Size Distributions, and Mutagenic Effects Due to Biodiesel. *Trans. ASAE* 44:179-191 (2001).

20. A. Isigigür, F. Karaosmanoólu, H.A. Aksoy, F. Hamdullahpur, Gülder, Ö.L.; Performance and Emission Characteristics of a Diesel Engine Operating on Safflower Seed Oil Metil Ester. *Appl. Biochem. Biotechnol.* 45-46, 93-102 (1994).

21. A. Yahya, S.J. Marley; Physical and Chemical Characterization of Metil Soy Oil and Metil Tallow Esters as CI Engine Fuels. *Biomass Bioenergy* 6, 321-328 (1994).

22. M. Canakci, J.H. Van Gerpen; The Performance and Emissions of a Diesel Engine Fueled with Biodiesel from Yellow Grease and Soybean Oil. *ASAE Paper n°.* 01-6050 (2001).

23. W.-H. Wu, T.A. Foglia, W.N. Marmer, R.O. Dunn, C.E. Goering, T.E. Briggs; Low-Temperature Property and Engine Performance Evaluation of Etil and IsoPropil Ésters of Tallow and Grease. *J. Am. Oil Chem. Soc.* 75, 1173-1178 (1998).

24. I. Lee, L.A. Johnson, E.G. Hammond; Use of Branched-Chain Esters to Reduce the Crystallization Temperature of Biodiesel. *J. Am. Oil Chem. Soc.* 72, 1155-1160 (1995).

25. T.A. Foglia, L.A. Nelson, R.O. Dunn, W.N. Marmer; Low-Temperature Properties of Alkyl Esters of Tallow and Grease. *J. Am. Oil Chem. Soc.* 74, 951-955 (1997).

26. M.P. Dorado, E. Ballésteros, J.M. Arnal, J. Gómez, F.J. López Giménez; Testing Waste Olive Oil Metil Ester as a Fuel in a Diesel Engine. *Energy Fuels* 17, 1560-1565 (2003).

27. M.J. Haas, K.M. Scott, T.L. Alleman, R.L. McCormick; Engine Performance of Biodiesel Fuel Prepared from Soybean Soapstock: A High Quality Renewable Fuel Produced from a Waste Feedstock. *Energy Fuels* 15, 1207-1212 (2001).

Apêndice B

Padronização do Biodiesel

Esta seção contém as especificações dos seguintes padrões de biodiesel:

ASTM D6751 (Estados Unidos), intitulado "Especificação Padronizada do Biodiesel (B100) para Uso em Misturas com Combustíveis Destilados", veja a Tabela B-1;

EN 14213 (Europa), intitulado "Combustíveis para Sistemas de Aquecimento – Ésteres Metílicos de Ácidos Graxos (FAME) – Exigências e Métodos de Análise", veja a Tabela B-2;

EN 14214 (Europa), intitulado "Combustíveis Automotivos - Ésteres Metílicos de Ácidos Graxos (FAME) para Motores Diesel - Exigências e Métodos de Análise", veja a Tabela B-3;

Normas preliminares de especificação do biodiesel na Austrália, veja a Tabela B-4.

Normas preliminares de especificação do biodiesel no Brasil (ANP 255), veja a Tabela B-5.

O padrão europeu EN 14214, que entrou em vigor em 2003, estabelece o padrão de qualidade do biodiesel nos países europeus que são membros efetivos do Comitê Europeu de Padronização (CEN). Portanto, nenhum país europeu possui uma norma de especificação própria. As normas de padronização CEN se aplicam no âmbito dos seguintes países membros: Áustria, Bélgica, República Checa, Dinamarca, Finlândia, França, Alemanha, Grécia, Hungria, Groenlândia, Irlanda, Itália, Luxemburgo, Malta, Holanda, Noruega, Portugal, Eslováquia, Espanha, Suécia, Suíça e o Reino Unido.

Junto com as normas de especificação do biodiesel, métodos padronizados de análise têm sido desenvolvidos nos Estados Unidos e na Europa para serem incluídos como métodos de referência em suas respectivas normas. A Tabela B-7 lista os métodos analíticos de maior relevância. As normas de especificação do biodiesel podem se diferenciar pelas propriedades nelas incluídas, bem como pelos métodos e pelos limites propostos para cada uma destas propriedades. Para maiores detalhes, as normas de especificação aqui citadas encontram-se elaboradas em detalhe na documentação disponível em suas respectivas organizações de origem.

A Norma Europeia EN 14214 contém uma seção em separado (não fornecida na tabela) para propriedades a baixas temperaturas. Aos Comitês Nacionais de Padronização é dada a alternativa de optar entre seis classes de CFPP (ponto de entupimento de filtro a frio; método EN 116) para climas moderados e outras cinco para climas árticos. A amplitude total de temperatura para essas classes de CFPP corresponde a +5 °C até -44 °C. Como as exigências variam em relação às propriedades do biodiesel a baixas temperaturas, a norma ASTM D6751 optou pela exigência de que o ponto de névoa do biodiesel seja relatado ao consumidor.

Um considerável número de especificações presentes nas normas trata da extensão com que a reação de transesterificação foi completada. Essas especificações correspondem à determinação de glicerol livre, glicerol total ou do conteúdo de mono-, di- e triglicerídeos. Métodos analíticos baseados na cromatografia de fase gasosa são utilizados nessas normas para a avaliação dessas especificações (veja também o Capítulo 5). Os procedimentos relacionados a essas análises já foram desenvolvidos e se encontram incluídos na Tabela B-7.

Tabela B-1. Norma de padronização do biodiesel ASTM D6751 (Estados Unidos)

Propriedade	Método de teste	Limites a	Unidade
Ponto de fulgor (em frasco fechado)	D 93	130,0 min	°C
Água e sedimentos	D 2709	0,050 máx	% volume
Viscosidade cinemática, 40 °C	D 445	1,9-6,0	mm^2/s
Cinzas sulfatadas	D 874	0,020 máx	% massa
Enxofre	D 5453	0,0015 máx or 0,05 máx [a)]	% massa
Corrosão da lâmina de cobre	D 130	nº. 3 máx	
Número de cetano	D 613	47 min	
Ponto de névoa	D 2500	Anotar	°C
Resíduo de carbono (100% da amostra)	D 4530	0,050 máx	% massa
Acidez	D 664	0,80 máx	mg KOH/g
Glicerina livre	D 6584	0,020 máx	% massa
Glicerina total	D 6584	0,240 máx	% massa
Conteúdo de fósforo	D 4951	0,001 máx	% massa
Temperatura de destilação, temperatura equivalente atmosférica, 90% recuperados	D 1160	360 máx	°C

a) Limites foram estabelecidos para amostras de biodiesel de Grau S15 e S500, respectivamente. S15 e S500 se referem à especificação máxima para o enxofre (em ppm).

Tabela B-2. Norma europeia EN 14213 para uso de biodiesel como óleo de aquecimento (óleo combustível)

Propriedade	Método de teste[a]	Limites		Unidade
		min.	máx.	
Teor de ésteres	EN 14103	96,5		% (m/m)
Densidade; 15 °C	EN ISO 3675 EN ISO 12185	860	900	kg/m^3
Viscosidade; 40 °C	EN ISO 3104 ISO 3105	3,5	5,0	mm^2/s
Ponto de fulgor	pr EN ISO 3679	120		°C
Teor de enxofre	pr EN ISO 20846 pr EN ISO 20884		10,0	mg/kg
Resíduo de carbono (resíduo de destilação de 10%)	EN ISO 10370		0,30	% (m/m)
Cinzas sulfatadas	ISO 3987		0,02	% (m/m)
Teor de água	EN ISO 12937		500	mg/kg
Contaminação total	EN 12662		24	mg/kg
Estabilidade oxidativa, 110 °C	EN 14112	4,0		h
Acidez	EN 14104		0,50	mg KOH/g
Índice de iodo	EN 14111		130	g iodo/100g
Teor de FAME com 4 ou mais duplas ligações			1	
Teor de monoglicerídeos	EN 14105		0,80	% (m/m)
Teor de diglicerídeos	EN 14105		0,20	% (m/m)
Teor de triglicerídeos	EN 14105		0,20	% (m/m)
Glicerina livre	EN 14105 EN 14106		0,02	% (m/m)
Ponto de entupimento de filtro a frio	EN 116			°C
Ponto de fluidez	ISO 3016		0	°C
Poder calorífico	DIN 51900-1 DIN 51900-2 DIN 51900-3	35		MJ/kg

a Os prefixos "pr" de alguns padrões europeus denotam que estes métodos são provisórios, isto é, que estão em desenvolvimento.

Tabela B-3. Norma EN 14214 (Europa)				
Propriedade	Método de teste	Limites		Unidade
		mín.	máx.	
Teor de ésteres	EN 14103	96,5		% (m/m)
Densidade; 15 °C	EN ISO 3675 EN ISO 12185	860	900	kg/m^3
Viscosidade; 40 °C	EN ISO 3104 ISO 3105	3,5	5,0	mm^2/s
Ponto de fulgor	pr EN ISO 3679	120	°C	
Teor de enxofre	pr EN ISO 20846 pr EN ISO 20884		10,0	mg/kg
Resíduo de carbono (10% de destilado residual)	EN ISO 10370		0,30	% (m/m)
Número de cetano	EN ISO 5165	51		
Cinzas sulfatadas	ISO 3987		0,02	% (m/m)
Teor de água	EN ISO 12937		500	mg/kg
Contaminações totais	EN 12662		24	mg/kg
Corrosão da lâmina de cobre (3 h, 50 °C)	EN ISO 2160	1		
Estabilidade oxidativa, 110 °C	EN 14112	6,0		h
Acidez	EN 14104		0,50	mg KOH/g
Índice de iodo	EN 14111		120	g iodo/100 g
Teor de ácido linolênico	EN 14103		12	% (m/m)
Teor de FAME com 4 ou mais duplas ligações			1	% (m/m)
Teor de metanol	EN 14110		0,20	% (m/m)
Teor de monoglicerídeos	EN 14105		0,80	% (m/m)
Teor de diglicerídeos	EN 14105		0,20	% (m/m)
Teor de triglicerídeos	EN 14105		0,20	% (m/m)
Glicerina livre	EN 14105 EN 14106		0,02	% (m/m)
Glicerina total	EN 14105		0,25	% (m/m)
Metais alcalinos (Na + K)	EN 14108 EN 14109		5,0	mg/kg
Metais alcalino-terrosos (Ca + Mg)	pr EN 14538		5,0	mg/kg
Teor de fósforo	EN 14107		10,0	mg/kg

Tabela B-4. Norma australiana de biodiesel (Norma de Padronização de Combustível (Biodiesel) de 2003; aprovada em 2000, pelo Ato de Padronização da Qualidade do Combustível, pelo Ministério Australiano para o Meio Ambiente e Patrimônio)

Propriedade	Método de teste	Limites min	Limites máx	Unidade	Data de efetivação
Enxofre	ASTM D5453		50 10	mg/kg mg/kg	18 de setembro de 2003 1 de fevereiro de 2006
Densidade, 15 °C	ASTM D1298 EN ISO 3675	860	890	kg/m^3	18 de setembro de 2003
Destilação T90	ASTM D1160		360	°C	18 de setembro de 2003
Cinzas sulfatadas	ASTM D 874		0,20	% massa	18 de setembro de 2003
Viscosidade; 40 °C	ASTM D445	3,5	5,0	mm^2/s	18 de setembro de 2003
Ponto de fulgor	ASTM D93	120		°C	18 de setembro de 2003
Resíduo de carbono 10% de destilado residual 100% da amostra destilada	EN ISO 10370 ASTM D4530		0,30 or 0,05	% massa % massa	18 de setembro de 2003
Água e sedimentos	ASTM D2709		0,50	% vol.	18 de setembro de 2003
Corrosão da lâmina de cobre	ASTM D130		nº. 3		18 de setembro de 2003
Teor de ésteres	pr EN 14103	96,5		% (m/m)	18 de setembro de 2003
Fósforo	ASTM D4951		10	mg/kg	18 de setembro de 2003
Acidez	ASTM D664		0,80	mg KOH/g	18 de setembro de 2003
Contaminação total	EN 12662 ASTM D5452		24	mg/kg	18 de setembro de 2004
Glicerol livre	ASTM D6584		0,02	% massa	18 de setembro de 2004
Glicerol total	ASTM D6584		0,25	% massa	18 de setembro de 2004
Número de cetano	EN ISO 5165 ASTM D613	51			18 de setembro de 2004
Ponto de entupimento de filtro a frio	TBA				18 de setembro de 2004
Estabilidade oxidativa	pr EN14122 ASTM D2274 (para biodiesel)	6		°C	18 de setembro de 2004
Metais – Grupo I (Na, K)	pr EN 14108 pr EN 14109		5	mg/kg	18 de setembro de 2004
Metais – Grupo II (Ca, Mg)	pr EN 14538		5	mg/kg	18 de setembro de 2004

Tabela B-5. Norma de especificação provisória brasileira, ANP (Agência Nacional de Petróleo, Gás Natural e Biocombustível) 255 (divulgada em setembro de 2003)

Propriedades	Limites	Métodos
Ponto de fulgor (°C)	100 min.	ISO/CD 3679
Água e sedimentos	0,02 máx.	D2709
Viscosidade cinemática, 40 °C (mm^2/s) [a]	ANP 310 [b]	D445; EN/ISO 3104
Cinzas sulfatadas (%, m/m) [a]	0,02 máx.	D874; ISO3987
Enxofre (%, m/m)	0,001 máx.	D5453; EN/ISO 14596
Corrosão da lamina de cobre, 3 h, 50 °C [a]	nº. 1 máx.	D130; EN/ISO 2160
Número de cetano	45 min.	D613; EN/ISO5165
Ponto de névoa [a]	ANP 310 [b]	D6371
Resíduo de carbono	0,05 máx.	D4530; EN/ISO 10370
Acidez (mg KOH/g) [a]	0,80 máx.	D664; pr EN 14104
Glicerina livre (%, m/m)	0,02 máx.	D6854; pr EN 14105-6
Glicerina total (%, m/m)	0,38 máx.	D6854; pr EN 14105
95% de recuperação do destilado (°C)	360 máx.	D1160
Fósforo (mg/kg)	10 máx.	D4951; pr EN14107
Densidade específica [a]	ANP 310 [b]	D1298/4052
Álcool (%, m/m)	0,50 máx.	pr EN 14110
Número de iodo	Anotar	pr EN 14111
Monoglicerídeos (%, m/m)	1,00 máx.	D6584; pr EN 14105
Diglicerídeos (%,m/m)	0,25 máx	D6584; pr EN 14105
Triglicerídeos (%, m/m)	0,25 máx.	D6584; pr EN 14105
Na + K (mg/kg)	10 máx.	pr EN 14108-9
Aspecto		—
Estabilidade oxidativa a 110 °C (h)	6 min.	pr EN 14112

a) Métodos brasileiros da ABNT NBR também se encontram disponíveis para esta propriedade

b) ANP 310 = normas de especificação vigentes para o petrodiesel.

Tabela B-6. Métodos analíticos desenvolvidos como proposta para inclusão nas normas de especificação do biodiesel	
Método	**Título**
ASTM D6584	Determinação de glicerina livre e total em biodiesel B-100 (ésteres metílicos) por cromatografia de fase gasosa
pr EN 14078	Produtos liquefeitos do petróleo – Determinação de ésteres metílicos de ácidos graxos (FAME) em destilados intermediários – Método de espectroscopia no infravermelho
EN 14103	Derivados de óleos e gorduras - Ésteres metílicos de ácidos graxos (FAME) – Determinação dos teores de éster e de éster metílico do ácido linolênico
EN 14104	Derivados de óleos e gorduras - Ésteres metílicos de ácidos graxos (FAME) – Determinação do valor de acidez
EN 14105	Derivados de óleos e gorduras - Ésteres metílicos de ácidos graxos (FAME) – Determinação dos teores de glicerol livre e total e de mono-, di- e triglicerídeos
EN 14106	Derivados de óleos e gorduras - Ésteres metílicos de ácidos graxos (FAME) – Determinação do teor de glicerol livre
EN 14107	Derivados de óleos e gorduras - Ésteres metílicos de ácidos graxos (FAME) – Determinação do teor de fósforo por espectrometria de emissão por acoplamento de plasma induzido (ICP)
EN 14108	Derivados de óleos e gorduras - Ésteres metílicos de ácidos graxos (FAME) – Determinação do teor de sódio por espectrometria de absorção atômica
EN 14109	Derivados de óleos e gorduras - Ésteres metílicos de ácidos graxos (FAME) – Determinação do teor de potássio por espectrometria de absorção atômica
EN 14110	Derivados de óleos e gorduras - Ésteres metílicos de ácidos graxos (FAME) – Determinação do teor de metanol
EN 14111	Derivados de óleos e gorduras - Ésteres metílicos de ácidos graxos (FAME) – Determinação do número de iodo
EN 14112	Derivados de óleos e gorduras - Ésteres metílicos de ácidos graxos (FAME) – Determinação da estabilidade oxidativa (teste de oxidação acelerada)
pr EN 14331	Produtos liquefeitos do petróleo – Separação e caracterização de ésteres metílicos de ácidos graxos (FAME) por cromatografia de fase líquida / cromatografia de fase gasosa (CL/CG)
pr EN 14538	Derivados de óleos e gorduras - Ésteres metílicos de ácidos graxos (FAME) – Determinação do teor de Ca e Mg por análise espectral de emissão ótica com acoplamento de plasma induzido (ICP OES)

Recursos na Internet

Uma riqueza de informações sobre biodiesel está disponível na internet. No entanto, precauções são recomendadas em muitos casos em relação à veracidade das informações fornecidas em páginas eletrônicas. Os endereços de páginas eletrônicas podem ser um indicativo da qualidade da informação disponível naquele endereço, apesar de que mesmo páginas de qualidade poderão conter informações incorretas ou enganosas. Alguns endereços eletrônicos de organizações de negócios promotoras da causa do biodiesel, agências governamentais e outras entidades associadas com o biodiesel encontram-se listados neste apêndice. Novamente, isso não implica em que toda a informação disponível nestes endereços (ou aquelas ligadas a eles) esteja correta.

País/ região	Organização	Endereço na rede
Austrália	Associação de Biodiesel da Austrália	www.biodiesel.org.au
	Padronização do Biodiesel	http://www.deh.gov.au/atmosphere/biodiesel/
Áustria	Instituto de Biodiesel da Áustria (Österreichisches Biotreibstoff Institut)	www.biodiesel.at
Canadá	Associação de Biodiesel do Canadá	www.biodiesel-canada.org

continua

continuação

País/ região	Organização	Endereço na rede
	Associação de Combustíveis Renováveis do Canadá	http://www.greenfuels.org/bioindex.html
Europa	Conselho Europeu de Biodiesel	www.ebb-eu.org
Alemanha	União para Promoção de Plantas Oleaginosas e Proteicas (Union zur Förderung von Oel- und Proteinpflantzen e.V.)	www.ufop.de (Inglês: www.ufop.de/hilfe.html)
	Grupo de Trabalho pela Gestão da Qualidade do Biodiesel (Arbeitsgemeinschaft Qualitätsmanagement Biodiesel)	www.agqm-biodiesel.de/
Reino Unido	Associação Britânica para Biocombustíveis e Óleos	www.biodiesel.co.uk
Estados Unidos	Conselho Nacional de Biodiesel	www.biodiesel.org
	Relatório de emissões da EPA	http://www.epa.gov/otaq/models/biodsl.htm
	Folha de relatos sobre biodiesel da EPA	http://www.epa.gov/otaq/consumer/fuels/altfuels/biodiesel.pdf
	Página de rede do legislativo do Departamento de Energia	http://www.eere.energy.gov/vehiclesandfuels/epact/
	Universidade do Estado de Iowa	http://www.me.iastate.edu/biodiesel

Índice remissivo

C

D

E

F

G

N

O

P

Q

R

S

T

U

V

Z

GRÁFICA PAYM
Tel. [11] 4392-3344
paym@graficapaym.com.br